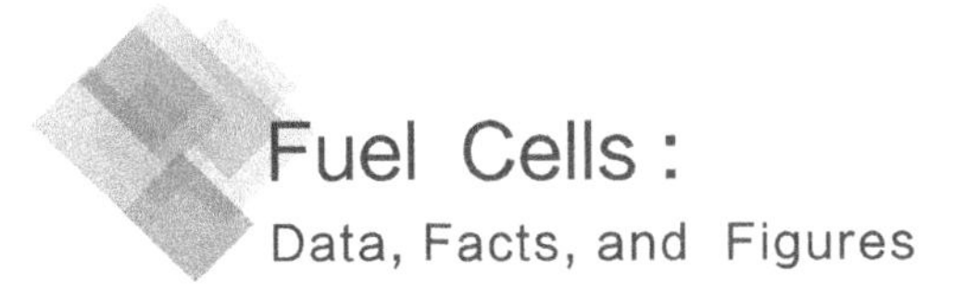

燃料电池：
事实与数据

（德）德特勒夫·施托尔滕（Detlef Stolten）
（德）雷姆济·萨姆松（Remzi C. Samsun）主编
（美）南希·加兰（Nancy Garland）
赵英汝　等译

化学工业出版社
·北京·

内容简介

本书由国际知名的燃料电池专家编写而成，基于燃料电池领域的前沿成果，从材料、系统、性能、安全、寿命、成本等方面对燃料电池在移动式和固定式应用领域的发展现状进行了论述，并对相关示范、市场、法规和标准进行了综合介绍。书中数据丰富，涵盖了中国、欧洲、美国、韩国、日本等国家和地区在燃料电池领域取得的成果及应用现状。

本书可供汽车、氢能、燃料电池及相关产业的研究人员参考使用，也可作为相关产业管理者及决策者的数据参考用书。

Fuel Cells:Data,Facts,and Figures by Detlef Stolten,Remzi C. Samsun,Nancy Garland
ISBN 9783527332403

北京市版权局著作权合同登记号：01-2018-2631

图书在版编目（CIP）数据

燃料电池：事实与数据/（德）德特勒夫·施托尔滕，（德）雷姆济·萨姆松，（美）南希·加兰（Nancy Garland）主编；赵英汝等译．—北京：化学工业出版社，2020.11
书名原文：Fuel Cells：Data，Facts，and Figures
ISBN 978-7-122-37626-8

Ⅰ.①燃… Ⅱ.①德… ②雷… ③南… ④赵… Ⅲ.①燃料电池 Ⅳ.①TM911.4

中国版本图书馆 CIP 数据核字（2020）第 161251 号

责任编辑：韩霄翠　仇志刚　　　装帧设计：王晓宇
责任校对：边　涛

出版发行：化学工业出版社（北京市东城区青年湖南街 13 号　邮政编码 100011）
印　　装：北京虎彩文化传播有限公司
710mm×1000mm　1/16　印张 20¼　彩插 1　字数 359 千字　2021 年 3 月北京第 1 版第 1 次印刷

购书咨询：010-64518888　　　售后服务：010-64518899
网　　址：http://www.cip.com.cn
凡购买本书，如有缺损质量问题，本社销售中心负责调换。

定　　价：148.00 元　

译者前言

燃料电池是一种直接将燃料的化学能转换为电能的电化学装置，因其高效、清洁、供能灵活等优势，成为国内外研究开发的热点。得益于政府支持，燃料电池行业发展迅速，但受限于成本和使用寿命，短时间内难以大规模商业化。

本书是关于燃料电池技术的专业性论著，汇集了国际知名的燃料电池专家的科研成果，从材料、性能、安全、寿命、成本等方面对燃料电池在移动式和固定式应用领域的发展现状进行了论述，并对相关示范、市场、法规和标准进行了综合介绍。由于书中数据众多，且不同国家和地区的标准不同，为避免换算引起的误差，对于非法定计量单位，本书未做强行统一，而是将相关换算关系附在书后，以供读者查阅。

本书由厦门大学能源学院能源系统工程团队相关学者合作翻译完成，笔者想借此机会感谢参与本书翻译的每一位译者，包括詹翔燕、朱兴仪、张智慧、吴念远、谢媚娜等，感谢各位译者的辛苦付出。此外，还要感谢化学工业出版社的精心编校。没有大家精益求精的努力与合作，这本书的中文版本不可能如此顺利地与读者见面。衷心希望本书能为燃料电池领域的相关学者及研究人员提供参考和帮助。

由于译者的水平和实践有限，书中不妥之处敬请广大读者批评指正。

赵英汝

2020 年 6 月

前言

近十年来，燃料电池技术取得了实质性的进展。其中，在汽车行业中取得了长足、稳健的发展，燃料电池汽车也随之投放市场。

现代汽车和丰田汽车研发了世界第一条燃料电池汽车专用生产线。在固定应用领域，燃料电池也开始崭露头角，日本还为此部署了超过10万用户的住宅体系和便携式应用的研发工作（后者主要面向细分市场和特定用户群）。

现阶段，系统分析对燃料电池的推广尤为关键。相对于现有技术，燃料电池为我们提供了一个更加清洁、高效的能量转换解决方案。因此，从性能、寿命和成本方面对燃料电池进行一个比较分析至关重要。

本书总结了燃料电池领域的前沿研究成果，以期较为全面地展现该技术的发展现状。本书可作为能效分析和/或燃料电池及氢能研究人员的数据参考用书。

目录

第一篇

交通运输领域:推进机理

I
基准和标准的定义

1 纯电动汽车

Bruno Gnörich，Lutz Eckstein

RWTH Aachen University，Institut für Kraftfahrzeuge，Steinbachstraße 7，52074 Aachen，Germany

关键词：纯电动汽车；概念汽车；电机；氢燃料电池电动汽车；锂电池

早期的汽车多采用油电混合动力系统来提供动力，并辅以电池来储能，且当时电源插座比加油站更普及。从20世纪20年代起，加油站越来越多，而纯电动汽车所需的充电时间较长，逐渐在市场上失去了优势。

数十年后，温室气体排放和一次能源紧缺等问题再次被提上议程，截至今天，大型汽车制造商可以大批量生产汽车供消费者使用。电动交通的利益相关者也不断强调纯电动汽车和能源产业的潜在联系和智能电网的发展，以期通过电动汽车充换电来平衡负载。

一般而言，电力就像氢一样，是二次能源载体。因此，评估这种动力系统“从油井到车轮”整个生产和利用过程的能源效率、排放和可持续性至关重要。

图1.1以纯电动汽车（BEV）为重点，概述了几种主要的车辆推进系统“从油井到车轮”的能源转换过程。其中，任何一次或二次能源（包括氢气）都可以产电。

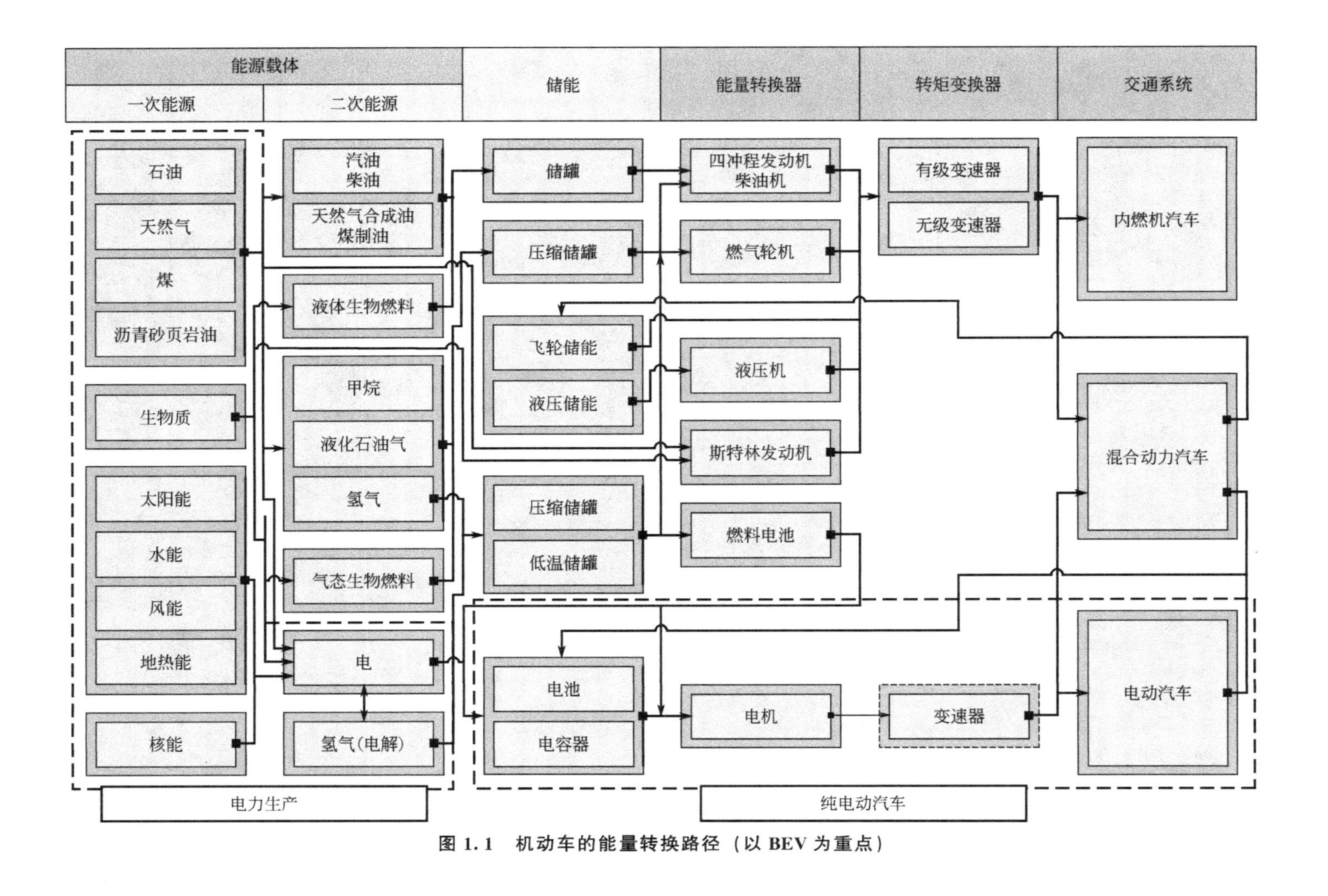

图 1.1　机动车的能量转换路径（以 BEV 为重点）

理论上，电动汽车由于以电力推进且发电方式多样化，是汽车动力可持续性最好的车辆类型，包括纯电动汽车和氢燃料电池电动汽车（FCEV）。

这两类电动汽车唯一的不同之处是向牵引电动机供电的方式，因而，当纯电动汽车和氢燃料电池电动汽车采用一样的电动机时，可以起到协同增效的作用。

与传统车辆相比，纯电动汽车行驶时发出的噪声很小，也不会排放 NO_x 等污染物、颗粒物或其他有毒物质和气体。因此，纯电动汽车较为适合城市交通，其续航里程也可满足日常城市交通需求。

2012 年，德国所有乘用车的平均行驶里程为每天 49.2km，超过平均 3.9 次出行的行驶里程数总和[1]。城市交通的电力需求约为 10～15kW·h，远低于市区外的交通电力需求（100km 时≥30kW）。但在德国市场，受限于电动汽车有限的续航里程和高昂的购买成本，其市场接受度较低。

截至 2015 年初，特斯拉 Model S 是唯一一款搭载新续航里程电池的纯电动汽车，电池容量为 85kW·h，续航里程可达 500km。它采用锂离子电池技术和电机提供动力，并配备大量的空气动力学套件（风阻系数 c_d=0.24），是一款高性能豪华电动轿车。目标市场具有政府补贴、碳排放税，而且有较高的快速充电站覆盖率和特斯拉增压充电站覆盖率。

区别于传统的内燃机汽车，有几款车型是专门开发的电动汽车（见表 1.1）。除了特斯拉 Model S 外，这些车大多为微型或紧凑型，如标致 iOn、宝马 i3 或日产聆风等。基于传统内燃机驱动汽车开发设计的电驱动汽车有大众 e-Golf 和 Smart Fortwo。像梅赛德斯-奔驰 B 级等轿车，开发伊始就考虑了不同的推进系统方案供选择，可以根据实际需要选择燃气驱动或电驱动模式。

表 1.1 系列化生产的纯电动汽车（数据来源：制造商）

参数配置		Smart Fortwo ed	标致 iOn	日产 聆风	宝马 i3	大众 e-Golf	梅赛德斯 B 级	特斯拉 Model S
车辆数据	级别	微型车	紧凑型	紧凑型	小型车	小型车	小型车	中大型车
行驶性能	价格(2015 年)/欧元	23680	29393	23790	34950	34900	27102	85900
	续航里程/km	145	150	200	190	190	200	502
	能耗(每 100km)/kW·h	15.1	15.9	12.4	12.9	12.7	16.6	18.1
	百公里加速时间/s	11.5	15.9	11.3	7.2	10.4	7.9	4.6
	最大速度/(km/h)	125	130	145	150	140	160	250
电池	类型	锂电池	锂电池	锂电池	锂电池	锂电池	锂电池	锂电池
	容量/kW·h	17.6	16	24	18.8	24.2	28	85
	最大充电功率/kW	22	62.5	6.6	4.6	17.6	11	120

续表

参数配置		Smart Fortwo ed	标致 iOn	日产 聆风	宝马 i3	大众 e-Golf	梅赛德斯 B级	特斯拉 Model S
电机	类型	PSM	PSM	SM	HSM	PSM	SM	ASM
	额定功率/kW	55	49	80	125	85	132	2×384
	转矩/N·m	130	196	280	250	270	340	491

一般来说，电动汽车动力传动系统的零部件数量适中，结构较为简单，新增了电池系统和电动马达。此外，辅助部件需要作出调整，如转向和制动系统以及加热和冷却系统（热管理）。

加热和冷却系统是动力传动系统发展的关键，旨在将能源需求分析和效率优化相结合，满足所有车载能源需求。包括引入电池、乘客舱或热化学存储系统等部件的热惯量，在车辆能量管理系统中应用汽车热管理技术。

纯电动汽车需要配备高能电池来获得最大续航里程。现今，几乎所有纯电动汽车都使用能量密度高达150W·h/kg的锂离子电池。例如，大众e-Golf的电池密度为140W·h/kg（230W·h/L），锂电池组输出功率为24kW·h，额定电压总和为323V[2]，其续航里程可达190km。影响续航里程的因素有很多，如驱动阻力（如轮胎压力、载荷、地形）、行驶速度模式(加速度、速度）以及电池的特定参数（如温度及其健康状况）。因此，当务之急是提高电池的能量密度。从整车制造的角度来看，还必须综合考虑成本、热管理、耐久性和寿命等因素。

目前，在高功率应用方面（例如KERS动能回收系统，重负荷情况下)，锂离子电池技术最为成熟，其次是镍氢电池（如丰田公司）和双电层电容器（即超级电容器)，见表1.2。在纯电动汽车中，它们可以作为高性能应用的可选附加组件。

表1.2 电动汽车（BEV/HEV）中不同类型电池的技术规格（数据来源：制造商）

项目	镍氢电池	锂电池	锂电池	超级电容器
制造商	PEVE	Hitachi	Sanyo	Maxwell
形状	棱柱形	圆柱形	棱柱形	圆柱形
阴极材料	$Ni(OH)_2$	$LiMn_2O_4$	LiNiMnCo	石墨
阳极材料	AB_5型稀土储氢合金	非晶碳	非晶碳	石墨
电池容量/A·h	6.5	4.4	25	0.56
额定电压/V	1.2	3.3	3.6	2.7
能量密度/(W·h/kg)	46	56	76	5.4
功率密度/(W·h/kg)	1300	3000	600	6600
工作温度/℃	−20～+50	−30～+50	−30～+50	−40～+65
市场应用	Toyota HEV	GM HEV	VW BEV	Faun HEV

由于高温特性，ZEBRA 等电池需要较为严格的热管理，因此在乘用车中不予考虑。除了电容器，所有车载电池都是具有可逆电化学能量转换的二次电池，这也是电动汽车电池的一个必要条件。

原则上，以上介绍的所有储能技术都能为道路车辆提供牵引力。但受限于能量密度和功率密度，铅酸电池仅适用于两轮电动车。

电机是把电能转化为机械能的设备，利用通电线圈在磁场中受力转动的现象来进行能量转换。原则上，每台电机都可以作为电动机或发电机使用。每台电机的转速、转矩和功率都存在一个工作极限（图 1.2）。因此，必须搞清其额定值和最大值。设备在额定值（M_{Nom}，P_{Nom}）对应的工况下可长期运行，但在最大值（M_{Max}，P_{Max}）对应工况下只能短时间运行，否则会发生机械和热故障并影响机器的耐久性[1]。

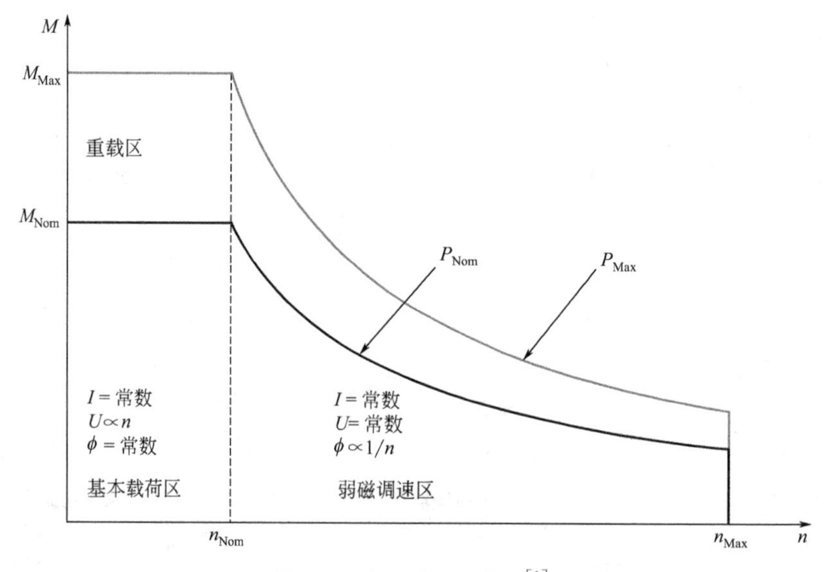

图 1.2 电机的运行范围[1]

电机的运行可分为两个区域：基本载荷区和弱磁调速区。基本载荷下，负载转矩与转速无关，任何转速下转矩（M_{Nom} 或 M_{Max}）总保持恒定或基本恒定。额定功率下的额定转速为（n_{Nom}）：

$$n_{Nom}=\frac{P_{Nom}}{2\pi M_{Nom}} \tag{1.1}$$

为保证电机的长期稳定运行，其实际功率不应超过额定功率。恒功率调速时，电机低速时输出转矩大，高速时输出转矩小，通过弱磁调速来保持输出功率恒定，见式(1.2)：

$$M=\frac{P_{\text{Nom}}}{2\pi n} \tag{1.2}$$

式中，P_{Nom} 为常量。

顾名思义，直流电机使用直流电，感应电流和磁场的联合作用向电机转子施加驱动力，而交流电机通过交变电流来产生旋转磁场，进而驱动电机。相比之下，交流电机效率更高。如今，几乎所有用于电动汽车的电机都是同步或异步三相交流电机（表 1.3）。永磁电动机也可以实现高效率，但永磁体价格昂贵，经济性差。横向通量或磁阻电机则有效地结合了其他类型电机的特点。

表 1.3　电机的分类和应用

<table>
<tr><th rowspan="3">直流电机</th><th colspan="4">交流电机</th></tr>
<tr><th rowspan="2">异步电机</th><th colspan="3">同步电机</th></tr>
<tr><th>电流励磁</th><th>永磁体</th><th>其他</th></tr>
<tr><td rowspan="3">BL DCM
（直流无刷电机）</td><td rowspan="3">ASM
（异步电机）</td><td rowspan="3">SM
（同步电机）</td><td rowspan="3">PSM
（永磁同步电机）</td><td>SRMPSM
（开关磁阻电动机）</td></tr>
<tr><td>TFMPSM
（横向磁通电动机）</td></tr>
<tr><td>HSMPSM
（混合式同步电动机）</td></tr>
</table>

异步电机（ASM）利用定子与转子间气隙旋转磁场与转子绕组中感应电流相互作用来驱动。异步电机运行时，转子速度与定子旋转的磁场速度不一致。定子旋转磁场转速与转子转速之差即为电机的滑差，是传递转矩的必要条件（表 1.4）。特斯拉 Roadster 和 Model S 均采用异步电机。

表 1.4　几种常规电机的主要技术参数对比[3]

电机类型	ASM	SM	PSM	HSM
电机控制	O	+	O	O
噪声	O	+	++	++
极限温度	++	+	O	O
成本	+	O	−	−
安全性	++	++	O	O
最大速度/min^{-1}	>10000	>10000	>10000	>12000
连续转矩/(N·m/kg)	0.60～2.65	0.60～0.75	0.95～1.72	2.08～3.43
持续功率/(kW/kg)	0.20～0.89	0.15～1.10	0.30～1.07	1.12～1.82
最高效率/%	83～91	81～95	81～95	95
应用车型	特斯拉 Model S	雷诺风朗 Z. E.	Smart Fortwo ed	宝马 i3

同步电机（SM）包含三相电磁铁，电机定子绕组的旋转磁场与转子的转速相同。雷诺风朗 Z. E. 所采用的即为同步电机。永磁同步电机（PSM）包含钕磁铁或其他稀土磁体，由永磁体励磁产生同步旋转磁场。搭载这一类型电机的有 Smart Fortwo ed 电动汽车、大众 e-Golf 等车型。

混合式同步电机（HSM）同时包含了永磁体和电磁绕组，兼具永磁电动机和磁阻电动机的优点。磁场强度更强，转速更快。HSM 技术已在宝马 i3 中得到应用。

基于以上概念，电机可安装在传动系统的不同位置。存在多种不同的布局方式，可以直接物理连接到变速箱上，也可以集成到变速箱上，其中，轮毂驱动技术较为特殊，可以直接将动力、传动和制动装置都整合到轮毂内，省略了差速器和驱动轴等传动部件，让车辆结构更简单，同时还可以结合电机驱动算法，例如 ABS，进行牵引力控制和扭矩矢量化。可是轮毂电机较大幅度地增大了簧下质量，同时也增加了轮毂的转动惯量，这对于车辆的操控性能是不利的。因此目前还没有乘用车采用这一技术，能减轻车身质量的其他综合方案也在研发中，比如米其林主动轮系统，其额定功率为 30kW/轮，质量为 7kg[4]。

在功率相同的前提下，用于道路车辆牵引的电机比内燃机要贵得多。加上电压转换器，同步电机的成本约为 50 欧元/kW，比内燃机高出四倍[5]。

电动汽车动力传动系统的拓扑结构可以由双电机组成，独立驱动左右后轮，采用通用的控制策略，例如扭矩矢量控制电子差速器或转向器控制最小转弯半径，如近来发布的 SpeedE 电动概念车（图 1.3）[6]。它的后轮配备 400V 双电机，48V 线控转向系统，最大转向角为 90°。

图 1.3 SpeedE 电动概念车有着全新的操控、双后轮驱动以及扭矩矢量控制系统

SpeedE 电动汽车用操纵杆取代了方向盘，带来更为灵活的布局设计，颠覆了传统的操作体验（图 1.4）。

近年来，电动汽车市场的发展趋势大好，部分车型在市场上取得了较大的成

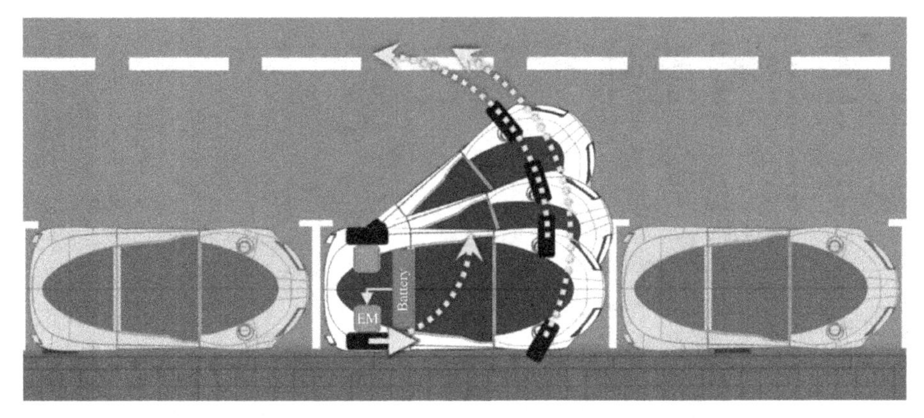

图 1.4 SpeedE 电动概念车的最小转弯半径与扭矩矢量控制

功，这意味着电动汽车技术已趋向成熟，未来电动汽车的市场份额将逐步加大。电池、电机等技术的研发也进一步推动了电动汽车和可持续交通的发展。

除了传动技术的创新应用，全新的驾驶体验也推动着电动汽车的普及。汽车线控技术、连接和用户界面等创新都需要电力支持。

这表明，发展燃料电池汽车和推广纯电动汽车并不矛盾，两者从能源的角度是互补的，可以有机结合起来，共同促进清洁、可持续交通的发展。

参考文献

[1] Eckstein, L. (2010) *Alternative Vehicle Propulsion Systems*, Schriftenreihe Automobiltechnik, Aachen, ISBN: 978-3-940374-33-2.

[2] Huslage, J. (7 October 2014) The next generation of automotive batteries! Presented at World of Energy Solutions, Stuttgart, Germany, 6–8 October 2014.

[3] Ernst, C. (2014) *Energetische, ökologische und ökonomische Lebenszyklusanalyse elektrifizierter Antriebsstrangkonzepte*, Schriftenreihe, Automobiltechnik, Dissertation RWTH Aachen University, Aachen, ISBN: 978-3-940374-80-6.

[4] Oliva, P. (2009) Michelin arbeitet seit zwölf Jahren am neuen Rad. Interview, Automobiltechnische Zeitschrift (ATZ), March 2009.

[5] Gnörich, B. (2009) HySYS Technical Workshop. Result of expert discussion. Aachen, May 2009.

[6] Eckstein, L. *et al.* (2013) The wheel-individually steerable front axle of the research vehicle SpeedE. Presented at the Aachen Colloquium Automobile and Engine Technology, Aachen, 7–9 October 2013.

2 乘用车循环工况

Thomas Grube

Forschungszentrum Jülich GmbH，IEK-3：Electrochemical Process Engineering，Leo-Brandt-Strasse，52425 Jülich，Germany

摘要

道路车辆评价需要一种标准方法来确定燃料消耗和排放。其中，基于底盘测功机的循环工况试验是该方法的一部分。世界范围内有许多国家或地区将循环工况作为车辆型式认证的指标。其他循环工况的定义源于车辆研发和评估过程中与具体评估相关的研究项目。本章介绍了几种适用于大型车队或应用较为普遍的循环工况。虽然这里的重点研究对象为乘用车，但本章对于循环工况的定义也同样适用于公共汽车和卡车。

关键词：可替代动力系统；循环工况；“从油井到油箱”分析

2.1 引言

为了评估车辆和燃料系统对环境的影响和资源利用情况，必须确定车辆的燃料消耗和空气污染物排放量。多个国家法律规定，必须采用标准化的测试程序，以达到可重复测量的结果。其中规定了环境条件、燃料规格以及被测试车辆的负载条件，此外，还详细介绍了由随时间变化的速度数据点、转速和扭矩数据点组成的工作循环。可替代动力总成配置可适用特殊规则。

在众多因素中，车辆荷载、交通、地形路况以及司机的驾驶行为对燃料经济性和尾气排放的影响较大。因此，行驶循环实际上是对真实场景下汽车驾驶的一种简化。对循环工况的选择需要考虑到环境绩效评价，尤其是消费者信息。

除了车辆型式认证，循环工况还可用于汽车研发和能源系统分析领域的具体评估，尤其是道路车辆的“油箱到车轮”分析。

2.2 用于乘用车型式认证的循环工况

下文给出了用于车辆型式认证最新循环工况的相关示例。图 2.2（编号①～⑭）为上述各循环工况的速度-时间图。Barlow 等[1] 对 256 种循环工况进行了全面的总结。此外，Rakopoulos[2] 和 Delphi[3] 概述了全球汽车排放标准以及各循环工况。

欧盟轻型乘用车和商用车型式认证的相关循环工况在理事会第 70/220 号指

令中有详细规定[4]。在文献中被称为NEDC（新欧洲标准行驶循环）或MVEG-B（欧洲机动车排放组合循环）循环工况。MVEG-B循环工况分为两个部分：由原来的ECE（欧洲经济委员会）城市循环工况，加上城郊高速公路工况EUDC循环。欧洲议会和理事会[5]第715/2007号条例（EC）要求欧洲委员会复审该循环工况并尽可能采用新的循环工况："使其能体现车辆规格和驾驶员行为"(p. L171/172)。欧盟建议采用全球统一的轻型车排放测试工况（WLTC）。

与美国联邦（1～3级）和加利福尼亚州（低排放车辆，LEV 1～3）车辆排放法规有关的循环工况分别为城市测功机循环（UDDS）、美国联邦测试循环（FTP）、高速公路燃料经济性测试循环（HWFET），以及两个FTP的补充循环SFTP-US06和SFTP-SC03。SFTP-US06为高速、高加速度工作循环，SFTP-SC03为高温空调全负荷运转循环[6]。FTP测试循环以UDDS城市测功机行驶循环为基础，重复UDDS前505s的循环。

JC08模式是日本用于车辆型式认证的测试行驶模式之一。以前采用两种模式，即在发动机冷却的状态下进行测定的"11模式"，以及待发动机变热后进行测定的"10/15模式"。这两种模式自2011年来已被JC08模式所取代，因此未在图2.2示出。

2.3 研究项目中的循环工况

除了上述用于车辆型式认证的循环工况，各类研究活动、国际项目和其他举措重新定义了循环工况，以更具代表性的方式反映了汽车的驾驶行为。根据参考文献[7]中给出的信息和数据，给出了三个例子。研究项目MODEM和HYZEM在监测车队的基础上重新定义了循环工况，其中MODEM和HYZEM分别投入了58辆和77辆乘用车。这些车遍布于法国、英国、德国和希腊。两个项目所属车队的总行程超过16万公里。在MODEM和HYZEM所提供数据库的基础上，之后的ARTEMIS项目进一步整合了意大利和瑞士的汽车监控数据。MODEM、HYZEM和ARTEMIS构建了完整的行驶循环以及各工况下的子循环，如图2.2所示（编号⑮～㉖）。

2.4 循环工况的特点

以下将对循环工况的选定参数进行比较。各个值的计算方程需要速度-时间数据，具体见参考文献[1]。循环工况的时间显示分辨率通常为1s。工况中各阶段的加速度视为恒定。由于实际操作中驾驶员模型及实现整车行驶工况的动态模拟存在一定偏差，因此来自实际测功机测试或动态模拟的速度-时间值可能会偏离循环工况定义中的期望值。

循环工况的3个特征参数为持续时间、行驶距离和平均速度，参见式(2.1)～式(2.3)：

$$t_{cycle}=\sum_{i=2}^{n}(t_i-t_{i-1}) \tag{2.1}$$

$$S_{cycle}=\sum_{i=2}^{n}(t_i-t_{i-1})\frac{v_i}{3.6} \tag{2.2}$$

$$\overline{v}_{cycle}=\frac{S_{cycle}}{t_{cycle}} \tag{2.3}$$

式中，n 是速度-时间数据点的数量；速度的单位为 km/h。

根据平均车速依次递增，循环路况可以大致分为城市、城郊、乡村村公路和高速公路等，所需的机械能也随之增加。若增加加速时段的频率和持续时间，城市行驶工况也能有较高的能量转换效率。因此，可采用相关参数进一步阐释循环工况的特征，例如，相对正加速度（RPA）、相对负加速度（RNA）和停顿时间（x_t，stand still）[参见式(2.4)～式(2.6)]。RPA 和 RNA 是循环工况动态特性的指标，数值越大表示加速和减速的时段越多。

$$\mathrm{RPA}=\frac{1}{s}\sum_{i=1}^{n}\begin{cases}\dfrac{a_i v_i}{3.6}(a>0)\\ 0(a\leqslant 0)\end{cases} \tag{2.4}$$

$$\mathrm{RNA}=\frac{1}{s}\sum_{i=1}^{n}\begin{cases}\dfrac{a_i v_i}{3.6}(a<0)\\ 0(a\geqslant 0)\end{cases} \tag{2.5}$$

$$x_{t,\mathrm{standstill}}=\begin{cases}\dfrac{t_i-t_{i-1}}{t_{cycle}}\times 100\%(v_i=0，且\ a_i=0)\\ 0(其他)\end{cases} \tag{2.6}$$

本章所介绍的26种循环工况按式(2.4)～式(2.6)计算的结果详见表2.1。

表2.1 乘用车循环工况特征

循环工况	持续时间/s	距离/km	平均速度/(km/h)	RPA/(m/s²)	RNA/(m/s²)	停顿时间占比/%
① MVEG-B	1180	11	33	0.12	−0.11	24
② ECE	780	4.0	18	0.15	−0.13	31
③ EUDC	400	6.9	62	0.09	−0.09	10
④ WLTC	1800	23	46	0.16	−0.15	11
⑤ WLTC-低速	589	3.1	19	0.22	−0.20	25
⑥ WLTC-中速	433	4.7	39	0.21	−0.19	11
⑦ WLTC-高速	455	7.1	56	0.14	−0.13	6.4

续表

循环工况	持续时间/s	距离/km	平均速度/(km/h)	RPA/(m/s²)	RNA/(m/s²)	停顿时间占比/%
⑧ WLTC-超高速	323	8.3	92	0.13	−0.12	1.9
⑨ UDDS	1372	12	31	0.19	−0.16	18
⑩ FTP	1874	18	34	0.18	−0.16	18
⑪ HWFET	765	17	78	0.09	−0.07	0.65
⑫ SFTP-US06	600	13	77	0.22	−0.20	6.7
⑬ SFTP-SC03	594	5.8	35	0.22	−0.19	18
⑭ JC08	1204	8.2	24	0.19	−0.17	29
⑮ MODEM	1948	25	46	0.19	−0.17	15
⑯ MODEM-市内缓慢	451	1.7	14	0.28	−0.23	33
⑰ MODEM-一般道路	695	8.5	44	0.23	−0.21	11
⑱ MODEM-市内自由行驶	352	2.2	33	0.32	−0.28	18
⑲ MODEM-高速	450	13	102	0.12	−0.11	1.8
⑳ HYZEM	3207	61	68	0.15	−0.14	8.5
㉑ HYZEM-市内	560	3.5	22	0.28	−0.24	24
㉒ HYZEM-市郊	843	11	48	0.22	−0.20	9.8
㉓ HYZEM-高速	1804	46	92	0.13	−0.12	3.2
㉔ ARTEMIS-市内	993	4.9	18	0.34	−0.28	26
㉕ ARTEMIS-一般道路	1082	17	57	0.18	−0.17	2.8
㉖ ARTEMIS-高速	1068	29	97	0.14	−0.13	1.4

注：速度-时间图见图 2.2。RPA 指相对正加速度；RNA 指相对负加速度。相关参数的计算参见 2.4 节。

从表 2.1 中可以看出，循环持续时间为 323～3207s。行驶总距离在 1.7km（MODEM-市内缓慢）和 61km（HYZEM）之间。其中，MODEM-高速（102km/h）和 ARTEMIS-高速（97km/h）循环的平均速度较大，MODEM-市内缓慢（14km/h）、ECE 和 ARTEMIS-城市（均为 18km/h）循环的平均速度较小。

RPA 和 RNA 的数值很接近。相应地，ARTEMIS-市内（0.34，−0.28）和 MODEM-市内自由行驶（0.32，−0.28）循环的值最高，EUDC（0.09，−0.09）和 HWFET（0.09，−0.07）的值相对较低。ARTEMIS-市内循环行驶距离（4.9km）最短，平均速度也较低（18km/h），但有最大的 RPA 值和 RNA 值（0.34，−0.28）。RPA 值较高的循环还有美国循环 UDDS、FTP、SFTP-US06 和 SFTP-SC03。此外，停顿时间较长的为 MODEM-市内缓慢（33%）和 JC08（29%）循环。

根据参考文献［8］中的乘用车模拟，各类循环的机械能要求如图 2.1 所示。对于城市驾驶循环，RPA 和 RNA 值较高的循环所需的机械能也较大。由于城郊驾驶循环 ARTEMIS-一般道路、EUDC 和 WLTC-高速平均速度相对较低，因此对机械能的需求也较低。对于高速公路循环，HWFET 循环平均速度较低，RPA 值较小，所需输入的机械能最低。

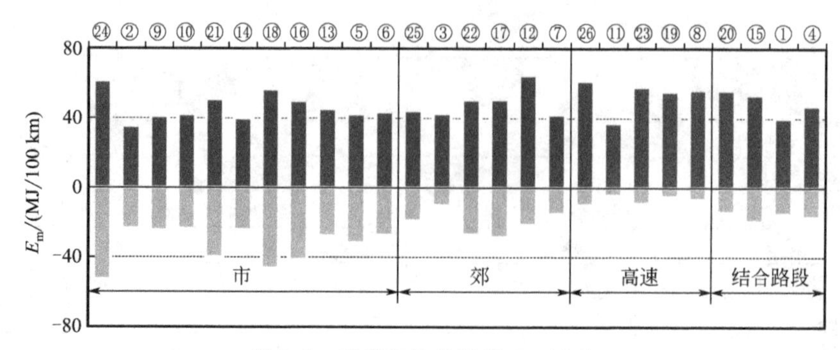

图 2.1 乘用车的机械能 E_m 要求

整车质量为 1251kg，横截面积为 2.1m^2，空气阻力系数为 0.32。数值来源于动力传动系统仿真结果[8]。图中的编号与表 2.1 中的编号相对应

2.5 所选循环工况及其图示

所选循环工况的速度-时间数据如图 2.2 所示。该图的第一部分（编号①～⑭）给出了用于车辆型式认证最新循环工况的相关示例。其后的循环则是从国际研究项目汽车监控数据的基础上发展而来，详情见 2.2 节和 2.3 节。表征各循环工况的描述性参数详见 2.4 节。

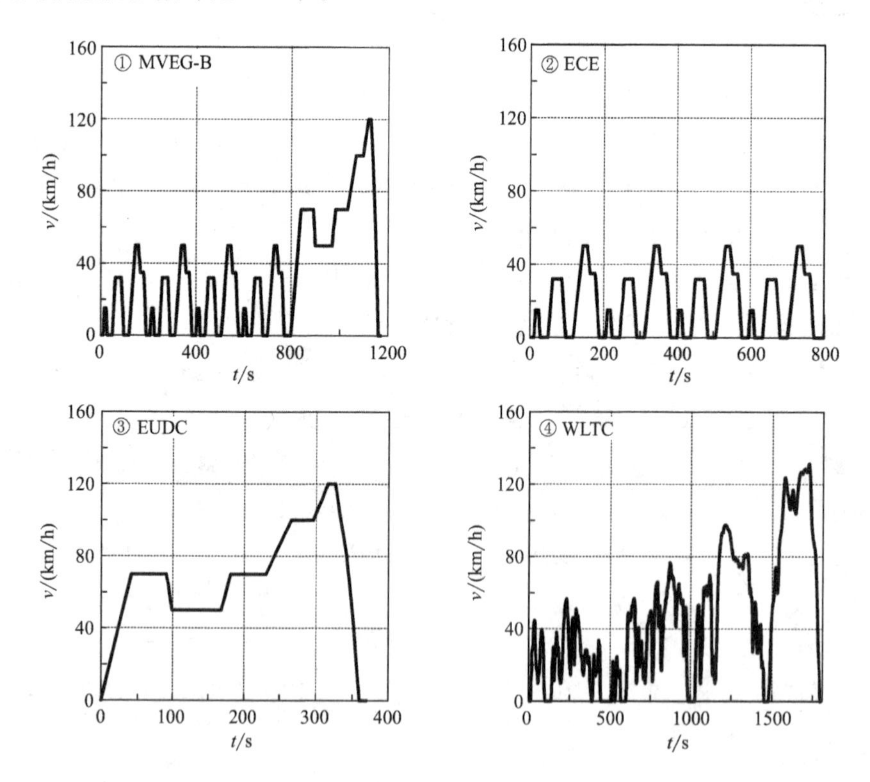

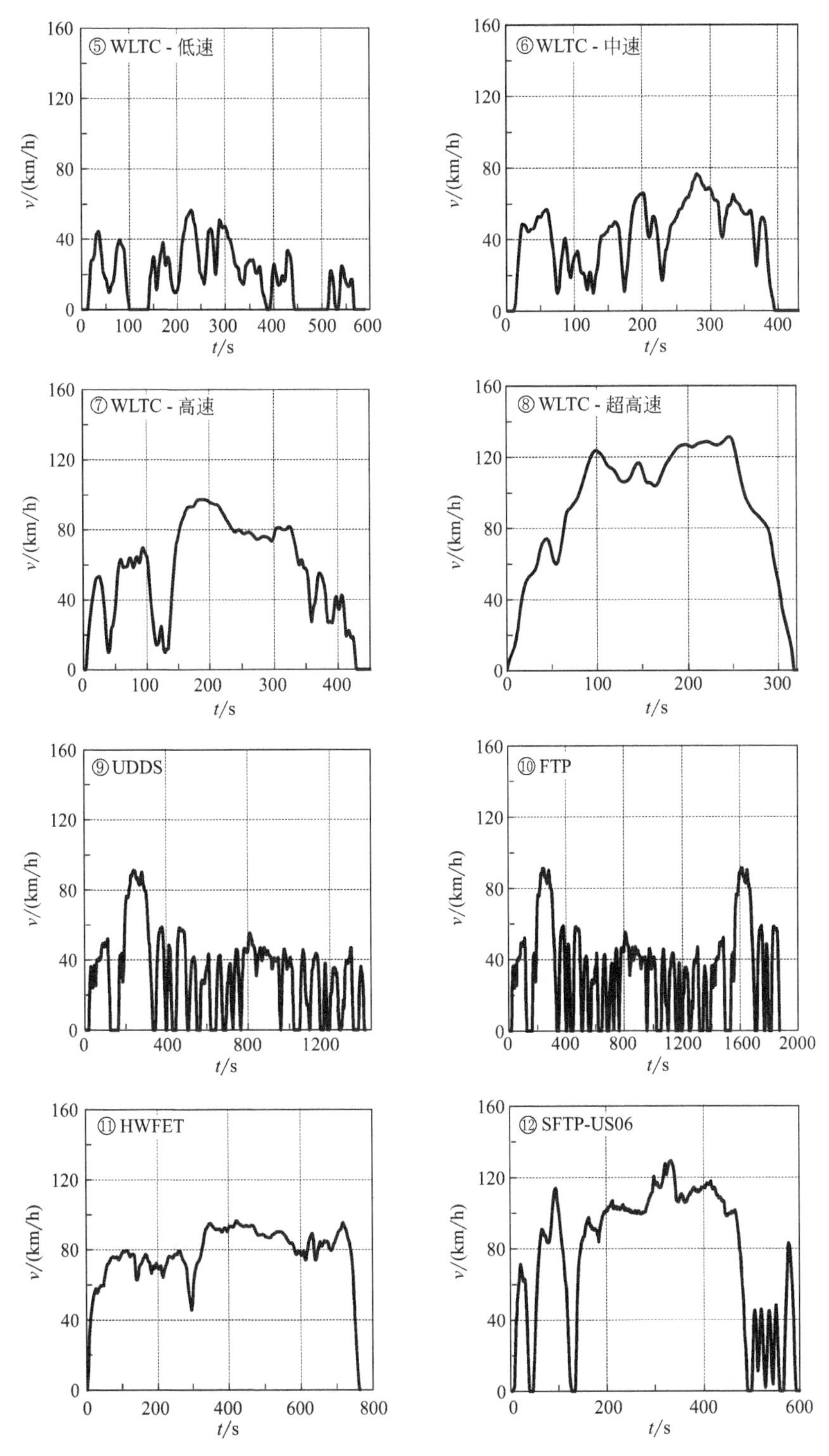
⑤WLTC - 低速
⑥WLTC - 中速
⑦WLTC - 高速
⑧WLTC - 超高速
⑨UDDS
⑩FTP
⑪HWFET
⑫SFTP-US06
v/(km/h)
t/s

图 2.2

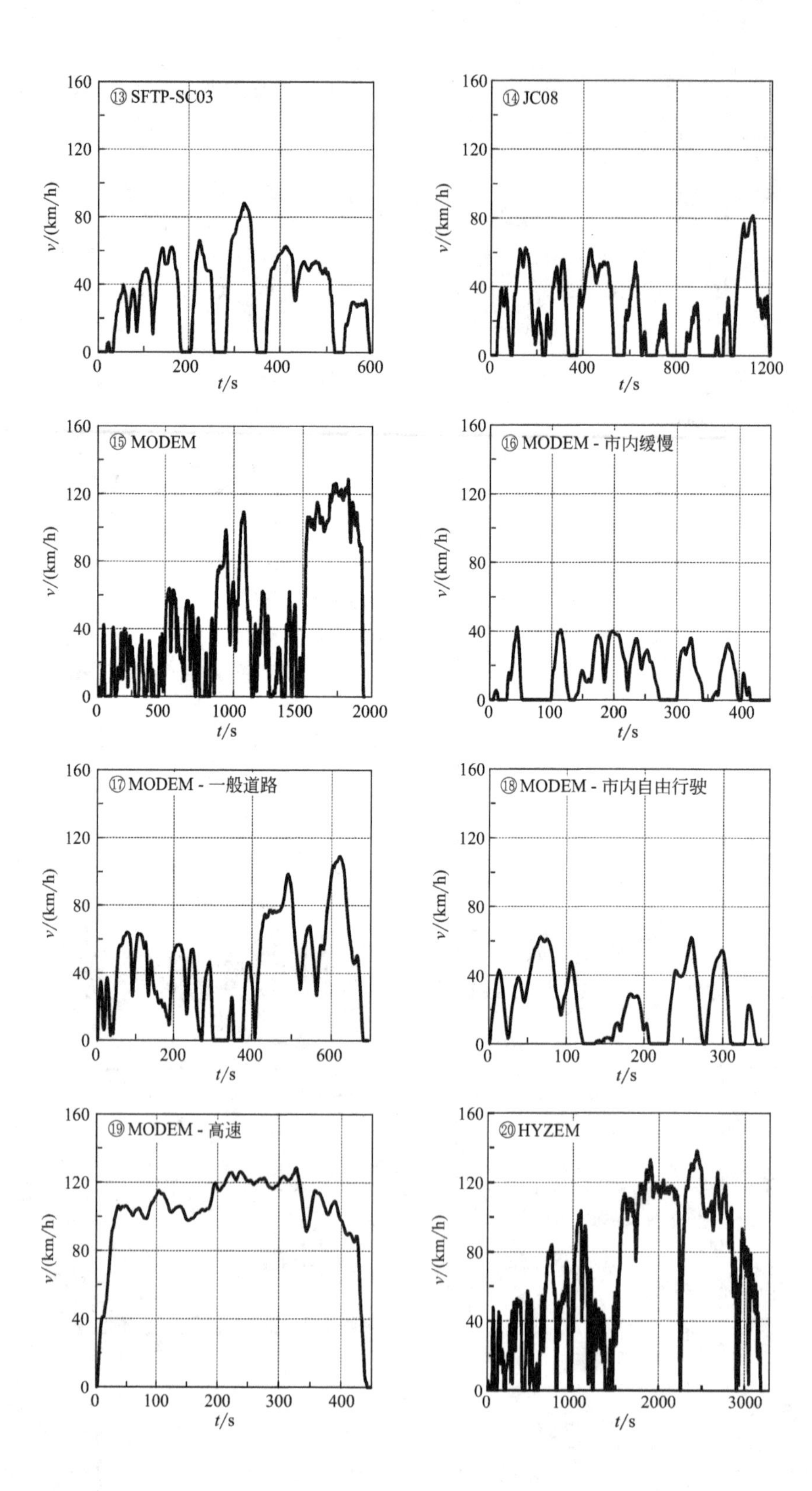

⑬ SFTP-SC03
⑭ JC08
⑮ MODEM
⑯ MODEM - 市内缓慢
⑰ MODEM - 一般道路
⑱ MODEM - 市内自由行驶
⑲ MODEM - 高速
⑳ HYZEM
v/(km/h)
t/s

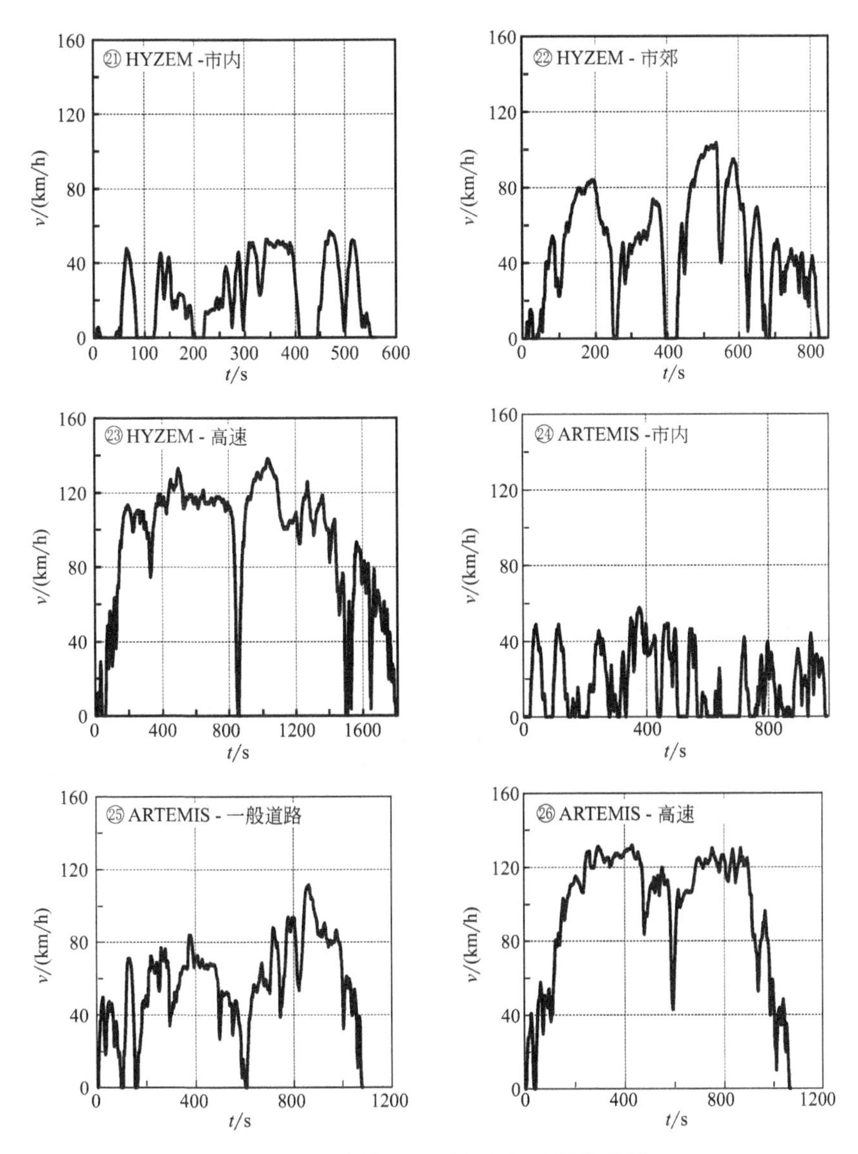

图 2.2 所选循环工况的速度-时间数据图

图中各循环工况的编号与表 2.1 中的编号相对应

2.6 结论

本章介绍了与车辆型式认证以及车辆动力传动评估相关的循环工况，并根据其循环工况动态特性和机械能要求定义了表征循环工况特征的参数。负载点的循环工况特定频谱以及动力总成配置的性能特征对燃料经济性和排放评估的实际结果起决定性的作用。其中，循环工况被广泛作为测功机的测试基础，并作为动态动力传动仿真中随时间变化的输入变量。这种模拟可以有效地应用于技术开发以及各种系统分析任务。基于测功机和车辆实际测试的测量为车辆型式认证和环境评估提供了所需的数据。

参考文献

[1] Barlow, T.J. *et al.* (2009) *A Reference Book of Driving Cycles For Use in the Measurement of Road Vehicle Emissions*, Transportation Research Laboratory (TRL), Wokingham, Berkshire, UK.

[2] Rakopoulos, C.D. and Giakoumis, E.G. (2009) *Diesel Engine Transient Operation: Principles of Operation and Simulation Analysis*, Springer, London. ISBN: 978-1-84882-375-4.

[3] Delphi Automotive LLP (2012) Worldwide Emissions Standards – Passenger Cars and Light Duty Vehicles.

[4] The Council of the European Communities, Brussels (2006) Council Directive of 20 March 1970 on the approximation of the laws of the Member States on measures to be taken against air pollution by emissions from motor vehicles.

[5] European Commission, Brussels (2007) Regulation (EC) No 715/2007 of the European Parliament and of the Council of 20 June 2007 on type approval of motor vehicles with respect to emissions from light passenger and commercial vehicles (Euro 5 and Euro 6) and on access to vehicle repair and maintenance information, in Commission, E. (ed.).

[6] Environmental Protection Agency (1996) Final Regulations For Revisions to the Federal Test Procedure for Emissions from Motor Vehicles, Federal Register/Vol. 61, No. 205.

[7] André, M. (2004) The ARTEMIS European driving cycles for measuring car pollutant emissions. *Sci. Total Environ.*, **334–335**, 73–84.

[8] Grube, T. (2014). Potential der Stromnutzung in Pkw-Antrieben zur Reduzierung des Kraftstoffbedarfs. Technische Universität Berlin, Fakultät V – Verkehrs- und Maschinensysteme, Dissertation.

3 氢燃料的品质

James M. Ohi
3024 Carter Circle, Denver, CO 80222, USA

摘要

本章简要概述了 ISO 14687-2:2012 中规定的用于道路车辆系统聚合物电解质燃料电池（PEMFC）的氢燃料的品质。

关键词： 燃料质量；氢燃料；ISO 14687-2: 2012；聚合物电解质燃料电池；道路车辆系统

3.1 引言[1]

为了促进亚洲、北美和欧洲地区燃料电池汽车（FCV）示范项目的推广，国际社会于 2004 年开始推动氢燃料质量标准的制定。该标准的通过将会消除这些示范项目数据中的一个变量，还将促进燃料电池汽车的商业化。表 3.1 列出了 2012 年发布的标准中的污染物及其排放限值。测定数据时，可采用标准化采样和分析方法，通过配料机喷嘴对燃料质量进行验证，也可采用供应商和客户所接受的其他设备或方法进行验证。由于表 3.1 是以之前的知识为标准，因此其中未列出的污染物也不一定就是良性的。

表 3.1 限制特性目录（污染物的最大允许限值）ISO 14687-2:2012

特性(含量测定)	Ⅰ类、Ⅱ类 D 级
氢燃料指数(最小摩尔分数)①	99.99%
非氢气体总量	300μmol/mol
单一污染物的最大浓度/(μmol/mol)	
水(H_2O)	5
烃类(甲烷为主)	2
氧气(O_2)	5
氦(He)	300
氮(N_2)和氩(Ar)②	100
二氧化碳(CO_2)	2
一氧化碳(CO)	0.2
硫化物③(H_2S 为主)	0.004
甲醛(HCHO)	0.01
甲酸(HCOOH)	0.2

续表

特性（含量测定）	Ⅰ类、Ⅱ类D级
氨（NH_3）	0.1
卤代化合物[④]（卤化离子为主）	0.05
最大颗粒浓度/（mg/kg）	1

① 上表中，氢燃料指数不包括“非氢气体总量”，以摩尔百分数来表示。

② 总烃包括含氧有机物。总碳氢化合物是以碳为基础测量的（μmol/mol）。由于甲烷的存在，总烃可能超过2μmol/mol，在这种情况下，甲烷、氮和氩的总和不得超过100μg/g。

③ 至少包括天然气中的主要成分 H_2S、COS、CS_2 和硫醇。

④ 包括例如溴化氢（HBr）、氯化氢（HCl）、氯（Cl_2）和有机卤化物（R—X）。

注：对于添加剂的组分，例如总烃和总硫化物，组分的总和应小于或等于可接受的极限。适用气体测试方法的公差应为可接受极限的公差。

3.2 氢燃料

考虑到标准近期的重点，对于污染物的测定及其限制，仅限于通过天然气的甲烷水蒸气重整（SMR）来制氢，通过变压吸附（PSA）净化氢气，并将其储存在燃料电池汽车的高压气体存储容器中。其中，以下六种“关键成分”是测试和分析的重点，即一氧化碳（CO）、含硫（S）物质、氨（NH_3）、甲烷（CH_4）和其他惰性气体，以及直径在10μm以下的颗粒物质（PM）。这些组分最有可能影响PEM燃料电池

表3.2 通过SMR制氢和PSA净化氢去除这些主要污染物的相对难度

种类	吸附力	ISO 14687 规格/10^{-6}	SMR（摩尔分数）/%	SMR的净化比率	整体效应
氦(He)	↑0	300（惰性气体总量）	500×10^{-6}	5	不可行
氢气(H_2)	弱	99.97%	75～80		影响PAS的收回成本和资本成本
氧气(O_2)		5	—	—	影响PAS的收回成本和资本成本
氩(Ar)		100（惰性气体总量）	500×10^{-6}	5	影响PAS的收回成本和资本成本
氮(N_2)		100（惰性气体总量）	1000×10^{-6}	10	影响PAS的收回成本和资本成本
一氧化碳(CO)		0.2	0.1～4	200000	影响PAS的收回成本和资本成本
甲烷(CH_4)		2(包括THC)	0.5～3	15000	影响PAS的收回成本和资本成本
二氧化碳(CO_2)		2	15～18	90000	较容易去除
总碳氢化合物		2(包括CH_4)	0.5	2500	较容易去除
氨	强	0.1	低浓度		较容易去除
总硫量	强	0.004			较容易去除
卤化物	强	0.05			较容易去除
水(H_2O)	强	5	露点		较容易去除

注：数据来源于雪佛龙技术风险投资公司。

的性能和耐久性，并且会影响 SMR 制氢和 PSA 净化氢的成本能否达到标准。表 3.2 显示了通过 SMR 制氢和 PSA 净化氢去除这些主要污染物的相对难度。

3.3 燃料品质的影响

在考虑微量的特定污染物对 PEM 燃料电池性能和耐久性的影响时，必须结合 PEM 燃料电池退化（即电池的功率输出逐渐下降）的原因和机理。退化机理包括由于铂颗粒的溶解和烧结、隔膜材料变薄以及碳载体材料的腐蚀而引起的力学性能的降低[2]。CO 和硫化氢（H_2S）等污染物吸附在催化剂表面并阻碍电极电荷的传递，导致电池过电压而引起损耗。NH_3 等污染物可以形成阳离子，通过离子交换器中的质子离子交换来抑制质子传导并引起较大的欧姆损失。污染物还可以通过改变气体扩散层中的水和/或气体输送来减少质量传递。燃料污染物对电池性能和耐久性的影响本身较为复杂，是参考文献 [2] 和 [3] 中讨论众多的影响因素之一。

3.4 燃料电池汽车的燃料品质

从燃料喷嘴到阳极入口，包括车载存储和辅助设备（BOP）燃料系统组件，其中氢燃料的品质都需要保持稳定。PEM 燃料电池汽车子系统的协同操作对于保证整个系统的效率和耐久性至关重要，因此必须考虑燃料品质。例如，空气的有效压缩、净化和输送对于阴极操作至关重要，另外在冷热负荷突变时热交换子系统必须保持均匀的堆温度。在从冰点温度到高温以及相对湿度（RH）较低的操作条件下，水管理子系统必须保持电池堆性能的稳定性。此外，氢存储和输送子系统会影响阳极的性能和寿命，其中，低负载量高活性阳极催化剂对于降低系统成本尤为关键。决定车辆燃料电池性能的操作包括运行温度、关闭/启动程序、可在空载和满载下操作的时间长度（即混合度等）、瞬态/稳态响应以及其他参数。

3.5 单电池测试

非氢组分的最大允许浓度由恒定操作条件下一定次数的单电池测试决定，该电池不采用最新的 PEM 燃料电池技术。也就是说，这些规范应该是来自工业、大学和国家实验室的国际专家的共识，例如 ISO 14687-2，应能够为道路车辆用质子交换膜（PEM）燃料电池技术开发的预先商业化提供准则。测试实验室需根据电池制造商的建议进行前处理，并按照以下参数和条件进行基线测试：

温度：80℃；

RH：阳极 75%/阴极 25%（制造商的建议）；

压力：150kPa（abs）；

电力负载：1A/cm；

化学计量数：1.2/2.0（阳极/阴极）。

鉴于时间有限，测试的重点是获取以下关键数据点：

待测试污染物：CO、NH_3、卤化物、ISO 混合物（CO、H_2S、NH_3、惰性物质）；

污染物水平：两种污染物等级，①ISO 规格级别，②10×规格级别；

测试持续时间：300h 或性能下降大于 60mV，或根据某种污染物确定。

例如，图 3.1 中总结了 CO 影响下的单电池测试结果。测试条件：阳极铂载量 0.05mg/cm^2，恒定电流（1A/cm^2），80℃下 100%相对湿度，通过同时改变浓度和曝光时间获得恒定 CO 剂量［20μL/(L·h)］。测试结果表明，电池性能损失随 CO 浓度增加而增加，随电池温度降低而减小。

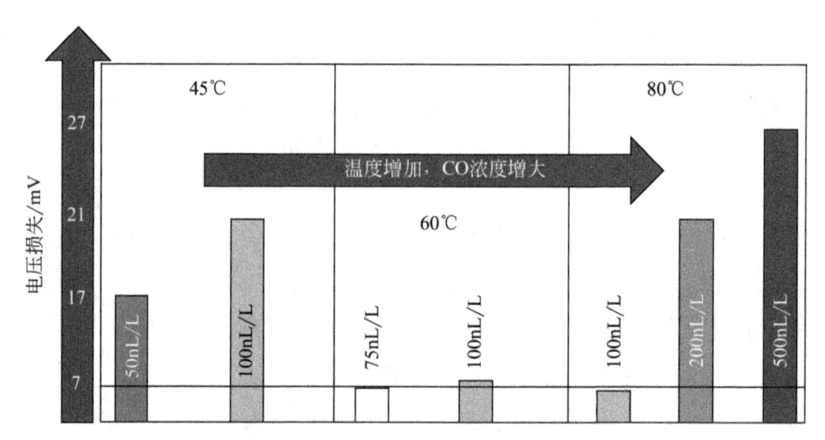

图 3.1 不同温度下 CO 浓度对电池性能的影响（0.05mg/cm^2 铂载量）[4]

如果电压损失小于初始电压的 1%，测试顺序与一般膜电极组抗 CO 性能测试相似。电池的工作电压约为 700mV（50A），即电压损失小于 7mV 时满足此条件

3.6 现场数据

在实际的加油和驾驶条件下，燃料质量对 PEM 燃料电池汽车的性能和耐久性有何影响？目前相关数据非常有限。PEM 燃料电池汽车已相继在亚洲、欧洲和北美进行示范，但此类示范的焦点为关键技术目标，主要包括耐久性（电池堆运行时长）和续航里程。目前，氢燃料仍处于商业化阶段，供应商正尝试通过控

制输送、就地生产等环节努力减小燃料对 PEM 燃料电池汽车性能和耐久性的影响。“日本氢能及燃料电池示范项目（JHFC）”是世界上第一个以不同原料和方法并行操作生产氢气的示范项目。该原料和方法包括：天然气、石脑油、汽油、甲醇、液化石油气和煤油等的重整，水的电解以及氢气液化。此外，JHFC 项目还通过连续监测六个加氢站 PSA 出口处的 CO 和 CH_4，并通过批量分析不同时间间隔（每月、每季度、半年）内不同站点的 N_2、CO、CO_2、CH_4、O_2 和 H_2O，提供了这些加氢站的燃料质量数据。表 3.3 为一个现场改造的天然气站（Senju）的燃料质量数据（百万分之一）。

表 3.3　Senju 加氢站的燃料质量数据（ND 表示未被检出）[5]　　单位：μL/L

成分	2004 年 3 月	2005 年 2 月	2005 年 9 月	2007 年 12 月	2008 年 12 月
CO	0.02	0.02	ND	ND	0.01
CO_2	ND	ND	ND	ND	ND
CH_4	0.08	ND	0.08	ND	ND
NMHC	ND	ND	ND	ND	ND
C_6H_6	ND	ND	ND	ND	ND
含硫物	ND	ND	ND	ND	ND
MeOH	ND	ND	ND	ND	ND
HCHO	ND	ND	ND	ND	ND
CH_3CHO	ND	ND	ND	ND	ND
HCOOH	ND	ND	ND	ND	ND
CH_3COCH_3	ND	ND	ND	ND	ND
NH_3	ND	ND	ND	ND	ND
卤化物	—	—	—	ND	ND
O_2	ND	ND	ND	ND	ND
H_2O	24.0	0.9	ND	ND	ND
Ar	4.95	0.11	0.73	1.5	1.34
N_2	3.03	0.12	3.59	10.4	6.91
He	ND	ND	ND	ND	ND

3.7　燃料质量验证

燃料质量是否符合规范需采用标准化的分析方法和仪器来检验。美国材料与试验协会（ASTM）为实验室提供了通用的分析程序，以标准化的仪器和测试程序来检验特定的燃料样品是否符合规范[6]。表 3.4 为 JHFC 项目中加氢站污染物的分析取样和测量结果。这些数据表明，现有的分析仪器和方法有足够的灵敏度检测出 ISO 标准规定的氢燃料污染物等级（参考文献［1］中脚注 5）。

表 3.4 加氢站污染物的分析采样和测量

杂质	分析方法	检测极限/(μmol/mol)	测定限/(μmol/mol)	ISO 的阈限/(μmol/mol)	测定限是否小于 ISO 的阈限
H_2O	DPM	0.5	1.7	5	是
THC	GC-FID	0.1	1	2	是
O_2	氧浓度测定仪	0.01	0.03	5	是
He	GC-TCD	3	9	300	是
N_2,Ar	GC-TCD	1	3	100	是
CO_2	GC-MS	0.01	0.03	2	是
CO	GC-FID IR	0.01	0.03	0.2	是
		<0.05	0.05		
总硫量	IC	0.001	0.004	0.004	是
HCHO	DNPH/HPLC	0.002	0.006	0.01	是
HCOOH	IC	0.002	0.005	0.2	是
NH_3	IC	0.01	0.04	0.1	是
卤化物	IC	0.05	0.17	0.05	NG
PM 直径	—	—	—	10	—
PM 浓度	—	—	—	1	—

注：DPM—露点测量仪；GC-FID—气相色谱-氢火焰检测器；GC-TCD—气相色谱热导检测器；GC-MS—气相色谱质谱仪；IR—红外光谱测定法；IC—离子色谱法；DNPH/HPLC—衍生化-高效液相色谱。

3.8 结论

ISO 标准中的氢燃料质量规格仅适用于道路车辆的聚合物电解质膜（PEM）燃料电池。该规格总体较为保守，适用于燃料电池车辆和氢燃料基础设施开发的商业前展示阶段，主要针对一些“关键成分”的测试、建模和分析，如一氧化碳（CO）、硫（S）、氨（NH_3）、甲烷（CH_4）和其他惰性气体以及直径小于 10μm 的颗粒物质（PM）等。这些成分最有可能影响 PEM 燃料电池的性能和耐久性，并决定了由 SMR 制取、PSA 纯化氢的成本是否满足 ISO 标准。标准化的分析方法，包括仪器和采样程序，都对验证结果的一致性至关重要。

参考文献

[1] ISO (2012) 14687-2:2012, Hydrogen fuel – Product specification – Part 2: Proton exchange membrane (PEM) fuel cell applications for road vehicles. International Organization for Standardization. www.iso.org. This chapter is based on material prepared for a report (ed. J.M. Ohi *et al.*, Hydrogen Fuel Quality Specifications for Polymer Electrolyte Fuel Cells in Road Vehicles) to be published by the U.S. Department of Energy.
[2] Borup, R. *et al.* (2007) Scientific aspects of polymer electrolyte fuel cell durability and degradation. *Chem. Rev.*, **107**, 3904–3951.
[3] Wu, J. *et al.* (2006) A review of PEM fuel cell durability: degradation mechanisms and mitigation strategies. *J. Power Resources*, **184**, 104–119.
[4] Rockward, T., Quesada, C., Rau, K., and Garzon, F. (2011) PEMFC poisoning with CO: measuring tolerance vs. temperature and low platinum loadings. Presented at the 220th Electrochemical Society Meeting and Electrochemical Energy Summit, Boston, MA, 9–14 October 2011.
[5] Yasuda, I. (2010) Discussion of C/b analysis in view of fuel suppliers. Presentation to ISO TC197 WG12, San Francisco, 28–29 January 2010.
[6] ASTM International (2015) Subcommittee D03.14 on Hydrogen and Fuel Cells. http://www.astm.org/COMMIT/SUBCOMMIT/D0314.htm (accessed on 10 August 2015).

4 燃料消耗

Amgad Elgowainy[1] and Erika Sutherland[2]

[1]Argonne National Laboratory, Energy Systems Division, 9700 South Cass Avenue, Lemont, IL 60439, USA

[2]Fuel Cell Technologies Office, U. S. Department of Energy, 1000 Independence Avenue S. W. ,Washington,DC 20585,USA

摘要

本章提供了氢能源的能源消耗数据，涵盖氢的生产、压缩、液化、输送和分配（T&D）、加油以及在燃料电池中的使用情况，并着重介绍了氢燃料电池在交通运输中的应用，包括叉车、公共汽车和轻型车辆（LDV）。在不同用氢途径下，氢燃料电池电动汽车（FCEV）的能源消耗对于计算和比较各种氢/燃料电池车辆系统整个生命周期内的能源消耗及排放有重要的借鉴意义。

关键词：压缩能；冷能；能源消耗；燃料经济性；液化能；生产效率

4.1 引言

生产和包装氢燃料的能耗，以及燃料电池中氢转化为电的效率，决定了氢用作燃料电池电动汽车（FCEV）运输燃料的前景。这些数据对氢能源能否满足道路运输燃料法规的要求至关重要，例如美国环境保护署（EPA）颁布的《公司平均燃料经济性标准》(CAFE，要求 2025 年美国轻型汽车的平均燃料经济性达到 54.5mile/gal)[1]，加州空气资源委员会（CARB）颁布的《低碳燃料标准》(LCFS) 和《零排放汽车（ZEV）标准》[2,3]。为了便于氢燃料的输送和分配，使其快速传输至 FCEV 储罐，氢燃料包装的压缩、冷却和液化过程也有一定能耗。氢包装工艺的选择取决于与不同市场需求下的经济性，以及车载氢气机的种类。

4.2 制氢

氢气可以由多种原料和技术来生产，是一种零碳式能量载体。其中天然气蒸汽重整制氢（SMR）是最主要的产氢途径。在北美许多地方，氢气是氯碱厂生产氯气的副产品，用于供给商业氢气生产商进行液化或进一步加工，以服务于不同的氢市场。用电网或分布式发电水电解是制氢的另一途径。其他方法例如煤和生物质气化，都或多或少地涉及碳捕集与封存（CCS）。表 4.1 总结了使用不同原料和技术生产 1kg 氢燃料的生产效率和工艺能耗（按燃料类型）。生产的氢气必须符合国际标准化组织（ISO）标准中规定的用于道路车辆的质子交换膜（PEM）燃料电池应用的标准[4]。需注意的是，氢通常在 20bar（$1bar=10^5Pa$，下同）的压力下制取，氢气的低热值（LHV）为 33.4kW · h/kg。

表 4.1　不同制氢途径的生产效率和工艺能耗[5]

途径	生产效率①/%	工艺能耗(氢气)/(kW · h/kg)	燃料占比	副产品电量/(kW · h/kg)
天然气蒸汽重整	72(65～75)	46	98.7%天然气,1.3%电	—
天然气蒸汽重整(CCS)	71	47	97%天然气,3%电	—
电解	67(60～73)	50	100%电	—
煤气化	56(45～65)	65②	100%煤	3.2
煤气化(CCS)	54(45～60)	62	97.2%煤,2.8%电	—
生物质气化	46(44～48)	72	96.2%煤,2.4%天然气,1.4%电	—
其他工序的副产品	100③	—	不适用	不适用

① 基于 LHV 的效率，相当于生产的氢和产生的副产品电量（如果有）中的能量除以生产过程中所有能源输入的能量，包括用于 CCS 的电能。圆括号内的数据为生产效率的范围。

② 包括用于生产副产品电量所消耗的能源。

③ 假定氢气作为副产品不承担能源负担（即主要产品承担整个工艺的能源负担，如氯碱厂的氯气）。

4.3　氢气包装

氢气在大气压力和常温下具有较低的体积能量密度。为了提高输送和存储能力，一般对氢气加压来增加其体积能量密度，通常将氢气加压到 100bar 以用于管道输送，在 20K 下液化以便于在低温油罐车中运输和分配，或者在管道拖车中加压到 500bar 由卡车分发给不同市场应用。此外，若要分配、补给公共汽车或叉车［也称为物料搬运设备（MHE）］中的车载储罐，需将氢气加压到约 480bar。在标准压力和温度（STP）条件下，这些储罐的额定压力为 350bar。大多数燃料电池 LDV 的车载储罐在 STP 下额定工作压力为 700bar，因此需要将氢气压缩至约 900bar。为了提高 LDV 的能量补给速度，加压后的氢气在分配前需要冷却至－20～－40℃，以避免车载储罐过热，提高储罐的安全性。表 4.2 总结了不同情况下的能耗：①压缩氢气至不同车载储氢压力；②冷却氢气以便快速分配；③液化氢气以用于卡车运输；④卡车运输氢时使用柴油燃料。

表 4.2 与氢气包装、运输和加油压力相关的能耗（生产压力为 20bar，温度为 25℃）[6]

选项	能耗(范围)/(kW·h/kg)	能效①(冷却采用 COP②)	备注
压缩至 100bar	0.75(0.7～1)	98%	用于管道压缩的电能，假定有两级压缩级间冷却，88%的等熵效率和 96%的电机效率
压缩至 480bar	2.4(2～4)	93%	用于 350bar 车载储罐的电能，假定有四级压缩级间冷却，65%等熵效率和 90%电机效率。也适用于高压管道拖车
压缩至 900bar	3.2(3～5)	91%	用于 700bar 车载储罐的电能，假定有五级压缩级间冷却，65%等熵效率和 90%电机效率
液化	13(11～15)	72%	包括 0.58kW·h/kg 邻位氢转对位氢的转换能量
液体泵送至 900bar(从 2bar)	0.4(0.3～0.8)	99%	用于将液态氢气压力提升到 900bar 并在车载储罐气态扩散至 700bar(在热交换之后)的电能
冷却至 0℃	0.05	(1.9)	假设采用风冷机组
冷却至－20℃	0.15	(1.2)	假设采用风冷机组
冷却至－40℃	0.3	(0.9)	假设采用风冷机组
卡车运输(管道拖车)	0.6	NA	用管道拖车(装载量 700kg)运输氢每 100km 消耗的柴油，假设每 100km 消耗 40L 柴油
卡车运输(液罐车)	0.1	NA	用液罐车(装载量 4000kg)运输氢每 100km 消耗的柴油，假设每 100km 消耗 40L 柴油

① 等于输出氢气中的能量/(输入氢气中的能量＋压缩或液化的能量)。

② 制冷系统的性能系数（COP)。

4.4 燃料电池汽车的氢耗

集成在车辆系统中的燃料电池的效率表现为每一服务单位的氢燃料消耗。对于轻型汽车和公共汽车，该服务单位为运输距离（例如 100km），而叉车的服务单位通常是运行 1h。表 4.3 列出了不同车辆系统每个服务单位的氢气消耗量。

表 4.3 不同车辆系统每个服务单位的氢气消耗量

车辆系统	服务单位	每个服务单位的氢气消耗量/kg	备注
FCEV(紧凑型车)	100km	1.0(0.86～1.1)	根据 EPA-mpg 评价方法校准实际油耗[7]
FCEV(中型车)	100km	1.1(0.9～1.2)	根据 EPA-mpg 评价方法校准实际油耗[7]
FCEV(SUV)	100km	1.2(1～1.3)	根据 EPA-mpg 评价方法校准实际油耗[7]
燃料电池客车	100km	9.7	实际道路性能[8]
一类和二类叉车	运行 1h	0.13	实际操作性能[9]
三类叉车	运行 1h	0.06	实际操作性能[9]

4.5 结论

本章提供了燃料电池汽车在不同车载储存压力下生产、包装、运输和消耗氢气的能耗数据。其中包括使用不同原料和技术来生产氢气，压缩氢气以用于管道运输或装入管拖车，油罐车运输的氢液化，加油站的氢气压缩和冷却，以及燃料电池公共汽车、叉车和 LDV 等的能耗数据。氢能转换的能源效率决定了其在不同地区的不同燃料标准下作为运输燃料的潜力。

参考文献

[1] EPA (U.S. Environmental Protection Agency) and National Highway Traffic and Safety Administration (2011) 2017–2025 CAFE GHG Supplemental Rules. Available at http://www.epa.gov/otaq/climate/documents/420f12051.pdf (accessed 28 August 2012).

[2] CARB (California Air Resources Board), California Environmental Protection Agency (2009) Low-Carbon Fuel Standard Program. Available at http://www.arb.ca.gov/fuels/lcfs/lcfs.htm (accessed 3 February 2014).

[3] CARB (2008) The Zero Emission Vehicle Program – 2008. Available at http://arbis.arb.ca.gov/msprog/zevprog/factsheets/2008zevfacts.pdf (accessed 26 January 2014).

[4] ISO (2012) 14687-2: 2012 Hydrogen fuel – product specification – Part 2: Proton exchange membrane (PEM) fuel cell applications for road vehicles. International Organization for Standardization.

[5] DOE (U.S. Department of Energy) (2014) Production Case Studies. Central and forecourt production technology case studies. H2A production analysis models. Available at www.hydrogen.energy.gov/h2a_prod_studies.html (accessed 4 February 2014).

[6] DOE (2014) Hydrogen Delivery Scenario Analysis Model (HDSAM) Version 2.3. H2A delivery analysis models. Available at https://apps1.hydrogen.energy.gov/cfm/register.cfm?model=05D_H2A_Current_%282010%29_Delivery_Scenario_Analysis_Model_Version_2.3.xls (accessed 4 February 2014).

[7] Argonne National Laboratory (2012) Autonomie Vehicle Simulation Model. Last update December 2013. Available at www.autonomie.net.

[8] Eudy, L. and Post, M. (2014). Zero Emission Bay Area (ZEBA) Fuel Cell Bus Demonstration Results: Third Report. National Renewable Energy Laboratory, Technical Report NREL/TP-5400-60527. Available at http://www.nrel.gov/docs/fy14osti/60527.pdf (accessed 8 June 2014).

[9] Ramsden, T. (2013) An Evaluation of the Total Cost of Ownership of Fuel Cell-Powered Material Handling Equipment. National Renewable Energy Laboratory, Technical Report NREL/TP-5400-56408. Available at http://www1.eere.energy.gov/hydrogenandfuelcells/pdfs/fuel_cell_mhe_cost.pdf (accessed 11 June 2014).

II 示范项目

5 燃料电池汽车的全球发展现状

Remzi Can Samsun

Forschungszentrum Jülich GmbH，IEK-3，Leo-Brandt-Straße，
52425 Jülich，Germany

摘要

本章综述了燃料电池汽车的全球发展现状，基于示范活动的分析结果，给出了实际道路性能的关键数据，此外，还介绍了主要汽车制造商所选车辆的技术规范以及市场推广计划。

关键词：示范；FCEV；FCV；燃料电池汽车；氢气

5.1 引言

本章通过示范项目和一些汽车制造商公布的数据，概述了燃料电池汽车的全球发展状况。希望通过分析来揭示发展现状，为主要的汽车制造商提供可用车辆的技术规范，最终呈现制造商的研发进展及其对未来燃料电池技术的展望。

本章5.2节介绍了汽车制造商的最近活动，包括市场推广计划的公告以及联合开发活动。在5.3节中，我们给出了燃料电池电动汽车全国示范项目实际道路测试中的关键数据。这些数据对于获取汽车燃料电池技术的实际性能至关重要。

最后，在 5.4 节中概述了公司级别的成果以及车辆的技术规范。

在整个章节中，为了客观地提供可用的数据，没有对不同制造商的车辆或技术水平及示范结果进行交叉比较。这些数据也包括公司的市场推广计划和迄今为止取得的成就，但不包括燃料电池客车的最新进展。本书第 9 章重点讨论了燃料电池客车（FCEB）的性能数据。详情见 Hua 等人最近对全球氢燃料电池公共汽车的发展现状所作的综述[1]。

5.2 汽车制造商的近期动向

2014 年是燃料电池汽车市场推广的重要年份。现代汽车在美国零售市场推出了首款量产燃料电池汽车，其他汽车制造商也宣布了各自燃料电池汽车的上市时间。此外，几家汽车制造商还宣布了与燃料电池相关的合作。下面将介绍近期燃料电池汽车批量生产相关的活动。

2014 年 6 月，现代成为美国第一家批量生产租赁用燃料电池汽车的汽车制造商。现代图森燃料电池为洛杉矶/奥兰治地区的客户提供为期 36 个月的月租服务，每月 499 美元，售价为 2999 美元。该服务可无限制加氢和维护[2]。当时现代汽车宣布，计划到 2015 年生产 1000 辆氢动力 ix35（Tucson）燃料电池汽车，主要针对公共部门和私人车队，2015 年以后限量生产 1 万辆[3]。

2014 年 11 月，丰田公司更新了其在不同市场推出的氢燃料电池汽车的信息[4-6]。“Mirai” 于 2014 年 12 月 15 日在日本上市。该产品将于 2015 年秋季开始在加利福尼亚州销售或租赁。在欧洲，该车将于 2015 年 9 月在英国、德国、丹麦等选定市场推出。截止到 2015 年底，日本的销售目标约为 400 台，建议零售价为 7236000 日元。该车每月租金为 499 美元，为期 36 个月，在美国的租赁价为 3649 美元。这款车的售价为 57500 美元，同时还为很多客户提供 13000 美元的联邦补贴，最终购买价格可能会降至 4.5 万美元以下。在德国，车辆售价约为 66000 欧元，不包含增值税。预计 2015 年和 2016 年欧洲的年销量将达到 50～100 辆。生产商是丰田汽车公司的元町工厂。早在 2012 年 6 月，丰田汽车公司和宝马集团就签署了合作谅解备忘录，包括双方就共同开发燃料电池系统达成的长期合作协议。根据这项协议，两家公司将实现技术共享，共同开发一种基本的燃料电池车辆系统，包括燃料电池堆、系统、氢气罐、发动机和电池，计划在 2020 年完成[7]。

另一家日本汽车制造商本田在 2014 年 11 月发布了名为 FCV 概念车的新型燃料电池汽车[8]。此外，还提出了外部充电器的概念。这是一种最高输出功率为 9kW 的车载 AC 外部供电装置。本田宣布，基于这一概念车型的新款车型将于2016年3月底在日本上市，随后将在美国和欧洲上市。早在2013年7月，通用汽车和本田就推出了一个长期计划，共同开发下一代燃料电池和储氢系统，计划2020年实现商业化[9]。

戴姆勒（Daimler）、雷诺-尼桑（Renault-Nissan Alliance）和福特（Ford）在2013年1月签署了另一项战略合作来推进燃料电池汽车的商业化。该合作旨在“于2017年推出全球首款价格实惠的大众市场燃料电池电动汽车”[10]。

2009年，戴姆勒、福特、通用/欧宝、本田、现代、起亚、雷诺-尼桑和丰田等主要汽车制造商签署了一份关于电动汽车开发和市场推广的谅解备忘录。签约厂商预计，从2015年起，将有相当数量的燃料电池电动汽车实现商业化，在全球范围内达到几十万的推广数量[11]。

最后，大众汽车集团于2014年11月推出了两款新型燃料电池概念车[12,13]。其中，作为氢燃料混合动力车的代表，奥迪A7 Sportback h-tron Quattro已可在公共道路上试驾。大众高尔夫Sport-Wagen HyMotion的燃料电池技术已应用于批量生产。根据公司声明，对于奥迪，“一旦市场和基础设施准备就绪，就能立即启动生产流程”[13]。这与大众的声明是一致的，即“在市场推出之前，必须先建立氢基础设施”[12]。

5.3 示范项目的关键数据和结果

本节主要讨论燃料电池电动汽车在实际运行中的性能测试结果。

大部分数据来自美国能源部“可控氢车队与基础设施演示与验证工程”，后被命名为“燃料电池电动汽车（FCEV）学习示范计划”。该项目于2004年启动，是“世界上最大的在现实环境中验证FCEV和支持氢燃料基础设施的项目”。这个为期七年的项目于2011年结束，使用了多种不同的地理位置和气候环境，包括可再生能源在内的各种氢源[14]，最终报告由Wipke等人发表[15]。该报告包括NREL根据183个FCEV和25个氢气加气站的结果进行的性能分析。对超过50万次的汽车行程进行了数据分析，累计360万英里，过程中生产或分发氢气共计152000kg。该结果作为复合数据成果，分别在不同类别下进行了评估和发布[16]。这项工作的部分评估数据由汽车OEM厂商（原始设备制造商）和能源合作伙伴组成的几个团队提供，为期五年。包括戴姆勒/BP、通用汽车/壳牌、现代起亚/UTC电力/雪佛龙、空气产品公司和福特/BP。表5.1列出了“FCEV学习示范计划”的部分结果，该示范项目一直持续到2009年底，有两代汽车参与其中。由于数据是从图标中读取的，与实测数据可能会有稍微的数据偏差。除非另有说明，表中的数据表示对应项目的最小和最大值，其范围即为各项性能的对应区间。

表 5.1 来自美国能源部国家可再生能源实验室的燃料电池电动汽车（FCEV）学习示范计划的部分结果[16]

复合数据类型	结果		复合数据(#)
	第一代（电池堆技术 2003～2005 年）	第二代（电池堆技术 2005～2007 年）	
汽车可行驶里程/mile			
功率计①量程	120～225	230～300	CDP #2
车窗纸②标注的范围	105～190	195～255	
道路范围③	85～180	170～220	
燃料经济性(H_2)/(mile/kg)			
功率计①	49.5～67	50.5～69	CDP #6
车窗纸①	42～57	43～58	
道路③	31～45.5	36.5～52.5	
燃料电池系统④功率密度/(W/L)	325～395	280～390	CDP #58
燃料电池系统功率密度(包括储氢)⑤/(W/L)	155～215	125～215	CDP #3
燃料电池系统④比功率/(W/kg)	185～323	305～405	CDP #59
燃料电池系统比功率(包括储氢)⑤/(W/kg)	125～225	175～260	CDP #4
迄今累计实际工作时间/h			
最大时数⑥⑦	295～2350	760～1255	
平均时数⑥⑧	175～940	280～1130	CDP #1
电压退化 10%的预计小时数⑨/h			
最大值	1815	2530	CDP #1
平均值	820	1065	
燃料电池系统⑩效率⑪			
功率为 25%	51～58	53～59	CDP #8
功率为 100%	30～54	42～53	

① 未经调整的城市/高速公路草案 SAE J2572 的燃料经济性数据。

② 经 EPA 调整后的城市/高速公路（0.78×公路，0.9×城市）的燃料经济性数据。

③ 不包括<1mile 的行程。每个品牌/型号的路上车队的平均值对应一个数据点。通过燃料电池堆电流或质量流量读数计算燃料经济性。

④ 燃料电池系统包括燃料电池堆和 BOP，但不包括储氢、电力电子设备和电力驱动。

⑤ 燃料电池系统包括燃料电池堆、BOP 和储氢，但不包括电力电子设备、蓄电池和电力驱动。

⑥ 每个 OEM 使用一个数据点创建范围条。一些电池堆的工作时间中存在超过 10%的电压衰减。

⑦ 在“实际应用”操作中，每个 OEM 厂商的电池堆迄今累计最大运行时数范围（最高和最低）。

⑧ 每个 OEM 车队的所有电池堆累计平均工作时间范围（最高和最低）。

⑨ 使用公路数据做预测——以高电堆电流计算电池的退化。该标准用于评估不同于 DOE 目标的进展情况；可能不同于 OEM 的报废标准，并且不涉及“灾难性”的故障模式。每个 OEM 都有相应预测。平均值是以最高名义预测；平均值是以平均名义预测。随着附加数据的累计，预测可能会发生变化。预测方法从 2009 年二季度数据开始修改，包括基于示范运行时数的上限。

⑩ 总堆功率减去燃料电池系统辅助设备，根据 SAE J2615 草案。不包括电力电子设备和电力驱动。

⑪ 直流输出能量与输入燃料（氢气）的低热值之比。

项目按期完成后，四家 OEM 制造商中的两家（通用和戴姆勒）和空气产品公司继续合作，并向 NREL 提供数据达两年之久。在该计划的最近两年中，新一代的通用汽车和戴姆勒汽车（2007～2009 年电池堆技术）电压退化 10%的平均预估时间显著增加至 1748h。由于只有这两支车队，在不披露其具体结果的前提下无法评估其最高水平和平均水平[15]。表 5.2 给出了 FCEV 示范项目的进一步结果[15-17]。

表 5.2 燃料电池电动汽车（FCEV）学习示范计划的进一步结果[16]

（数据来源：美国国家可再生能源实验室）

复合数据类型	结果	复合数据#
截至 2011 年第三季度的累计行驶里程(包括所有 OEM 的第一代和第二代车辆)/mile	3590828	CDP #24
加氢时间①：		CDP #38
2009 年第四季度	平均 3.26min，86%<5min	
2009 年第四季度之后	平均 4.49min，69%<5min	
燃料电池汽车从亚冷冻状态②启动的时间/s		CDP #5
起步时间：		
12h 浸车③	12～274	
平衡浸车④	14～274	
达到最大速度：		
12h 浸车③	87～522	
平衡浸车④	128～522	
温室气体($CO_{2\text{-eq/mi}}$)全生命周期排放量⑤/g		CDP #62
以常规中型 SUV 为基准⑥	618	
以常规中型乘用车为基准⑥	492	
WTW 温室气体($CO_{2\text{-eq/mi}}$)平均排放量(FCEV 学习示范计划)/g		CDP #62
天然气现场制氢	362	
现场水电解制氢⑦	399	
WTW 温室气体($CO_{2\text{-eq/mi}}$)最低排放量(FCEV 学习示范计划)/g		CDP #62
天然气现场制氢	240	
现场水电解制氢⑦	227	

① 结果表明加氢时间增加了 38%，部分原因是加氢量有所增加[15]。

② 保温温度为−9～−20℃之间的冷冻测试。

③ 12h 浸车：模拟隔夜浸车[17]。

④ 平衡浸车：整车达到环境条件，模拟停放在机场[17]。

⑤ 基于能源部的 GREET 模型，版本 1.8b。除了 FCV 燃料经济性、氢转换效率和电网混合，分析过程使用 GREET 的默认值。欲了解更多信息，请参阅原始出版物 CDP#62。

⑥ 由 GREET 1.8b 计算得到的基准排放量。

⑦ 现场水电解制氢所对应的温室气体排放来源于示范生产场所使用的混合电力，包括电网和可再生的现场太阳能发电。即现场水电解制氢的温室气体排放取决于电力来源。100%使用可再生能源电力对应的温室气体排放量为零。如果由美国电网供电，平均温室气体排放量将为 1330g/mile。

目前，美国国家可再生能源实验室正在分析美国能源部赞助的“燃料电池电动汽车评估”示范项目的数据，该项目包括六家 OEM 厂商（通用、梅赛德斯-奔驰、现代、日产、丰田和本田）和九十多辆汽车[18]。2015 年四月的评估结果见表 5.3。

表 5.3 目前燃料电池电动汽车的评估结果[18]

（数据来源：美国国家可再生能源实验室）

复合数据类型	结果	复合数据＃
车辆行驶里程/mile		
总里程	2413340	CDP FCEV 02,4/30/15
车辆仪表显示的最大值	178550	
燃料电池堆运行时间/h		
总时间	79468	CDP FCEV 04,4/30/15
中值	900	
最大值	5605	
道路车辆平均燃料(H_2)经济性①(km/kg)		
最小值	41.3	CDP FCEV 14,4/30/15
中值	51.4	
最大值	58.3	
FCEV 速度和加速度指标②		
最高速度/(mile/h)	93～106	CDP FCEV 13,4/30/15
加速至 60mile/h 的时间/s	9.1～14.3	
FCEV 功率指标②		
FC 净系统功率/kW	67～100	CDP FCEV 12,4/30/15
FC 系统③比功率/(W/kg)	240～565	
可用的车载氢气/kg	3.74～6.26	
FCEV 大小指标②		
汽车整备质量/kg	1625～1960	CDP FCEV 11,4/30/15
阻力系数(—)	0.31～0.37	
迎风面积/m^2	2.44～2.75	

① 根据公路燃料电池堆电流计算，不包括 1mile 以下的行程。

② FCEV 模型年份范围：2005～2012 年。

③ 系统包括电池堆和 BOP，不包括储氢、电力电子和电力驱动。

美国能源部称，基于年产量 50 万辆的大规模生产，自 2008 年以来，汽车燃料电池的成本已经下降了 30％以上，自 2006 年以来已经下降了 50％以上（从 2002 年的 275 美元/kW 到 2013 年的 55 美元/kW），最终降至 30 美元/kW[19]。关键领域的进展突破也有利于降低电池成本，比如研发具有低含量铂族金属的耐用膜电极组件（MEA）[20]。

另一个大型示范项目“日本氢能及燃料电池示范项目（JHFC）”是日本的一个国家项目，由燃料电池汽车（FCV）示范研究和氢基础设施示范研究组成。

这两项研究都得到了日本经济产业省（METI）和日本新能源产业技术综合开发机构（NEDO）的赞助，均为燃料电池系统示范研究的一部分。JHFC 项目旨在：“收集和分享各种原料、FCV 的性能、环境影响、总能源效率和实际使用情况下的安全性等基础数据，为大规模生产和广泛使用 FCV 制定路线图。”

该项目由两个阶段组成，即 JHFC1（2002～2005 年）和 JHFC2（2006～2010 年），对应两代汽车。该项目大约使用了 315 辆乘用车，行驶里程为 107 万公里，消耗 2 万千克氢燃料。另外 13 辆示范客车的行驶里程为 32 万公里，耗用 2.9 万千克氢燃料[21]。

表 5.4 选择给出了日本氢能和燃料电池示范项目的成果。

表 5.4 日本氢能和燃料电池示范项目的成果[21]

数据类型	结果	
	初始车辆①	最近车辆②
燃料(H_2)经济性/(km/kg)		
公路(地方公路)③	59.8～87.5	80.5～109.8
公路(高速公路)③	75.1～107.1	91.2～116.6
工作台(10-15 模式周期)	71.4～108.7	117.8～159.2
工作台(JC08 周期)		111.7～141.0
对燃料(H_2)经济性的季节影响/(km/kg)		
2 月，A/C 开		89.5
5 月，A/C 关		125.0
8 月，A/C 开		95.8
11 月，A/C 关		120.0
车辆效率④/%		
工作台(10～15 模式周期)	30.2～49.6	54.0～61.3
工作台(JC08 周期)		61.4～56.1

① 丰田 FCHV（2002），日产 XTRAIL FCV（2002），本田 FCX（2002），戴姆勒 A 级 F-Cell，通用 HydroGen3，铃木 MRwagonR-FCV。

② 丰田 FCHV-adv，日产 XTRAIL FCV（2005），本田 FCX Clarity。

③ 当地道路和高速公路上的平均节段燃料消耗量。

④ 车辆效率：车辆的总推动功/用于车辆行驶的能量×100%。不包括轮胎滑移损失，所有车辆在测试前后的蓄电池充电/放电之差小于 1%。

自 2002 年年底，德国政府及企业通过“清洁能源伙伴关系（CEP）”共同建设加氢站网络。该项目由德国运输和工业部领导，旨在测试氢作为燃料的适用性[22]。有关 CEP 第一阶段的进一步信息详见文献［23］。

自 2008 年以来，CEP 一直是德国氢能与燃料电池技术创新计划（NIP）的灯塔项目，由国家氢能和燃料电池技术组织实施。CEP 有 20 个行业合作伙伴，包括法国液化空气集团、Bohlen&Doyen、宝马、柏林运输公司（BVG）、戴姆勒、巴登-符腾堡州能源集团（EnBW）、福特、通用/欧宝、Hamburger Hochbahn、本田、现代、林德、壳牌、西门子、德国公交公司（SSB）、道达尔公司（Total）、丰田、瑞典大瀑布电力公司、大众和 Westfalen[22]。

自 2011 年以来，CEP 已进入第三阶段和最后阶段，到 2016 年将以市场准备结束。全国范围内氢燃料车辆的运营和加氢站网络的覆盖是当前项目的重点。CEP 车队的行驶里程超过 200 万公里，没有发生过重大事故。该项目部署了 100 多辆燃料电池汽车在路上运行，包括奔驰 B 级 F-CELL、福特福克斯燃料电池汽车、本田 FCX Clarity、现代 ix35 FCEV、丰田 FCHV-adv、欧宝 HydroGen4、大众 Tiguan HyMotion 和奥迪 Q5[24]。

美国、日本和德国有全球范围内最大规模的示范项目。此外，也有项目对燃料电池汽车的日常使用性能进行了测试。由于篇幅限制，本章未涵盖所有全国性的示范项目，本书的第 6 章和第 7 章将分别对中国和韩国的示范项目进行详述。

5.4 燃料电池汽车的技术数据

在本节中，作者针对汽车制造商发布的燃料电池汽车型号，罗列了一些有关技术数据。此外，还对这些燃料电池汽车的生产信息、预期成果和未来的远景等进行了介绍。

5.4.1 戴姆勒

戴姆勒公司称，B 级 F-CELL 为“首批批量生产的燃料电池汽车”，而小批量生产的系列产品于 2009 年底开始销售[25]。2010 年，梅赛德斯-奔驰在德国和美国共生产了 200 台 B 级 F-CELL。截至 2014 年，B 级 F-CELL 小型车队的行驶里程达 405 万公里，有 200 个机组[26]。表 5.5 给出了奔驰 B 级 F-CELL 的技术数据。

表 5.5 奔驰 B 级 F-CELL 的技术数据[27]

类目	数据
燃料电池系统	
空气模块	螺杆无膨胀机
加湿器	气体对气体加湿器
功率	80kW
电池列数	2
电池数	396
冷启动能力	−25℃

续表

类目	数据
电力传动	
技术	永磁电机
传输	复合行星＋锥齿轮差速器
功率(连续/峰值)	70kW/100kW
扭矩	290N·m
效率	＞88%
电池系统	
技术	锂离子电池
电池数	60
功率(18s/5s)	30kW/34kW
额定电压	212V(每个电池 3.54V)
额定容量	6.8A·h
能量含量	1.4kW·h
体积	44L
氢罐系统	
压力	700bar
体积	106L
质量	114.4kg
容量	3.7kg(氢)
加氢时间	约 3min(氢气预冷)

此外，表 5.6 比较了 B 级 F-CELL 和之前的 A 级 F-CELL 的技术数据，以展示戴姆勒在燃料电池技术方面的进展。

表 5.6 戴姆勒在燃料电池技术方面的进展：A 级和 B 级 F-CELL 车辆的比较[28]

类目	技术数据	
	A 级 F-CELL	B 级 F-CELL
燃料电池系统	PEM,72kW(97 马力)	PEM,90kW(122 马力)
发动机输出(连续/峰值)/kW	45/65	70/100
发动机最大扭矩/N·m	210	290
燃料箱压力/MPa	35(5000psi)	70(10000psi)
范围/km	170(NEDC)	380(NEDC)
最高速度/(km/h)	140	170
电池类型	镍氢电池	锂离子电池
电池输出(连续/峰值)/kW	15/20	24/30
电池容量	6A·h,1.2kW·h	6.8A·h,1.4kW·h

通过研究样车 F 125!，戴姆勒公布了其对未来无排放驾驶氢动力汽车的愿景，到 2025 年及以后至少更新两代氢能汽车。研究用样车 F 125! 的技术数据如表 5.7 所示。

表 5.7　戴姆勒研究用车 F 125！的技术数据[29]

类目	技术数据
总持续输出	170kW(231 马力)
总峰值输出	230kW(313 马力)
车轮扭矩	3440N·m
加速时间(0～100km)/h	4.9s①
加速时间(80～120km)/h	3.2s①
最高时速	220km/h①
总里程(NEDC)	1000km
耗氢量	0.79kg/100km②
电池技术	锂硫电池
电池的能量含量	10kW·h

① 目标数据。

② 相当于 2.7L 柴油。

5.4.2 福特

截至 2013 年 6 月，30 辆福特福克斯 FCEV 车辆已完工并投入使用。据 NEDC 报道，福克斯 FCEV 的巡航距离为 320km；车载储罐 350bar，储氢量 4kg。凭借其出色的性能和技术在全球累计行驶超 200 万公里。与内燃机驱动的同类车辆相比，车辆消耗的燃料减少了 50%。在驱动模式下，燃料电池系统的耐久性超过 1000h。4kg 氢气的加油时间少于 5min。车队的可用率为 94%[30]。

表 5.8 给出了福特福克斯 FCEV 的技术数据。

表 5.8　福特福克斯 FCEV 燃料电池电动汽车的技术数据[31]

类目	数据
燃料电池堆	
技术	PEM(Ballard Mark 902)
最大电压	380V
车辆	
巡航范围	260～320km
燃料效率	相当于 4.7L/100km
最高速度	128km/h
氢罐	
类型	压缩氢气
罐压力	350bar
发动机	
类型	交流感应电动机
最大输出	65kW/87hp①
最大扭矩	230N·m

续表

类目	数据
电池 技术 电压	 镍金属氢化物 240V
外形规模 整车质量	 1633kg

① 马力，1hp=745.7W。

为了展示福特公司在燃料电池汽车研发方面取得的进展，表 5.9 对比了 2004 年的福克斯 FCEV 和 2009 年的探险者 FCEV[30]。

表 5.9 福特福克斯 FCEV（2004）与探险者 FCEV（2009）的技术数据比较[30]

类目	技术数据	
	福克斯 FCEV	探险者 FCEV
电动机位置	地板下	电机舱
净功率(最大)/kW	68	90
效率(最高)/%	52	58
燃料电池系统质量/kg	220	216
燃料电池系统容量/L	220	200

5.4.3 通用（欧宝）

本书第 8 章“通用 HydroGen4——基于雪佛兰 Equinox 的燃料电池汽车”给出了通用 HydroGen4 燃料电池汽车的详细技术信息。这款车在欧洲和英国分别命名为欧宝 HydroGen4 和 Vauxhall HydroGen4。为了本章的完整性，另外给出一些有关 HydroGen4 的技术信息（表 5.10）。

表 5.10 通用（欧宝）HydroGen4（2007 年发布）的技术数据与预期产品系统（2015～2020 年）的比较[32]

类目	技术数据	
	HydroGen4	2015～2020 年的预期产品
净功率/kW	93	87
效率/%	55①～60②	60
耐久性/h	1500①～3500②	5500
最大偏移温度/℃	86	95
冷操作/℃	>−25	>−40

续表

类目	技术数据	
	HydroGen4	2015～2020年的预期产品
电池数	440	320
电池的有效面积/cm^2	360	360
板	复合	冲压不锈钢
最大电流密度/(A/cm^2)	1.1	1.5
质量/kg	240	<132
系统复杂性	146级别1组件	部件数量减少50%

① HydroGen4。

② HydroGen4技术示范。

2014年5月，欧宝和通用汽车发布了一份新闻稿，报告称，通用的119辆氢动力汽车已在道路上累计行驶超过300万英里（480万公里）。其中部分车队已累计行驶超过12万英里（19.3万公里）。在通用汽车的大型“项目车道”中，目前已有5000多名司机对车辆性能提供了反馈意见。作为清洁能源伙伴关系的一员，欧宝为这个项目投入了30辆汽车。这些车辆是由3M、ADAC、液化空气、安联、Bild、可口可乐、Condor、E-Plus、ESWE、希尔顿、宜家、林德、Neckermann、nh Hotels、迅达集团、西门子、壳牌、道达尔、Vattenfall等公司运营。在柏林、汉堡、杜塞尔多夫和法兰克福等城市有2700个加油站，累计里程超过35万公里，运行时间超过13000h[33]。

5.4.4 本田

如5.2节所述，本田最近推出了新型燃料电池汽车——本田FCV概念车。编写本章时，FCV概念车的详细技术规格尚未公布，因此，我们将首先介绍其前身本田FCX Clarity的技术规格（表5.11），然后给出FCV概念车的一些规范。

表5.11　本田FCX Clarity燃料电池汽车技术数据[34]

类目	数据
燃料电池堆	
技术	PEM
最大输出	100kW
车辆	
巡航范围	280mile(EPA认证标签)
最大速度	160km/h
冷启动能力	－30℃
燃料(氢气)经济性	72mile/kg
能源效率	60%(LA-4模式)

续表

类目	数据
氢罐	
类型	高压氢罐
额定工作压力	350bar
油箱容量	171L
加氢时间	3～4min
发动机	
类型	交流同步(永磁)电机
最大输出	100kW
最大扭矩	256N·m
电池	
技术	锂离子
外形尺寸	
整车质量	1625kg

FCV 概念车的电池堆体积减小了 33%，输出功率超过 100kW，体积功率密度高达 3.1kW/L，与上一代 FCX Clarity 的电池堆技术相比，整体性能提高了约 60%。本田 FCV 概念车配备了一个 700bar 的高压储氢罐，3min 可加满[8]。根据本田在 JC08 模式下的测量结果，可提供超过 700km 的巡航范围。

以下是本田 FCEV 发布会的重点[35]：

2002 年 7 月，FCX 率先获得美国环境保护厅（EPA）和加州大气局（CARB）的“零污染车辆”认定，这是迄今唯一获得此认定的燃料电池汽车。同年 12 月，本田 FCX 在日本和美国实现了商品化销售。

本田 FCX 是第一款在低温下启动和运行的燃料电池汽车（2003 年）。

本田 FCX 是第一款面向个人用户租赁销售的燃料电池汽车（2005 年 7 月）。

本田是第一家生产氢燃料电池系统的企业（2008 年）。

本田是第一家建立燃料电池汽车经销商网络的制造商（2008 年）。

5.4.5 现代/起亚

现代/起亚旗下目前在售的燃料电池电动汽车为 Tucson ix35 氢燃料电池车。如 5.2 节所述，这是全球首款批量生产并提供私人租赁服务的燃料电池汽车。现代 ix35 FCEV（Tucson 燃料电池）技术数据见表 5.12。

表 5.12　现代 ix35 FCEV/Tucson 燃料电池技术数据[36-38]

类目	技术数据
燃料电池功率	100kW[36]
电机系统	交流感应/100kW[36]
马力	134hp@5000r/min(估计)[37]
转矩	221@1000r/min(估计)[37]
电池技术	锂聚合物[37]
电池功率	24kW[36]
电池能量	0.95kW·h[37]
电池容量	60A·h
氢气罐	700bar[36]
燃料箱容量	5.63kg[37]
燃料效率	30.2km/L(71mile/gal)[36]
驾驶范围	约 550km(342mile)[36]
加速时间(0～100km/h)	14s[36]
最大速度	160km/h(100mile/h)[36]
相对于最高效率的季节效率(即秋季)	100%(秋季);100%(夏季);95%(冬季)[36]
功率密度(系统)	>640W/L[38]
功率密度(电池堆)	1.65kW/L[38]
冷启动能力(系统)	−25℃[38]
冷启动能力(电池堆)	−30℃[38]
系统最大压力	1.45bar[38]
最大气压(电池堆)	1.35bar[38]
分离器(电池堆)	金属[38]
工作电压(电池堆)	250～450V[38]
加湿器	瓦斯气体[38]

5.4.6 日产

在最近的一份出版物中，日产尼桑报告了其在公共道路测试的经验，总里程超过 140 万公里。其中一辆 FCEV 在没有更换电池的情况下行驶了 24 万公里，另一辆车达到了 20 万公里。根据这份出版物，以下四个问题已通过公共道路测试解决，并得到了市场的认可：

- 电池耐久性的提高
- 电池功率密度的增加
- 系统在冷冻条件下的启动能力
- 系统成本的降低

要想实现全面的市场渗透，关键是解决在进一步降低成本的前提下，同时提高电池耐久性［相对于混合动力电动汽车（HEV）的竞争力］这一问题。据文献[39]，日产公司旨在全面渗透FCEV，特别是通过降低Pt负载和实现高电流密度操作来降低成本。

表5.13给出了日产燃料电池电动汽车Nissan X-Trail FCV（2005）的技术数据。

表5.13 Nissan X-Trail FCV（2005）模型燃料电池电动汽车的技术数据[40]

类目	数据
燃料电池堆	
技术	PEM(日产)
车辆	
巡航范围	350km(350bar储罐)；500km(700bar储罐)
加速时间	0～100km/h(大约14s内)
最高速度	150km/h
氢罐	
类型	压缩氢气
罐压力	350bar或700bar
发动机	
类型	集成减速器的同轴电动机
最大输出	90kW/120hp
最大扭矩	280N·m
电池	
技术	紧凑型锂离子(层压型)
外形尺寸	
整车质量	1790kg(350bar储罐)；1860kg(700bar储罐)

5.4.7 丰田

截至2014年6月，丰田租赁了100多辆燃料电池汽车，在美国和日本驾驶超过200万公里[41]。

表5.14给出了丰田最新的燃料电池电动汽车Mirai的详细技术资料。

表5.14 丰田Mirai燃料电池电动汽车的技术数据[42]

类目	数据
燃料电池堆①	
技术	PEM
体积功率密度	3.1W/L
最大输出	114kW(155 ps)
体积	37L
质量	56kg
电池数	370

续表

类目	数据
燃料电池系统	
加湿系统	内部循环系统，无加湿器
燃料电池升压转换器	4 相，最大输出电压 650V
车辆	
巡航范围	约 650km②；约 700km②
最大速度	175km/h
驾驶启动加速时间(0～100km/h)	9.6s
超越加速时间	3s
冷启动能力	−30℃
冷启动性能③	35s 后输出 60%，70s 后输出 100%
氢罐	
氢罐的数目	2
额定工作压力	700bar
储罐油品密度④	5.7%(质量分数)
储氢质量	约 5kg
储罐内部容积	122.4L(前罐 60L，后罐 62.4L)
加氢时间⑤	约 3min⑥
发动机	
最大输出	113kW(154ps)
最大扭矩	335N·m
电池	
技术	镍氢化物
外形尺寸	
整备质量	1850kg
外部供电系统	
功率输出能力	60kW·h⑦
最大功率输出	9kW·h⑧

① 丰田首款大规模生产的燃料电池。

② JC08 模式测试周期；丰田测量。根据 SAE J2601 标准（环境温度 20℃，氢气罐压力 10MPa），在 70MPa 的供氢压力下加氢时测得。不同规格的加氢站所补充的氢气含量不同，对应的巡航范围也会因此而不同。新标准的加氢站预计在 2016 年之后开始运营，可以达到约 700km 的巡航范围。巡航范围在很大程度上取决于使用条件（天气、交通堵塞等）和驾驶方法（快速启动、使用空调等）。

③ 评估地点：加拿大耶洛奈夫，2014 年。将车辆在室外停车 17h 后立即评估燃料电池组输出性能。车外温度：停车时 20℃，车辆启动时 30℃。

④ 单位质量储氢密度。

⑤ 使用日本、美国和欧洲的新加油标准：

（加油装置）ISO 17268：气态氢陆用车加油连接装置；

（加油方法）SAE J2601：轻型气态氢地面车辆加油协议；

（通信加油）SAE J2799：70MPa 压缩氢表面车辆加油连接装置和可选车辆到车站通信。

⑥ 丰田基于 SAE J2601 标准的测量结果（见上文注释②）。加氢时间因氢气加注压力和环境温度而异。

⑦ 通过电源单元进行 DC/AC 转换。电源容量根据电源单位转换效率、氢剩余量和功耗而变化。直流/交流电由供电单元转换后，电力供应能力因供电单位转换效率、剩余氢量和电力消耗而异。

⑧ 供电能力因供电单元的规格而异（供电量不能超过供电单元规格）。

此外，丰田在燃料电池技术方面的进展见表 5.15，该表比较了丰田 FCHV-adv（2008）和 Mirai（2014）的电池技术。

表 5.15 丰田在燃料电池技术方面的进展：FCHV-adv（2008）和 Mirai（2014）电池技术的比较[42]

类目	技术数据	
	FCHV-adv	Mirai
最大输出/kW	90	114
体积功率密度/(kW/L)	1.4	3.1
质量功率密度/(kW/kg)	0.83	2.0
体积/L	64	37①
质量/kg	108	108①
电池		
一个电池堆中的电池数	400	370
厚度/mm	1.68	1.34
质量/g	166	102
流槽	直流槽	3D 细孔流场
电池堆数目	2(双线)	1(单线)
安装位置	电机室(SUV)	地板下(轿车)

① 电池＋紧固件。

5.4.8 大众汽车

以下是大众集团参与清洁能源伙伴关系的燃料电池汽车的技术数据。车型包括大众 Tiguan HyMotion3、奥迪 Q5 HFC 和大众 Caddy Maxi HyMotion3（表 5.16）。

表 5.16 大众燃料电池汽车经 CEP 认证的技术数据[43]

类目	技术数据		
	大众 Tiguan HyMotion3	奥迪 Q5 HFC	大众 Caddy Maxi HyMotion3
燃料电池系统功率等级/kW	80	80	80
储氢压力/bar	700	700	700
储氢质量/kg	3.2	3.2	6.4
电动机/kW	55(峰值 100)	70(峰值 90)	70(峰值 90)
电池类型	锂离子	锂离子	镍氢电池
电池容量/kW·h	1.4	1.4	1.1

如5.2节所述，大众汽车集团于2014年推出了两款新概念车。其中前轮驱动的高尔夫SportWagen HyMotion可以在10s内加速至100km/h；车身底部有四个碳纤维储罐储存氢气；3min内可完成加氢，燃料容量能满足500km行驶里程；燃料电池系统具有100kW的功率；采用高压锂离子电池[12]。

奥迪A7 Sportback h-tron Quattro能在7.9s内加速到100km/h；车辆的最高时速为180km/h，巡航里程与Golf HyMotion相同；电气系统产生的170kW总功率可传送至前轮和后轮；根据负载点的不同，单个电池电压为0.6～0.8V，整个电池堆的工作电压在230～360V，冷启动温度可低至28℃；根据NEDC循环，每百公里燃料消耗约为1kg H_2，有540N的推进力，整车重1950kg[13]。

5.5 结论

本章重点介绍了燃料电池电动汽车的全球发展现状。最新的研究进展有力推动了燃料电池汽车的市场推广。

现代汽车推出图森（Tucson）燃料电池，是美国第一家大规模生产燃料电池的车企。2014年11月，丰田宣布其旗下的Mirai燃料电池汽车将于同年12月在日本上市销售。本田计划于2014年3月底前在日本率先上市旗下燃料电池汽车。此外，几家主要汽车制造商联合倡议致力于发展制造高性能电池技术，在燃料电池技术层面取得了很大的进步，大幅提高了燃料电池汽车的整体性能（与传统动力汽车的差距进一步缩小）。丰田/宝马、通用/本田、戴姆勒/雷诺-日产/福特等车企参与了此次倡议。除此之外，现代/起亚集团和大众汽车集团也在集中研发各自旗下不同汽车品牌的燃料电池汽车。

全国示范项目的成果表明，燃料电池电动汽车完全能满足日常使用需求。美国、德国和日本的三大示范性项目分别达到了580万公里、200万公里和100万公里的行驶里程，并且在实际操作条件下，车辆运行期间没有发生过重大安全问题。在美国，参与示范的四个团队均采用2005～2007电池堆技术，电压降低10%所用平均预计时间为1065h。其中，最高的一个团队预计时间高达2530h，展示了良好的电池耐久性。在参加测试的两支队伍中，采用2007～2009电池堆技术的平均预计时间更是高达1748h，但该测试并未公开各自的对应技术数据，无法获取最大的预测时间。在25%的部分负载下可以达到59%的最大效率，满负荷下最大效率为53%。

公司层面的技术数据和成果也令人印象深刻。戴姆勒的200辆B级F-CELL

近年来已行驶超过 405 万公里；福特福克斯燃料电池汽车约 200 万公里；通用汽车车队的累计行驶里程达到了 480 万公里；日产汽车累计约 140 万公里，其中一辆车在没有更换电池的情况下行驶里程突破了 24 万公里；丰田汽车向客户租售的 100 多辆汽车总里程达 200 万公里。

示范活动也证明，冷启动问题已得到解决，温度可低至－30℃。多家开发商使用 700bar 加氢技术将加油时间缩短为 3min。丰田（Mirai）和本田（FCV 概念车）最新车型的燃料电池堆达到了 3.1W/L 的功率密度。

未来几年，燃料电池电动汽车的市场推广和大规模生产必将进一步降低成本，有望达到 30 美元/kW 的目标。基于 2013 年的技术，年产量 50 万辆可将成本降至 55 美元/kW[19]。

参考文献

[1] Hua, T. *et al.* (2014) *J. Power Sources*, **269**, 975–993.

[2] Hyundai Motor America, FOUNTAIN VALLEY, California (16 September 2014) Hyundai Collaborates with Congressional Hydrogen & Fuel Cell Caucus to Highlight Introduction of Mass-produced Fuel Cell Vehicles in the Retail Market. http://www.hyundaiusa.com/about-hyundai/news/corporate_hyundai_collaborates_with_congressional_hydrogen_and_fuel_cell_caucus_to_highlight_introdu-20140916.aspx (accessed 8 December 2014).

[3] Hyundai Media Centre, High Wycombe (21 May 2013) Hyundai's ix35 Fuel Cell receives Technology Award at annual Fleet World Honours 2013. http://www.hyundaipressoffice.co.uk/release/403/ (accessed 8 December 2014).

[4] Toyota Global Newsroom, Toyota City, Japan (18 November 2014) Toyota Ushers in the Future with Launch of 'Mirai' Fuel Cell Sedan. http://newsroom.toyota.co.jp/en/detail/4198334/ (accessed 8 December 2014).

[5] Toyota USA Newsroom, Torrance, California (17 November 2014) The Toyota Mirai Brings the Future to Your Driveway. http://toyotanews.pressroom.toyota.com/releases/toyota+mirai+fcv+future+nov17.htm (accessed 8 December 2014).

[6] Toyota Europe Newsroom, Toyota City, Japan (18 November 2014) Toyota Ushers in the Future with Launch of 'Mirai' Fuel Cell Sedan. newsroom.toyota.eu/newsrelease.do;jsessionid=14DD687D6B891908ACBC598CEBA5B849?&id=4124 (accessed 8 December 2014).

[7] BMW Group Corporate News, Munich, Germany (24 January 2013) BMW Group and Toyota Motor Corporation Deepen Collaboration by Signing Binding Agreements. http://www.bmwgroup.com/e/0_0_www_bmwgroup_com/investor_relations/corporate_news/news/2013/Vertragsunterz_Toyota_Jan_13.html.

[8] Honda Worldwide, Tokyo, Japan (17 November 2014) Honda Unveils All-New FCV CONCEPT Fuel-Cell Vehicle. http://world.honda.com/news/2014/4141117All-New-Fuel-Cell-Vehicle-FCV-CONCEPT/index.html (accessed 3 December 2014).

[9] Honda Worldwide, New York, U.S.A. (2 July 2013) GM and Honda to Collaborate on Next-Generation Fuel Cell Technologies. http://world.honda.com/news/2013/c130702GM-Honda-Collaborate-Fuel-Cell-Technologies/index.html (accessed 8 December 2014).

[10] Daimler AG, Stuttgart. Germany (28 January 2013) The strategic cooperation between Daimler and the Renault–Nissan alliance forms agreement with Ford to

accelerate commercialization of fuel cell electric vehicle technology. http://www.daimler.com/dccom/0-5-7171-1-1569731-1-0-0-0-0-0-12037-0-0-0-0-0-0-0-0.html (accessed 8 December 2014).
[11] Daimler Global Media Site, Stuttgart, Germany (9 September 2009) Automobile Manufacturers Stick up for Electric Vehicles with Fuel Cell. http://media.daimler.com/dcmedia/0-921-941776-1-1235424-1-0-1-0-0-0-12639-0-0-1-0-0-0-0-0.html (accessed 8 December 2014).
[12] Volkswagen AG, Wolfsburg/Los Angeles (19 November 2014) Golf SportWagen HyMotion with hydrogen fuel cell. http://www.volkswagenag.com/content/vwcorp/info_center/en/news/2014/11/hymotion.html (accessed 8 December 2014).
[13] Volkswagen AG (November 2014) The Audi A7 Sportback h tron quattro. http://www.volkswagenag.com/content/vwcorp/info_center/en/themes/2014/11/fuel_cell/Audi_A7_Sportback_h_tron_quattro.html (accessed 8 December 2014).
[14] National Renewable Energy Laboratory, Hydrogen and Fuel Cells Research (2014) Hydrogen Fuel Cell Electric Vehicle Learning Demonstration. http://www.nrel.gov/hydrogen/proj_learning_demo.html (accessed 13 January 2015).
[15] Wipke, K. *et al.* (July 2012) National Fuel Cell Electric Vehicle Learning Demonstration Final Report, N.R.E. Laboratory. http://www.nrel.gov/hydrogen/pdfs/54860.pdf (accessed 13 January 2015).
[16] National Renewable Energy Laboratory, Hydrogen and Fuel Cells Research (2014) Composite Data Products by Topic. Hydrogen Fuel Cell Electric Vehicle Learning Demonstration. http://www.nrel.gov/hydrogen/cdp_topic.html (accessed 15 December 2014).
[17] Wipke, K. *et al.* (2010) DOE's National Fuel Cell Vehicle Learning Demonstration Project: NREL's data analysis results, in *Electric and Hybrid Vehicles* (ed. G. Pistoia), Elsevier, pp. 287–303.
[18] National Renewable Energy Laboratory, Hydrogen and Fuel Cells Research (2015) Fuel Cell Electric Vehicle Evaluations. http://www.nrel.gov/hydrogen/proj_fc_vehicle_evaluation.html (accessed 5 December 2015).
[19] U.S. DOE, Washington D.C. (18 September 2013) DOE Hydrogen and Fuel Cells Program Record # 13012: Fuel Cell System Cost – 2013. http://energy.gov/eere/fuelcells/downloads/doe-fuel-cell-technologies-office-record-13012-fuel-cell-system-cost-2013 (accessed 16 January 2015).
[20] Debe, M. (2012) US DOE Annual Merit Review 2012, Washington D.C. http://energy.gov/eere/fuelcells/downloads/advanced-cathode-catalysts-and-supports-pem-fuel-cells-0 (accessed 16 January 2015).
[21] Hori, Y. and Onaka, H. (2011) WG2: Fuel Cell Vehicles. FY2010 JHFC International Seminar, Tokyo, Japan, 28 February to 1 March 2011, JHFC. http://www.jari.or.jp/Portals/0/jhfc/data/seminor/fy2010/pdf/day1_E_10.pdf.
[22] Clean Energy Partnership (2015) What is the CEP? http://cleanenergypartnership.de/en/clean-energy-partnership/what-is-the-cep/ (accessed 13 January 2015).
[23] Bonhoff, K. (2008) *J. Power Sources*, **181**, 350–352.
[24] NOW GmbH (2013) NOW Annual Report 2013, Berlin. http://www.now-gmbh.de/fileadmin/user_upload/RE_Publikationen_NEU_2013/Publikationen_NOW_Berichte/NOW_Annual_Report__2013.pdf (accessed 13 January 2015).
[25] Daimler AG (2014) Mercedes-Benz B-Class F-CELL: The first fuel cell automobile in series production Daimler AG, http://www.daimler.com/dccom/0-5-1228969-1-1401156-1-0-0-1401206-0-0-135-0-0-0-0-0-0-0-0.html (accessed 29 December 2014).
[26] Mohrdieck, C. (2014) 7th Stakeholder Forum of the FCH JU, Brussels, 12 November 2014, Fuel Cells and Hydrogen Joint Undertaking, http://www.fch-ju.eu/sites/default/files/2014-11-12_FCH%20Stakeholder%20Forum%20Prof%20Mohrdieck%20V4%20%28ID%201375439%29.pdf (accessed 29 December 2014).
[27] Wind, J. (10 July 2013) IEA H2 Roadmap Workshop: Progress on FCEV development. http://www.iea.org/media/

workshops/2013/hydrogenroadmap/Session1.1WindDaimlerProgresson FCEVdevelopment.pdf (accessed 29 December 2014).

[28] Wind, J. (10 May 2012) The case for and activities on hydrogen powered fuel cell vehicles. Presented at the Symposium Water Electrolysis and Hydrogen as Part of the Future Renewable Energy System, Kopenhagen, 10–11 May 2012. http://www.hydrogennet.dk/fileadmin/user_upload/PDF-filer/Aktiviteter/Kommende_aktiviteter/Elektrolysesymposium/Joerg_Wind__Daimler.pdf (accessed 29 December 2014).

[29] Fuel Cell e-Mobility (2012) F 125! http://www.fuel-cell-e-mobility.com/technology/vehicles/f125-en/ (accessed 29 December 2014).

[30] Derflinger, M. (17 June 2013) NIP Vollversammlung Juni 2013: Ford Brennstoffzellenfahrzeuge und Aktivitäten in der Clean Energy Partnership, Berlin, NOW GmbH, National Organisation Hydrogen and Fuel Cell Technology. http://www.now-gmbh.de/fileadmin/user_upload/RE-Downloads/RE_NIP_Vollversammlung_2013/07_CEP_Ford_Derflinger_NIPVV_2013.pdf (accessed 9 January 2015).

[31] Transport Canada (8 June 2012) Technical Sheet – Ford Focus Fuel Cell Electric Vehicle (FCEV). http://www.tc.gc.ca/eng/programs/environment-etv-techfordfocus-eng-406.htm (accessed 3 December 2014).

[32] Eberle, U. *et al.* (2012) *Energy Environ. Sci.*, **5**, 8780–8798.

[33] Opel International (23 May 2014) Opel and GM Fuel Cell Fleet Tops 3 Million Miles. http://www.opel.com/news/index/2014/05/fuel_cell_fleet.html (accessed 9 January 2015).

[34] Sando, Y. (2009) *ECS Trans.*, **25**, 211–224.

[35] Honda Worldwide (20 November 2013) Honda FCEV Concept Makes World Debut at Los Angeles International Auto Show. http://world.honda.com/news/2013/4131120FCEV-Concept-Los-Angeles-Auto-Show/index.html (accessed 3 December 2014).

[36] Lim, T. W. and Ahn, B. K. (2012) *ECS Trans.* **50**, 3–10. http://www.scopus.com/inward/record.url?eid=2-s2.0-84885773606&partnerID=40&md5=dd367bd8860abf2796edcfc6afc3d864.

[37] Hyundai USA (2014) 2015 Hyundai Tucson Fuel Cell Hydrogen-Powered Vehicle. http://www.hyundaiusa.com/tucsonfuelcell/ (accessed 1 December 2014).

[38] Juriga, J. (2012) Hyundai motor group's development of the fuel cell electric vehicle. Presented at the Hydrogen and Fuel Cell Technical Advisory Committee Meeting, U.S. Department of Energy, Washington D.C., 9–10 May 2012. http://www.hydrogen.energy.gov/pdfs/htac_may2012_hyundai.pdf (accessed 30 December 2014).

[39] Iiyama, A. *et al.* (2014) *ECS Trans.*, **64**, 11–17.

[40] Transport Canada (8 June 2012) Technical Sheet – Nissan X-Trail FCV. http://www.tc.gc.ca/eng/programs/environment-etv-technissan-eng-410.htm (accessed 3 December 2014).

[41] Toyota Motor Corporation (2014) Toyota's Approach to Fuel Cell Vehicles. http://newsroom.toyota.co.jp/filedownload/3576205 (accessed 2 January 2015).

[42] Toyota Motor Cooperation (2014) Technical specification: Outline of the Mirai. http://newsroom.toyota.co.jp/en/download/4224903 (accessed 2 January 2015).

[43] Volkmar, H. and Stobbe, S. (7 November 2011) Flottenbetrieb HyMotion III – Fahrzeuge in der CEP & nächste Fahrzeuggeneration. NIP Vollversammlung 2011, Berlin, NOW GmbH, National Organisation Hydrogen and Fuel Cell Technology. http://www.now-gmbh.de/fileadmin/user_upload/RE_Inhalte_Mediathek_NEU_2013/Praesentationen_Verkehr_und_Infrastruktur/Volkmar__Henning__Dr.___Stobbe__Soeren__Flottenbetrieb_HyMotion3__HyMotion4.pdf.

6 燃料电池汽车：中国

赵英汝

福建厦门，翔安南路，厦门大学能源学院，361102

摘要

本章为燃料电池电动汽车（FCEV）在中国的研发现状和发展趋势提供了最新的数据，重点介绍了燃料电池技术及其对应的交通运输、示范项目和商业化乘用车案例，并对各种相关示范项目、国家政策和商业化策略进行了总结。

关键词：中国；商业化；示范项目； FCEV；政策；研发

6.1 引言

中国近期的经济和能源政策将交通运输业视为国家实现节能减排的关键因素。其中，新能源汽车（NEV）行业发展空间巨大[1]。在中国，新能源汽车目前有三种类型，即纯电动汽车（PEV）、插电式混合动力电动汽车（PHEV）和燃料电池电动汽车（FCEV）[2]。燃料电池汽车以其接近零排放、能量转化效率相对较高、使用清洁燃料等特点，成为各大汽车公司研究的热点之一。为了促进FCEV 的研发、生产和商业化，并探索其技术、经济和政治可行性，中国已经启动了多个示范项目。本章将讨论这些示范项目的模式，概述中国燃料电池电动汽车的政府政策、标准和商业化进程。

6.2 国家研发战略（2011~ 2015 年）

在国家层面上，中国自主发展电动汽车的战略为电动汽车“三纵三横”技术体系（图 6.1）。“三纵”是指混合动力汽车、纯电动汽车和燃料电池汽车，而“三横”则指电池、电控和电机三大汽车技术[3]。

为促进国家战略目标，2012 年 1 月 14 日，中国燃料电池汽车技术创新战略联盟正式成立。首批成员单位如图 6.2 所示[4]。

<table>
<tr><td colspan="3">三纵三横三大平台</td></tr>
<tr><td>混合动力汽车</td><td>纯电动汽车</td><td>燃料电池汽车</td></tr>
<tr><td colspan="3">电池系统（电池&燃料电池）</td></tr>
<tr><td colspan="3">电控技术（电动车电子控制）</td></tr>
<tr><td colspan="3">电机系统（车载电机与发动机总成）</td></tr>
<tr><td>公共平台技术</td><td>技术标准 &规范</td><td>测试认证技术</td></tr>
</table>

三大需求	三大定位	三大任务	三大机制
产业升级	工艺数据库	混合动力汽车	产业链
技术改造	创新和进口	纯电动汽车	价值链
技术超越	前瞻研究	燃料电池汽车	技术链

图 6.1 中国 NEV 研发战略（2011～2015 年）

图 6.2 中国燃料电池汽车技术创新战略联盟成员[4]

6.3 国家政策

在中国，政府主要负责制定 FCEV 的发展方向。政府最高决策层的四个核心决策部门共同制定 FCEV 的政策框架，即科技部（MOST）、国家发展和改革委员会（NDRC，下称发改委）、工业和信息化部（MIIT，下称工信部）和财政部（MOF）。科技部主要通过主持 863 计划等国家科技项目来协调 FCEV 的研发工作。国家发改委负责各个领域的战略政策和长期投资事宜。工信部制定检测和质量控制标准，并为行业发展制定广泛的指导方针。财政部主要为研发、示范和部署工作以及为 FCEV 行业建设配套基础设施提供资金[1,3]。

FCEV 相关政策可以追溯到“十五”计划（2001～2005 年）。2001 年，PEMFC 15kW 轻型客车成功研发，随后，FCEV 及其关键技术开发获国家 863 计划重大专项立项资金支持[3,5,6]。2006 年，作为最高国家行政机关，国务院发布了《国家中长期科学和技术发展规划纲要（2006～2020 年）》[7]，其中燃料电池技术被列为优先发展前沿技术。据国家发改委、财政部、工信部和科技部于 2013 年发布的联合声明，中国的新能源汽车补贴政策计划再延长三年至 2015 年，以解决空气质量问题。包括公共汽车在内的 FCEV 首次获得一次性补贴，国家补贴总计 50 万元人民币（81000 美元）[3]。表 6.1 列出了 FCEV 的最新政府补贴标准[6]。

表 6.1　FCEV 补贴标准[6]　　　单位：元/每车

年份	燃料电池汽车（公共乘用车和轻型商用车）	燃料电池客车（车身超过 10m 的城市客车）
2013	200000	500000
2014	190000	475000
2015	180000	450000

注：2014 年和 2015 年的补贴标准比 2013 年分别下降了 5%和 10%。

6.4　已发布的技术标准

标准的建立对于行业的发展至关重要，将直接影响公司的研发和投资回报。1998 年，全国汽车标准化技术委员会组建了电动车辆分技术委员会（EVSC）。此后，EVSC 制定并颁布了大量 NEV 行业标准和国家标准，其中部分标准与 FCEV 息息相关。此外，全国燃料电池及液流电池标准化技术委员会（SAC/TC 342）于 2008 年成立，对口国际电工委员会燃料电池标准化技术委员会（IEC/TC 105），共有正式委员 41 人，自主制定国家燃料电池标准 23 项[8]（表 6.2）。

表 6.2　已发布的燃料电池技术标准[8]

分类	编号	标准名称
通用	GB/T 28816—2012	燃料电池　术语
PEMFC	GB/T 20042.1—2005	质子交换膜燃料电池　术语
	GB/T 20042.2—2008	电池堆通用技术条件
	GB/T 20042.3—2009	质子交换膜测试方法
	GB/T 20042.4—2009	电催化剂测试方法
	GB/T 20042.5—2009	膜电极测试方法
	GB/T 20042.6—2011	双极板特性测试方法
	GB/Z 27753—2011	质子交换膜燃料电池膜电极工况适应性测试方法
	GB/T 28817—2012	聚合物电解质燃料电池单电池测试方法

续表

分类	编号	标准名称
模块	GB/T 29838—2013	燃料电池　模块
应用	GB/Z 21742—2008	便携式质子交换膜燃料电池发电系统
	GB/Z 21743—2008	固定式质子交换膜燃料电池发电系统(独立型)性能试验方法
	GB/T 27748.1—2011	固定式燃料电池发电系统　第1部分:安全
	GB/T 27748.2—2013	固定式燃料电池发电系统　第2部分:性能试验方法
	GB/T 27748.3—2011	固定式燃料电池发电系统　第3部分:安装
	GB/T 23751.1—2009	微型燃料电池发电系统　第1部分:安全
	GB/T 23751.2—2009	微型燃料电池发电系统　第2部分:性能试验方法
	GB/Z 23751.3—2013	微型燃料电池发电系统　第3部分:燃料容器互换性
	GB/T 30084—2013	便携式燃料电池发电系统:安全
	GB/T 25319—2010	汽车用燃料电池发电系统技术条件
	GB/T 28183—2011	客车用燃料电池发电系统测试方法
	GB/T 23645—2009	乘用车用燃料电池发电系统测试方法
	GB/T 23646—2009	电动自行车用燃料电池发电系统技术条件

注：GB—国家标准；T—推荐；Z—建议。

6.5 案例展示

中国的 FCEV 示范项目始于 1999 年。当年，清华大学在中国研制出了第一辆燃料电池汽车，该汽车是一辆高尔夫车，它靠一组 5kW 的燃料电池提供动力，由北京世纪富源燃料电池有限公司提供[6]。此后，陆续有示范项目进入公众视野，备受关注。主要示范项目如表 6.3 所示。

表 6.3　中国部分全国性 FCEV 示范项目[6]

事件	年份	制造商	模型和技术参数	车辆数目	用途
北京奥运会	2008	清华大学、北汽福田汽车有限公司	燃料电池客车。一次加氢20kg,每天运行5h,续航里程>200km	3	在客车路线上进行为期一年的示范
上海世博会	2010	上海燃料电池汽车动力系统有限公司、同济大学、上海大众等	PASSAT 领驭氢燃料电池汽车。最高速度150km/h,0～100m/s加速时间<15s,续航里程>300km	20	公务
		上海燃料电池汽车动力系统有限公司、同济大学	燃料电池客车	6	市区公交服务
		重庆长安汽车股份有限公司	长安志祥燃料电池汽车。耗氢量1.2kg/km,最高速度150km/h。续航里程>350km	90	VIP 服务
		南汽专用车有限公司	燃料电池观光车。最高速度40km/h。一次加氢续航里程可达100km	100	个性化的运输服务

续表

事件	年份	制造商	模型和技术参数	车辆数目	用途
广州亚运会	2010	南汽专用车有限公司	燃料电池观光车。最高速度40km/h。一次加氢续航里程可达100km	65	VIP、媒体工作者和运动员的班车
深圳大运会	2011	深圳市五洲龙汽车有限公司	燃料电池客车	2	体育场用
			燃料电池观光车	60	体育场用

除了全国性的示范活动，燃料电池汽车也逐渐渗透到日常生活中。例如，2009年，“十城千辆”应用工程启动，截至2012年，参与“十城千辆”的城市共有25个[3,6]。该项目旨在培育战略性新兴产业，积极探索新的商业模式，大力推动配套基础设施建设，尽快达到一定的产业规模。根据这一计划，工信部推荐的车型包括中国一汽的“红旗”燃料电池汽车、重庆长安汽车股份有限公司的“长安”燃料电池汽车、奇瑞汽车股份有限公司的“奇瑞”燃料电池汽车、上汽集团的“上海牌”燃料电池轿车，以及上海申沃客车有限公司的“申沃”燃料电池客车。目前上海市还在继续进行FCEV的示范。

为了实现FCEV的商业化，中国也在努力开发配套的氢气基础设施体系。在中国，目前有四个固定式氢气站和五个移动式氢气站，所有移动式氢气站都位于上海（详见 www.china-hydrogen.org）。

6.6 商业化：以上汽汽车为例

展望未来，从研发到大规模生产的各项工作将共同推动FCEV决策落地。

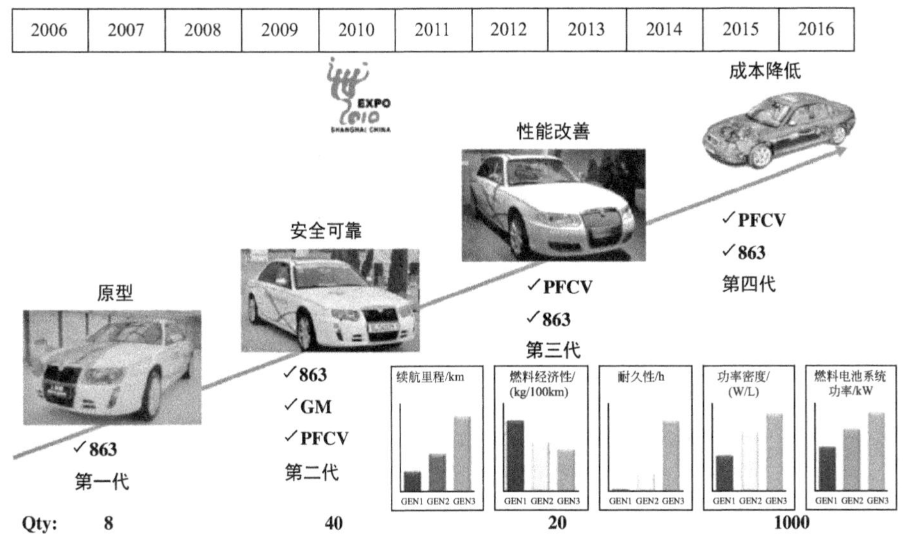

图6.3　上汽集团FCEV乘用车发展路线图[9]

几家国际汽车制造商都在计划推出 FCEV，目标是到 2015 年实现广泛商业化。作为中国最大的汽车公司，上汽集团拥有自己的研发路线图和商业生产计划，2015 年将推出 80 辆燃料电池汽车（图 6.3）[9]。

6.7 结论

中国在 FCEV 技术的研发上取得了重大进展。为了加速 FCEV 的商业化，已经推出了大规模的 FCEV 研发项目。本章简要介绍了一些与中国 FCEV 相关的政府政策、标准、示范案例和商业化路线图。

参考文献

[1] Zheng, J. *et al.* (2012) *Transp. Policy*, **19**, 17–25.

[2] Ministry of Industry and Information Technology (MIIT) (1st July 2009) Access Management Rules for New Energy Vehicle Production Enterprises and Products.

[3] Liu, Y. *et al.* (2013) *Energy Policy*, **57**, 21–29.

[4] Zhang, T. (2012) Chinese FCV demonstration programs and opportunities for collaboration. Presented at the Ontario-China Fuel Cell Workshop, Toronto, Canada, 6 June 2012.

[5] Fuel Cell Today (31th January 2012) Fuel Cells and Hydrogen in China, 6 pp. Available from http://www.fuelcelltoday.com/analysis/surveys/2012/fuel-cells-and-hydrogen-in-china.

[6] Han, W. *et al.* (2014) *Int. J. Hydrogen Energy*, **39**, 13859.

[7] The State Council of China (31 January 2006) Medium- and Long-term National Plan for Science and Technology Development 2006–2020.

[8] Sui, S. *et al.* (2014) Hydrogen and fuel cell R&D in China. Presented at the 10th International Hydrogen & Fuel Cell Technical Conference, Birmingham, UK, 25–27 March 2014.

[9] Chen, X. (2012) SAIC Motor new energy vehicles program. Presented at the Ontario-China Fuel Cell Workshop, Toronto, Canada, 6 June 2012.

7 国家特定项目研究成果：韩国

Tae-Hoon Lim

Korea Institute of Science and Technology，39-1 Hawolkog-dong，Sungbuk-ku，Seoul 136-791，Korea

摘要

本章介绍了韩国燃料电池汽车示范项目的结果，旨在验证韩国燃料电池汽车的商业化可行性。从 2006 年 8 月到 2013 年 12 月，共有 134 辆燃料电池汽车，包括 4 辆燃料电池公共汽车和 13 座加氢站参加了该项目。项目收集了行驶里程、燃料经济性、耐久性等有价值的数据，并反馈给研发项目以改善燃料电池汽车的性能。

关键词： 示范项目；燃料电池汽车（FCV）；氢气站

7.1 引言

为了加快实施国家发展战略，韩国政府推出了燃料电池技术的国家研发项目，该计划于 2002 年开始将燃料电池作为十大经济增长引擎之一。在此背景下，韩国政府与工业、汽车制造商、电力和公用事业公司联合推出了一系列关于燃料电池的国家研发项目，其中包括 2003～2008 年的燃料电池汽车开发项目。为验证燃料电池汽车技术是否具有商业可行性，韩国于 2006 年 8 月启动了一个示范计划，并计划于 2013 年 12 月终止。在此期间，共有 16 个加氢站建成营运，以评估各种供氢方案。例如，对现场天然气/液化石油气蒸汽重整、卡车运输方式、电解以及风力发电进行评估，以确定最适合当地条件的模式。

以下内容展示了部分 FCV 的规格和从示范项目收集的数据。所有的信息和数据均由示范项目的主承包商现代汽车公司（HMC）提供。

7.2 燃料电池汽车示范项目

燃料电池汽车示范项目分两个阶段进行：第一阶段为 2006 年 8 月至 2009 年 12 月，有 30 辆燃料电池汽车、4 辆燃料电池公共汽车和 8 个加氢站建成运营；第二阶段为 2009 年 12 月至 2013 年 12 月，投入 100 辆燃料电池汽车和 13 个加氢站（包括现有的）。

7.2.1 燃料电池汽车示范项目第一阶段

第一阶段的主要目标可以概括如下：①共30辆燃料电池汽车和4辆燃料电池客车，每辆车运营时间为2年，以评估其性能、道路燃料经济性、耐久性和安全性等。②建成5个新的氢气站，以评估制氢、效率、燃料泵接口、安全、生命周期评估等。③建立监测中心，收集数据，提高公众意识。第一阶段的总预算为5160万美元，由政府和私营公司平均分摊。表7.1是收集和报告的关键数据列表。

表7.1 关键数据列表

关键车辆数据	客车的其他数据	氢基础设施数据
电池堆的耐久性	可用性	转换方法
燃料经济性和行驶里程(包括功率计和道路测试)	柴油/压缩天然气基准数据	生产排放
燃料电池系统效率	运营/维护成本	维护
维护	—	安全事件
安全事件	—	氢气纯度/杂质
最高速度、加速度、等级	—	氢补给次数和价格
最大功率和时间(40℃)	—	制氢成本
冷启动能力(时间、能量)	—	转换、压缩、存储、调度效率
电池堆、电动机/发电机、电池和关键辅助设备的电流、电压监测(包括功率计和道路测试)	—	—
工作周期和其他外部因素(气候、交通)影响下的能耗	—	—
能耗与平均速度的函数关系	—	—
全生命周期效率	—	—

本项目在较短的周期内采用了三代燃料电池技术来验证其技术和经济上的飞跃式进步。在此期间，总累计行驶里程为1297799km，平均燃料经济性为19.2km/L（汽油当量）。在大规模生产的基础上，据估计燃料电池汽车的寿命约为3000h，价格为10万美元左右。

7.2.2 燃料电池汽车示范项目第二阶段

项目第一阶段取得了令人满意的成果，顺利进入第二阶段。第二阶段的主要目标如下：①自2015年上市，确保车辆的耐久性。②培育燃料电池汽车零件/部件专业制造商。③制定氢基础设施运行协议。从2009年12月到2013年12月，第二阶段共有 100 辆燃料电池汽车和 16 个加氢站。总预算约为 2200 万美元，由政府（20%）和私营公司（80%）联合投资，包括 HMC、KOGAS、GS-Caltex、DIG 以及首尔和蔚山市政府。

截至 2013 年 7 月，累计行驶里程为 2271074km，大部分性能指标均已达标。有两种 FCEV 车型被采用，详情见图 7.1 和表 7.2。收集和评估的具体数据见表 7.3。

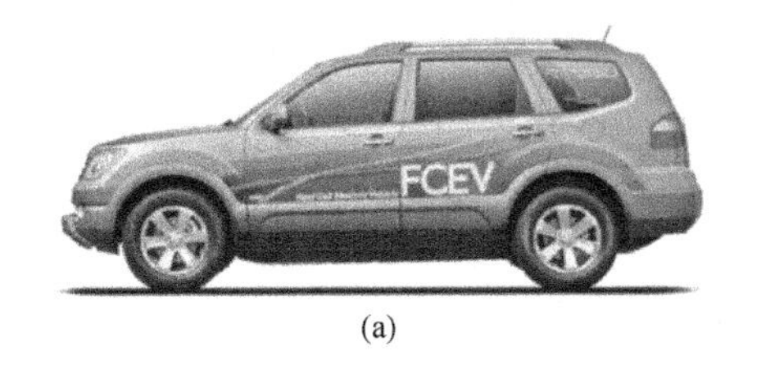

(a)

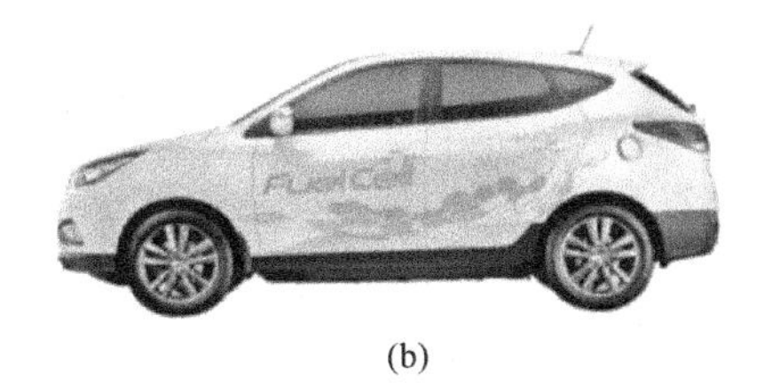
(b)

图 7.1 第二阶段的燃料电池汽车

（a）Borrego；（b）Tucson ix35

图片由现代汽车公司提供

表 7.2 图 7.1 所示燃料电池汽车的规格

规格	Borrego	Tucson ix35
燃料电池堆/kW	115	100
电池/超级电容器/kW	100(超级电容器)	24(锂离子)
发动机/kW	110	100
氢罐(压力为 70MPa 时)/kg	7.9	5.6
续航里程/km	680	594
加速时间(0～100km/h)/s	12.8	12.5
最大速度/(km/h)	160	160
冷启动/℃	−20	−20

注：数据来自现代汽车公司。

表 7.3 燃料电池汽车示范工程第二阶段结果

项目	数据	目标	成绩
FCEV	燃料经济性(汽油当量)/(km/L)	30	30.2
	续航里程(70MPa 时)/km	600＋	630
	加速时间(0～100km/h)/s	13	12.5
	最大速度/(km/h)	160	163
	国产配件/%	80＋	95＋
	行驶里程/(km/a)	20000＋	23271
	每车行驶里程/(km/a)	550＋	1001

续表

项目	数据	目标	成绩
氢气站	压力/MPa	70	70
	压缩机运行时间(35MPa 时)/(h/a)	200+	382
	压缩机运行时间(70MPa 时)(h/a)	200+	232
	每个加氢站平均加氢次数(次/年)	1550	1649
	H_2 生产效率/%	70	74
	可用性/%	85	90
	每辆车平均加氢次数/(次/年)	50	65

注：数据来源于现代汽车公司。

项目第二阶段共运营了 13 个加氢站，对几种制氢方法、安全程序、经济可行性等进行了评估。在此基础上，进一步修订了相关标准和安全法规。

加氢站位置如图 7.2 所示，部分站点的规格见表 7.4。

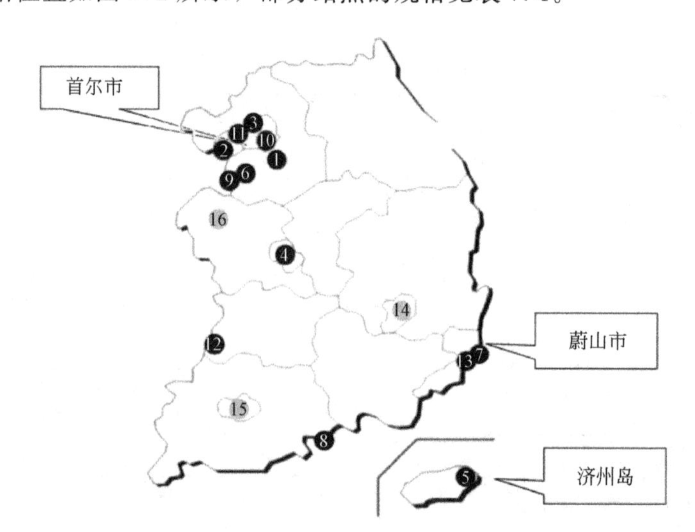

图 7.2 加氢站的位置

表 7.4 加氢站的规格

序号	位置	运营商	运行中	压力/MPa	制氢方式
①	龙仁市	本田汽车	◎	70	副产品 H_2
②	仁川市	韩国天然气公社	◎	35	天然气重整
③	首尔市	佳施加德士株式会社		35	石脑油重整
④	大田市	SKE		35	液化石油气重整
⑤	济州市	本田汽车	◎	35	水电解

续表

序号	位置	运营商	运行中	压力/MPa	制氢方式
⑥	华城市	本田汽车	◎	70	副产品 H_2
⑦	蔚山市	DIG	◎	35	副产品 H_2
⑧	丽水市	SPG 化学		35	副产品 H_2
⑨	华城市	KATRI		70	副产品 H_2
⑩	首尔市	本田汽车	◎	35	副产品 H_2
⑪	首尔市	首尔市	◎	35	液化可燃气重整
⑫	扶安郡	KIER		35	水电解
⑬	蔚山市	DIG	◎	70	副产品 H_2
⑭	大邱市	韩国 EM		70	水电解
⑮	广州市	—		70	天然气重整

7.3 结论

FCV 示范项目的成功运行为燃料电池汽车的发展提供了大量有价值的数据和信息。历时七年的燃料电池汽车和加氢站运营在各种天气条件下累计行驶里程超过 350 万公里，促使本田汽车决定建设世界上第一条燃料电池汽车专用生产线。该生产线每年可生产 1000 辆汽车，于 2013 年 2 月竣工。

本田宣布，将从 2015 年起启动 FCV 的市场推广。同时，也将继续参与国家氢能基础设施建设计划。虽然该计划尚未完成，但到 2015 年仍将有 45 个加氢站投入运营，预计到 2020 年将有 500 座加氢站投入运营，以大城市为中心构建加氢网络。

8 通用 HydroGen4: 基于雪佛兰 Equinox 的燃料电池汽车

Ulrich Eberleand Rittmar von Helmolt

Adam Opel AG, GM Alternative Propulsion Center, Hydrogen & Electric Propulsion Research Strategy, IPC S4-01,65423 Russelsheim,Germany

摘要

通用氢动四号（通用 HydroGen 4，在欧洲大陆也被称为欧宝 HydroGen4，在英国被称为 Vauxhall HydroGen4）是雪佛兰 Equinox 燃料电池汽车的欧洲版车型。本章提供了氢动四号动力和储能系统的技术规格和性能参数，以及在雪佛兰 Equinox 平台上所做的改进。此外，还将简单介绍世界上最大的 FCEV 示范项目——Project Driveway 计划。

关键词：汽车；电动汽车；储能；燃料电池；氢

8.1 引言

在电动汽车及其动力系统的未来发展计划上，大部分汽车制造商都有自己的研发历史[1,2]，最早可以追溯到 20 世纪 60 年代和 70 年代。早在 1966 年，通用汽车就研发出了世界上第一辆氢燃料电池汽车 Electrovan，该车以碱性燃料电池（氢为燃料，氧为氧化剂）和燃料储存为基础[2,3]。当时，考虑到安全因素和缺少加氢站，Electrovan 并没有实现量产和商业化，也逐渐淡出了人们的视线。直到二十多年后，电池电力和燃料电池电动汽车项目在 20 世纪 90 年代重新启动。世界上第一辆现代化批量生产的纯电动汽车通用 EV1 以及戴姆勒的 NECAR1 燃料电池汽车就是该时期的研发成果。如今，许多跨国汽车公司都有氢技术项目。自 2005 年以来，目前的汽车燃料电池技术已经在美国、欧洲和亚洲通过了大规模示范项目的测试：较高的平均效率和续航里程证明了该技术应用于汽车行业的普遍可行性。本章 8.2 节简单介绍了通用在 2007 年实施的 Project Driveway 计划[1,4]。氢动四号是基于标准雪佛兰 Equinox 的新型多功能轿车进行的改进（见

图 8.1、图 8.2 和表 8.1，其中图 8.2 参见文后彩插)。在 2007 年法兰克福车展上，

(a)

(b)

图 8.1　通用氢动四号

(a) 外观；(b) 内部

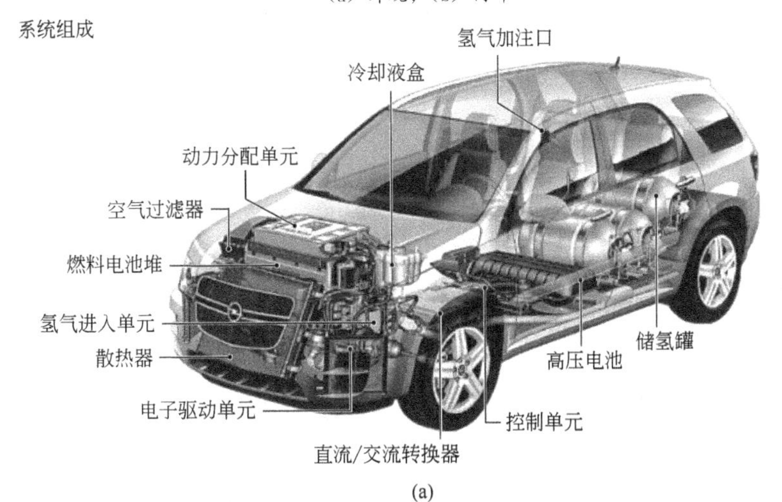

(a)

(b)

图 8.2　(a) 通用氢动四号的结构图及 (b) 与雪佛兰 Equinox 相比的车辆结构调整

表 8.1 通用汽车氢动四号的技术规格[1,4]

通用 HydroGen4	基于雪佛兰 Equinox 的五门轿车，前轮驱动车型
外形尺寸	
长度	4796mm
宽度	1814mm
高度	1760mm
轴距	2858mm
后备厢空间	906L
质量	2010kg
有效载荷	340kg
储氢系统	
类型	3 型 IV 压缩氢气罐
运营压力	70MPa
容量	4.2kg
燃料电池系统	
类型	质子交换膜(PEM)
电池	440
功率	93kW
电池系统	
类型	镍氢(NiMH)电池
功率	35kW
能量含量	1.8kW·h
电力推进系统	
类型	三相同步电机
持续功率	73kW
最大功率	94kW
最大扭矩	320N·m
性能	
最高时速	160km/h
百公里加速时间	<12s
续航里程	320km(标准)；400～420km(扩展型)
工作温度	−25～45℃，无外部加热也可在零度以下室温中停放

通用汽车的氢动四号以及雪佛兰 Volt 电动概念车首次亮相欧洲。2007 年 4 月，上海车展上展示了通用的最新研发成果——雪佛兰 Volt，配备了通用迄今为止最新、最高效的氢燃料电池系统。在欧洲，Project Driveway 计划[1] 于 2008 年 12 月在德国柏林正式启动。在英国，氢动四号以 Vauxhall HydroGen4 为名称于 2009 年 6 月在米尔顿凯恩斯附近米尔布鲁克试验场举行的 Vauxhall EcoVision 活动上向媒体展示，同时还有欧宝/Vauxhall Ampera 电动汽车[4]。通用汽车的大型 FCEV 示范项目于 2013 年年中在德国结束。

扩展型电动汽车技术（E-REV）详见参考文献［5］～［7］，对通用汽车电气化策略感兴趣的读者可参考文献［4］和［6］。

8.2 工艺

燃料电池堆[1,2,4]是整个燃料电池推进系统的一个核心组成部分（图 8.3）。燃料电池有多种类型，包括中温和高温燃料电池。但在汽车领域使用的燃料电池大多为低温质子交换膜（PEM）燃料电池，工作温度较低，通常在 60～80℃，具有输出比功率高、操作方便、结构简单、成本低（批量生产）等优点。燃料电

型号	HydroGen4
净功率	93kW
最大偏移温度	86℃
耐久性	1500h
冷操作	低至-25℃
质量	240 kg
传感器/制动器	30
电堆子系统：Plates UEA	复合80 g Pt/ FCS
空气子系统&加湿	基于管式加湿器传感器的RH控制
一体化设计	半集成

(a)

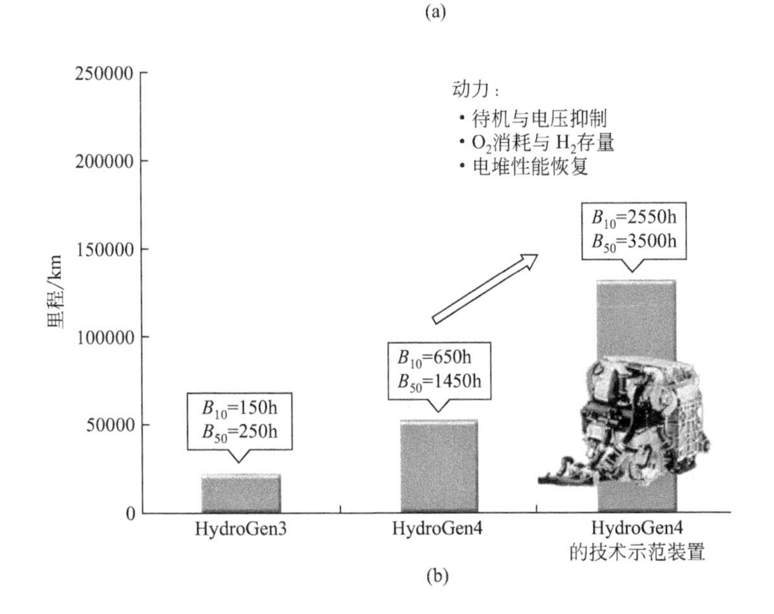

(b)

图 8.3　(a) 燃料电池系统的技术规格及 (b) 车载装置耐久性

池堆由数百个单体电池构成，并像电池一样直接将化学能转化为电能。然而，“燃料”并不包含在电极中，而是从单独的子系统提供给电极。当燃料和氧化剂供应充足时，燃料电池就能运行并对外输出电能。所面临的挑战在于向燃料电池堆中的所有单电池均匀供应燃料，并且适当地除去反应产物。其中，氢燃料PEM电池发电时不产生污染，产物仅为纯水。

从20世纪90年代末开始，从氢动一号到氢动四号，通用现已推出第四代氢燃料电池技术[1,2,4]。燃料电池系统与汽车动力系统的集成与内燃机（ICE）类似。实践证明，燃料电池汽车的动力传动系统动力强劲、结构紧凑（图8.3）。目前，由基于全氟磺酸树脂（PFSA）和碳载铂纳米催化剂（Pt/C）的质子交换膜组成的膜电极组（MEA）是汽车应用领域的最新技术。在汽车运行条件下（温度通常在60～80℃），PFSA膜的高质子传导性与Pt催化剂的高活性相结合使得燃料电池堆足以满足汽车的性能指标[1]。

2002年，氢动三号的燃料电池系统和电牵引系统都被置入一个整体模块，并与传统引擎使用同样的固定点。这种集成的燃料电池模块（推进模块，PDU）极大简化了车辆的组装，降低了成本。因此，PDU技术可应用于现有平台的批量生产。但技术上的限制可能会造成车载燃料电池动力系统组件的配置有所不同。燃料电池系统的可扩展性也有助于其适应不同的车辆尺寸。例如，最初为通用HydroGen3面包车开发的燃料电池系统，后来经改造用于小型车辆——铃木MR Wagon FCV，采用更短的燃料电池堆，并减少了电池数量。最终，又通过将电池堆和其他部件翻倍以用于GMT800卡车[2,4]。

随着HydroGen3[2,3]的公开亮相，70MPa的CGH2压缩气态储氢系统成为当时最先进的技术。通常情况下，根据车辆的大小，续航500km必须搭载4～8kg的氢气。此外，CGH2燃料储存需要柱状容器（图8.4）[2,3]，但常规的车辆未经改造没有足够的空间来容纳储氢装置。因此，需要对后机身进行改造以容纳储氢系统（图8.2）。也可以进行大胆的想象，把汽车其他部分看作是围绕储氢系统而建。比如在设计雪佛兰Sequel概念车[4]时，设计师和工程师就为70MPa的CGH2压缩气态储氢系统（燃料总容量：8kg氢气）预留了足够的空间。正因为有这样的设计，2007年5月，在罗切斯特市郊和纽约市之间的公共道路上，FCEV的续航里程首次超过300mile。Sequel的燃料电池系统设计于车身底部，大大提高了车身内部设计的灵活性[4]。虽然Sequel只是概念车，但在未来，该车所采用的燃料电池、储氢和电力传动等技术将被进一步优化和提高，从概念车向实用化发展。

通用和欧宝第四代燃料电池汽车的技术参数见表8.1，主要系统组件如图

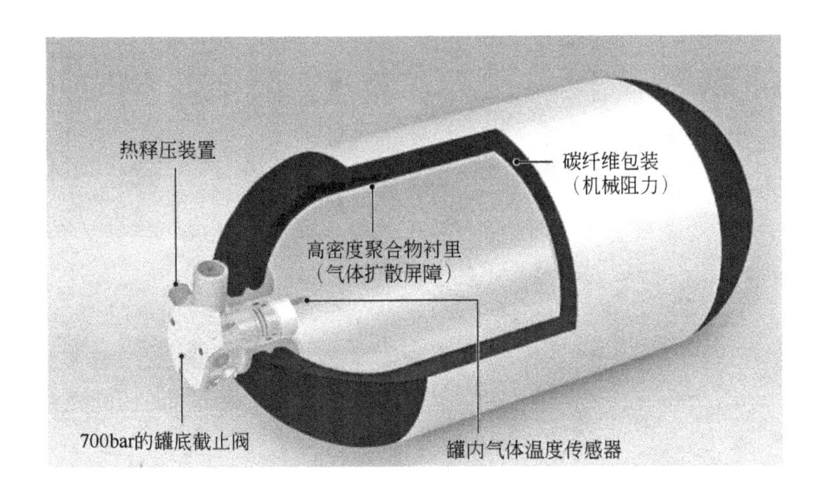

图 8.4　70MPa Ⅳ型压缩气态储氢罐

8.2（a）所示。图 8.2（b）展示了容纳氢气推进系统和储氢系统所需的结构调整。与使用内燃机的雪佛兰 Equinox 相比，最显著的变化是 CGH2 储罐的放置。这是由于氢气的体积比能量密度远低于化石燃料，因此需要更多的储罐空间（见参考文献［2］～［4］）。

图 8.3 对表 8.1 中氢动四号的燃料电池系统和技术细节作了补充；图 8.4 所示为典型的 IV 型压缩储氢系统（关于车载储氢的详细资料见参考文献[2,3]）。对于储氢（包括液氢）方法的详尽介绍，请参考文献［3］。

与以前的燃料电池汽车相比，氢动四号无论是在日常使用的便利性上，还是在动力系统的持久性上，都取得了长足的进步。例如，汽车可以在低至－25℃的极低温度下运行和启动（见图 8.3 和表 8.1）。电动推进系统可提供最大 320N·m 的扭矩，在 73kW 三相同步电机的驱动下，电力输出可达 94kW，0～100km/h 的加速只需 12s，最高速度可达 160km/h。车上的三个碳纤维储罐可储氢 4.2kg，对于标准版的 HydroGen4，这些燃料足以支持 320km 的行驶里程。根据 SAE J2601 和 SAE J2799，加满储罐仅需 3min[1,4]。动力总成还包括镍氢电池，储能 1.8kW·h，以进一步提高车辆的灵活性和稳定性[1,4]。

相较于雪佛兰 Equinox 的标准 ICE 版本（图 8.5），HydroGen4 推进系统能节省一半的燃料消耗量（以汽油当量为基准）[1,4]。为了检验未来商业化所需技术的成熟性和可行性，通用汽车发起了“技术示范车队”[1]。该车队基于 HydroGen4 并主要解决以下两个问题：

① 显著提高美国环保局（US EPA）规定的驾驶循环的整体效率；

② 电池堆寿命达到3500h以缩小与传统汽车的差距，整车运行时间需达到5500h（图8.3）。

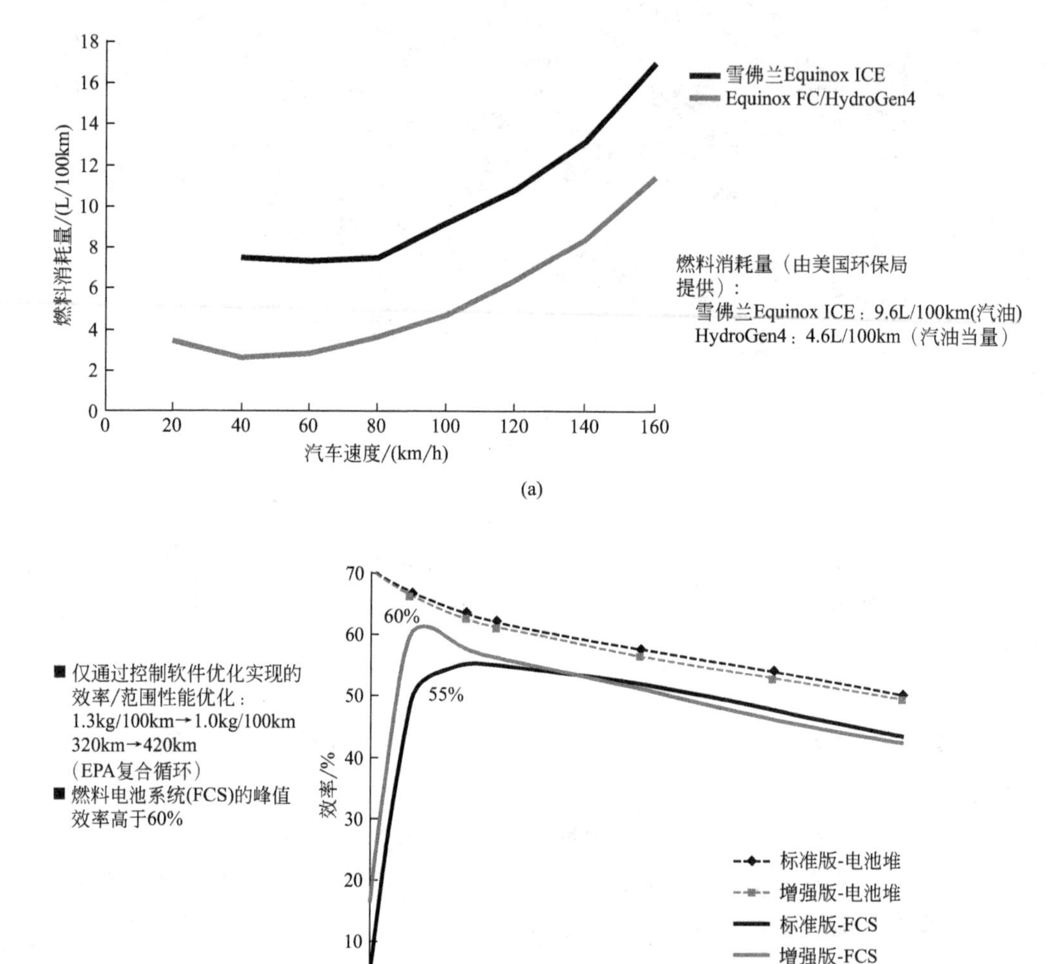

图8.5 (a) 与雪佛兰Equinox ICE相比，HydroGen4的燃料消耗量（汽油当量）及(b) 标准版与增强版的HydroGen4燃料电池系统效率

参考文献［1］详细介绍了所采取的措施，与标准的HydroGen4车队[1]相比，总燃料效率提高了20%（由美国联邦城市及高速公路循环测定）。同时，根据EPA测试循环，4.2kg氢可以支持的续航里程也从80km提高至400～420km。如图

8.5（b）所示，效率增益是燃料电池系统净功率的函数。事实上，具有改性膜的“TechDemo”电池堆的极化曲线并没有什么太大的变化，但FCS效率却得到了显著提高。特别是在典型的驾驶模式中占主导地位的5～15kW的净功率范围内，效率显著提高至60%[1]。对于2002年氢动三号的推进系统，$B50$值仅为250h（即50%的样品寿命大于250h），而$B10$值为150h（10%的样品寿命小于150h）。相比之下，氢动四号的平均寿命和续航里程（见图8.3）都有了大幅的提高，标准款的氢动四号的$B50$值达到了1450h，用于技术示范的氢动四号更是达到了3500h[1]。

目前，汽车制造商正处于技术示范的预商用阶段[1,2,4]，传统汽车和动力传动系统在工程开发过程中不需要经历该阶段。例如，在通用汽车的“Project Driveway”计划中[1,4]，以雪佛兰Equinox为原型的氢动四号是根据美国联邦机动车辆安全标准（FMVSS）进行开发和型式认证的。在2007年和2008年生产的约170辆车中，有119辆被移交给了私人和商业客户。截至2012年年中，该车队已在真实环境下累计超过400万公里的里程，其中有三辆车的行驶里程都超过了11万公里[1]，一辆车的电池系统运行时间超过了1600h。超过一万名司机（非通用员工）参与了该项目的上路测试，加氢2.4万余次，调度氢气约7.15万公斤。到2012年中，“Project Driveway”项目已经在美国（纽约、密歇根、加利福尼亚州）和德国完成了整整四个冬季的运行：在寒冷的天气条件下，车队成功进行了超过18500次的冻结。通用和欧宝的车队运营包括参与美国、德国、韩国和日本的国家示范项目，部分由国家主管部门出资。德国的大型氢能示范项目由公私合作的清洁能源伙伴关系（CEP）主持。其他欧洲国家和美国也有类似的项目。在德国柏林、黑森州和北莱茵-威斯特法伦州，有多达30辆“Project Driveway”项目的HydroGen4参加了由政府资助的CEP项目[1]。表8.2提供了在柏林运营的车辆第一年的速度分布情况。

表8.2 2008～2013年在德国清洁能源伙伴关系下运营的HydroGen4车队（最大规模：30辆车）的速度分布

速度区间/(km/h)	所占比例/%
0～20	47
21～40	15
41～60	17
61～80	8
81～100	6
101～120	5
＞120	1

2013 年 10 月，有一辆通用的燃料电池研究用车（最初是“Project Driveway”项目用车，在项目正式结束之后被用作工程车辆）在真实环境下的累计里程达到了 16 万公里（10 万英里），这是氢动力汽车发展史上的一个里程碑式事件。截至 2013 年 10 月，通用汽车的燃料电池测试车队累计行驶里程接近 500 万公里。测试车队的表现远超预期，而一开始，HydroGen4 动力总成的设计寿命仅为 2.5 年，行驶里程 5 万公里。

2013 年 7 月，通用汽车与本田公司就新一代燃料电池和储氢技术问题达成了一项长期共同合作协议，其中该合作协议主要针对的是两者 2020 年的阶段计划，其目的主要是降低燃料电池和储氢技术的成本，推动燃料电池汽车的商业化。

8.3 结论

几乎所有的汽车制造商都有意减少使用汽油和柴油等化石燃料来提供动力，更多地寄希望于提高汽车动力总成的电气化水平。但汽车电池的能量密度制约着纯电动汽车的发展，特别是对续航里程和对车型的影响，部分车型负载更高，需要更强的续航能力[4]。因此，通用和欧宝在其电气化战略中提出了发展扩展型电动汽车（E-REV）[4-7] 和燃料电池电动汽车（FCEV）。E-REV 和纯电动汽车（BEV）都可以通过智能充电来平衡负荷，可以作为太阳能和风能发电的补充技术。但从长远来看，均衡负荷和大规模储氢有更大的潜力[1,4]。

与此同时，对于电力推进系统，氢能具有高能量密度。目前，燃料电池电力推进系统已适用于所有类型的车辆[4,6]，但其持续功率和储氢要求必须与车辆的组装和热管理系统的要求（如散热器尺寸）相平衡[6]。尽管如此，几乎所有的汽车公司都认为，氢燃料电池汽车在电动汽车领域最具优势，不仅能够实现零排放，且一次加氢续驶里程长，加氢时间短，只需 3～5min（图 8.6）[4]。自 2007 年燃料电池汽车综述报告发表以来，汽车方面的主要技术挑战已被攻克[2]。通用汽车的“Project Driveway”和技术示范车队项目证明，汽车燃料电池技术在技术成熟度和耐久性上已达到了较高的水准。70MPa 高压气态储氢技术更是得到了燃料电池汽车厂商的一致认可[1-3]。但如何进一步降低燃料电池汽车的成本，如何完善加氢站等配套设施的建设，仍是一个重大的挑战[1]。最终，电气化的程度与化石燃料替代品的应用取决于能源价格、技术进步、配套设施、规章制度、车辆性能以及用户的持有成本等因素[4-7]。

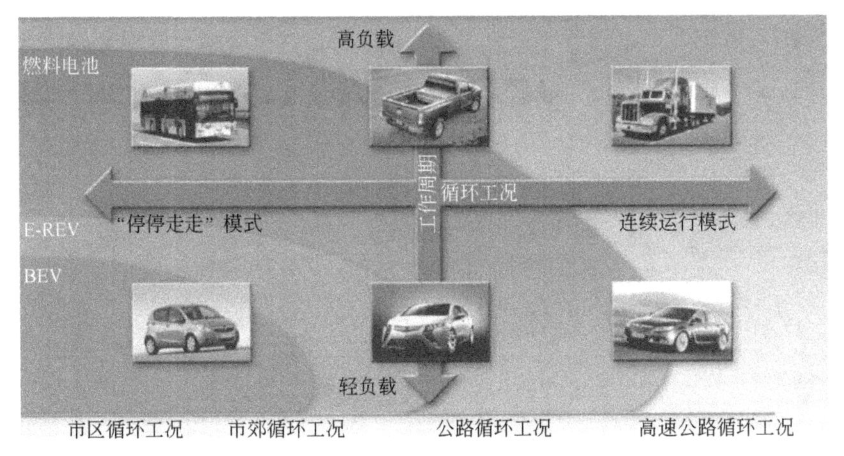

图 8.6　各种电动动力总成系统的应用图

致谢

本章是对 U. E. 和 R. v. H. 关于汽车燃料电池和氢技术的出版物的一个概述[1,2,4]。感谢通用汽车在美国和德国的 HydroGen4 工程和商业化团队为汽车能源转换和存储系统的发展做出的不懈努力。

参考文献

[1] Eberle, U., Müller, B., and von Helmolt, R. (2012) *Energy Environ. Sci.*, **5** (10), 8780–8798.
[2] von Helmolt, R. and Eberle, U. (2007) *J. Power Sources*, **165**, 833–843.
[3] Eberle, U., Felderhoff, M., and Schüth, F. (2009) *Angew. Chem. Int. Ed.*, **48**, 6608–6630.
[4] Eberle, U. and von Helmolt, R. (2010) *Energy Environ. Sci.*, **3**, 689–699.
[5] Miller, M., Holmes, A., Conlon, B., and Savagian, P. (2011) *SAE Int. J. Engines*, **4** (1), 1102–1114. doi: 10.4271/2011-01-0887
[6] Brinkman, N., Eberle, U., Formanski, V., Grebe, U.D., and Matthé, R. (2012) *33rd International Vienna Motor Symposium*, Fortschritt-Berichte VDI, Reihe 12, Nr. 749, vol. **1**, Austrian Society of Automotive Engineers, pp. 186–215.
[7] Matthé, R. and Eberle, U. (2014) The voltec system – energy storage and electric propulsion, in *Lithium-Ion Batteries* (ed. G. Pistoia), Elsevier, Amsterdam, pp. 151–176, ISBN: 9780444595133. http://dx.doi.org/10.1016/B978-0-444-59513-3.00008-X.

9 国家特定项目研究成果：美国

Leslie Eudy

National Renewable Energy Laboratory, Transportation & Hydrogen Systems Center Technology Validation, 15013 Denver West Pkwy (MS: ESIF 302), Golden, CO 80401, USA

摘要

本章对美国燃料电池电动客车（FCEB）示范项目的性能数据进行了总结。包括美国加州湾区城市奥克兰的零排放示范项目（ZEBA），美国加州南部棕榈泉地区的燃料电池客车示范项目（AFCB），以及棕榈泉地区的先进技术 FCEB 示范项目（AT FCEB）。以表格的方式列出了所分析性能指标的数据结果，并用图表展示了几个关键性能指标随时间的变化趋势。

关键词：AFCB；燃料电池；燃料电池电动客车；氢；客车；ZEBA

9.1 引言

美国的几家运输机构对燃料电池电动客车（FCEB）进行了技术示范，并且讨论分析了燃料电池作为客车运输动力的可行性。一般来说，将燃料电池技术用于交通动力的主要目的是改善空气质量。州政府对此有多项规定，例如 2000 年加州空气资源局的公交规划[1]，要求对零排放客车技术进行示范。美国交通部（DOT）联邦运输管理局（FTA）也对燃料电池客车进行了投资。2006 年，联邦运输管理局启动了国家燃料电池客车发展计划[2]，旨在发展可商用的燃料电池客车技术，并通过示范验证其可行性。全国各地的司机都参与了该燃料电池客车示范项目。下文总结了近期的三个示范活动，并将示范结果与普通客车以及 FTA 和美国能源部（DOE）制定的性能指标进行了比较[3]。国家可再生能源实验室对这三个示范项目的数据结果进行了分析，并发布了相关报告[4-6]。

9.2 燃料电池电动客车概述

本章介绍加州两个交通机构运行的三种 FCEB 的性能。表 9.1 为 FCEB 的选定规格。

① SunLine 先进技术燃料电池电动客车（AT FCEB）。示范一辆带有 Bluways 混合动力系统和 Ballard 燃料电池的新型客车。

② 由 AC Transit 领导的加州奥克兰湾区的零排放示范项目。示范 12 辆带有 US hybrid 燃料电池系统的 Van Hool 燃料电池混合动力客车。

③ SunLine 美国燃料电池客车（AFCB）项目。示范一辆带有 BAE 混合动力系统和 Ballard 燃料电池系统的 ElDorado 客车。该项目是国家燃料电池客车计划的一部分。

表 9.1　FCEB 设计的选定规格

项目	AT FCEB	ZEBA	AFCB
客车公司	SunLine	AC Transit	SunLine
客车制造商	New Flyer	Van Hool	ElDorado
车长/质量/(ft/lb)	40/44420	40/39350	40/43420
燃料电池	Ballard，150kW	US Hybrid，120kW	Ballard，150kW
混合系统	Bluways	Van Hool	BAE 系统
储能	Valence，锂电池	EnerDel，锂电池	A123，锂电池
储氢	6 个 350bar 的柱形储罐	8 个 350bar 的柱形储罐	8 个 350bar 的柱形储罐

9.3 SunLine 先进技术燃料电池电动客车

SunLine 公司的 AT FCEB 原本是加拿大惠斯勒卑诗运输公司（BC Transit）运营的 FCEB 车队的旗舰客车，该车队由 20 辆车组成。在完成测试后，SunLine 买下了这批客车，并于 2010 年 5 月投入使用。相关数据及性能见表 9.2。表 9.2 涵盖了从 2010 年 5 月至 2013 年 12 月整个测试期间的数据结果。SunLine 还运营了一批压缩天然气（CNG）客车，以其中五辆的数据作为基准进行对比。

表 9.2　AT FCEB 和 CNG 客车的运营结果比较

条目	AT FCEB	CNG
客车数目	1	5
数据周期	5/10～12/13	5/10～12/13
周期总里程/mile	58101	962247
每辆客车平均每月里程/mile	1320	4374
燃料电池总运行时间/h	4939	N/A
平均运行速度/(mile/h)	11.8	15.5
可用性百分比(目标是 85%)/%	55	84

续表

条目	AT FCEB	CNG
燃料经济性/(mile/kg 或汽油加仑当量)	5.52	2.89
燃料经济性/(mile/DGE)	6.24	3.22
在途事故间隔英里数(MBRC)(客车)	2767	11188
MBRC(推进系统因素导致)	3058	29157
MBRC(燃料电池系统因素导致)	6456	N/A

注：1mile=1.609km。

9.3.1 燃料经济性

图 9.1 显示了 AT FCEB 和基准客车的每月燃料经济性。此外还用月平均高温显示了由于辅助负载（例如空调）的使用增加而引起的潜在波动。AT FCEB 的平均燃料经济性为 6.24mile/DGE，比执行同类服务的 CNG 基准客车高出 94%。美国能源部/美国交通部的燃料经济性指标是 8mile/DGE。AT FCEB 的燃料经济性相当于每百公里耗氢 11.2kg。

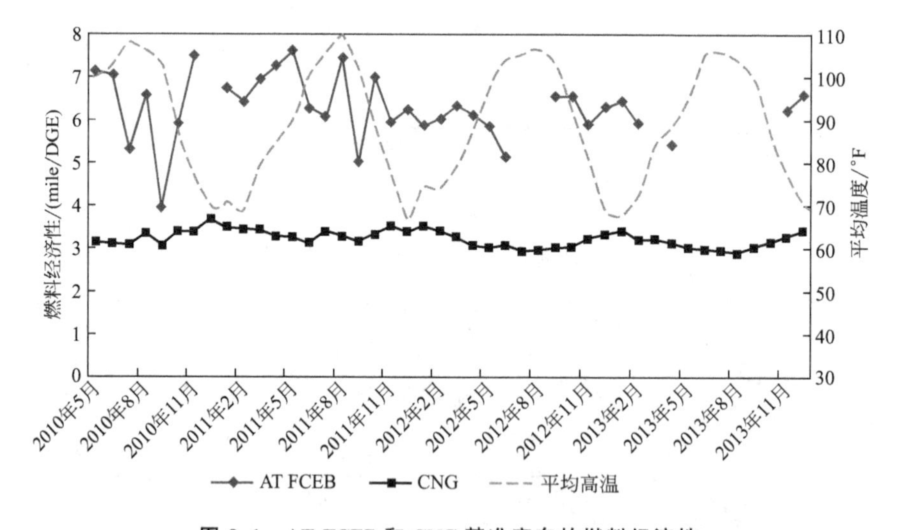

图 9.1 AT FCEB 和 CNG 基准客车的燃料经济性

9.3.2 可用性

可用性是可靠性的衡量标准之一——即客车的实际可用天数占计划运营天数的百分比。图 9.2 所示为 AT FCEB 和 CNG 基准客车的每月可用性。通常，美国的运输机构划定的客车可用性目标为 85%。能源部/交通部对燃料电池客车的标准是 90%。示范期间，AT FCEB 的平均可用性为 55%。图 9.3 列出了几种不可用情况，其中，近一半是因为牵引用蓄电池（49%），由于客车自身问题导致的不可用占 27%。燃料电池系统所导致的不可用仅占 17%。

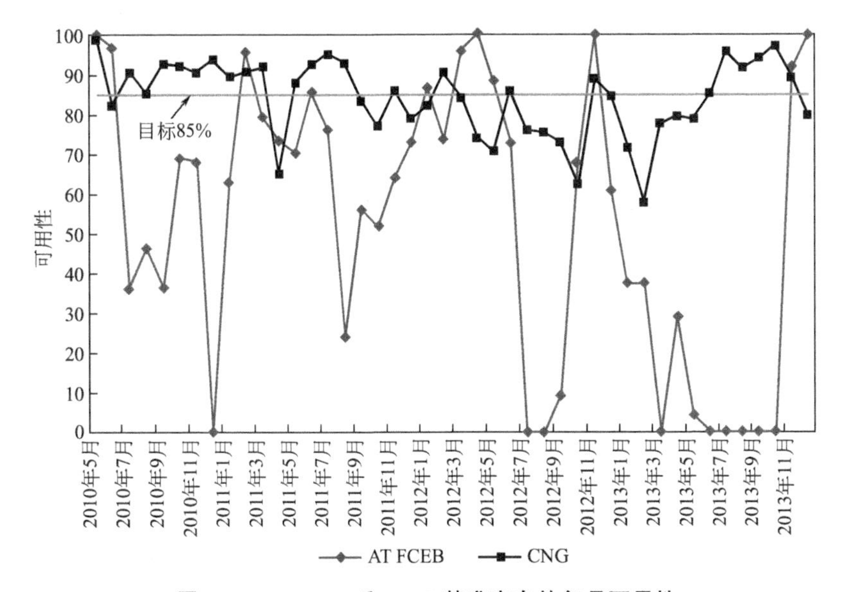

图 9.2　AT FCEB 和 CNG 基准客车的每月可用性

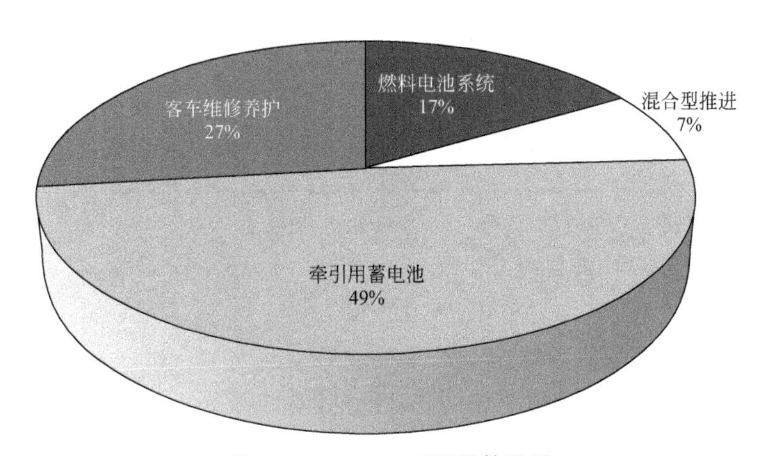

图 9.3　AT FCEB 不可用的原因

9.4 海湾地区零排放项目

第一辆 ZEBA 客车于 2010 年 5 月交付给东湾交通局（AC Transit），到 2011 年 11 月底，总共 12 辆公交车均已投入使用。数据于 2011 年 9 月开始收集，当时该公司 Emeryville 分部的氢气站已经上线。表 9.3 总结了从开始收集数据到 2013 年 12 月的示范结果，近期的数据也包括在内。ZEBA 车队有几个燃料电池发电装置运行时间较长。运行时间最长的燃料电池已超过 16000h。而 DOE/DOT 的燃料电池指标为到 2016 年达到 18000h，商用产品达到 25000h。AC Transit 提供了两种不同的基准客车以供比较。Van Hool 柴油客车与 FCEB 车型相同，但累计行驶里程数更多。Gillig 柴油客车的累计里程数与 FCEB 更为接近。在示范期间，AC Transit 氢气站停工了大约 9 个月，在图 9.4 和图 9.5 中显示为数据的中断。

表 9.3　ZEBA 和基准客车的性能比较结果

条目	ZEBA（示范期）	ZEBA（近期）	Van Hool 柴油客车	Gillig 柴油客车
客车数目	12	12	3	10
数据周期	9/11～12/13	3/13～12/13	3/13～12/13	6/13～12/13
周期总里程/mile	620454	328129	119476	290025
每辆客车平均每月里程/mile	2095	2734	3983	4834
燃料电池总运行时间/h	69407	38188	N/A	N/A
平均运行速度/(mile/h)	8.9	8.6	N/A	N/A
可用性百分比(目标是 85%)/%	72	82	76	85
燃料经济性/(mile/kg)	6.22	6.44	N/A	N/A
燃料经济性/(mile/DGE)	7.03	7.28	3.79	4.22
在途事故间隔英里数(MBRC)(客车)	3663	5966	2715	4678
MBRC(推进系统因素导致)	5887	10254	5974	13811
MBRC(燃料电池系统因素导致)	15455	25241	N/A	N/A

注：1mile=1.609km。

9.4.1 燃料经济性

图 9.4 所示为 ZEBA 和基准客车的每月燃料经济性（以每加仑柴油当量的英里数计算）。ZEBA 客车的平均燃料经济性为 7.28mile/DGE，比 Van Hool（VH）柴油客车高出 87%，比 Gillig 柴油客车高出 73%。ZEBA 的燃料经济性相当于每百公里耗氢 9.65kg。

9.4.2 可用性

图 9.5 所示为 ZEBA 和柴油基准客车的每月可用性。ZEBA 客车的近期平均可用率为 82%，而 Van Hool 柴油客车为 76%，Gillig 柴油客车为 85%。图 9.6 所示为整个示范期间 ZEBA 客车不可用的原因。其中，客车维修养护（独立于燃料电

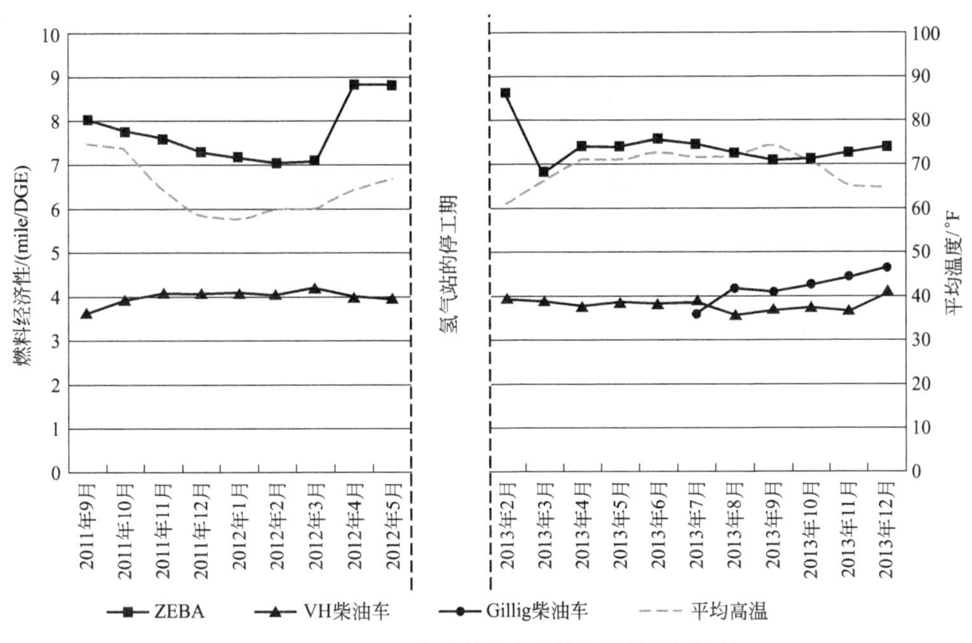

图 9.4　ZEBA 和柴油基准客车的每月燃料经济性

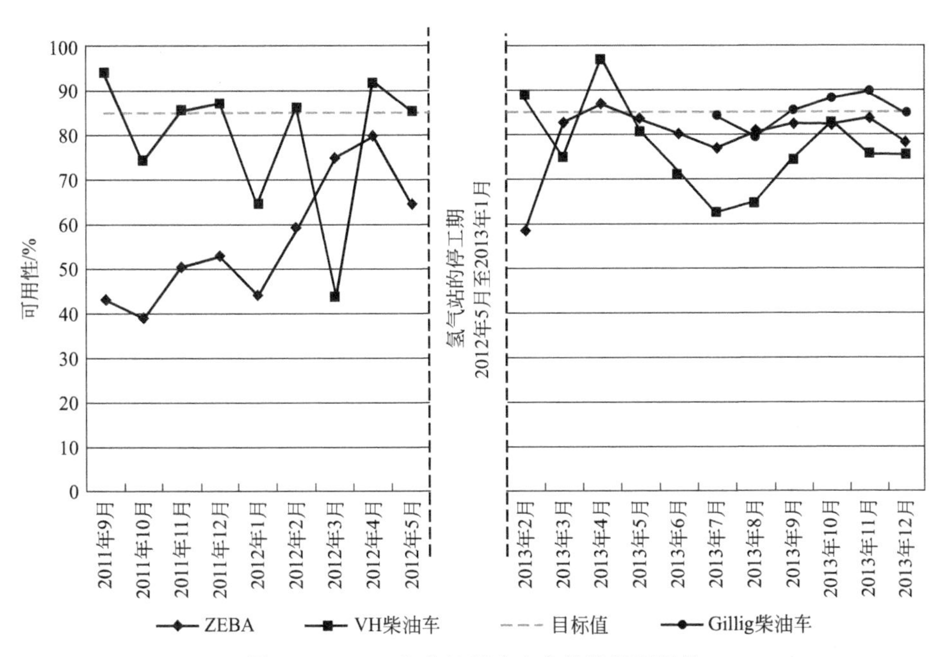

图 9.5　ZEBA 和柴油基准客车的每月可用性

池、混合动力和牵引电池系统）占了一半（49%）以上，牵引用蓄电池的问题占14%，而燃料电池系统的问题只占不可用时间的11%。

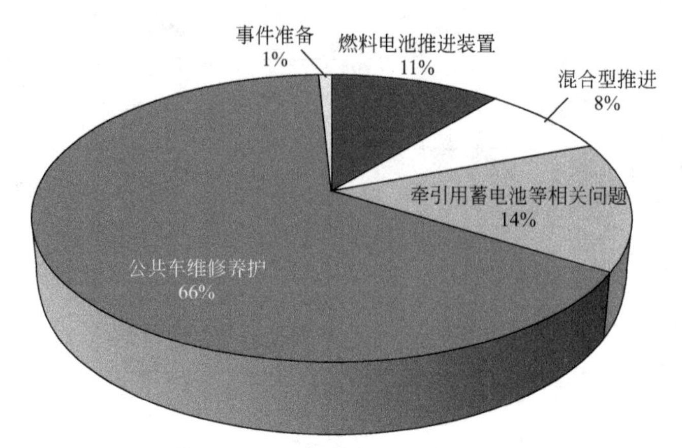

图 9.6　ZEBA 客车不可用的原因

9.5 SunLine 美国燃料电池客车

AFCB 于 2011 年 11 月交付给 SunLine 公司，并于当年 12 月投入使用。从 2012 年 3 月开始收集数据。表 9.4 汇总了 AFCB 和 CNG 基准客车的数据结果。

表 9.4　AFCB 和 CNG 基准公交车的性能比较结果

条目	AFCB	CNG 基准客车
客车数目	1	5
数据周期	3/12～12/13	3/12～12/13
周期总里程/mile	58366	455319
每辆客车平均每月里程/mile	2653	4139
燃料电池总运行时间/h	3779	N/A
平均运行速度/(mile/h)	15.4	15.5
可用性百分比(目标是 85%)/%	66	81
燃料经济性/(mile/kg 或汽油加仑当量)	6.50	2.79
燃料经济性/(mile/DGE)	7.34	3.12
在途事故间隔英里数(MBRC)(客车)	4169	7988
MBRC(推进系统因素导致)	8338	30355
MBRC(燃料电池系统因素导致)	19455	N/A

9.5.1 燃料经济性

图 9.7 所示为 AFCB 和 CNG 基准客车的每月燃料经济性。AFCB 的平均燃料经济性为 7.34mile/DGE，比同类服务中的 CNG 基准客车高出 136%。AFCB 的燃料经济性相当于每百公里耗氢 9.56kg。

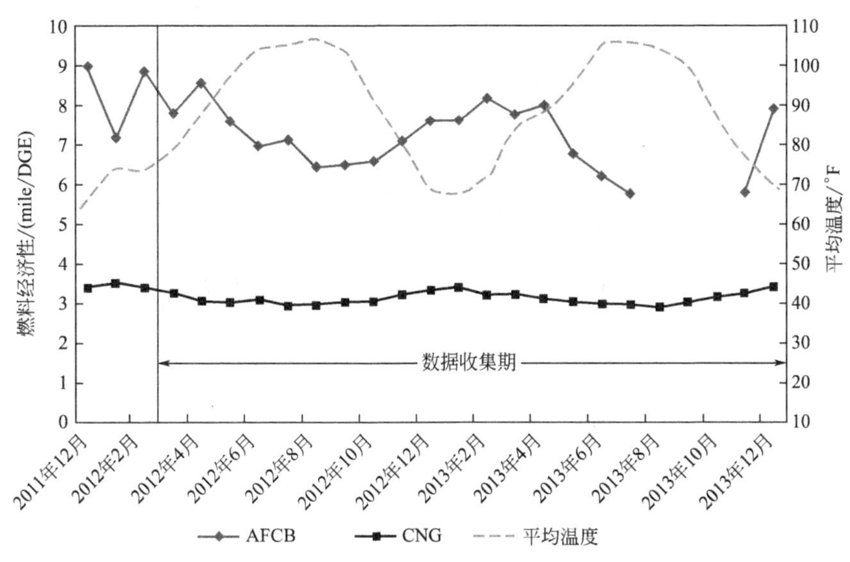

图 9.7　AFCB 和 CNG 基准客车的每月燃料经济性

9.5.2　可用性

图 9.8 为 AFCB 和 CNG 基准客车的每月可用性。在数据收集期内，AFCB 客车的平均可用率为 66%，而 CNG 基准客车的平均可用率为 81%。图 9.9 所示为整个示范期间客车不可用的原因。对于 AFCB 客车，客车维修养护（独立于燃料电池、混合动力和牵引电池系统）为主要原因，占 82%，大部分情况是由

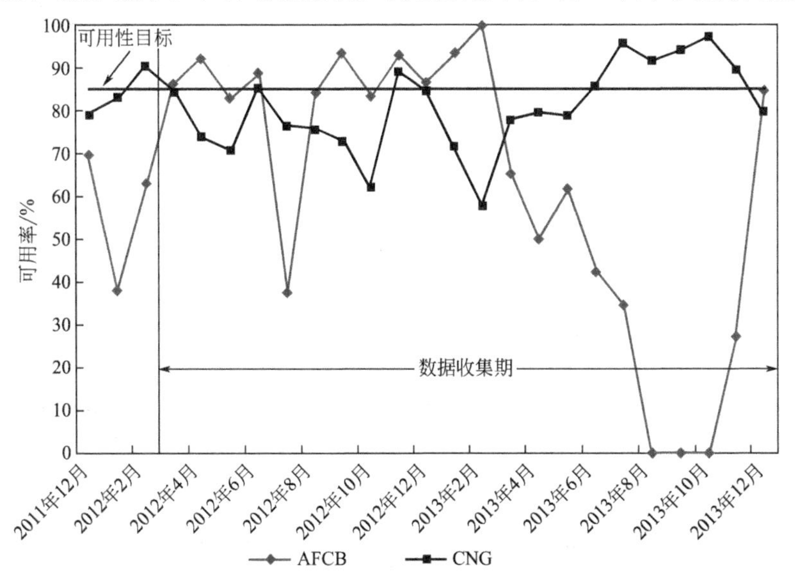

图 9.8　AFCB 和 CNG 基准客车的每月可用性

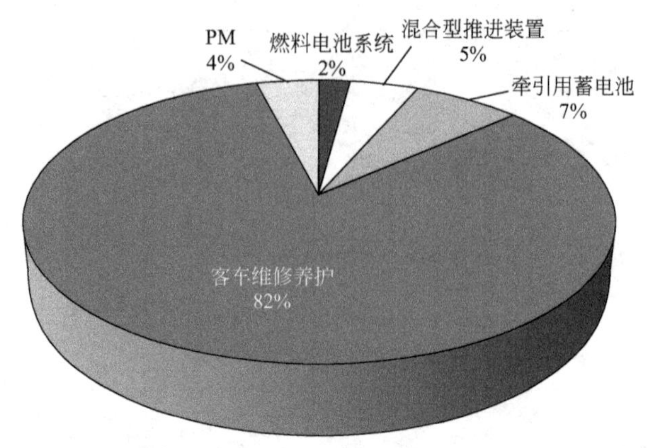

图 9.9 AFCB 客车不可用的原因

于散热器泄漏，故障原因尚不明确。6 月到 10 月的停工期大大降低了可用率（之前平均 80%），而燃料电池系统的问题仅占不可用时间的 2%。

9.6 结论

本章介绍了三种不同的 FCEB 规划的最新性能结果，并与参与同类服务的基准客车进行了性能比较。以每加仑柴油当量的英里数计算，这些 FCEB 的燃料经济性结果从 6mile 到 7.3mile 不等，差不多是基准客车的两倍，但其可用性仍低于客车公司 85%的目标。值得注意的是，影响 FCEB 可用性的大多数问题与燃料电池技术无关。几家燃料电池发电厂已经累计运行了相当可观的小时数，接近 2016 年运营 18000h 的目标。要使这项技术完全商业化，仍有一些挑战需要解决，包括提高燃料电池和组件的耐久性、优化系统和软件以及降低成本等[7]。

参考文献

[1] California Air Resources Board (2000) Transit Bus Rule. http://www.arb.ca.gov/msprog/bus/zbus/zbus.htm.

[2] Federal Transit Administration (2006) National Fuel Cell Bus Program. http://www.fta.dot.gov/about/14617.html.

[3] DOE (2012) Fuel Cell Bus Targets, Fuel Cell Technologies Program Record # 12012, September 12, 2012. http://www.hydrogen.energy.gov/pdfs/12012_fuel_cell_bus_targets.pdf.

[4] Eudy, L. and Chandler, K. (2013) SunLine Transit Agency Advanced Technology Fuel Cell Bus Evaluation: Fourth Results Report, NREL/TP-5600-57560, National Renewable Energy Laboratory, Golden, CO.

[5] Eudy, L. and Post, M. (2014) Zero Emission Bay Area (ZEBA) Fuel Cell Bus Demonstration: Third Results Report, NREL/TP-5400-60527, National Renewable Energy Laboratory, Golden, CO.

[6] Eudy, L. and Chandler, K. (2013) American Fuel Cell Bus Project: First Analysis Report, FTA Report No. 0047, Federal Transit Administration, Washington, DC.

[7] Eudy, L. and Gikakis, C. (2013) Fuel Cell Buses in U.S. Transit Fleets: Current Status 2013, NREL/TP-5400-60490, National Renewable Energy Laboratory, Golden, CO.

质子交换膜燃料电池

10 聚合物电解质

John Kopasz[1] and Cortney Mittelsteadt[2]

[1]Argonne National Laboratory, Chemical Sciences and Engineering Division, 9700 South Cass Avenue, Lemont, IL 60439, USA

[2]Giner, Inc. 89 Rumford Avenue, Newton,MA 02466,USA

摘要

本章概述了质子交换膜燃料电池（PEMFC）系统中导电材料聚合物电解质的特性，重点介绍了使用最广泛的全氟磺酸（PFSA）电解质，并提供了这些材料的关键特性的有用数据。

关键词： 电解质；燃料电池；膜

10.1 引言

燃料电池中的聚合物电解质膜（PEM）不仅具有阻隔作用，还具有传导质子的作用，氢离子可直接穿过质子交换膜从阳极到达阴极。在燃料电池寿命期间，电解质都需保持一定的反应活性。在汽车领域，一般要求其耐久性超过5000h，操作条件为−40～80℃以上。此外，电解质所处的化学环境也较为复杂，比如氧化条件，电解液中含过氧化氢、羟基自由基，环境湿度变化大等[1-4]。已有多篇综述详细介绍了PEM燃料电池聚合物电解质膜[1-4]。对此，本章不再赘述，我们将重点关注商用全氟磺酸聚合物电解质膜的数据与性能。

全氟磺酸（PFSA）电解质膜是目前PEM燃料电池研发中应用最多的质子交换膜。该膜主要基体材料为氟乙烯与末端带—SO_3F基团的全氟乙烯基醚的共聚物，具有良好的化学稳定性。由于其结构中存在—SO_3F基团，因此可以加强电解质膜的酸性，从而提高膜的质子传导能力及电导率。全氟磺酸电解质膜在聚合物电解质燃料电池（PEMFC）中的应用主要是基于其对质子的高效传导能力。此外，由于极性和非极性链段之间的相分离，非极性聚四氟乙烯（PTFE）主链和极性磺化侧链结合，使得这种材料具有纳米构型[1]。改善膜材料的微相分离结构可以有效提高膜的质子传导率[5]。商用的PFSA膜有Nafion、Hyflon、Aquivion、3M ionomer和Flemion等，它们的侧链性质（Nafion和Flemion：全氟乙烯醚；Aquivion和3M离聚物：全氟烃基）和长度［Aquivion和Hyflon：—C_2F_4—SO_3H；3M离聚物：—C_4F_8—SO_3H；Nafion：—$CF_2CF(CF_3)C_2F_4$—SO_3H］有所不同[3]。离聚物的性质可通过改变非极性主链与极性侧链的比例而改变，通常以当量（EW）(每个酸基团对应的离聚物克数）或与其相反的离子交换容量（每克原料的酸当量）来表示。商用Nafion 211膜的EW约为1000，离子交换容量约为1毫当量/克。由于Aquivion、Hyflon和3M离聚物膜中的侧链较短，其侧链与基体在相同比例下有较低的EW(即较高的离子交换容量)。

10.2 膜的特性

10.2.1 吸水和溶胀

PFSA膜有吸水溶胀的特性。当量较低的膜会吸收更多的水，导致膜的溶胀度增加、强度降低。Mittelsteadt[2]研究表明，磺酸基膜的吸水性取决于相对湿度和酸基的数量，而不依赖于主链或侧基的类型。酸性基团越多（EW越低），吸水率越高，导电性越好。

溶胀平衡时，膜的吸水率主要取决于其处理温度。提高平衡温度可以增大吸水率；膜在冷却后能够保留大部分水分，继续保持水和平衡直至进行热退火干燥[2]。Aquivion和3M离聚物质子膜的侧链比Nafion 211膜短。相比之下，侧链较短时，结晶度更大，吸水率较低，玻璃化转变温度较高，在EW相似的情况下，聚合物将具有更高的机械强度[11,15]。EW 低到一定程度时，膜将过度膨胀而破裂。EW 约 700 时，Hyflon 离子聚合物的吸水率＞100%（100℃的液态水），而对于 EW 低于 700 的 3M 离聚物，聚合物实际上是水溶性的[11,15]。表 10.1 为几种 PFSA 膜的吸水和溶胀特性。

表 10.1　PFSA 膜的吸水和溶胀特性

特性	Nafion 211[1]	Nafion 112[3]	FumaPEM 930	Aquivion E87[2]
当量	950～1053	1100	900	850～890
吸水率(在 100℃的水中浸泡 1h 之后增加的重量与干重的比值)/%	50	38	30	＜40(4h@100℃)
不同温度溶胀平衡时线性膨胀率(初始 23℃，50% RH)/%				
23℃	10			
30℃			3～4	
80℃			5～6	
100℃	15	15		＜15(MD),4h 后 25(TD)
130℃			18	

10.2.2　质子电导率

表 10.2 为几种 PFSA 膜在不同操作条件下的电导率。此外，Mittelsteadt 提出了一个通用的 PFSA 电导率的公式，是 EW、温度和相对湿度的函数[2]。PFSA 材料（和大多数其他聚合物电解质）的电导率取决于膜中的含水量。EW 约为 1000 的商用 Nafion 211 膜，在 80℃和 95%相对湿度（RH）下的质子电导率约为 0.13 S/cm，但是在 80℃和 10% 相对湿度下电导率下降了两个数量级至 0.001 S/cm 左右[2]。降低 EW 将增加电导率，但 EW 也会影响膜的吸水性和强度。与 Nafion 相比，短侧链的 825 EW 3M 离聚物膜在 80℃和 90%相对湿度下的电导率约为 0.2 S/cm，在 30%相对湿度下降至约 0.02 S/cm[7]。其他因素如热处理、浇铸溶液种类和机械退火都会影响膜的形态和质子电导率[8-10]。现已开发出电导率高于商用材料的预商用或实验阶段的质子膜，例如，3M 的多酸侧链全氟酰亚胺酸聚合物膜，其中 625 EW 质子膜在 80℃和 90%RH 下的电导率超过 0.3 S/cm。该质子膜每个侧链上有两个酸性基团，相同的基体/侧链比例下酸性更强，在 EW 较低时有更高的结晶度[11]。但此类质子膜的耐久性仍需进一步验证。

表 10.2 几种 PFSA 膜的电导率 单位：S/cm

温度/℃	相对湿度/%	Nafion® 211[12]	FumaPEM 930[13]	Aquivion E79-03 S[14]	3M①
120	80	0.12			
	70	0.09			
	60	0.07			
	50	0.05			
	40	0.032			
	30	0.02			
95	80	0.13	0.14	0.2	
	50	0.04	0.053	约 0.07	
	40	0.03	0.036	0.04	
	20	0.002	0.008	约 0.01	
80	95	0.13,0.16	0.17	0.21	>0.2
	80	0.1	0.11	0.14	约 0.15
	70	0.08	0.08	0.11	0.12
	60	0.057	0.059	0.082	0.09
	50	0.043	0.045	0.061	0.05
	40	0.03	0.030	0.044	0.04
	30	0.001	0.017	0.027	0.02
	10				
30	液相	0.09	>0.113	0.05	0.09
	90	0.046	0.056	0.035	0.025
	75	0.032	0.037	0.002	0.010
	50	0.002	0.002		
	35				
	20				

① 由 S. Hamrock 提供的 3M 电导率数据，联系方式和详细内容见文献［11］。电导率数据由 C. Mittelsteadt 提供。

10.2.3 渗透率

与电导率一样，渗透率取决于膜中的含水量和离聚物的结构，受到热退火、机械退火以及浇铸过程等因素的影响。氢气和氧气在膜中的渗透性扩散会导致直接的效率损失，但电极的高气体渗透率有利于（也有必要）提高催化剂的利用。此前已有很多关于 Nafion O_2 渗透性的研究，但对于其他质子膜 O_2 或 H_2 渗透性的研究还较少。

Catalano 等人研究发现，Nafion 117 和 Aquivion 的 O_2 渗透率在干燥条件下相似，但当 RH 大于 50%时，O_2 和 N_2 的渗透率（RH>20%的 He 渗透率）差异增大[16]。在较高的湿度条件下，随着 RH 的增大，Nafion 117 的渗透率增加的速度比 Aquivion 增加的快。Nafion 和 Aquivion 的渗透活化能相差不大［O_2，34.6kJ/mol（Nafion 117），34.5kJ/mol（Aquivion）；N_2，49.6kJ/mol（Nafion 117），41.7kJ/mol（Aquivion）］[16]。Luo 等人发现，在 30℃和 100%相对湿度条件下，短侧链离聚物的 O_2 渗透率比 Nafion 稍高[17]。表 10.3 列出了几种 PFSA 膜的渗透率。

表 10.3　几种 PFSA 膜 O_2 的渗透率

单位：mol·cm/(s·cm^2·kPa)

条件		Nafion112,Nafion 117,Nafion211	短侧链离聚物 770EW（等价于 Hyflon）	Aquivion
30℃	100%RH	0.5	1.07(Luo)	
	干燥	0.075		
	60%RH	0.33		
	80%RH	0.41		
	95%RH	0.49		
35℃	干燥	0.03		0.02
	70%RH	0.63		0.45
50℃	干燥	0.05		0.04
60℃	干燥	0.17		
	60%RH	0.81		
	80%RH	1		
	95%RH	1.2		
65℃	干燥	0.1		0.07
参考文献		[2],[17],[18]	[17]	[2]

PFSA 材料中的 H_2 渗透率比 O_2 高得多。Mittelsteadt 和 Liu 得出，Nafion 112 的 H_2 渗透率是 O_2 渗透率的 4 倍[2]。在 95℃和 95%相对湿度条件下，其 H_2 渗透率为 4×10^{-13} mol·cm/(s·cm^2·kPa)，O_2 渗透率约为 1×10^{-13} mol·cm/(s·cm^2·kPa)。H_2 渗透率通常由氢渗透电流测得。表 10.4 列出了几种 PFSA 膜的 H_2 渗透率和渗透电流。此外，Mittelsteadt 和 Liu 还提出了一个 PFSA 气体渗透模型，可适用于 H_2、N_2、O_2 和 CO_2，渗透率为温度、湿度和 EW 的函数[2]。

表 10.4　H_2 的渗透性

渗透性	Nafion211	Nafion112,Nafion117	3M 850 EW
95℃,95%RH/[mol·cm/(s·cm^2·kPa)]		4×10^{-13}[2]	
60℃,43%RH/[mol/(cm·s)]		9.2×10^{-12}[16]	
60℃,87%RH/[mol/(cm·s)]		17×10^{-12}[16]	
H_2 渗透电流/(mA/cm^2)	1.2(80℃,100%RH)[6]		<2(70℃,100%RH)①

① S. Hamrock 提供的 3M 渗透率数据。

Mittelsteadt 和 Liu 发现气体渗透率可由膜的干燥和湿润状态共同表示，描述如下：

$$P=k_{\rm dry}e^{\frac{-Ae_{\rm dry}}{RT}}+V_{\rm H_2O}k_{\rm wet}e^{\frac{-Ae_{\rm wet}}{RT}} \tag{10.1}$$

式中，P 为渗透率；$k_{\rm dry}$ 与 $k_{\rm wet}$ 分别为干燥与湿润阶段的阿伦尼乌斯系数；

Ae_{dry} 与 Ae_{wet} 分别为干燥与湿润阶段的气体输送活化能；V_{H_2O} 为水的体积分数，取为 $\lambda\times18/(\lambda\times18+EW/$聚合物的干密度$)$。

如参考文献 [2] 所示，可以将含水量（λ）看作温度和 RH 的函数。表 10.5 给出了各种气体的参数。

表 10.5 温度 0～100℃相对湿度 0～95%时，式(10.1) 的最佳拟合参数

气体	k_{dry} /(10^{-10} mol·cm^3·kPa/s)	E_{dry} /(kJ/mol)	k_{wet} /(10^{-10} mol·cm^3·kPa/s)	Ae_{wet} /(kJ/mol)	水的溶解度（常压常温）/(10^{-4} mol/L)	动力学直径 /nm
N_2	0.344	20.43	4.10	21.93	6.1	0.364
O_2	0.674	21.28	5.05	20.47	12.5	0.346
H_2	1.57	20.28	4.50	18.93	7.8	0.289
CO_2	2.83	24.67	0.75	9.53	340	0.330

10.2.4 膜的力学性能和耐久性

PEM 膜会随着燃料电池内的水分和温度变化而溶胀或消溶胀，因此，燃料电池堆中的电解质膜要承受一定的面内应力。应力增加到一定程度会导致膜破裂，从而使反应气体穿过电极。膜的力学性能可以作为抗失效性的衡量指标。表 10.6 列出了膜的部分特性。性能通常在室温和 50%RH 下进行测量。实验验证了温度和湿度对 Nafion 112 膜的影响，在 23℃、50%RH 时进行一次测量，再把膜浸入水中，其断裂伸长率从纵向（MD）225%和横向（TD）310%分别下降到 200%（MD）和 275%（TD）。当浸入温度升高至 100℃时，观察到断裂伸长率进一步降低至 180%（MD）和 240%（TD）。

表 10.6 商用 PFSA 膜的性能

特性	Nafion™ 211[1]	Nafion 112[3]	FumaPEM 930[13]	Aquivion E79-03 S[14]	GorePrimea[19]
当量	990～1053	1100	900	770～810	
厚度/μm	25	51	30	30	
最大拉伸强度/MPa	23(MD)，28(TD)	34(MD)，26(TD)	>14	20～40(MD)，20～45(TD)	35.0(MD)，32.3(TD)
模量/MPa	非标准模量 288(纵向)，281(模向)		拉伸模量 >180(50% RH，23℃)		弹性模量 324(MD) 340(TD)
断裂伸长率/%	252 (MD)，311 (TD，50%RH)	225(MD)，310(TD，50%RH)	>200(50% RH，23℃)	90(MD)，200(TD)	196(MD)，147(TD)
屈服强度/MPa				9～13(MD)，9～13(TD)	18(MD)，15.6(TD)

膜的机械耐久性测试的常用方法是干-湿循环。美国能源部设定的车用 PEM 测试标准为：在 80℃时进行 2 万次干-湿循环（每次循环干、湿各两分钟）。压制的 Nafion 膜有较好的力学性能，而浇铸的 Nafion 膜基本只能承受 2000 次干-湿循环。质子膜的强度和耐久性可以通过在膜中添加机械支撑物［如膨胀型 PTFE（ePTFE）、聚苯砜和聚氟乙烯］来改善。美国戈尔添加 ePTFE 支撑材料的膜在进行以上 RH 循环测试时，能满足 DOE 目标。增强膜力学性能的方法还有很多，如交联改性、添加无机填料或纤维等[20]。

10.3 结论

PEMFC 在牵引车、便携式和固定式电源中的应用，以及在燃料电池汽车领域的广泛应用促使很多薄膜制造商开发 PFSA 材料。在众多厂家之中，杜邦的 Nafion 系列膜是研究最多和最具特色的，商业化应用最广，可以直接从第三方渠道获得，无须签署保密或使用协议。Nafion 材料的测量结果有时也不尽相同，与使用的测量技术有关。此外，这些材料的两相结构高度依赖于膜的热处理、机械作用和水合过程，物理性能也与此密切相关。随着市场的成熟和制造商对材料的开放程度越来越高，将会有更多的标准化测试方法。

参考文献

[1] Mauritz, K.A. *et al.* (2004) *Chem. Rev.*, **104**, 4535–4585.

[2] Mittelsteadt, C. and Liu, H. (2009) Conductivity, permeability, and ohmic shorting of ionomeric membranes, in *Handbook of Fuel Cells – Fundamentals, Technology and Applications* (eds W. Vielstich, H.A. Gasteiger, and H. Yokokawa), vol. **5**, John Wiley & Sons, Ltd, Chichester, p. 345.

[3] Grot, W. (2011) *Fluorinated Ionomers*, 2nd edn, Elsevier, Waltham, MA.

[4] Iulianelli, A. and Basile, A. (2012) *Int. J. Hydrogen Energy*, **37**, 15241–15255.

[5] DiNoto, V. *et al.* (2012) *J. Am. Chem. Soc.*, **134** (46), 19099–19107.

[6] Peron, J. *et al.* (2010) *J. Membrane Sci.*, **356**, 44–51.

[7] Hamrock, S.J. and Herring, M. (2013) Proton exchange membrane, fuel cells: high-temperature, low-humidity operation in *Fuel Cells – Selected Entries from The Encyclopedia of Sustainability Science and Technology* (ed. K.-D. Kreuer), Springer Verlag+Business Media, New York, p. 577.

[8] Park, K. *et al.* (2011) *Macromolecules*, **44** (14), 5701–5710.

[9] Li, J., Park, J.K., Moore, R.B., and Madsen, L.A. (2011) *Nat. Mater.*, **10**, 507–511.

[10] Aieta, N.V. *et al.* (2009) *Macromolecules*, **42** (15), 5774–5780.

[11] Hamrock, S. (2011) Membranes and MEA's for dry, hot operating conditions, presented at the U.S. Department of Energy Hydrogen and Fuel Cells Program Annual Merit Review, May 2011. http://www.hydrogen.energy.gov/pdfs/review11/fc034_hamrock_2011_o.pdf.

[12] DuPont (2009). DuPont Fuel Cells, DuPont Nafion® PFSA membranes. http://www2.dupont.com/FuelCells/en_US/assets/downloads/dfc201.pdf.

[13] Fumatech (2013) FumaPEM 930 Brochure. http://www.fumatech.com/EN/Onlineshop/fumapem-fuel-cells/ (accessed 24 July 2013).

[14] Solvay Specialty Polymers (2012) Aquivion® Low-EW PFSA Membranes. Information published at http://www.solvayplastics.com/sites/solvayplastics/EN/Solvay%20Plastics%20Literature/BR_Aquivion_Membrane_Product_Overview_EN.pdf.
[15] Ghielmi, A., Vaccarono, P., Troglia, C., and Arcella, V. (2005) *J. Power Sources*, **145**, 108–115.
[16] Catalano, J. *et al.* (2012) *Int. J. Hydrogen Energy*, **37**, 6308–6316.
[17] Luo, X. *et al.* (2011) *Phys. Chem. Chem. Phys.*, **13**, 18055–18062.
[18] Mani, A. and Holdcroft, S. (2011) *J. Electroanal. Chem.*, **651**, 211–215.
[19] Gittelman, C.S., Lai, C.S., and Miller, D. (2005) Durability of perfluorosulfonic acid membranes for PEM fuel cells. Proceedings from the 2005 AIChE Annual Meeting, Cincinnati, OH, 30 October to 4 November 2005. Available on CD-ROM from Omnipress.
[20] Subianto, S. *et al.* (2013) *J. Power Sources*, **233**, 216–230.

11 质子交换膜燃料电池的膜电极

Andrew J. Steinbach[1] and Mark K. Debe[2]

[1]3M Energy Components Program, 3M Center, Building 0201, St. Paul,MN 55144-1000,USA

[2]Retired,3M Fuel Cell Program, 3M Center, 201-2N-19, St. Paul, MN 55144-1000,USA

摘要

本章概述了用于汽车的氢燃料质子交换膜燃料电池中的膜电极组件（MEA）。定义了 MEA 结构和子部件功能特性，以及大批量应用的性能、成本和耐久性指标。并讨论了关键的性能和耐久性问题，确定其与子部件的技术差距和需求有关。在汽车领域推广应用的下一个目标是引入六西格玛管理体系（six sigma）或更高的质量流程管理技术，以有效降低 MEA 中的贵金属催化剂负载量，推出高度集成的、能够满足耐久性和功率要求的 MEA 并对其进行示范。

关键词： MEA 组件； MEA 的运行特性； MEA 特性； MEA 技术差距；膜电极组件； PEMFC

11.1 引言

将氢燃料电化学发动机应用于汽车传动系统已经具有可行性。但是质子交换膜燃料电池，特别是核心的膜电极组件在大规模商业化应用中还面临着许多挑战，例如降低成本、增加鲁棒性和使用寿命等[1-3]。膜电极组件（MEA）是质子交换（或聚合物电解质）膜燃料电池（PEMFC）的核心。氢气在阳极催化剂表面被氧化，氧气在阴极催化剂表面被还原，质子、电子和反应物通过 MEA 的传输来产生电流、热量和水。这一概念听起来简单，但实际的 MEA 在设计、配置、性能、退化机制和制造方法具有高度的复杂性。本章将详细介绍 MEA 实际应用的复杂机理，以及在汽车应用领域（经济性、耐久性等）的技术现状。

11.2 膜电极的基本组成

膜电极由质子交换膜、催化剂、气体扩散层和垫圈组成。膜电极组件

（MEA）夹在电池堆两双极板之间，通过形成重复的单元电池以提供所需的电压，而电流值则取决于 MEA 的有效利用面积。MEA 由位于每个单元电池中心的质子交换膜两侧的催化剂/电极层和气体扩散层（GDL）组成［图 11.1（a）～（c）］。图 11.1（d）阐明了典型极化曲线中［包括电阻损耗（iR）、催化剂活性、动力学损失以及超电势（MTO）损失］电流密度对原电池电动势损失的影响机制。表 11.1 给出了每个 MEA 组件的主要功能和主要特性要求。解决汽车燃料电池所面临的严峻挑战，需要 MEA 及其组件满足几大具体指标，包括全功率和四分之一功率下的启动（BOL）性能目标；在运行 5000h 或 10 年使用寿命下的结束性能指标；MEA 平面内贵金属负载量小于 $0.125mg/cm^2$；对于宽范围的相对湿度，灵敏度较低；催化剂和膜的耐腐蚀性，可承受数万次启/停和数十万次正常的负载循环；足够的冷启动耐受性；磨合期短；高鲁棒性，经受得住各种极端条件；显著的耐久性和制造质量，低于几万分之一的 MEA 故障率；对杂质的耐受性高，无论是来自 MEA 外部环境的杂质还是由部件降解和不完全氧化产生的杂质。

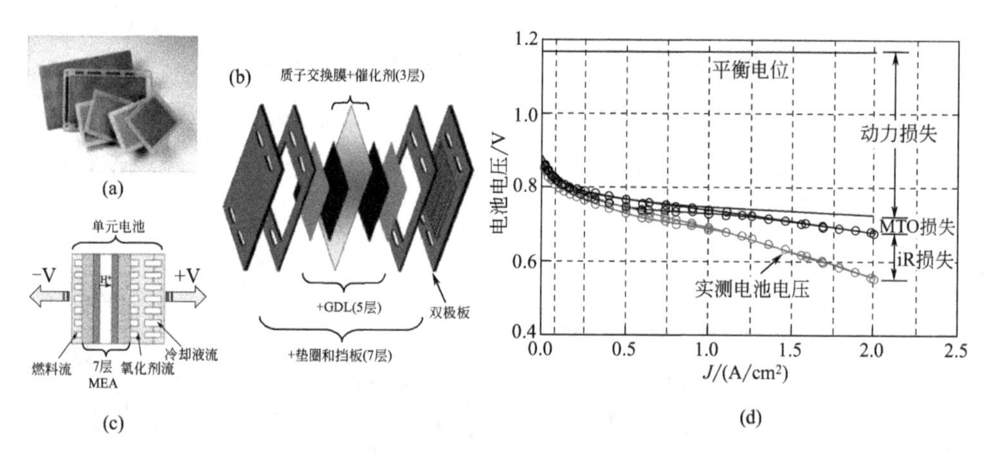

图 11.1 (a) 实际 MEA，(b) 典型的七层 MEA 分解图和主要功能组件，(c) MEA 在燃料电池堆单元电池中的构成，以及 (d) 典型的 MEA 极化曲线和主要性能损失

表 11.1 MEA 主要组件的功能及其性能要求

MEA 组件	主要功能	性能要求
质子交换膜或 PEM	分离气体，阻隔电子传导，传导质子，有效地传输和保留水分	高质子传导率，在宽温度范围内具有高水活性，低透气性，低电子传导率，高过氧化物阻抗性，高抗杂质吸收性。成本低，可大批量生产

续表

MEA组件	主要功能	性能要求
阴极催化剂和电极	消耗氧气，传输电子、质子以及反应物	高比活度（A/cm^2-Pt），质量活性（A/mg-Pt）和电化学表面积（cm^2-Pt/cm^2-平面）。电极在所有电流密度下的高利用率，低 H_2O_2 产量，防止溶解和附聚的高度稳定性，在高电势和高温下抗催化剂载体氧化，抗液泛、抗杂质。成本低，可大批量生产
阳极催化剂和电极	氧化氢气，传输电子、质子和反应物	
气体扩散层	传输催化剂层和双极板之间的电子和反应物的，排出液态水	高电子传导率，耐电化学降解性强，疏水性和多孔性好，抗压缩变形性，非常高的厚度均匀性，成本低，可大批量生产
垫圈和挡板	压缩控制和密封，防止流体泄漏	尺寸稳定性高，抵抗压缩变形和流动，成本低，可大批量生产

11.3 膜电极的性能、耐久性和成本指标

燃料电池发动机的三个关键指标是其性能、耐久性和经济可行性。这些指标又依次被细化为具体的MEA组件（膜、催化剂、GDL、垫片）的性能、耐久性和成本标准，其对部件/技术的研发起着指导作用。以上是一阶组件的指标，而相关技术如寿命退化机制、材料性能和制造质量问题的详细研究为更高阶的问题。表11.2总结了最先进的MEA及其典型一级部件的生命周期性能、耐久性和成本指标与现状，主要参照了美国能源部燃料电池技术办公室（FCTO）制定的标准[1]。需注意的是，所有上述指标都必须同时达标。

表11.2 最先进的MEA与相关组件性能、耐久性和成本标准以及现状

投入初期标准	计量单位	2017年目标	现状
MEA性能，1/4功率	mA/cm^2@0.800V	≥300[1]	200[10] 240[11]
MEA性能，额定功率	W/cm^2，0.675V，100～170kPa，65～90℃	≥1[1]	0.770[11] 0.905[12] 1.070[13]
MEA性能，散热能力（“$Q/\Delta T$”）	kW/℃@1W/cm^2	≤1.45[1]	1.66[12] 2.12[13]
MEA成本	美元/kW	≤9[1]	约16[14]
MEA PGM总含量	g/kW，0.675V，100～170kPa，65～90℃	≤0.125[8]	0.19[11] 0.14[12,13]

续表

投入初期标准	计量单位	2017年目标	现状
MEA PGM 总装载量	mg/cm^2	≤0.125[8]	0.15[11,13] 0.129[12]
MEA 电阻率	$\Omega \cdot cm^2$@额定功率	≤0.03	0.05[12] 0.022[13]
阴极催化剂 ORR（氧还原反应）质量活性	A/mg（MEA 中测量）	≥0.44[8]	0.6～0.75[11] 0.52[12] 0.53[15]
耐久性标准	计量单位	2017年目标	现状
MEA 负载循环耐久性	50kPa H_2/空气压力下，电压下降10%的小时数	≥5000[1]	36000[7] 1至>4000①
EA 中的电催化剂循环耐久性（0.6～1.0V 循环，80℃）	30mV 压降，150kPa H_2/空气压力，0.8A/cm^2 下的循环次数	≥30000[8]	>30000[11] >30000[12]
EA 催化剂载体耐腐蚀性（保持1.2V，80℃）	50kPa H_2/空气压力下，电压下降30mV的小时数	≥500[8]	4～240[16] >500[17]
EA 化学稳定性（保持OCV，90℃，半饱和 RH）	直至失效的小时数	≥500[9]	>500[12] 100至>500[18] 2000～3000①
MEA 机械稳定性（RH 循环，80℃）	直至失效的循环次数	≥20000[9]	5至>20000[18]

① 该数据未公开发布，为3M公司最新一代MEA，由Pt/C和Pt合金/C组成阳极和阴极电极，总负载（PGM）>0.2mg/cm^2，采用带添加剂的3M PFSA质子交换膜，50cm^2 MEA面积，使用亚饱和 H_2/空气进行80℃负载循环。

为了对MEA的性能状况提供一个现实的评估，表11.2的值是基于实验室规模下的单电池测试，其中PGM（铂族金属）含量接近MEA的成本核算值，通常为0.15mg/cm^2 或更低。据报道，MEA的性能表现在很大程度上接近2017年的目标，如阴极活性增加，工作温度有所提高，MEA电阻降低，并尽量减少由反应物的质量传输限制引起的额定功率损耗，这对于降低阴极PGM含量较低的MEA成本，效果更为显著[4-6]。

根据2013年的分析表明[7]，MEA的平均耐久性（电压下降10%）预计为3600h。尽管用于生成估算值的具体MEA信息尚不清楚，但使用基于常规Pt/C或Pt合金/C阴极、载荷（PGM）>0.2mg/cm^2 的MEA进行预测分析，其结果与未公开的3M数据一致，其中电压下降10%的寿命范围为1000～4000h。然而，最新研究表明，随着Pt/C或Pt合金/C阴极铂族金属的负载量向着目标方向减小，额定功率下的损耗大大增加[4,6]，这对工业生产来说是一个重大的挑战。除了最小化压降，提高 MEA 耐久性的方法还包括使用高活性的 Pt 合金阴极以维持催化剂的活性，降低催化剂载体的腐蚀速率，提高膜的循环耐久性。

迄今为止，最先进的 MEA 仍使用全氟磺酸型离聚物。但使用导电性强的离聚物来实现膜的耐久性目标，同时需要使用机械增强剂和缓解膜化学降解的添加剂。而基于碳氢化合物和替代全氟离聚物的膜仍处于研发阶段，尚未进行商业推广。

目前，最先进的阴极催化剂由碳载 Pt 或 Pt 基合金纳米颗粒组成。由于其电催化剂的活性与耐久性不足，因此仍需对电催化剂进行进一步的研究[3]。

根据 2011 年的分析报告[14]，估计每年 150M MEA 的成本比 9 美元/kW 的预算高出 80%。影响成本的最大因素是电极 PGM 含量和额定功率，自 2011 年以来，这两方面都取得了重大进展，但未纳入成本分析中。尽管成本分析中不可避免地采用了一定假设且数据来源有限，准确性还有待提高，但仍对年度进展分析有重要的借鉴意义。

表 11.3 总结了当前最先进的 MEA 组件材料和具有大批量生产能力的供应商。根据历史数据，许多 OEM 厂家（原始设备制造商）已经开发出满足其车辆应用的 MEA 组件。

表 11.3 最先进的 MEA 组件材料及其供应商

MEA 组件	典型的先进材料
膜	通常为 PFSA 离聚物，其当量为 700～1000g/mol H^+，厚度为 10～20μm，通常经过机械强化处理，并加入膜添加剂以增强耐久性。 现有制造商：杜邦(DuPont)、3M、索尔维(Solvay)、旭化成(Asahi-Kasei)、旭硝子玻璃(Asahi Glass)和戈尔(W. L. Gore)
催化剂	Pt 基纳米颗粒(Pt、合金、核壳结构、形状或尺寸控制)分散在炭黑载体(Pt/C)上；扩展表面区域的 Pt 薄膜和合金涂覆在高纵横比晶体有机晶须载体(NSTF)上；无载体的 Pt 基纳米颗粒。贵金属负载为 0.02～0.4mg/cm^2 现有制造商：庄信万丰(Johnson Matthey)、田中贵金属(Tanaka)、恩亿凯特(NEChemCat)、优美科(Umicore)和 3M 公司。阳极和阴极催化剂涉及不同的合金、处理方式和负载
气体扩散层 GDL	碳纤维纸、碳纤维编织布、非织造布及炭黑纸，具有疏水化处理和微孔层涂料 现有制造商：SGL、科德宝(Freudenberg)、东丽(Toray)、三菱人造丝(Mitsubishi Rayon)和友洽(AvCarb) 厚度通常为 150～300μm
垫圈和密封圈	密封件通常由耐酸聚合物组成，使用温度在－40～100℃左右。材料包括有机硅、全氟硅氧烷和烃弹性体[19]，通常集成到 MEA 或流场板中
MEA 制备	卷对卷镀膜工艺；最终产品以卷状或片状部件的形式提供制造商有：戈尔(W. L. Gore)、3M、Solvicore、巴斯夫(BASF)和庄信万丰(Johnson Matthey)

11.4 膜电极对外部因素的鲁棒性和敏感性

对于应用过程中的非标称因素，MEA 必须有较好的鲁棒性。其中，第一个关键因素是 MEA 产物水的管理，尤其是对于电池堆暴露于低于冰点温度的环境之后的系统重新启动而言。催化剂层、气体扩散层和流场上的结冰会降低其性能，导致系统启动缓慢[20]，同时，不断的冻结/溶解导致催化剂及其载体、离聚物、GDL 和功能涂层发生局部性能退化[21]。通过优化材料和系统操作程序，从系统层面证明了−30℃启动的可行性[22]。

第二个关键因素是 MEA 组件的性能和耐久性对污染物有不同程度的敏感性。阳极和阴极电催化剂对反应气体和水相污染物的吸附较为敏感，这将降低反应的有效表面积，并影响反应动力学和额定功率。PEM 对存在的阳离子敏感，阳离子与膜质子进行离子交换，使其质子传导能力下降，降低了 MEA 性能。表 11.4 列出了影响 MEA 性能的常见污染物及其主要来源和危害程度。其中有些污染物源于 MEA 内部，如：由于阴极催化剂上不完全 ORR 生成过氧化物产生的自由基，PEM 离聚物降解，产生硫酸根离子和含碳氟化合物的吸附物，从而导致 ORR 和催化剂活化面积减少。上述原因导致 MEA 的性能产生可逆/不可逆损失，并且成为低催化剂负载下增加 MEA 寿命的主要障碍之一[12,23,24]。

表 11.4 影响 MEA 性能的常见污染物

污染物类别	受影响组件	污染源	严重级别	参考材料
CO、H_2S	阳极	重整 H_2 燃料	轻微，可控	[25]
NO_x、SO_x	阴极	尾气排放	较严重	[25]
Cl^-、SO_4^{2-}	阴极	大气颗粒物	较严重	[23]，[24]
金属离子	PEM	不锈钢系统组件	轻微，可控	[25]
多种污染物（随机）	阴极	辅助装配装置	可控	[26]
SO_4^{2-}，$CF_3(CF_2)_nCOOH$	阴极	PFSA PEM 降解	较严重	[23]，[24]，[26]

第三个关键因素是，在实际应用中，不同的系统操作模式可能导致 MEA 组件性能的加速退化。其中 MEA 的启动/停止工况是常见的导致性能退化的操作模式，在这种模式下，当系统从空气阳极/空气阴极状态转变为 H_2 阳极/空气阴极状态时，会导致 MEA 阴极侧出现局部的腐蚀性高电位[27]。已经有相关研究从系统和材料层面出发，对减缓膜电极性能退化进行了研究[28,29]。此外，H_2 燃料供应不足也是使用过程中可能出现的情况，这通常是由启动期间阳极流场中冷冻水的积聚引起的，并将导致燃料电池阳极的过电位腐蚀。基于系统的燃料不

足，预防措施通常是引进更严格的控制系统策略和复杂的监控硬件，一定程度上增大了投入成本；而基于材料的减缓策略目前处于不同的发展阶段[30]。

11.5 技术差距

几家 OEM 制造商近期公开宣布，将在 2015 年上市商用燃料电池汽车，未来两到三年内也将会有更多厂商加入 FCV 领域。预计将在其目标市场表现良好，但可能不适应每年量产超过 50 万辆的汽车市场及其市场定价。在低贵金属催化剂负载量下，高度集成的膜电极组件仍需具有较高的功率密度和良好的耐久性，而使用六西格玛（six sigma）或更高质量的制造标准，可以达到每秒制备多个膜电极组件的工艺水平。通过应用该技术将有助于增强 FCV 相对于燃油和混合动力汽车的竞争优势，提高市场渗透率[3]。表 11.5 提出了 MEA 满足 FCV 量产前需要解决的关键技术差距。基于目前市售催化剂（如 Pt 或炭黑/石墨化炭黑负载合金颗粒）的 MEA 无法完全满足 FCV 的技术需求，且其他方法也有待改进[3]。而各种环境因素，尤其是交叉关联因素对吸气式电化学电极的影响也不可预测，除非在不同季节、天气条件和各种可能的路况下，对柴油发动机与汽油发动机车辆的尾气排放进行全面的测试。

表 11.5　MEA 发展的关键问题

关键问题	重要度
目标负载启停工况下的催化剂 ORR 活性稳定性	关键。可能需要寻找铂的替代催化剂
催化剂载体颗粒鲁棒性	关键。可能需要寻找铂的替代催化剂
目标负载下高稳定性电催化剂中毒	极低目标负载下的可替代催化剂和方法至关重要
目标负载下额定功率受限于电极局部 O_2 传输电阻	关键。可能需要改进传统的 Pt/C 和 PFSA 离聚物复合材料电极设计
PEM 电导率和电极利用率下降引起的热，干燥操作条件下额定功率降低	重要。可以降低系统成本（反应物加湿器，冷却系统）
高容量，六西格玛品质，低成本制造	对所有 MEA 材料和集成至关重要，提高可靠性，降低成本
对外部污染物的敏感性	未知。系统解决方案将带来助益
−40℃冷启动的耐久性	关键。需要优化 MEA 组件与系统集成

11.6 结论

本章介绍了燃料为 H_2 和空气的车载燃料电池堆的核心部件——膜电极组件

（MEA）。MEA 是燃料电池最关键最昂贵的部件。过去二十年，MEA 组件技术的开发和集成取得了重大进展，未来几年有望满足市场需求。但是，在必要的成本（PGM 用量）和规模化生产下，提高 MEA 的性能、耐久性、稳定性等，才能加速其产业化进程，提高市场渗透率。这意味着对子组件属性的具体改进要求，因此寻找新的可替代材料与技术方案对提高现有 PEM 燃料电池各个组件的开发和研究至关重要。

参考文献

[1] U.S. Department of Energy, Office of Efficiency and Renewable Energy (2013) Fuel Cell Technologies Office Multi-Year Research, Development and Demonstration Plan, Section 3.4, Fuel Cells (updated July, 2013), Table 3.4.14. http://www1.eere.energy.gov/hydrogenandfuelcells/mypp/pdfs/fuel_cells.pdf (accessed 22 April 2014).

[2] Wagner, F.T. *et al.* (2010) Electrochemistry and the future of the automobile. *J. Phys. Chem. Lett.*, **1**, 2204.

[3] Debe, M.K. (2012) Electrocatalyst approaches and challenges for automotive fuel cells. *Nature*, **486** (9401), 43.

[4] Greszler, T. *et al.* (2012) The impact of platinum loading on oxygen transport resistance. *J. Electrochem. Soc.*, **159** (12), F831–F840.

[5] Debe, M.K. (2012) Effect of electrode surface area distribution on high current density performance of PEM fuel cells. *J. Electrochem. Soc.*, **159** (1), B53–B66.

[6] Jomori, S. *et al.* (2012) Analysis and modeling of PEMFC degradation: effect on oxygen transport. *J. Power Sources*, **215**, 18–27.

[7] Kurtz, J. (2013) Analysis of Laboratory Fuel Cell Technology Status – Voltage Degradation, U.S. Department of Energy, Hydrogen and Fuel Cells Program Annual Progress Report and Annual Merit Review. http://www.hydrogen.energy.gov/pdfs/progress13/v_d_4_kurtz_2013.pdf (accessed April 2014).

[8] U.S. Department of Energy, Office of Efficiency and Renewable Energy (2013) Fuel Cell Technologies Office Multi-Year Research, Development and Demonstration Plan, Section 3.4, Fuel Cells (updated July, 2013), Table 3.4.13. http://www1.eere.energy.gov/hydrogenandfuelcells/mypp/pdfs/fuel_cells.pdf (accessed 22 April 2014).

[9] U.S. Department of Energy, Office of Efficiency and Renewable Energy (2013) Fuel Cell Technologies Office Multi-Year Research, Development and Demonstration Plan, Section 3.4, Fuel Cells (updated July, 2013),Table 3.4.12. http://www1.eere.energy.gov/hydrogenandfuelcells/mypp/pdfs/fuel_cells.pdf (accessed 22 April 2014).

[10] Steinbach, A.J. (2013) High Performance, Durable, Low Cost Membrane Electrode Assemblies for Transportation Applications, U.S. Department of Energy, Hydrogen and Fuel Cells Program Annual Progress Report and Annual Merit Review. http://www.hydrogen.energy.gov/pdfs/progress13/v_c_1_steinbach_2013.pdf (accessed April 2014).

[11] Kongkanand, A. (2013) High Activity Dealloyed Catalysts, U.S. Department of Energy, Hydrogen and Fuel Cells Program Annual Progress Report and Annual Merit Review. http://www.hydrogen.energy.gov/pdfs/progress13/v_a_10_kongkanand_2013.pdf (accessed April 2014).

[12] Steinbach, A.J. (2014) High Performance, Durable, Low Cost Membrane Electrode Assemblies for Transportation Applications, U.S. Department of Energy, Hydrogen and Fuel Cells Program Annual Progress Report and Annual Merit Review. http://www.hydrogen.energy.gov/pdfs/progress14/v_d_1_steinbach_2014.pdf (accessed April 2014).

[13] Murata, S. *et al.* (2014) Vertically aligned

carbon nanotube electrodes for high current density operating proton exchange membrane fuel cells. *J. Power Sources*, **253**, 104–113.

[14] James, B., Kalinoski, J., and Baum, K. (2011) Manufacturing Cost Analysis of Fuel Cell Systems, U.S. Department of Energy, Hydrogen and Fuel Cells Program Annual Progress Report and Annual Merit Review, p. 32; derived from MEA cost at 80kW$_{net}$, 500k systems per year. http://www.hydrogen.energy.gov/pdfs/review11/fc018_james_2011_o.pdf (accessed April 2014).

[15] Adzic, R. *et al.* (2013) Contiguous Platinum Monolayer Oxygen Reduction Electrocatalysts on High-Stability Low-Cost Supports, U.S. Department of Energy, Hydrogen and Fuel Cells Program Annual Progress Report and Annual Merit Review. http://www.hydrogen.energy.gov/pdfs/progress13/v_a_4_adzic_2013.pdf (accessed April 2014).

[16] Borup, R. *et al.* (2013) Durability Improvements Through Degradation Mechanism Studies, U.S. Department of Energy, Hydrogen and Fuel Cells Program Annual Progress Report and Annual Merit Review, Fig. 3, "E+EA Carbon" electrodes. http://www.hydrogen.energy.gov/pdfs/progress13/v_d_1_borup_2013.pdf (accessed April 2014).

[17] Debe, M.K. (2013) Tutorial on the fundamental characteristics and practical properties of nanostructured thin film (NSTF) catalysts. *J. Electrochem. Soc.*, **160** (6), F522–F534.

[18] Mukundan, R. (2012) Accelerated Testing Validation, U.S. Department of Energy, Hydrogen and Fuel Cells Program Annual Progress Report and Annual Merit Review. http://www.hydrogen.energy.gov/pdfs/review12/fc016_mukundan_2012_o.pdf (accessed April 2014).

[19] Parsons, J. (2010) Low Cost, Durable Seals For PEM Fuel Cells, U.S. Department of Energy, Hydrogen and Fuel Cells Program Annual Progress Report and Annual Merit Review. http://www.hydrogen.energy.gov/pdfs/review10/fc053_parsons_2010_p_web.pdf (accessed April 2014).

[20] Wang, Y. *et al.* (2010) Cold start of polymer electrolyte fuel cells: three-stage start-up characterization. *Electrochim. Acta*, **55**, 2636–2644.

[21] Kim, S. and Mench, M.M. (2007) Physical degradation of membrane electrode assemblies undergoing freeze/thaw cycling: micro-structure effects. *J. Power Sources*, **174** (1), 206–220.

[22] Kawai, T. (2008) Progress and Challenges for Toyota's Fuel Cell Vehicle Development, European Fuel Cell and Hydrogen Week, 14 October 2008. http://www.fch-ju.eu/sites/default/files/documents/ga2008/TMC_Kawai_Oct_14_2008.pdf (accessed April 2014).

[23] Steinbach, A.J. *et al.* (2009) Reversible performance stability of polymer electrolyte membrane fuel cells. Presented at the 238th ACS National Meeting, Washington, DC, 16–19 August 2009.

[24] Zhang, J. *et al.* (2012) Recoverable performance loss due to membrane chemical degradation in PEM fuel cells. *J. Electrochem. Soc.*, **159** (7), F287–F293.

[25] Cheng, X. *et al.* (2007) A review of PEM hydrogen fuel cell contamination: impacts, mechanisms, and mitigation. *J. Power Sources*, **165**, 739–756.

[26] Dinh, H. (2013) Effect of System Contaminants on PEMFC Performance and Durability, U.S. Department of Energy, Hydrogen and Fuel Cells Program Annual Progress Report and Annual Merit Review. http://www.hydrogen.energy.gov/pdfs/review13/fc048_dinh_2013_o.pdf (accessed April 2014).

[27] Reiser, C.A. *et al.* (2005) A reverse-current decay mechanism for fuel cells. *Electrochem. Solid-State Lett.*, **8** (6), A273–A276.

[28] Yu, Y. *et al.* (2012) A review on performance degradation of proton exchange membrane fuel cells during startup and shutdown processes: causes, consequences, and mitigation strategies. *J. Power Sources*, **205**, 10–23.

[29] Debe, M.K. *et al.* (2011) Nanostructured thin film electrocatalysts – current status and future potential. *ECS Trans.*, **41** (1), 937.

[30] Atanasoski, R. (2013) Durable Catalysts for Fuel Cell Protection during Transient Conditions, U.S. Department of Energy, Hydrogen and Fuel Cells Program Annual Progress Report and Annual Merit Review. http://www.hydrogen.energy.gov/pdfs/review13/fc006_atanasoski_2013_o.pdf (accessed April 2014).

12 气体扩散层

Sehkyu Park

Kwangwwon University, Department of Chemical Engineering, 20 Kwangwoon-Ro, Seoul 139-701, Korea

摘要

本章概述了 PEM 燃料电池中气体扩散层的各种材料、方法和特性。讨论了碳或金属基底、各种类型的碳粉和用于微孔层的添加剂，并给出了评估气体扩散层（gas diffusion layer，GDL）性质的方法。

关键词： 特征；气体扩散层（GDL）；微孔层（MPL）；多孔基片（MPS）；氧扩散；水管理；润湿性

12.1 引言

在质子交换膜燃料电池中，气体扩散层位于催化层（CL）和气流通道（GFC）之间，起到传导气体、收集电流、支撑催化层和排出反应产物水等多重作用，能有效增大活化表面积，改善电池性能[1]。

燃料电池最初主要使用单层 GDL，如碳纸、碳布。目前的研究结果表明，由多孔基片（MPS）和微孔层（MPL）构建的双层气体扩散层，可以有效地降低电池在高电流密度区的浓差极化，降低欧姆阻力损失，提高电池性能。为改善反应气和液态水在 GDL 中的传质，通常对碳纸或碳布进行疏水化处理，构建疏水的气相通道，但近来也有一些团队对微孔层进行亲水化处理，以促进冷凝水的排放[2]。因此，从水传输特性角度出发，探究气体扩散层材料与制备方法至关重要。

作为影响电极性能的关键部件之一，气体扩散层需要具备良好的导电性、导热性、气体渗透率、压缩强度和合理的孔径分布。因此，可靠、准确地表征气体扩散层的性质对于 GDL 的选择和制备有重要意义。

本章介绍了碳或金属基底的多孔基片 MPS 及其疏水化处理方法，以及对 MPL 润湿性和微观结构有影响的碳粉类型和黏合剂。最后一节介绍了 GDL 性能的主要表征方法。

12.2 多孔基片

GDL 的多孔基片（MPS）的基底材料包括碳基或金属基。碳基 MPS 由碳布、碳纸、碳纤维毡和泡沫碳组成，而金属基底材料通过微细加工包含金属泡沫、金属网和金属基材。

如表 12.1 所示，碳基 MPS 有多种制备方法。简言之，碳布是由主要成分为聚丙烯腈（PAN）的碳纱编织而成；碳纸采用碳纤维和热固性树脂混合制备，并通过不同的碳纤维和树脂进行改性[3]；柔性石墨则由射孔工艺制成[4]。而金属基 MPS 主要是用不锈钢[5]、钛[6-8]、镍[9] 或者镍铬合金[10] 制成金属网或金属泡沫。微机械金属 MPS[11,12] 目前也在被开发用于 PEM 燃料电池。

表 12.1　碳基多孔基片的制造工艺[3]

基底	制造工艺
碳布	聚丙烯腈(PAN)纱纺织及碳化
碳纤维纸	PAN 纤维碳化、造纸、树脂浸渍、成型、石墨化
湿敷填注纸	PAN 纤维碳化、造纸、PTFE 黏合/热处理
干敷填注纸	PAN 纤维干敷、碳化、浸渍、石墨化
柔性石墨	石墨剥片、氧化、热冲击、石墨片穿孔[4]

MPS 通常用疏水性聚合物悬浮液处理，以有效排斥阴极产生的液态水。聚四氟乙烯（PTFE）是其代表性疏水剂。此外，聚偏二氟乙烯（PVDF）[13] 和氟化乙丙烯（FEP）[14] 常被用于调节 MPS 的湿润性。表 12.2 列出了 MPS 的各种改性方法。

表 12.2　MPS 的改性方法[2]

基底	方法
碳布	加入酚醛树脂
碳纤维	减小碳纸重量
柔性石墨	柔性石墨片穿孔
碳纸	用碳纳米管(CNT)、PAN 和 PTFE 制纸
碳纤维	用 PVDF 做疏水处理
碳纸	用 FEP 做疏水处理
活性碳毡	CF_4 等离子体处理活性碳纤维
不锈钢	不锈钢丝网
钛	催化钛金属网
镍	镀金镍网
镍铬合金	喷金镍铬合金泡沫
钛	平板印刷法制微机械薄钛基
铜	用 MPL 和碳纸微加工薄铜基

12.3 微孔层

微孔层（MPL）由碳粉（如 Vulcan XC-72）和黏合剂组成。通常认为 MPL 降低了 CL 与 MPS 之间的接触电阻，同时改善了水的运输。因此在很大程度上，燃料电池的性能会受到 MPL 性能的影响。其中，MPL 性能主要包括碳粉的种类、添加剂的种类及其微观结构。

疏水性 MPL 会形成一个相对较高的毛细管压力，可将液态水从 CL 推到气流通道（GFC），因此疏水聚合物（如 PTFE）已被用于 MPL。MPL 中的疏水聚合物最佳含量为 10%～30%（质量分数）之间。然而，有研究表明金属氧化物和亲水聚合物加入 MPL 中将形成亲水空隙，这有利于 CL 中液态水的疏通，从而促进 GDL 中的氧气流通[2]。

大量的相关研究表明，对于 PEM 燃料电池，相对较薄且表面光滑的 MPL 可以提供更好的水管理，且经造孔剂改性的 MPL 微结构可以提高燃料电池在高电流密度时的性能。表 12.3 提供了一些提高 MPL 性能的方法。

表 12.3 MPL 性能的改进方法[2]

材料	黏合剂	方法
乙炔炭黑	PTFE	多孔结构改性
石墨化碳和气相生长碳纳米纤维	PTFE	增强疏水性和机械完整性，添加分散剂（Novec-7300）
石墨化碳、气相生长碳纳米纤维、无机氧化物	PTFE	在 CL 和疏水 MPL 之间嵌入含有无机氧化物的亲水层
CNT	无	利用 CVD 工艺在 MPS 上原位生长 CNT
Vulcan XC-72	PTFE 和少量氟化聚合物	疏水性分级双层 MPL(CL/MPL 与聚四氟乙烯/MPL 与少量氟化聚合物/MPS)
金属氧化物	高分子复合材料	由聚二甲硅氧烷组成的夹层润湿性结构提供超疏水表面和亲水孔隙
乙炔炭黑、铝硅酸盐纤维	PTFE	在疏水 MPL 中加入亲水性纤维，除去 CL 和 MPS 中的凝结水
Vulcan XC-72	全氟磺酸型聚合物	用 10%(质量分数)的不含 PTFE 的全氟硫酸聚合物处理
Vulcan XC-72	PTFE	三层 GDL(MPL/MPS/MPL)，每层 MPL 厚 25μm
Vulcan XC-72，Li_2CO_3	PTFE	用 140%(质量分数)的成孔剂(PF)对微观结构进行改性，然后进行热处理
Vulcan XC-72，NH_4Cl	PTFE	孔隙度分级 MPL[CL/MPL 与 10%(质量分数)PF/MPL 与 50%(质量分数)PF/MPS]

12.4 气体扩散层的特性

为了减少PEM燃料电池的不可逆损失，GDL需在电子导电性、导热性、抗拉强度、压缩性、柔韧性、多孔结构、气体或水的渗透性、润湿性、耐腐蚀性等方面均表现出良好的性能。因此，使用合适的装置以精确表征GDL的性能至关重要[15]。表12.4总结了一些典型的GDL表征方法。表12.5和表12.6给出了市售及实验室改性碳纸和碳布的各种性能的数据。

表12.4 GDL的表征技术[15]

性能	表征
面间电子电导率	测量两个导电板之间通过GDL的电压降[3,15]
面内电子电导率	测量GDL中四探针装置相连的四个点的电压差[16]
面间导热系数	测量通过GDL的两个石墨棒的温度降[17]和热容(段塞)法[18]
面内导热系数	采用单调加热方式均匀加热GDL的导热系数[19]和两个绝缘体之间的GDL的两端到中间的热流[20]
抗拉强度	用恒定伸长率装置测定纸和纸板拉伸性能的标准试验方法(ASTM标准D828—1997)[21]
压缩性	不同压缩力下板间GDL厚度的差异
灵活性或弯曲性	三点弯曲试验(即两个端点和一个中间点)
孔隙度和孔径分布	煤油侵入法[22]、压汞仪法、水侵入孔隙度法[23]、毛细管流式孔隙度法[3]、气泡法[3]
渗透性	测量基于达西方程的GDL流量和流体压降
接触角和表面能	GDL上的静水接触角(液滴法)、GDL垂直浸渍下的动态水接触角(改进的白金板法)
电化学反应	GDL的可逆性及循环伏安法检测GDL中的电活性基团，原位阻抗谱法检测欧姆、电化学和扩散过程
水流可视化	原位中子成像[24]、X射线成像、核磁共振成像

表12.5 商业碳纸和碳布的性能对比[3]

性能	碳纸①	碳布②	方法
厚度/μm	0.19	0.38	卡钳测量(7kPa)
单位面积质量/(g/m^2)	85	118	重量法
密度/(g/cm^3)	0.45	0.31	7kPa下测量
面间电阻/($\Omega\cdot$cm^2)	0.009③	0.005③	两个石墨块间(1.3MPa)
面间电阻率/($\Omega\cdot$cm)	0.08		汞接触

续表

性能	碳纸①	碳布②	方法
面内体电阻率/(Ω·cm)	0.0055④	0.0091④	四点探针
面间气体渗透率/darce⑥	8⑤	55⑤	格利 4301 透气性测试
材料说明	东丽 TGP-H-060	Avcarb 1071 HCB	

① 由东丽公司给出（除非另有说明）。

② 由巴拉德材料系统公司给出（除非另有说明）。

③ 由通用汽车公司（GM）测量，包括扩散介质体积电阻和两个接触电阻（平板对扩散介质）。

④ 由 GM 测量，未压缩，机内平均电阻率和机间方向。

⑤ 由 GM 测量，未压缩。

⑥ 渗透性，1darce=1mm^2。

表 12.6 经 PTFE 处理的碳纸的性能（东丽）[25]

材料说明	厚度/μm	PTFE 含量（质量分数）/%	孔隙率/%	孔径/μm	透气度/(cm/s)	突破压力/kPa
TGP-H-060	190	0.00	77.73	25.93	7.50	11.25
		5.85	77.09	26.17	15.75	5.57
		17.19	75.03	27.43	17.00	5.32
		27.19	71.67	25.05	12.00	5.82
		34.75	69.45	24.01	8.50	6.07
		49.32	62.85	20.79	2.50	7.02
TGP-H-090	250	0	72.10	22.09	6.00	13.21
		4.72	71.34	22.49	9.00	6.49
		14.24	69.43	21.10	6.25	6.91
		27.93	64.83	20.77	6.50	6.97
		28.02	65.13	15.54	5.50	7.02
		44.32	55.61	9.18	1.00	9.39

12.5 结论

本章讨论了 GDL 的不同材料、制备方法以及表征技术。碳基底由碳纤维、聚合物薄片或者片状石墨制成。碳基底和金属基底均需疏水聚合物进行处理，防止膜电极“水淹”。MPL 通常由碳粉和疏水聚合物组成，以促进毛细管驱动水流，也可通过添加亲水性材料以形成亲水通道，促进液体流动。选用恰当的表征方法来评估 GDL 的性能，将有助于加快 PEM 燃料电池 GDL 的研发。

参考文献

[1] Barbir, F. (2005) *PEM Fuel Cells*, Elsevier Academic Press, Burlington.

[2] Park, S., Lee, J.W., and Popov, B.N. (2012) *Int. J. Hydrogen Energy*, **37**, 5850–5865.

[3] Mathias, M. *et al.* (2003) Diffusion media materials and characterization, in *Handbook of Fuel Cells – Fundamentals, Technology and Applications* (eds W. Vielstich, H.A. Gasteiger and A. Lamm), vol. **3**, John Wiley & Sons, Ltd, Chichester, ch 46, p. 517.

[4] Yazici, M.S. (2007) *J. Power Sources*, **166**, 424–429.

[5] Oedegaard, A. *et al.* (2004) *J. Power Sources*, **127**, 187–196.

[6] Lim, C., Scott, K., Allen, R.G., and Roy, S. (2004) *J. Appl. Electrochem.*, **34**, 929–933.

[7] Yu, E.H., Scott, K., Allen, R.G., and Roy, S. (2004) *Electrochem. Commun.*, **6**, 361–365.

[8] Shao, Z.G. *et al.* (2006) *Phys. Chem. Chem. Phys.*, **8**, 2720–2726.

[9] Liu, P. *et al.* (2009) *Int. J. Energ. Res.*, **33**, 1–7.

[10] Chen, R. and Zhao, T.S. (2007) *Electrochem. Commun.*, **9**, 718–724.

[11] Fushinobu, K., Takahashi, D., and Okazaki, K. (2006) *J. Power Sources*, **158**, 1240–1245.

[12] Zhang, F.Y., Advani, S.G., and Prasad, A.K. (2008) *J. Power Sources*, **176**, 293–298.

[13] Cabasso, I., Yuan, Y., and Xu, X. (1998) US Patent No. 5783325.

[14] Lim, C. and Wang, C.Y. (2004) *Electrochim. Acta*, **49**, 4149–4156.

[15] Arvay, A. *et al.* (2012) *J. Power Sources*, **213**, 317–337.

[16] Ismail, M.S. *et al.* (2010) *J. Power Sources*, **195**, 2700–2708.

[17] Nitta, I., Himanen, O., and Mikkota, M. (2008) *Fuel Cells*, **8**, 111–119.

[18] Zamel, N., Litovsky, E., Li, X. and Kleiman, J. (2011) *Int. J. Hydrogen Energy*, **36**, 12618–12625.

[19] Sadeghi, E. and Djilali, N., and Bahrami, M. (2011) *J. Power Sources*, **196**, 3565–3571.

[20] Zamel, N. *et al.* (2011) *Appl. Energ.*, **88**, 3042–3050.

[21] Cetech (2013) Gas Diffusion Layer: Carbon Paper. Sheet type: product information published at http://www.ce-tech.com.tw/products.php?func=p_detail&p_id=3&pc_parent=2.

[22] Mathur, R.B., Maheshwari, P.H., Dhami, T.L., and Tandon, R.P. (2007) *Electrochim. Acta*, **52**, 4809–4817.

[23] Harkness, I.R., Hussain, N., Smith, L., and Shaman, J.D.B. (2009) *J. Power Sources*, **193**, 122–129.

[24] Bellows, R.J. *et al.* (1999) *J. Electrochem. Soc.*, **146**, 1099–1103.

[25] Park, G.G. *et al.* (2004) *J. Power Sources*, **131**, 182–187.

13 质子交换膜燃料电池双极板材料

Heli Wang and John A. Turner

National Renewable Energy Laboratory, 15013 Denver West Parkway, Golden, CO 80401, USA

摘要

双极板（BP）是质子交换膜燃料电池（PEMFC）的重要部件之一。复合材料双极板质量轻、化学耐性好、成本低。金属双极板具有导电性和导热性好，机械强度高，化学稳定性强，合金材料选择范围广且成本低等特点。复合材料双极板和金属双极板均能实现高速大批量生产。本章对非金属和金属双极板进行评估，表明将两者优势进行结合是双极板的发展趋势。

关键词： 双极板； PEMFC；现状及前景

13.1 引言

质子交换膜燃料电池（PEMFC）因具有效率高、零排放的特点，作为一种清洁能源设备受到人们的广泛关注。而质子交换膜燃料电池组件的成本制约了其广泛应用。双极板（BP）是燃料电池重要的多功能组件之一，具有导电、阻气、为反应气体提供通道、使反应气体均匀分布、去除产生的水、热量及未使用的气体、支撑膜电极以保持电池堆结构稳定等功能。为满足以上功能，双极板材料应符合如下特点：化学稳定性好、导电性和导热性好、接触热阻低、机械强度高、阻气性好、材料成本低，且可实现大规模生产。此外，为了便于运输，还需体积小、质量轻。显然，目前还没有一种材料可以同时满足上述所有要求。

石墨是一种常规的双极板材料，其在 PEMFC 应用中具有电导率和热导率高、耐腐蚀性能好等优点。但由于石墨的透气性与体积相关，且加工符合双极板要求的材料成本和时间较高，因此在成本和质量上均占较大的比重。在 2002 年，石墨双极板的成本和质量分别占电池堆总材料成本和总质量的 67%和 90%。不过近些年来，电池堆和双极板的成本都已显著下降[1]。2013 年，PEMFC 电池堆成本已降至 47 美元/kW，相较于 2002 年下降了 80%以上，其中 23%得益于冲压和涂层双极板。大规模应用 PEMFC 技术需要进一步降低成本。表 13.1 给出了美国能源部制定的双极板技术目标[2]。

表 13.1　美国能源部技术目标：双极板[2a]

特征	2011 年水平①	2017 年目标	2020 年目标
成本②/(美元/kW)	5～10	3	3
H_2 渗透系数(80℃,3atm,100% RH)③/[cm^{-3}/(s^2·cm·Pa)]	N/A	<1.3×10^{-14}④	<1.3×10^{-14}④
阳极腐蚀⑤/(μA/cm^2)	<1	<1	<1
阴极腐蚀⑥/(μA/cm^2)	<1	<1	<1
电导率/(S/cm)	>100	>100	>100
面积比电阻⑦/Ω·cm^2	0.03	0.02	0.01
抗弯强度⑧/MPa	>34(碳板)	>25	>25
成形伸长率⑨/%	20～40	40	40

① 信息来自 TreadStone 技术公司和橡树岭国家实验室 2010 年度和 2011 年度项目进展报告。

② 假设 MEA 满足 1000mW/cm^2 的性能目标，预计能够实现的最高产量（每年 50 万组）。

③ 根据标准气体输送测试（ASTM D1434）。

④ 参考文献 [2b]。

⑤ pH 3，0.1μL/L HF，80℃，有功电流峰值<1×10^{-6}A/cm^2 [电动位测试：0.1mV/s，−0.4～+0.6V（Ag/AgCl)]，氩气作保护气。

⑥ pH 3，0.1μL/L HF，80℃，钝化电流<1×10^{-6}A/cm^2 [电动位测试超过 24h：0.1mV/s，−0.4～+0.6V（Ag/AgCl)]，充氧环境。

⑦在 200psi（138N/cm^2）下依据参考文献 [2c] 中的测量方法测得的两侧界面接触电阻（基于收到基，在定电位测试之后）。

⑧ 根据 ASTM-D 790—10 标准测试方法对强化塑料和非强化塑料以及电气绝缘材料的抗弯性能进行测试。

⑨ 根据 ASTM E8M—01 标准试验方法对金属材料进行拉伸测试。

对于 PEMFC 双极板，目前有定期报告对其进行综述及设计分析。本章重点提供基于实际电池堆测试的最佳方法。相应地，我们将双极板材料分为复合材料和金属材料。

13.2 复合材料双极板

复为保持石墨材料性能的同时提高工艺能力以降低制造成本，开展了复合材料双极板的研究，并取得了一定的进展。一般来说，复合双极板是由石墨或碳化合物与商业聚合物黏合剂混合，而后经过模压制成。石墨或碳颗粒在其中起导电作用，同时复合材料保持了聚合物的加工性能。

碳化合物包括天然或合成石墨粉、碳纤维、炭黑、碳纳米管等。为了提高板的导电性，需要加入高负荷颗粒或混合类型颗粒。最重要的是，导电颗粒在聚合物黏合剂中要有良好的分散性，以形成优质的导电网络。聚合物是热塑性材料（如聚丙烯、聚乙烯、聚偏氟乙烯、液晶聚合物、聚苯硫醚），或热固性材料（如乙烯酯、酚醛树脂、环氧树脂）。热塑性材料在注塑成型过程中具有高可靠性、良好的化学稳定性、力学性能和不透气性，以及成本低、注塑成型周期短等优点。热固性树脂则具有良好的化学稳定性、抗蠕变性和成本低等优点，但导电性和机械强度相对热塑性材料较低。

双极板注塑成型是一种使用热塑性树脂和碳化合物的量产技术[3]。对于热塑性材料，复合材料在高于熔点的温度下注塑成型，而对于热固性材料，复合材料在低于熔点的温度下注塑成型。注塑成型后，需要从双极板表面去除多余的富含聚合物的薄层，以降低与气体扩散层间的接触电阻。

目前，复合材料双极板的实际应用还存在诸多挑战。如：汽车工业的工作温度通常为中等温度，因此可利用汽车现有的热处理系统。然而由于材料本身的特性，复合材料双极板在中等温度（100～140℃）工作时存在一些问题。虽然已有研究表明一种含有柔性石墨和苯并噁嗪树脂的复合材料可在120℃下正常运行[4]，但仍存在一些其他的挑战，如有限的抗蠕变性以及电池堆冷启动问题等。所面临的以上挑战均需进一步的研究和讨论。

13.3 金属材料双极板

金属双极板由于其导电性能好且强度高，受到了广泛的关注。其相关的DOE指标（表13.1）有耐腐蚀性、面积电阻率及成本。有关金属双极板的详细介绍可参考文献［5］。

目前研究应用于PEMFC的金属双极板材料最为广泛的为钛合金、铝合金和不锈钢（SS）。镍合金经济性较差，因此研究较少。裸露的合金在耐腐蚀和接触性电阻方面都存在问题。合金的腐蚀会使膜中毒降低膜的导电性，或污染活性催化剂层，两者均会导致燃料电池堆的退化。此外，含有腐蚀产物的表层可能会导致表面电阻的增加，从而降低电池堆的输出。

尽管已有使用裸不锈钢的双极板，但利用表面涂层改性仍然是一种成本效益较高的方法。涂层可以改善金属的耐腐蚀性和接触电阻。同时，涂层应具有良好的导电性、附着力以及与金属基体匹配的热膨胀系数。

13.3.1 轻合金

汽车工业更青睐质量较轻的钛合金和铝合金。钛（Ti）在PEMFC中具有良好的耐腐蚀性，但是其界面接触电阻（ICR）较高导致输出显著下降。例如，电池堆在 $220N/cm^2$ 下经过 400h 的测试后，ICR 从 $32m\Omega \cdot cm^2$ 增加至 $250m\Omega \cdot cm^2$[6]。由于 TiN 导电性高，在大部分环境下的稳定性良好，工业应用广泛，且成本在可接受范围内，因此被视为是用作钛合金双极板涂层的最佳材料之一。氮离子注入是降低钛合金接触电阻的有效方法。相关研究表明，在经过 8000h 的耐久性测试后，经过表面处理的钛与石墨具有相同低的 ICR[7]。

铝合金的成本比钛合金的要低，但在 PEMFC 环境下，裸铝合金的耐腐蚀性低且 ICR 高。对于铝合金双极板材料，表面改性或涂层处理必不可少。目前，研究人员已制备出一种碳化物基非晶合金涂层。经过 1000h 的燃料电池测试，未出现由于腐蚀而引起的功率下降，且改性涂层铝合金双极板在功率输出优于石墨双极板[8]。同时，1000 h 电池堆测试前后的极化曲线也表明碳化物涂层在燃料电池环境中具有良好的耐久性[8]。

13.3.2 不锈钢双极板

不锈钢（SS）是研究最多的双极板金属材料类型，具有化学稳定性高、机械强度好、可选材质较多、可实现高速大批量生产等特点。

其中，316/316L 不锈钢是研究最为广泛，且为合金研发的基准。3000h 电池堆测试显示，使用 316 不锈钢双极板的电堆性能无明显退化[6]，但是由于裸 316L 不锈钢表面氧化造成表面接触电阻增加，使得裸 316L 不锈钢并非 PEMFC 双极板材料的最佳选择。裸 304/304L 不锈钢双极板的耐腐蚀性能不及 316/316L，且接触电阻较高，电池堆电压衰减较快[6]。但 304/304L 不锈钢通常用作涂层的基体，因为其成本比 316/316L 不锈钢更具优势。以高氮不锈钢为基体的 PEMFC 双极板也有不错的性能表现[9]。成本上，高氮不锈钢更为经济，且氮合金在许多环境中均具有很高的耐腐蚀性，未来可对其进行进一步研究。

13.3.2.1 金属涂层

金属涂层主要包括贵金属、金属氮化物以及金属碳化物等。起初，为获得与石墨双极板类似的性能，在 316L 不锈钢上添加贵金属涂层，用于实验室规模的燃料电池堆测试。然而，出于成本考虑仍需寻找替代方案。近期研究显示，采用较小的 Au 过孔作为导电通道，并在金属基体大部分表面涂满耐腐蚀涂层，涂覆的金属板成功地进行了 1000h 以上的耐久性试验[10]。

TiN 是另一种可选用的优良涂层，兼具实用性与经济性。相关研究表明，配有 316 不锈钢双极板（$1\mu m$ TiN 镀层）的 1kW PEMFC 电堆可工作 1000h 以上，尽管其输出功率略低于配有石墨双极板的电池堆[11]。

Brady 等学者，开发了一种氮化 Fe20Cr4V 不锈钢工艺，经该工艺处理的双极板具有良好的耐蚀性且接触电阻低[12]。此外，在经过 1000 多小时的燃料电池测试后，电池输出功率无显著降低，也没有对 MEA 造成金属离子污染[13]。

最近，美国国家可再生能源实验室（NREL）开发了另外一种电化学氮化工艺。利用该工艺在不锈钢表面形成含氮的氧化膜，使得双极板具有良好的导电性和耐腐蚀性[14]。因此，该工艺在 PEMFC BP 具有良好的应用前景。

13.3.2.2 碳/聚合物涂层

碳/聚合物涂层主要包括石墨/碳、导电聚合物、有机自组装单聚物等。碳基和导电聚合物涂层面临的挑战包括：中等温度下的应用，以及涂层与基体之间热膨胀系数的差异。

目前，研发人员正积极开发用于 PEMFC 不锈钢双极板的导电碳和复合涂层[15]。基于 316L 不锈钢经不同工艺制备的碳基薄膜和聚合物涂层，在 PEMFC 的应用中与基于裸 316L 不锈钢的相比，具有更好的性能和耐腐蚀性。

碳涂层 304 不锈钢双极板拥有优异的性能和稳定性，接触电阻 ICR 及其性能表现均优于石墨双极板[16]。在模拟的 PEMFC 试验中，与裸 304 不锈钢相比，有聚氨酯和聚苯胺涂层的 304 不锈钢的 ICR 明显降低，耐腐蚀性能显著增强。

13.3.3 结论

从能量密度和产量来看，应用金属双极板可使 PEMFC 电池堆更具成本效益。因为金属双极板可以提供更薄、更轻的选择，并改善热导率和电导率。目前，可行的方法是在基体上应用导电涂层或表面改性工艺。同时，为了达到所有的 DOE 目标，不锈钢和涂层或表面改性都需要具有成本效益。

参考文献

[1] Garland, N.L., Papageorgopoulos, D.C., and Stanford, J.M. (2012) Hydrogen and fuel cell technology: progress, challenges, and future directions. *Energy Proc.*, **28**, 2.

[2] (a) US DOE Office of Energy Efficiency and Renewable Energy: Fuel Cell Technologies Office (2012) Multi-Year Research, Development and Demonstration Plan pp. 3.4-1–3.4-29. http://www1.eere.energy.gov/hydrogenandfuelcells/mypp/pdfs/fuel_cells.pdf. (b) Blunk, R., Feng, Z., and Owens, J. (2006) *J. Power Sources*, **159**, 533–542. (c) Wang, H., Sweikart, M.A.,

and Turner, J.A. (2003) *J. Power Sources*, **115**, 243–251.

[3] Heinzel, A., Mahlendorf, F., Neimzig, O., and Kreuz, C. (2004) *J. Power Sources*, **131**, 35.

[4] Adrianowycz, A. (2009) Next Generation Bipolar Plates for Automotive PEM Fuel Cells. http://www.hydrogen.energy.gov/pdfs/review09/fc_41_adrianowycz.pdf.

[5] Wang, H. and Turner, J.A. (2010) *Fuel Cells*, **10**, 510.

[6] Davies, D.P., Adcock, P.L., Turpin, M., and Rowen, S.J. (2000) *J. Appl. Electrochem.*, **30**, 101.

[7] Hodgson, D.R., May, B., Adcock, P.L., and Davies, D.P. (2001) *J. Power Sources*, **96**, 233.

[8] Hung, Y., Tawfik, H., and Mahajan, D. (2009) *J. Power Sources*, **186**, 123.

[9] Wang, H. and Turner, J.A. (2008) *J. Power Sources*, **180**, 791.

[10] Wang, C. (2013) Low Cost PEM Fuel Cell Metal Bipolar Plates. http://www.hydrogen.energy.gov/pdfs/review13/fc105_wang_2013_p.pdf.

[11] Cho, E.A., Jeon, U.-S., Hong, A.-A., Oh, I.-H., and Kang, S.-G. (2005) *J. Power Sources*, **142**, 177.

[12] Brady, M.P., Wang, H., Turner, J.A., Meyer, H.M. III, More, K.L., Tortorelli, P.F., and McCarthy, B.D. (2010) *J. Power Sources*, **195**, 5610.

[13] Toops, T.J., Brady, M.P., Tortorelli, P.F., Pihl, J.A., Estevez, F., Connors, D., Garzon, F., Rockward, T., Gervasio, D., Mylan, W., and Kosaraju, S.H. (2010) *J. Power Sources*, **195**, 5619.

[14] Wang, H. and Turner, J.A. (2011) *Int. J. Hydrogen Energy*, **36**, 13008.

[15] Wang, Y. and Northwood, D.O. (2006) *J. Power Sources*, **163**, 500.

[16] Chung, C.-Y., Chen, S.-K., Chin, T.-S., Ko, T.-H., Lin, S.-W., Chang, W.-M., and Hsiao, S.-N. (2009) *J. Power Sources*, **186**, 393.

14 质子交换膜燃料电池单电池

Hyoung-Juhn Kim

Korea Institute of Science and Technology, 39-1 Hawolkog-dong, Sungbuk-ku, Seoul136-791, Korea

摘要

质子交换膜燃料电池（PEMFC）的单电池性能的评估对于其电池组件［例如膜电极（MEA）、气体扩散介质（GDM）和双极板］的开发是一个必要条件。本章介绍了质子交换膜单体燃料电池的构成组件，并说明了各组件的作用。

关键词： 双极板；端板；气体扩散介质；垫圈；绝缘；介质；膜电极；质子交换膜燃料电池；单电池

14.1 引言

单个的质子交换膜燃料电池的产电量非常有限。为了获得更多的电量，商业化应用上通常将单电池串联或排列组装成质子交换膜燃料电池堆。然而，受限于质子交换膜燃料电池堆的复杂性和昂贵的制造工艺，不适合评估质子交换膜燃料电池堆的性能。事实上，制造和评估单电池的材料及性能非常实用和简单，且单电池性能测试具有结果可靠和成本低的优势。本章将讨论质子交换膜燃料电池单电池的主要组件及其功能。

14.2 单电池的主要组件

质子交换膜燃料电池的单电池由膜电极（MEA）、气体扩散介质（GDM）、垫圈、双极板（或隔板）、绝缘板和端板组成（如图 14.1 所示）。

膜电极 MEA（图 14.1 中①）位于单电池的中间，通过氧气和氢气反应产生电能。膜电极由聚合物电解质膜与其两侧的电极（阳极和阴极）组成。常用的两种电解质膜为：Nafion 型全氟磺化聚合物（PFSA）和改良后具有质子传导性的 Nafion 膜[1,2]。Pt/C 是最常用的电极催化剂，为阴极氧还原反应（ORR）和阳

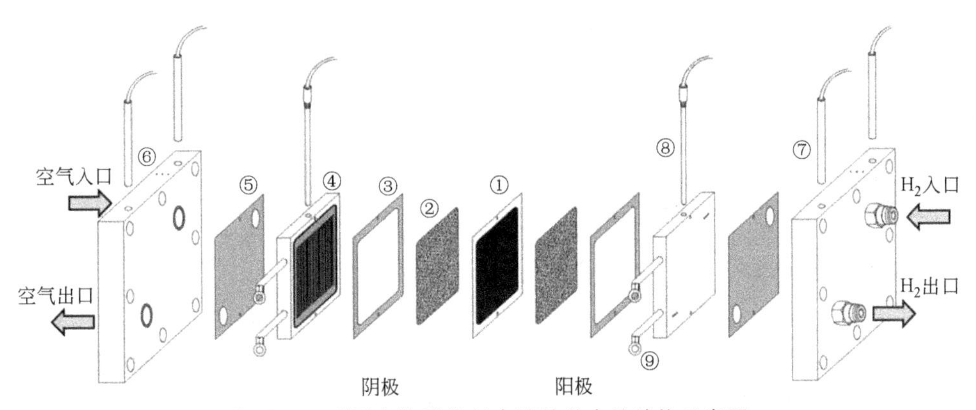

图 14.1　质子交换膜燃料电池的单电池结构示意图

①—MEA（膜电极）；②—GDM（气体扩散介质）；③—垫圈；④—双极板；⑤—绝缘板；
⑥—端板；⑦—热源；⑧—热电偶；⑨—端子

极氢氧化反应（HOR）提供了催化作用[3]。膜电极是整个电池的核心组件，它决定了整个电池的性能。

由于膜电极 MEA 的机械强度较低，因此将气体扩散介质 GDM（图 14.1 中②）置于 MEA 两侧为其提供支撑。GDM 能够将来自双极板（图 14.1 中④）的氧气和氢气扩散到 MEA 中。GDM 必须具有较高的导电性、一定的化学稳定性和合适的孔隙率。此外，它还需具有一定的防水性能。通常氧气和氢气在被送至阴极和阳极之前会被加湿，并且电池在反应过程中会产水。因此，GDM 中存在大量水分。为防止水分子堵塞气体扩散介质上的孔隙，将疏水性材料（如聚四氟乙烯 PTFE）浸渍在 GDM 中[4]。当疏水材料浸渍的量不足时，就难以去除产生的水分子。但是，过量的疏水性材料会降低 GDM 的导电性。质子交换膜燃料电池产生的湿度也与疏水材性料的加入量密切相关。因此，有必要确定适当的疏水性材料浸渍的量。

双极板的通道可以输送阳极侧的氢气和阴极侧的空气（图 14.1 中④），并借由 GDM 输送到 MEA 中。并且电化学反应产生的水分子以及未反应的氢气和空气也会被转移到双极板的通道中，通过其出口从电池排出。MEA 中电化学反应产生的电子通过 GDM 移动到双极板，向外电路输送电流。

由于双极板起着输送氢气、固定氢气和空气通道以及向外部电路输送电流的多重作用，因此双极板必须具有高导电性、耐腐蚀性、一定的导热性和低透气性。常用的双极板的材料有：石墨、碳/聚合物复合材料和不锈钢[5,6]。

端板（图 14.1 中⑥）位于燃料电池的两端，且端板上会有用于组装的孔洞。在评估燃料电池性能之前，通常会用螺母和螺栓将电池固定，完成电池的组装。

在供应到双极板的气体与端板接触时，必须特别注意材料的腐蚀。为了抑制腐蚀，须对接触双极板的端板进行处理（例如，阳极氧化处理），使金属端板不与气体直接接触[7]。

14.3 单电池的装配

质子交换膜燃料电池中的GDM通常使用孔隙率约为50%～90%的多孔碳纸、碳布或毛毡。垫圈（图14.1中③）用于GDM的周边密封，使得氢气和氧化剂只供给MEA。垫圈的厚度约为GDM厚度的65%～80%。如果垫圈太厚，在单电池运行期间接触电阻变高，将导致燃料电池的性能降低。相反，当垫圈太薄时，GDM会被过度压缩，孔径减小，使得气体的流入减少，从而导致电池性能降低[8]。垫圈的厚度取决于GDM的类型和孔径。

绝缘板（图14.1中⑤）位于双极板和端板之间，用于阻隔电流。在评估电池性能时，绝缘板限制电流从双极板流向端板，以保证操作人员的安全。

质子交换膜燃料电池在发电的同时会放出热量。但是电池产生的热量非常小，因此必须得从外部为电池施加热量以保障单电池的正常运行。如图14.1中⑦所示，为了保持质子交换膜燃料电池的工作温度，在端板处设置热源，并在双极板上设置热电偶（图14.1中⑧）以检测温度。

四个端子（图14.1中⑨）分别连接电池阳极侧和阴极侧的双极板，用于测量电池的性能。首先将氢气和空气分别输送至阳极和阴极。其次，将恒定电流施加到阳极和阴极侧的端子之后，从其余的端子测量电压。针对不同电流进行测量，从而得到不同电流下的电压极化曲线（i-V曲线）。最后，利用该曲线可进行单体电池的性能评估。

14.4 单电池的性能测试

单电池的性能取决于材料（膜电极、气体扩散介质和双极板等）、运行条件（湿度、温度、压力等），以及氢气和空气的化学计量等。PEMFC单电池的性能评估，一般是在80℃的环境压力下，以完全湿润的氢气和空气作为燃料和氧化剂进行评估。在评估之前，会通过在低电压区域（如0.4V）运行24h来激活电池以使膜电极足够湿润。图14.2显示了不同PEMFC单电池的性能。表14.1描述了不同的操作条件和电池组件。如上所述，电池性能会根据膜、催化剂、气体扩散介质、双极板和操作条件的不同而变化。

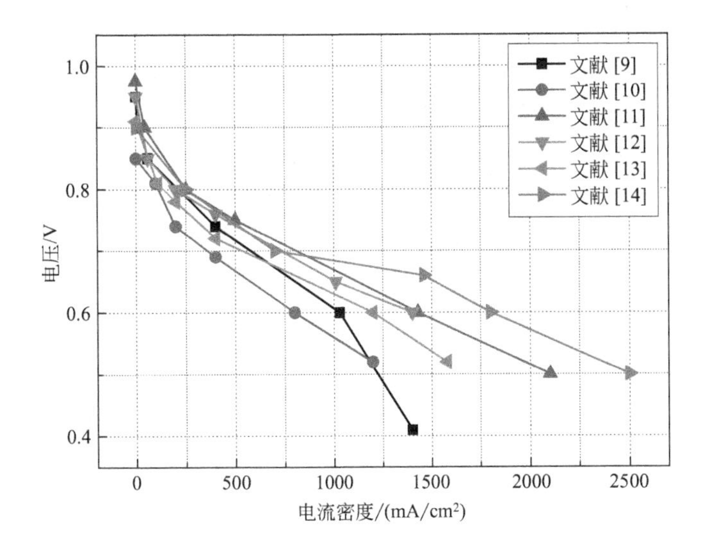

图 14.2　不同电池组件和操作条件下的单电池性能曲线（具体参数见表 14.1）

表 14.1　质子交换膜燃料电池的单电池组件和操作条件

参考文献	组件	操作条件
[9]	膜：Nafion； 催化剂：氮处理 Pt/C(N)(0.2mg/cm^2)	电池温度：80℃
[10]	膜：Nafion 212 催化剂：Pt/C GDL：碳布 BP：TiN 涂层钛双极板	电池温度：70℃ H_2：100% RH O_2：100% RH
[11]	膜：Nafion 212 催化剂：Pt/C(0.4mg/cm^2) GDL：碳布	电池温度：75℃ H_2：100% RH O_2：100% RH
[12]	膜：Nafion 212 催化剂：Pt/C(0.4mg/cm^2) GDL：碳布	电池温度：80℃ H_2：100% RH O_2：50% RH
[13]	膜：商用 Gore MEA 催化剂：Pt/C(0.1mg/cm^2 和 0.4mg/cm^2) GDL：碳纤维毛毡	电池温度：80℃ H_2：100% RH O_2：100% RH
[14]	膜：Nafion 212 催化剂：Pt/C(0.4mg/cm^2) GDL：碳布	电池温度：75℃ H_2：100% RH O_2：100% RH

14.5 结论

将可提高膜电极性能的不同组件按一定顺序组装在 PEMFC 中，此配置是单独评估电池各组件的最有效方法。当其性能最大化时，即可应用于质子交换膜燃料电池堆中。因此，必须建立质子交换膜燃料电池的单电池性能分析方法和标准化制造规范，以便于 PEMFC 未来的商业化。

参考文献

[1] Steele, B.C.H. and Heinzel, A. (2001) *Nature*, **414**, 345–352.

[2] Zaidi, S.M.J. (2009) *Polymer Membranes for Fuel Cells* (ed. S.M.J. Zaidi and T. Matsuura), Springer, New York, pp. 7–25.

[3] Gasteiger, H.A., Panels, J.E., and Yan, S.G. (2004) *J. Power Sources*, **127**, 162–171.

[4] Bevers, D., Rogers, R., and von Bradke, M. (1996) *J. Power Sources*, **63**, 193–201.

[5] Cho, E.A., Jeon, U.-S., Ha, H.Y., and Oh, I.-H. (2004) *J. Power Sources*, **125**, 178–182.

[6] Wang, H. and Turner, J.A. (2004) *J. Power Sources*, **128**, 193–200.

[7] Fu, Y. *et al.* (2007) *J. Power Sources*, **166**, 435–440.

[8] Lin, J.-H., Chen, W.-H., Su, Y.-J., and Ko, T.H. (2008) *Fuel*, **87**, 2420–2424.

[9] Loganathan, K., Bose, D., and Weinkauf, D. (2014) *Int. J. Hydrogen. Energy*, **39**, 15766–15771.

[10] Jin, C.K., Jeong, M.G., and Kang, C.G. (2014) *Int. J. Hydrogen. Energy*, **39**, 21480–21488.

[11] Zhiani, M. and Majidi, S. (2014) *Int. J. Hydrogen. Energy*, **39**, 12870–12877.

[12] Fouda-Onana, F., Guillet, N., and AlMayouf, A.M. (2014) *J. Power Sources*, **271**, 401–405.

[13] Kim, M. *et al.* (2014) *J. Power Sources*, **266**, 332–340.

[14] Cho, Y.I., Jeon, Y., and Shul, Y.-G. (2014) *J. Power Sources*, **263**, 46–51.

IV 氢

15 高压气态储氢系统

Rajesh Ahluwalia and Thanh Hua

Argonne National Laboratory, Nuclear Engineering Divison, 9700 South Cass Avenue, Lemont, Il 60439, USA

摘要

本章简要概述了轻型氢燃料电池电动汽车的高压气态储氢系统，总结了系统的质量、体积和成本，与美国能源部（DOE）标准进行了比较，并简要讨论了减少碳纤维复合材料的质量和系统成本的设计方案。

关键词：碳纤维复合材料；压缩氢；车载储存

15.1 引言

在目前的氢燃料电池电动汽车中，储存的氢气一般被压缩至 35MPa 或 70MPa 的标准工作压力（NWP），最大燃料压力设为标准工作压力的 125%。对于相同的储罐容积，70MPa 的高压系统会比 35MPa 系统储存的氢气多 65%。市场中的车辆原型通常采用单、双罐布局，可容纳 3～6kg H_2，行驶里程达 200～550km[1]。在车辆的大批量生产中（即 500000 个），总的车载存储系统的质量和约 65%～75%的成本都来自用于制作轻质加固储罐的碳纤维复合材料。目前，正通过改进材料和储罐的设计以及整合辅助控制系统（BOP）组件功能的方法来降低系统成本。

15.2 储氢系统分析

高压气态储氢系统，如图 15.1 所示，多为双罐系统，包括加油站、储罐、阀门、过滤器、温度和压力传感器、压力调节器、热激活压力释放装置（TPRD）、安装硬件和管道的接口。每个储氢罐由铝内衬（3 型罐，承重）或高密度聚乙烯（4 型罐，非承重）组成，可防止气体泄漏，外层的高强度碳纤维复合材料可承受高达 225%[2] 的标准工作压力。目前最常见的用于加固罐体的碳纤维复合材料是 T700S，它具有高拉伸强度和模量，但成本也很高。表 15.1 总结了 T700S 纤维和纤维-树脂复合材料（纤维体积容量为 60%）的力学性能。由于碳纤维复合材料成本较高，研究人员已经在开发先进的纤维缠绕和罐结构技术用来减少所需的碳纤维量[3-5]。表 15.2[4] 显示了三个 129L 的 4 型储罐的总质量，这些储罐在 70MPa 标准工作压力下通过爆破试测得的安全系数为 2.25。通过先进的纤维铺放（AFP）技术将纤维缠绕与单独制造的端盖结合在一起的储罐，其总质量可以减少 23%。其他正在研究的技术包括使用“桌布”来进行穹顶的额外加固，以及通过树脂传递模塑技术制造集成端盖[3,6]。

表 15.3 显示了对储氢系统的质量和体积进行系统分析的最新结果，该存储系统在 35MPa 和 70MPa[3] 下可存储 5.6kg 可用氢。使用 ABAQUS 和 Wound Composite Modeler 扩展模块对储罐进行建模。ABAQUS 模型考虑使用“桌布”，它是碳纤维复合材料的“条带”，策略性地放置在圆顶区域以进行局部加固。为了防止穹顶失效和井喷，70MPa 储罐的应力比限制为 0.5，而 35MPa 储罐的应力比限制为 0.55。ABAQUS 的结果会根据从储罐制造商获得的特定数据进行校准。对于 70MPa 的系统，系统载重能力为 4.1%～4.4%（质量分数），体积容量为 24.2～25.0g/L。对于 35MPa 的系统，系统载重能力为 4.1%～4.4%（质量分数），体积容量为 24.2～25.0g/L。如表 15.4 所示，这些参数仍低于美国能源部（DOE）氢储存系统的标准。

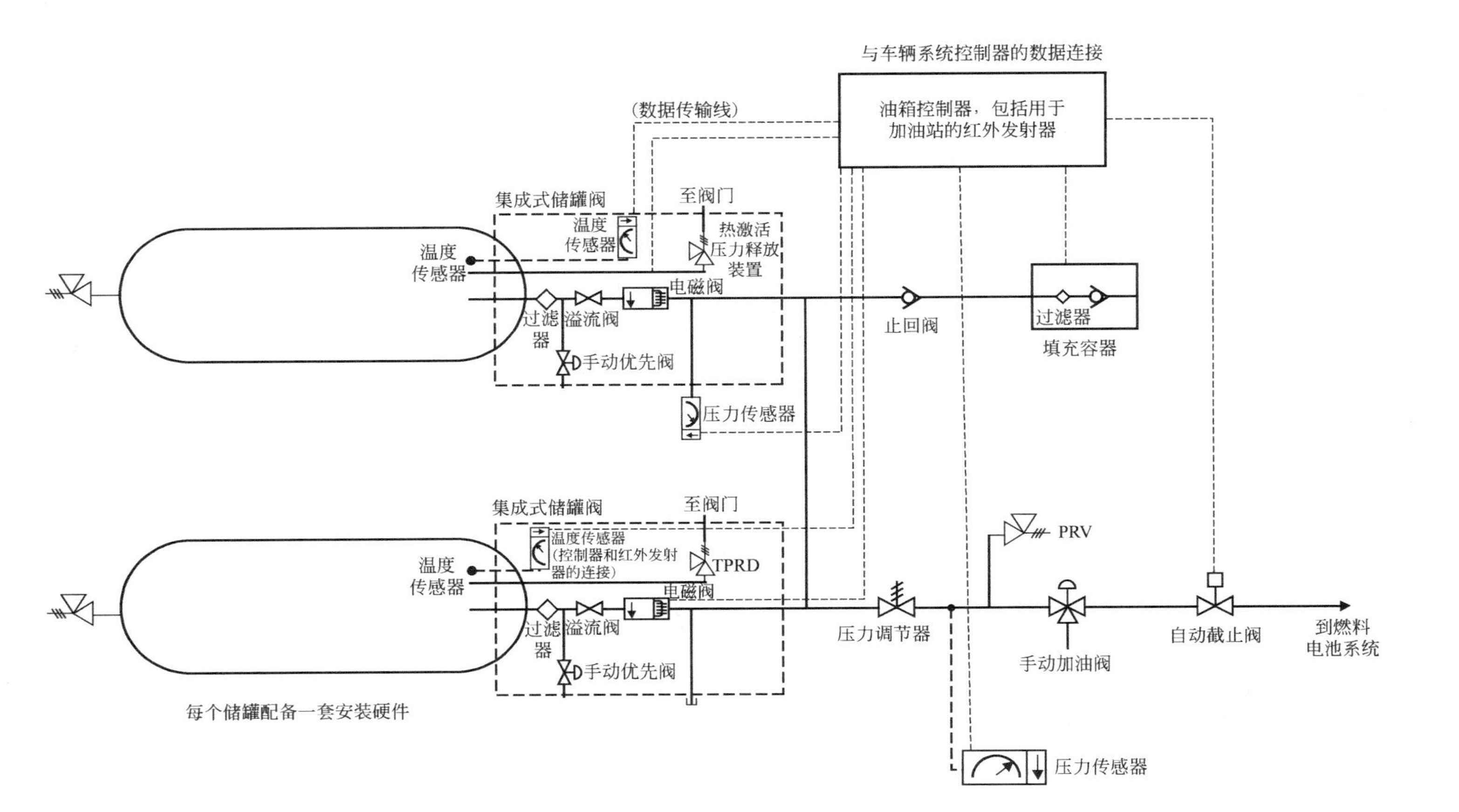

图 15.1　双罐高压气态储氢系统示意图

表 15.1 T700S 碳纤维复合材料的性能

参数	纤维	T700S 碳纤维复合材料①
拉伸强度/MPa	4900	2550
拉伸模量/GPa	230	135
拉伸应变/%	2.1	107
密度/(kg/m^3)	1800	标准工作压力的 137.5%
抗压强度/MPa		1470
弯曲强度/MPa		1670
弯曲模量/GPa		120

① 纤维体积分数为 60%。

表 15.2 在>158MPa（2.25 倍标准工作压力）下进行爆破测试的 4 型储罐设计与制造参数

参数	基准情景(纤维缠绕)	容器 1(纤维缠绕+AFP)	容器 7(纤维缠绕+AFP)
复合质量/kg	76	64.9	58.63
质量减少/kg		11.1	17.4
质量减少率/%		14.6	22.9
最小爆破压力/MPa	158	158	158

表 15.3 35MPa 和 70MPa 单罐和双罐系统的质量和体积

4 种储罐	35MPa 单罐		35MPa 双罐		70MPa 单罐		70MPa 双罐	
	质量/kg	体积/L	质量/kg	体积/L	质量/kg	体积/L	质量/kg	体积/L
储存的氢	6.0	250.4	6.0	250.4	5.8	145.2	5.8	145.2
高密度聚乙烯衬板	11.4	12.0	14.4	15.2	8.0	8.4	10.1	10.6
碳纤维复合材料	61.9	39.2	64.6	40.9	91.0	57.6	92.0	58.2
穹顶保护	5.2	7.7	7.1	10.4	4.0	5.9	5.5	8.1
辅助控制系统	19.9	7.1	26.1	9.9	18.7	6.9	24.7	9.7
总系统	104.5	316.4	118.2	326.8	127.6	224.0	138.2	231.8
载重能力(质量分数)/%	5.4		4.7		4.4		4.1	
体积容量/(g/L)	17.7		17.1		25.0		24.2	

表 15.4 美国能源部（DOE）关于氢储存系统的标准参数

标准	2017 年	极值
载重能力(质量分数)/%	5.5	7.5
体积容量/(g/L)	40	70
成本/[美元/(kW·h)]	12	8

15.3 储氢系统成本

储存系统的成本包括了用于储罐的设计制造和装配的成本，以及辅助控制系统（BOP）组件的成本。图15.2（见文后彩插）显示了35MPa和70MPa的4型单罐系统的成本（以2007年为基准）在95%置信区间的可变估计值，揭示了制造量对成本的影响[7]。关键的材料成本假设包括T700 S碳纤维复合材料28.67美元/kg、树脂7.09美元/kg和高密度聚乙烯衬板材料1.77美元/kg。对于35MPa的系统，低产量（10000个）的平均成本预计为29美元/(kW·h)，对于高生产量（500000个），成本降至13美元/(kW·h)。同样，对于70MPa，低产量的平均成本估计约为33美元/(kW·h)，在产量达到50万个时减少到17美元/(kW·h)。这些成本包括整个存储系统的材料、制造和装配成本。高产量的BOP成本是通过汽车原始设备制造商提供的学习曲线系数来确定的。

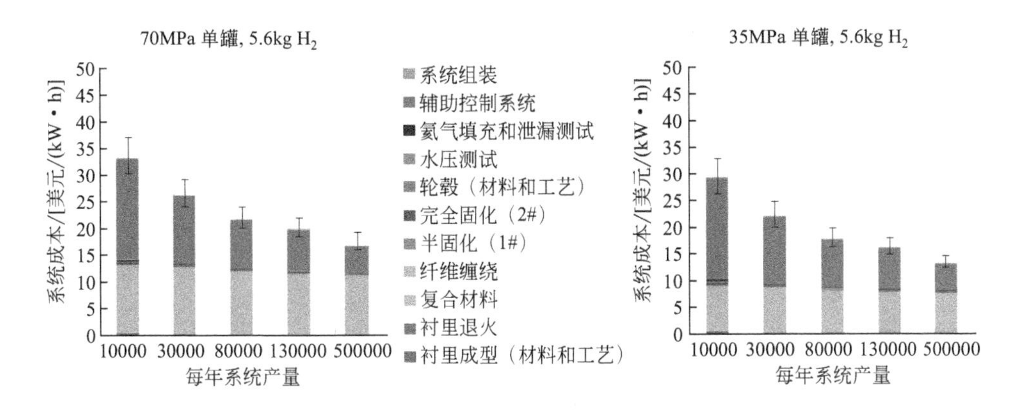

图15.2 35MPa和70MPa高压气态储氢系统的成本

15.4 结论

本章总结了高压气态储氢系统现有的技术类型、系统分析以及在35MPa和70MPa标准工作压力下系统的成本：系统载重能力为4.1%～5.4%（质量分数），体积容量为17.1～25.0g/L。35MPa和70MPa的系统在50万高产量水平下的平均成本分别为13美元/(kW·h)和17美元/(kW·h)。

参考文献

[1] U.S. DRIVE Partnership (June 2013) Hydrogen Storage Technical Team Roadmap.
[2] SAE International (2009) J2579 Technical Information Report for Fuel System for Fuel Cell and Other Hydrogen Vehicles. USA: Society of Automotive Engineers.
[3] Ahluwalia, R.K., Hua, T.Q., Peng, J-K., and Roh, H.S. (2013) System Level Analysis of Hydrogen Storage Options. 2013 DOE Annual Merit Review, Arlington, VA. http://www.hydrogen.energy.gov/pdfs/review15/st001_ahluwalia_2015_o.pdf.
[4] Leavitt, M. and Lam, P. (2013) Development of Advanced Manufacturing Technologies for Low Cost Hydrogen Storage Vessels. 2013 DOE Annual Merit Review, Arlington, VA. http://www.hydrogen.energy.gov/pdfs/review13/mn008_leavitt_2013_p.pdf
[5] Simmons, K.L. (2013) Enhanced Materials and Design Parameter for Reducing the Cost of Hydrogen Storage Tanks. 2013 DOE Annual Merit Review, Arlington, VA. http://www.hydrogen.energy.gov/pdfs/review13/st101_simmons_2013_o.pdf.
[6] Roh, H.S., Hua, T.Q., and Ahluwalia, R.K. (2013) Optimization of carbon fiber usage in type 4 hydrogen storage tanks for fuel cell automobiles. *Int. J. Hydrogen Energy*, **38**, 12795–12802.
[7] James, B.D., Colella, W.G., and Moton, J.M. (2013) Hydrogen Storage Cost Analysis. 2013 DOE Annual Merit Review, Arlington, VA. http://www.hydrogen.energy.gov/pdfs/progress14/iv_a_2_james_2014.pdf.

16 金属氢化物

Vitalie Stavila and Lennie Klebanoff

Sandia National Laboratories, 7011 East Avenue, Livermore, CA 94551-0969, USA

关键词： 复合金属氢化物；储氢介质；间隙金属氢化物；镁合金

16.1 作为储氢介质的金属氢化物

氢作为能量载体具有多种优势：它无毒，使用时可以实现零排放，并且有很高的能源转换效率，例如燃料电池和氢内燃机（ICE）。然而，在应用于车辆时，高密度氢的存储仍然存在问题。金属氢化物作为固态储氢介质，其中一些具有高储氢质量分数和体积密度。科学界目前正在大力开发用于车载存储的氢化物材料。部分原因是一些主要汽车制造商在环保高能效的氢动力燃料电池电动汽车（FCEV）方面的部署。第一批氢动力燃料电池电动汽车将氢储存在压力为700bar的碳包裹式压力容器（COPV）中，也称为“复合罐”。虽然700bar的氢气储罐足以满足第一批氢动力燃料电池电动汽车的需求，但人们也认识到，利用先进的固态储氢系统（基于金属氢化物），这些车辆的储氢量可能得到进一步提高。此外，固态储氢可以将储存系统的操作压力降低到50bar以下，不仅可节省硬件成本，还能提高安全性。

金属氢化物（MH）材料可通过直接加热（理想情况下来自质子交换膜燃料电池的余热）产生氢气[1-3]，也可通过与其他含氢分子反应间接产生氢气，如$NaBH_4$水解[4]或$LiAlH_4$氨解[5]。金属氢化物的再生可以通过车载可逆氢化物方案[6]或车外可再生方案[7]来实现。车外可再生方案需要汽车行业对现有的车辆添加燃料模式进行改革，而车载可逆方案与现有的氢动力燃料电池电动汽车补给燃料方式类似（仅限于氢气）。开发具有高容量的固态储氢罐将改善氢动力燃料电池电动汽车的性能，促进氢动力燃料电池电动汽车的广泛使用，替换以汽油和柴油为动力的轻型汽车。开发的储氢系统的运行温度和压力应在50～100℃和1～100bar[1,8]，以实现与质子交换膜燃料电池的最佳兼容性。

最简洁和最有价值的H_2储存方法之一是利用可逆金属氢化物，这种化合物在适当加热时会释放出氢气，并且在加压时会吸收 H_2 放出热量。正常运行的氢储罐的主要工程问题是在其运行期间控制进入金属氢化物储罐的热量流以及在添加燃料期间从金属氢化物储罐中排出的热量。用于储氢的低温氢化物材料应拥有较长的循环寿命，并在适当的温度和压力条件下吸收和释放氢气。最终的金属氢化物材料应具有高质量容量（10%氢或更高）、高可逆性（可以实现1500次循环），并且在低于100℃的温度下释放出氢气（利用来自质子交换膜燃料电池的废热解吸）。金属氢化物材料的反应动力学还必须够快，这意味着材料能够以所需的速率释放氢气（高达2g/s），并且还能以足够快的速率吸收氢气，这样罐体才可以在所需时间内补充氢气（约15g/s）。与质子交换膜燃料电池的供电相比，加氢操作对金属氢化物材料的动力学要求更高。

脱氢材料氢化时会形成金属氢化物相，导致金属晶格发生膨胀。其体积膨胀率取决于吸收的氢含量，最高可达30%～40%。金属氢化物释放氢原子，扩散到材料表面上形成分子氢，晶格开始收缩回原始状态。任何运行良好的金属氢化物储罐，在设计时必须考虑由于系统吸氢和脱氢而造成的金属氢化物材料30%～40%的膨胀和收缩的影响。适应由金属氢化物膨胀引起的应变在很大程度上决定了间隙金属氢化物储罐的压力等级。

可逆的金属氢化物储氢罐的运行原理如下：燃料电池供电时，储罐中氢气被分离出来，H_2 的压力下降到低于氢化物材料平衡解吸压力的水平。根据勒夏特列原理（Le Châtelier's principle），材料会解吸更多的氢气。由于解吸是吸热的，金属氢化物材料将从其周围吸收所需的热量（金属氢化物床将冷却），通常优先考虑质子交换膜燃料电池供电时产生的废热。在再氢化期间，会向储罐中通入 H_2 并在当前温度下将压力保持在高于金属氢化物的平衡解吸压力的水平。由于再氢化过程是放热的，因此在该步骤期间必须将罐中的热量移除，否则金属氢化物床将被加热到不再能吸收氢的程度。加氢期间对热管理的要求相当高：汽车加氢时需要移除几百千瓦的热量。

在开发应用于储氢的可逆金属氢化物时，材料的选择会受许多因素的影响：

（1）氢的密度。许多金属氢化物的储氢体积容量可以超过 $50g/L^{-1}$。出于运输考虑，氢化物材料还应具有高储氢质量分数，理想材料应大于10%（质量分数）氢。

（2）脱氢过程的热力学条件。操作条件［平衡氢压（P_{eq}）和温度］由金属氢化物脱氢反应的热力学参数［焓变（ΔH）和熵变（ΔS）］确定，如范特霍夫方程（Van't Hoff equation）所述：

$$\ln(P_{eq}/P_0) = -\Delta H/RT + \Delta S/R$$

其中 P_0 和 R 分别表示标准大气压和通用气体常数。对于脱氢过程，ΔH 和 ΔS 通常都是正数。考虑到质子交换膜燃料电池的 H_2 的输送温度（-40～85℃）和储氢材料脱氢过程的 ΔS_d [90～130J/(mol·K)]，反应的 ΔH_d 应该在 20～30kJ/mol 之间，以达到在该温度范围内的 1bar 的平衡氢压。

(3) 脱氢/氢化过程的动力学。在许多情况下，需要用催化剂来加速反应的进行，同时有效地降低并保持较好的反应动力学所需的温度。催化剂的另一个目的是改善反应的可逆性。氢化过程中最具挑战性的是确保材料的快速氢化，同时有效地移除反应热。尽管人们认识到催化在金属氢化物领域的重要性，但对于用于催化的活性物质的性质和催化机理，人们仍知之甚少。

(4) 气体杂质。许多金属氢化物材料，尤其是复合金属氢化物，在分解时会形成挥发性副产物。氨是在氮氢化合物（例如酰胺）分解过程中形成的常见副产物，在金属硼氢化物的分解产物中还检测到乙硼烷和其他硼氢化物。这些挥发物是有害的，它们代表着储存材料的不可逆损失，而且挥发物还会降解燃料电池的催化剂和质子交换膜。

(5) 循环寿命。氢化物应可以多次循环并保持一定的氢气容量以满足实际的目标。导致循环不良的最常见原因包括相分离、稳定中间副产物的积累和杂质气体（NH_3、B_2H_6 等）的产生。出于运输目的，氢化物材料应在没有显著容量损失的情况下循环至少 1500 次。

美国能源部（DOE）已制定了用于轻型氢动力汽车的固态储氢系统所需性能的标准[9]。

16.2 金属氢化物的分类

金属氢化物一般分为三类：①简单氢化物，MH_x（M 为主族或过渡金属）；②间隙氢化物，AB_xH_y（其中 A 通常是氢化金属，B 是非氢化金属）；③复合氢化物，MEH_x [E 为硼（硼氢化物）、氮（酰胺）、铝（丙氨酸）]。二元离子型氢化物的实例包括 LiH、NaH 和 CaH_2。在这些化合物中，氢以带负电的离子（H^-）存在。相反，氢在间隙氢化物中的键合被认为是金属或金属间化合物。间隙氢化物通常是非化学计量的化合物，其中氢以溶解在主体金属原子晶格中的原子形式存在。复合金属氢化物是由金属阳离子和含氢阴离子 [如铝氢化物（AlH_4^-）、硼氢化物（BH_4^-）、酰胺（NH_2^-）等] 组成的化合物。这些化合物具有与铝、氮或硼共价键合的氢原子，这种氢原子具有 δ^+ 和 δ^- 极性。以下将简要介绍金属氢化物的主要类别。

16.2.1 间隙金属氢化物

许多金属和合金能够以形成金属氢化物的形式储存大量的氢。自 19 世纪以来，从格雷厄姆的研究开始（他在 1866 年首次提出钯可以吸附大量的氢）[10]，人们就已经知道这一点。由于它们的晶体结构，通式 A_xB_y（A＝氢化元素，B＝非氢化元素）的间隙金属氢化物可以在八面体或四面体间隙位置存储原子氢。元素 A 通常是稀土或碱土金属，而 B 通常是过渡金属。被研究最多的可逆储氢材料是 AB、AB_2 和 AB_5 型合金。Chao 和 Klebanoff 最近发表了关于间隙金属氢化物的综述[11]。表 16.1 列出了几种具有代表性的间隙金属氢化物。

表 16.1 常见间隙金属氢化物

类型	典型实例	晶体结构	理论最大质量容量(H)/%	实验氢质量容量(H)/%	ΔH /(kJ/mol)
AB	TiFe	立方体	2.8	1.9	28～35
AB_2	$TiMn_2$	立方体 六角形	3.8	2.4	22～35
AB_3	$CeNi_3$	六角形	2.2	1.7	约 30
AB_5	$LaNi_5$	六角形	1.7	1.6	24～35
A_2B	Ti_2Ni	立方体	1.8	1.5	28～36
A_2B_7	Y_2Ni_7	六角形	1.5	1.4	26～34

总之，许多间隙氢化物具有相当诱人的储氢性能，包括良好的热力学性能、快速的氢解吸和吸收速率、较长的循环寿命、优异的体积容量和非常高的产氢纯度。这些材料的固有局限性在于它们的可逆氢质量存储密度低，因为可逆间隙氢化物材料的氢与金属（H/M）的限制比为 2.0（对于 AB_2H_6 型），其产生的最大可逆质量容量约为 3.8%。就目前来看，还存在更高的 H/M 比例，例如，$BaReH_9$ 中的 H/M 比为 4.5[12]；然而，由于该材料含有重 Ba 和 Re，其理论氢质量容量仅为 2.7%。另外一个存在的问题是吸氢时化合物的体积膨胀，通常在 15%～30%之间，在 V-Ti-Cr BCC 相中可达到 40%[1]。

16.2.2 镁和镁基合金

间隙金属氢化物的氢质量储存容量最高也只能到约 3.8%。这使得人们寻求具有更高氢质量容量的可逆金属氢化物，通常是镁基氢化物。MgH_2 具有高达 7.6%（质量分数）的可逆氢存储容量，但其主要缺点是解吸氢的速率非常慢。

此外，它的生成焓（ΔH_f）为－75kJ/mol，这意味着整体解吸温度要大于300℃[7]，这在实际应用中很难实现。MgH_2 在约 300℃的温度下具有可逆性，并且在 280℃下的平衡压力只有 1bar。

在室温下，MgH_2 是四方晶体结构（金红石型），氢与镁主要通过离子键结合，但具有显著的共价特征。MgH_2 对空气（主要是氧气和水蒸气）敏感，如果暴露于这些分子中则会被氧化。形成的氧化层会阻止氢在晶粒和颗粒中的扩散，为了减少这种影响，MgH_2 必须在氢气中循环，且温度高于 400℃压力达到 30bar[13]。很多催化剂都可用来改善 MgH_2 的氢吸附速率，包括金属（Pd、V、Ni、Nb、V、Ti、Co、Cr、Y、Zr）和金属氧化物（TiO_2、Nb_2O_5、Cr_2O_3、Fe_2O_3 和 Fe_3O_4）[14]，而金属 Mo 则会导致吸附速率变慢[15]。

镁可以与许多过渡金属形成合金，并且所得的合金也显现出较好的储氢性能。例如，Sc 和 Mg 形成合金 Mg_xSc_{1-x}，可以可逆地储存高达 5%（质量分数）的 H。如果 Mg 与非氢化元素合金化，则可以降低氢化反应焓。例如，Mg_2Ni 可以与 H_2 反应形成 Mg_2NiH_4。Mg_2NiH_4（－64.5kJ/mol）的生成焓低于 MgH_2[1]。Mg_2NiH_4 中的 Ni-H 相互作用力比纯 MgH_2 中的 Mg-H 相互作用力弱得多，导致生成焓降低。但是，相比 MgH_2，Mg_2NiH_4 具有更低的储氢容量。与 Mg-Ni 型相似，Mg 和 Cu 可以形成 Mg_2Cu 合金；然而，在氢化过程中，Mg_2Cu 分解成 MgH_2 和 $MgCu_2$ 的过程不具有可逆性。镁和铁是不混溶的，但是可以在氢气中形成三元氢化物 Mg_2FeH_6。尽管 Mg_2FeH_6 具有可观的 5.5%（质量分数）氢，但其生成焓（约 77.4kJ/mol）甚至高于 MgH_2。Mg 和 Co 可以与 H_2 反应形成 Mg_2CoH_5，其氢质量含量为 4.5%，脱氢反应焓为 86kJ/mol。钛在加热下不与 Mg 形成合金；但是，在 GPa 级压力下，MgH_2 与 $TiH_{1.9}$ 反应会分离出 Mg_7TiH_x 氢化物；与 MgH_2 相比，混合金属氢化物的脱氢反应温度较低（$>$100℃）。一般也会采用使 Mg 与 Cd 合金化形成 Mg_3Cd（脱氢焓为 65kJ/mol）来实现热力学去稳定化。将 Mg 与其他元素合金化可用于调节 MgH_2 的热力学焓变；但这通常是以降低氢质量含量为代价来实现的[14]。

16.2.3 复合金属氢化物

复合金属氢化物是由金属离子（通常为Ⅰ族和Ⅱ族元素）和“复杂”含氢阴离子形成的物质，其中氢与阴离子中的中心原子通过共价键结合[6,16,17]。Stavila 及其同事最近综述了用于车载可逆储氢的复杂金属氢化物的性质[6]。这些离子氢化物均含有含氢阴离子，例如丙氨酸盐（AlH_4^-）、硼氢化物（BH_4^-）和酰胺（NH_2^-）。已知的所有碱金属、碱土金属和一些过渡金属都可以形成复合金属氢化物。复合金属氢化物是具有最高储氢质量分数和体积密度的材料之一。然而，它们仅在较高的温度下分解，与间隙金属氢化物材料相比，它们的反应动力学较低。Bogdanovic 和 Schwickardi[18] 发现，在钛催化剂的存在下，丙氨酸钠可以可逆地储存高达4.2%（质量容量）的氢，激起了人们对于这类化合物作为储氢介质的兴趣。其他碱性和碱土金属丙烯酸盐也具有良好的理论储氢质量容量，$LiAlH_4$ 和 $Mg(NaAlH_4)_2$ 分别显示10.6%和9.3%的氢质量容量。用钛和其他过渡金属掺杂 $NaAlH_4$ 会显著改善该材料的反应动力学和可逆性。

对 Al(001) 表面可能的 Ti 排列进行理论建模，确定了低势垒位点，其中初始掺杂表面氢的最高占据分子轨道（HOMO）结合了氢的 δ 反键分子轨道，实现了电荷密度的转移，有助于氢分子的解吸[19]。DFT（密度泛函理论）计算表明，其他金属，如 Zr、Fe 和 V，对 H_2 的解吸也具有催化作用；但是，Ti 仍然是最好的催化剂之一[20]。其他丙氨酸盐的储氢性能可以通过使用与丙氨酸钠相似的掺杂剂来增强[6]。

金属酰胺的相关研究源于 P. Chen[21] 关于氮化锂氢化的工作。下述反应中，理论储氢总容量为11.4%：

$$Li_3N+2H_2 \rightleftharpoons Li_2NH+LiH+H_2 \rightleftharpoons LiNH_2+2LiH$$

第一步是 Li_3N 与 1mol 氢反应生成亚氨基锂（Li_2NH）和氢化锂（LiH），而在第二步中 Li_2NH 与氢反应形成氨基化锂（$LiNH_2$）和氢化锂（LiH）。该反应放热；第一步的焓变为115kJ/mol，而第二步的焓变为45kJ/mol。第一步的高 ΔH 值使得难以完全解吸 $LiNH_2/2LiH$ 混合物，并且需要超过380℃的温度来生成 Li_3N。如果仅考虑第二步生成的 $Li_2NH+H_2 \rightleftharpoons LiNH_2+LiH$，则氢存储质量容量减少至6.5%。$LiNH_2/LiH$ 体系的另一个问题是，氨副产物的形成会污染氢气流。考虑用于 H_2 储存的其他酰胺系统涉及 $LiNH_2$ ∶ MgH_2（2∶1）和 $LiNH_2$ ∶ MgH_2（1∶1）[22,23]。镁比锂具有更高的电负性，并且与 Li-N-H 系统相比，Li-Mg-N-H 系统的解吸温度更低。2∶1 的系统循环过程如下：

$$2LiNH_2+MgH_2 \rightleftharpoons Li_2Mg(NH)_2+2H_2$$

在加热时，原料（$2LiNH_2+MgH_2$）经历不可逆转过程变成 $Mg(NH_2)_2+2LiH$，$Mg(NH_2)_2+2LiH$ 是实际经历氢解吸/吸附循环过程的“氢化”材料。所得的酰亚胺 $Li_2Mg(NH)_2$ 具有一定的热稳定性，因此2∶1材料体系的氢质量容量限制约为5%。

使用钾作为催化剂可以显著提高材料的反应动力学[24,25]。KH 催化剂的部分功效可归因于钾在酰胺和酰亚胺相中与氮结合的能力[25]。由钾催化3的（$2LiNH_2+MgH_2$）体系中氢解吸的 ΔH 和 ΔS 值分别为42.0kJ/mol 和 99J/(K·mol)。$1MgH_2$ ∶ $1LiNH_2$ 系统解吸/吸氢过程如下[26]：

$$MgH_2 + LiNH_2 \rightleftharpoons LiMgN + 2H_2$$

该体系的理论解吸焓 $\Delta H = 32kJ/mol$，氢质量容量为 8.2%。氢的质量容量预测值比较高是由于其直接生成 LiMgN 的完全脱氢过程，绕过了酰亚胺中间体。

在所有复合金属氢化物中，金属硼氢化物具有最高的理论氢质量容量，许多金属硼氢化物化合物的氢质量容量都大于 10%。硼氢化锂含有 18.1%的氢质量容量，但它仅在其熔点（278℃）以上开始解吸 H_2。当加热到 400℃时，$LiBH_4$ 释放约 11.0%的氢，并且在压力为 350bar，温度为 400℃的条件下氢化 12h 会显示出部分可逆性[27]。在掺杂剂存在的情况下，$LiBH_4$ 的 H_2 解吸速率可以得到显著增强。Au 等人对各种掺杂剂的效果进行了全面的研究。结果表明，磨成球状加入的 Mg、Al、MgH_2、AlH_3、CaH_2、$TiCl_3$、TiF_3、TiO_2、ZrO_2、V_2O_3 和 SnO_2 具有正面效应，降低了 $LiBH_4$ 的解吸温度，而其他一些掺杂剂如 C、Ni、In、Ca 和 NaH 会增加其解吸温度[6]。实验表明，从 $LiBH_4$ 释放氢的过程是复杂的，涉及一种或多种稳定的中间产物，如十二氢环十二硼酸盐 $[B_{12}H_{12}]^{2-}$。

硼氢化镁是另一种有吸引力的储氢材料，因为它具有极高的理论氢质量容量（14.9%）。Mg $(BH_4)_2$ 解吸 H_2 的 ΔH 值范围约为 24～53kJ/mol。材料的反应动力学过程较慢，这使得 ΔH 值的评估变得很难。与 $LiBH_4$ 的情况相似，反应过程中观察到中间体十二氢环十二硼酸盐 MgB_{12}-H_{12}。总反应过程可写为：

$$6Mg(BH_4)_2 \longrightarrow 5MgH_2 + Mg(B_{12}H_{12}) + 13H_2$$

$$5MgH_2 \longrightarrow 5Mg + 5H_2$$

$$5Mg + Mg(B_{12}H_{12}) \longrightarrow 6MgB_2 + 6H_2$$

Severa[28] 等人首次证明了 $Mg(BH_4)_2$ 的可逆性，他们将 $Mg(BH_4)_2$ 脱氢的最终产物 MgB_2，在高压（950bar）和高温（400℃）下进行氢化。实验结果表明，$Mg(BH_4)_2$ 实际上可以通过以下方法生成：$MgB_2 + 4H_2 \longrightarrow Mg(BH_4)_2$。已证实可以通过使用混合的 $ScF_3/TiCl_3$ 掺杂剂显著降低脱氢温度，大部分 H_2 在 300℃以下会被解吸[29]。

硼氢化钙是另一种具有高氢质量容量（9.6%）和较好的热力学参数的材料。纯 $Ca(BH_4)_2$ 的解吸氢气温度高于 380℃，在添加剂存在下略低[6]。已证实 $Ca(BH_4)_2$ 在 440℃和 70MPa 下具有部分可逆性；但是，分解产物中中间体 $[B_{12}H_{12}]^{2-}$ 的存在限制了其可逆性。$Ca(BH_4)_2$ 的循环过程表明氢质量容量会稳定下降。从 ^{11}B 核磁共振研究中可以看出，$CaB_{12}H_{12}$ 的积累是可逆性丧失的原因[6]。

除了I族和II族硼氢化物外，研究者还考虑了几种含过渡金属的硼氢化物用于储氢，包括：$Al(BH_4)_3$、$Ti(BH_4)_3$、$Zr(BH_4)_4$、$Hf(BH_4)_4$，以及混合金属硼氢化物：$Li_2Zr(BH_4)_6$、$LiSc(BH_4)_4$、$NaSc(BH_4)_4$、$KSc(BH_4)_4$、$LiZn(BH_4)_3$、$NaZn(BH_4)_3$、$LiZn_2(BH_4)_5$、$NaZn_2(BH_4)_5$、$Li_4Al_3(BH_4)_{13}$ 和 $Mn_xMg_{1-x}(BH_4)_2$[6]。遗憾的是，迄今为止，已知的这些混合阳离子硼氢化物材料中没有一种可以再氢化，其反应都是不可逆的。仍有许多混合金属系统尚待研究。

16.2.3.1 非车载可逆金属氢化物

许多金属氢化物在中等氢化条件下是不可逆的，通常需要“非车载”化学再生。Graetz 等人[7] 最近研究了这些“车外可逆”材料。由于氢化反应的活化能可以是热力学的、动力学的或两者兼有，因此这些非车载材料的解吸过程可以是弱放热的，也可以是高吸热的。对于更稳定的化合物，如 $NaBH_4$，氢通常通过低温水解反应产生：

$$NaBH_4 + 2H_2O \longrightarrow NaBO_2 + 4H_2$$

也可以通过室温下的氨解产生氢气[5]：

$$LiAlH_4 + 4NH_3 \longrightarrow LiAl(NH_2)_4 + 2H_2$$

氢化铝（AlH_3）和丙氨酸锂（$LiAlH_4$）也被提出作为“非车载”氢化物材料，具有各种化学和电化学再生途径[1,7]。被研究最多的材料之一是氨硼烷（NH_3BH_3），其总的氢质量容量为 19.5%。由于氨硼烷含有质子键（N—H）和氢键（B—H），因此它会在低于 100℃ 的相对低温下开始释放氢[1]。文献 [7] 全面讨论了氨硼烷的储氢性能。

16.3 金属氢化物的性能

在过去约 10 年内几乎所有研究过的复合阴离子材料都严格地受到动力学限制。动力学限制意味着材料在其解吸和吸附氢的反应中达到平衡的过程非常缓慢。例如，如果将氢化后的复合金属氢化物如 $Mg(BH_4)_2$ 加热到固定温度，则氢气压力在该温度下达到氢气平衡压力稳定下来可能需要数小时。氢化反应的情况可能更糟，这阻碍了通过范特霍夫曲线来确定材料的热力学性质，并且就实际应用来看，这将严重阻碍固态储氢系统的加氢过程。

研究人员已经进行了实验尝试来改善材料的动力学性能，主要是通过将材料包封在纳米级材料的“纳米孔”中，例如碳气凝胶、无机气凝胶或金属有机骨架（MOF）[6]。这些纳米支架材料具有相当显著的“口袋”，尺寸在 1～30nm。先前的研究表明，通过纳米多孔碳的包封，$LiBH_4$ 的脱氢速率可以提高 50 倍[30]。

但目前仍存在一些难以解释的问题，例如：①假定存在的这些纳米限域系统中的快速扩散物质，其性质和来源是什么？②支架材料-氢化物相互作用的性质是什么？值得注意的是，即使使用最佳的纳米支架仍存在显著的质量和体积损失（约20%～30%）[6,31]，这使得将它们视为最佳储氢系统仍有一定风险。理想情况下非常需要在4～20nm范围内的纳米级颗粒的合成途径，产生可以增强动力学行为的纳米颗粒，并且不会因为支架的使用而产生相关的质量和体积损失。

若不了解如何、为什么以及在何种条件下可以改进这些颗粒材料，就很难理解复杂金属氢化物的反应动力学。很少有人去研究在颗粒加氢和脱氢过程中哪些进程是限制反应动力学的主要进程，以及如何积极影响这些进程。例如，颗粒复合金属氢化物的缓慢反应动力学可能与氢扩散、中间相成核/生长或化学键的活化有关。那么开发详细的理论方法来预测和解释固相储氢反应模型的动力学就至关重要。这些理论研究需要与实验一起进行，用实验验证理论。显然，定量地解决这些氢解吸和吸收反应的动力学需要详细了解反应的机理途径、所涉及的中间体和反应必须克服的活化能垒，这使得理论的开发成为一个非常具有挑战性的问题。我们需要的是一种具有三个目标的紧密耦合的特征化理论和实验程序：①确定化学反应过程、相成核或传输过程是否是速率限制过程；②探究在纳米尺寸下或有掺杂剂时反应的动力学和热力学变化的原理；③根据①和②中获得的结果，设计可以降低反应活化能的材料的合成路线。

理论上的动力学研究在很大程度上受到阻碍，因为在非平衡（脱）氢化条件下难以同时获得与反应动力学和传输动力学相关的材料尺度和时间的参数。为了克服这些挑战，对将纳米级的 *ab initio* 算法[32,33]与中等“相位场”模型[34-36]结合起来的先进多尺度计算的研究是非常重要的。最近有人开发了类似的程序用于模拟锂离子电池电极的机械相似（去）锂化[37]。这种复杂的多尺度建模工作尽管从未应用于储氢问题，但却是必需的。该理论需要研究氢原子的化学键破坏和形成过程的化学动力学、氢和其他成分通过相关固体基质的传输动力学以及中间体和产物相的成核和生长。对于每个研究者来说，必须探索颗粒尺寸和几何形状的影响并通过紧密耦合的尺寸选择实验来验证。这项研究由美国能源部资助，于2014年7月开始，由劳伦斯利弗莫尔国家实验室、桑迪亚国家实验室、密歇根大学和佐治亚理工学院合作进行。

在金属氢化物储氢领域中的开发创新之一是使用不稳定的材料来改善储氢反应的热力学。有研究表明，通过添加另一种化合物可以使金属氢化物系统不稳定，从而提供较低的解吸氢反应的热力学阈值[6]。Vajo及其同事引入了“去稳定化”一词来描述这一现象。这些掺杂剂如何降低脱氢焓？让我们假设 AH_2 代表通过脱氢反应的通用金属氢化物：

$$AH_2 \longrightarrow A + H_2$$

该反应的焓变通常较大，这意味着在1bar压力下，材料的平衡温度很高。但是，如果添加掺杂剂xB，那么该组分可以导致中间合金AB_x的产生，这会导致反应的焓变降低：

$$AH_2 + xB \longrightarrow AB_x + H_2$$

注意，仍然存在一当量的分子氢被释放，只有“最终状态”是较低能量的合金AB_x。

尽管可以通过去稳定化来改善系统的热力学过程，但是由于新的因素，系统仍然具有动力学限制；通过将另一种组分引入金属氢化物系统，这导致了新的材料相的增加。在反应的“初始状态”下，这些相与相之间的相互作用将会限制氢的释放速度。在氢化时，需要产生两个单独的材料相（AH_2和xB）以返回到初始氢化状态。该相的分离必会引起氢化速率的活化能垒增加。然而，这些相引起的动力学限制目前不能被很好地理解，并且未来需要针对固-固界面对氢解吸和吸收的动力学的作用进行研究。特别地，需要更多的工作来研究不稳定系统的界面区域和结构，以及两个去稳定化组分（AH_2和xB）之间界面的结构和面积对氢化和脱氢动力学的影响。研究的主要目标旨在消除内在界面的动力学障碍。这些内在限制可以通过开发具有最小、最优的单一氢化和脱氢相的系统来解决，同时将共价键合的基础元件网络的原子重排最小化。美国能源部对一项关于这些“单相”系统进行的研究资助，这项研究由HRL、桑迪亚国家实验室和密苏里大学圣路易斯分校合作进行。

众所周知，在储氢材料科学中，催化剂在这些反应的动力学中起着非常重要的作用。其中最著名的是Bogdanovic和Schwickardi[18]发现约2%～4%（摩尔分数）的Ti会大大改善$NaAlH_4$的性质，特别是在氢化过程中。在另一项研究中，研究者发现4%（摩尔分数）的KH会使$2LiNH_2/MgH_2$系统的氢吸收速率提高约2～3倍[24,25]。尽管如此，总的来说，我们对这些催化剂的工作原理仍知之甚少。因此，目前并没有指导性的理论来制定在不同储氢反应选择特定催化剂的策略。鉴于动力学在这些储氢系统中的重要性，提高对催化剂如何催化氢解吸和吸收反应动力学的原理认识是非常重要的。

在目前研究过的所有复杂阴离子材料中，硼氢化物可能最有希望作为储氢材料[38]。硼氢化物材料具有12%～14%氢质量容量的潜力，并且它们的性质可以广泛变化。我们需要研究改变硼氢化物性质的因素，例如可逆性、乙硼烷释放、氨释放、H_2释放的温度等。在大量的研究之后，我们最终才可能找到满足所有

DOE 标准的材料。虽然美国能源部金属氢化物卓越中心（MHCoE）已经研究了超过 50 个硼氢化物系统[38]，但还有更多的系统尚待发现。

参考文献

[1] Klebanoff, L. (ed.) (2012) *Hydrogen Storage Technology: Materials and Applications*, CRC Press, Boca Raton, FL.

[2] Hirscher, M. (2010) *Handbook of Hydrogen Storage* Wiley-VCH Verlag GmbH, Weinheim.

[3] Walker, G. (2008) *Solid-State Hydrogen Storage: Materials and Chemistry*, Elsevier.

[4] Demirci, U.B. and Miele, P. (2009) *Energy Environ. Sci.*, **2**, 627–637.

[5] Luo, W., Cowgill, D., Stewart, K., and Stavila, V. (2010) *J. Alloy Compd*, **497**, L17–L20.

[6] Au, M. and Jurgensen, A. (2006) *J. Phys. Chem. B*, **110**, 7062–7067.

[7] Graetz, J., Wolstenholme, D., Pez, G., Klebanoff, L., McGrady, S., and Cooper, A. (2012) Development of off-board reversible hydrogen storage materials, in *Hydrogen Storage Technology: Materials and Applications* (ed. L. Klebanoff), CRC Press, Boca Raton, FL, pp. 239–328.

[8] Yang, J., Sudik, A., Wolverton, C., and Siegel, D.J. (2010) *Chem. Soc. Rev.*, **39**, 656–675.

[9] US DOE (2009) Technical System Targets: Onboard Hydrogen Storage for Light-Duty Fuel Cell Vehicles. DOE Targets for Onboard Hydrogen Storage Systems. http://www1.eere.energy.gov/hydrogenandfuelcells/storage/pdfs/targets_onboard_hydro_storage.pdf.

[10] Graham, T. (1866) *Phil. Trans. R. Soc.*, **82**, 415.

[11] Chao, B. and Klebanoff, L. (2012) Hydrogen storage in interstitial metal hydrides, in *Hydrogen Storage Technology: Materials and Applications* (ed. L. Klebanoff), Taylor and Francis, Boca Raton, pp. 109–132.

[12] Stetson, N.T., Yvon, K., and Fischer, P. (1994) *Inorg. Chem.*, **33**, 4598–4599.

[13] Chang, P.C., Bing, H.L., Zhou, P.L., Wu, J., and Qi, D.W. (1993) *Z. Phys. Chem.*, 259.

[14] Zhu, M., Lu, Y., Ouyang, L., and Wang, H. (2013) *Materials*, **6**, 4654–4674.

[15] Bystrzycki, J., Czujko, T., and Varin, R.A. (2005) *J. Alloy Compd*, **404–406**, 507–510.

[16] Orimo, S.I., Nakamori, Y., Eliseo, J.R., Zuttel, A., and Jensen, C.M. (2007) *Chem. Rev.*, **107**, 4111–4132.

[17] Grochala, W. and Edwards, P.P. (2004) *Chem. Rev.*, **104**, 1283–1315.

[18] Bogdanovic, B. and Schwickardi, M. (1997) *J. Alloys Compd.*, **253–254**, 1–9.

[19] Chaudhuri, S., Graetz, J., Ignatov, A., Reilly, J.J., and Muckerman, J.T. (2006) *J. Am. Chem. Soc.*, **128**, 11404–11415.

[20] Chaudhuri, S. and Muckerman, J.T. (2005) *J. Phys. Chem. B*, **109**, 6952–6957.

[21] Chen, P., Xiong, Z., Luo, J., Lin, J., and Tan, K.L. (2002) *Nature*, **420**, 302–304.

[22] Xiong, Z.T., Wu, G.T., Hu, H.J., and Chen, P. (2004) *Adv. Mater.*, **16**, 1522.

[23] Luo, W.F. (2004) *J. Alloy Compd*, **381**, 284–287.

[24] Luo, W., Stavila, V., and Klebanoff, L.E. (2012) *Int. J. Hydrogen Energy*, **37**, 6646–6652.

[25] Wang, J., Liu, T., Wu, G., Li, W., Liu, Y., Araujo, C.M., Scheicher, R.H., Blomqvist, A., Ahuja, R., Xiong, Z., Yang, P., Gao, M., Pan, H., and Chen, P. (2009) *Angew. Chem. Int. Ed.*, **48**, 5828–5832.

[26] Lu, J., Fang, Z.Z., Choi, Y.J., and Sohn, H.Y. (2007) *J. Phys. Chem. C*, **111**, 12129–12134.

[27] Orima, S., Nakamori, Y., Kitahara, G., Miwa, K., Ohba, N., Towata, S., and Zuttel, A. (2005) *J. Alloy Compd*, **404**, 427–430.

[28] Severa, G., Ronnebro, E., and Jensen, C.M. (2010) *Chem. Commun.*, **46**, 421–423.

[29] Newhouse, R.J., Stavila, V., Hwang, S.J., Klebanoff, L.E., and Zhang, J.Z. (2010) *J. Phys. Chem. C*, **114**, 5224–5232.

[30] Gross, A.F., Vajo, J.J., Van Atta, S.L., and Olson, G.L. (2008) *J. Phys. Chem. C*, **112**, 5651–5657.

[31] de Jongh, P.E., Allendorf, M., Vajo, J.J., and Zlotea, C. (2013) *MRS Bull.*, **38**, 488–494.

[32] Wood, B.C. and Marzari, N. (2009) *Phys. Rev. Lett.*, 103, 185901.

[33] Peles, A., Alford, J.A., Ma, Z., Yang, L., and Chou, M.Y. (2004) *Phys. Rev. B*, **70**, 165105.

[34] Wang, F., Yu, H.-C., Chen, M.-H., Wu, L., Pereira, N., Thornton, K., Van der Ven, A., Zhu, Y., Amatucci, G.G., and Graetz, J. (2012) *Nat. Commun.*, **3**, 1201.

[35] Tang, M., Carter, W.C., Belak, J.F., and Chiang, Y.-M. (2010) *Electrochim. Acta*, **56**, 969–976.

[36] Chen, L.Q. (2002) *Annu. Rev. Mater. Res.*, **32**, 113–140.

[37] Wood, B.C., Ogitsu, T., Otani, M., and Biener, J. (2014) *J. Phys. Chem. C*, **118**, 4–15.

[38] Klebanoff, L.E. and Keller, J.O. (2013) *Int. J. Hydrogen Energy*, **38**, 4533–4576.

17 低温高压复合储氢

Tobias Brunner Markus Kampitsch, and Oliver Kircher BMW Group, Knoerrstr, 147, 80788 München, Germany

Hauptstrasse 8b,85630 Grasbrunn,Germany

摘要

从长远来看，紧凑型车载储氢和燃料快速补充是燃料电池电动汽车和未来零排放出行成功的关键因素。70MPa 高压气态储氢是目前物理吸附车载储氢的主流技术。在此背景下，低温高压复合储氢，即通过一个低温压缩机把低温液态氢气压缩到超保温压力容器中产生氢气的储气方法，具有以下几个显著优势：提高加氢站效率，降低运营成本，增加行驶里程，提升存储容量，改善存储集成性能和车载安全性能。本章介绍了低温高压车载储氢的热力学原理、设计和操作原则等。

关键词： 低温压缩氢气；燃料电池电动汽车；氢安全；带保温压力容器；液氢

17.1 引言

在物理存储中，液氢（LH_2）存储已在宝马氢能 7 系[1] 中证明了其可行性，而高达 70MPa 的高压压缩气态储氢（CGH_2）即将成为行业主流，目前最有希望率先实现商业应用的产品便是 2015 年发布的燃料电池电动汽车。低温压缩氢气（CcH_2）是一种超临界低温气体，并已被证明是一种具有良好存储性能和安全水平的未来能量载体。Aceves 等人[2] 最先提出一种低温压缩储氢装置，该装置包括一种碳纤维包裹的超保温金属压力容器和一套模块化的适配工厂部件，这套装置能够实现安全储存、适时放电和调节。低温压缩氢储存的主要优点如下：

① 由于低温压缩氢气的物理密度高，该储氢技术具有高储氢质量分数和体积密度；

② 能够使用内、外部换热器控制存储容器内的压力和温度；

③ 低温下热吸收能力好：该储罐可以作为车辆废热的蓄热池；

④ 自给式冷却：在放电过程中通过膨胀冷却来冷却容器和管壁，无须外部冷却；

⑤ 加氢快速高效，无须加油站和车辆之间瞬态流量的控制和联通；

⑥ 双层结构的真空外壳保障了较高的内在安全水平，能防止机械或化学侵入，并保证了碳纤维缠绕压力储氢容器（COPV）的稳定、非湿润储罐环境。

如果能够克服当下规模化生产的挑战，应用于交通工具上的低温高压复合储氢（CcH_2）可以成为 35MPa 和 70MPa 高压压缩气态储氢（CGH_2）的一个有效补充，特别是在对大容量储存有需求的远程燃料电池电动汽车应用上。

17.2 热力学原理

在 33～233K、12.84bar 临界压力以上的氢气区为低温压缩气体区，如图 17.1 中的中灰色部分所示，也被命名为低温压缩氢气区（CcH_2）。CcH_2 气体是由液氢高压泵将液氢压缩到超临界压力的产物，该泵也称为低温泵（对应图中为“L”→“P”的过程）。对该低温泵进行适当设计可以保证与低压缩加热相关的液氢温度上升，从而在低温泵（“P”）的出口处产生较高的物理密度。将固定的低温泵产生的 CcH_2 气体填充到预冷保温高压容器中时，在存箱中的压缩加热可以减少填充密度（图 17.1 中点“1”）。如果 CcH_2 存箱温度明显高于燃料补充之前传入的气态 CcH_2，则 CcH_2 存储的填充密度（“1a”）不能达到最大密度，但仍然可以明显胜过周围相似或更高压的气体（点“4”上 35MPa 的 CGH_2 或点“H”上 70MPa 的 CGH_2）。

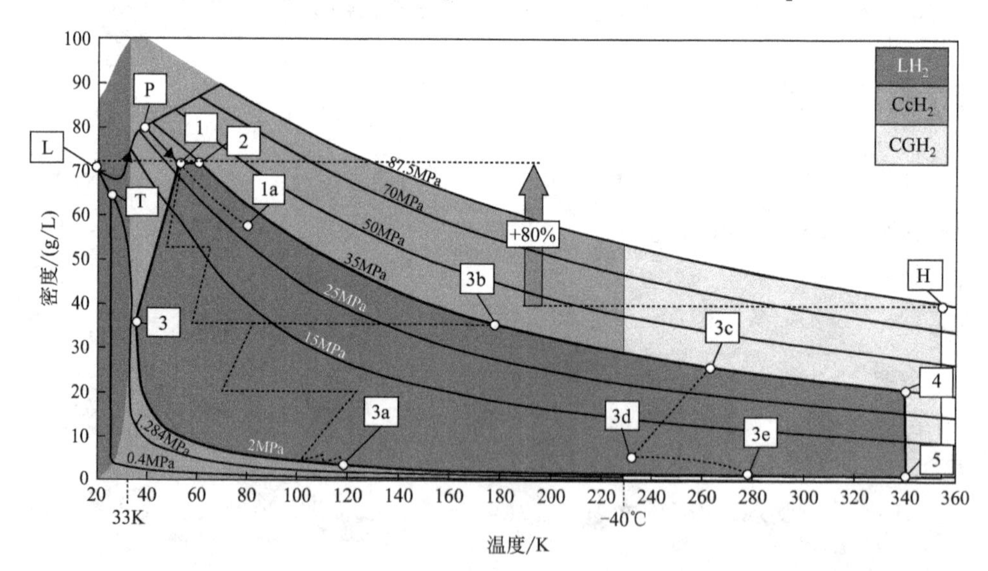

图 17.1　汽车冷冻压缩储氢的压力-密度-温度的工作范围：“1-2-3-4-5”形成了宝马冷冻压缩储氢的工作范围边界

在休眠期间，因被动绝热进入低温压力容器的热漏会导致自生增压（如果从“1”的最大填充密度开始，过程如图示“1”→“2”）。在给定储罐的初始压力和温度下，无损休眠时间代表了停车后直到热漏在 CcH_2 存储系统的最大工作压力下引起排气的时间。排气的发生是由于休眠期间没有主动放电事件而引起的连续热漏，并将继续排气直到所储氢气温度趋于环境温度（“2”→“4”）或放电事件发生，例如车辆运行降低了储罐压力。从自生增压开始到最大工作压力的无损耗休眠时间，可以从图 17.2 中所示的热吸收图（heat receptivity diagram）中推导得出。

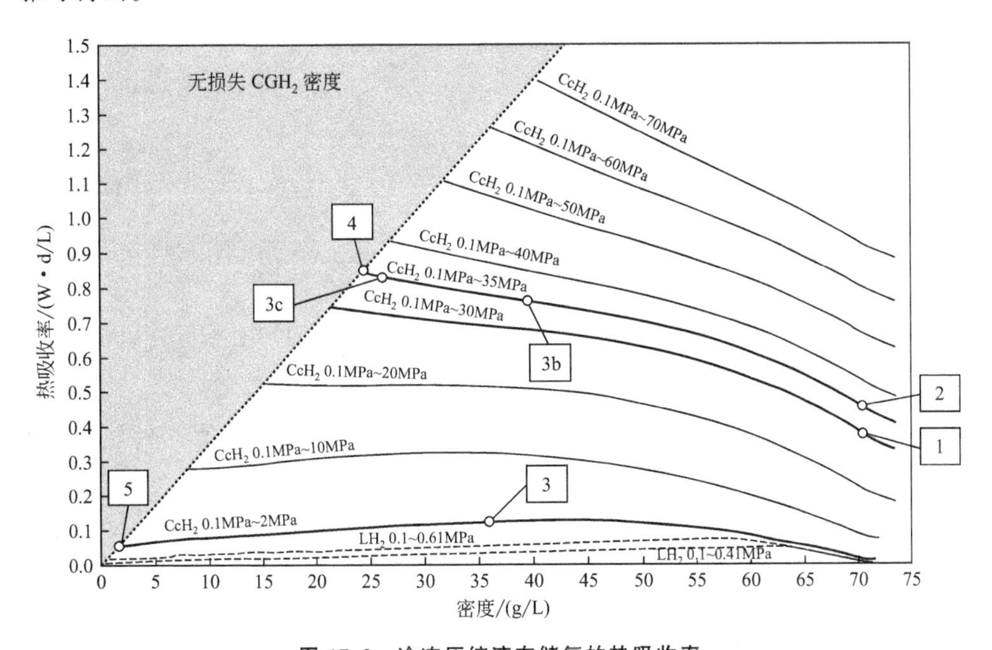

图 17.2 冷冻压缩液态储氢的热吸收率

等高线代表环境与标称等压水平之间体积归一化内能随体积密度的 delta 值；氢气假设处于平衡状态

一旦扩展休眠后达到排气压力，机械安全阀就开始释放氢气（如果从最大填充密度开始，则如图 17.2 中“2”）。排氢是通过故障安全被动催化转换系统，将氢转化为水蒸气，持续数周直到 CcH_2 气体在环境温度下达到 35MPa 的状态（如，“2”或“3b/c”→“4”）。伴随着因保温层热漏引起的储层密度降低，以及 CcH_2 气体和大气温度环境之间的温度梯度下降，排气速率趋于下降。密度相关的排气速率可以从 CcH_2 气体的吸热量（heat receptivity）和保温层的热漏特性计算得出。不同排气压力水平下的 CcH_2 排气速率可以从如图 17.3 所示的平衡氢排气速率图中推导得到。图 17.2 和图 17.3 的吸热量和排气图说明了相比于 LH_2，CcH_2 存储具有以下几个固有的热力学优势：

① 由于 CcH_2 气体密度高，存储容量增大；

② 由于在休眠期间具有较高的吸热量，无损休眠时间延长；

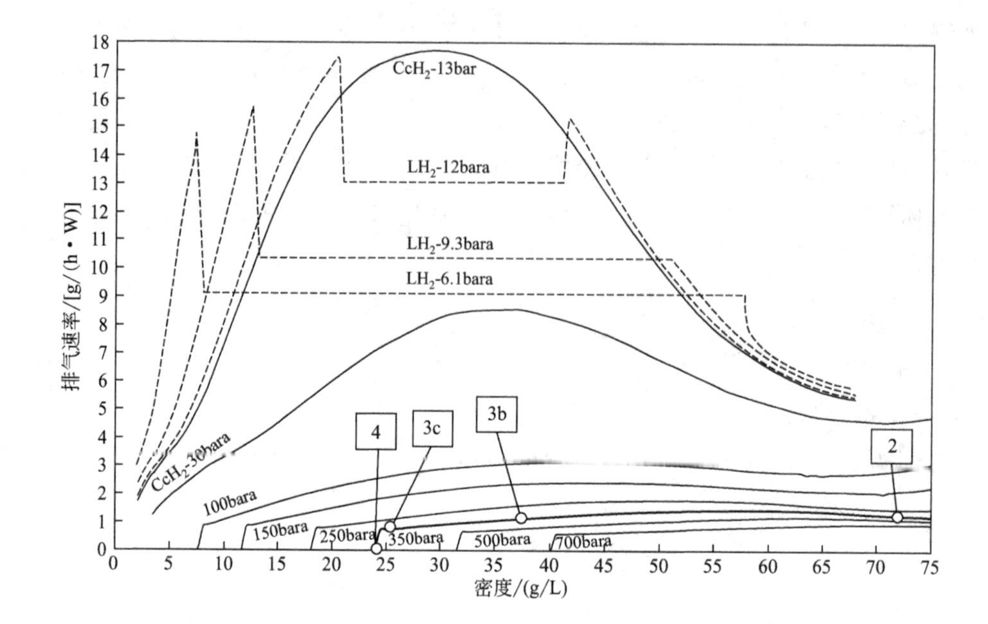

图 17.3 低温压缩储氢和液态储氢的排气速率比较

bara 指绝对压力。在既定排气压力（最大操作压力）下，等值线代表以 g/h 和 W/热漏为单位的排气速率；假设氢气处在平衡态

③ 由于排气操作的吸热量较高，每单位热漏的排气损失率降低；

④ 由于高压操作，排气后至少有 35%～40%的剩余容量；CcH_2 存储转向 CGH_2 存储，可以用 CcH_2 或 CGH_2 气体来操作；

即使在经常休眠事件的用例中，放电过程中的有效膨胀冷却也能够平衡热漏导致的自生增压。

表 17.1 基于 BMW 设计和验证的经验对比了低温压缩氢气（CcH_2）和液氢（LH_2）两种存储方式的热力学特性。

表 17.1 基于 BMW 存储设计的低温压缩氢气储存（CcH_2）和液氢存储（LH_2）的热力学特性

项目	CcH_2 储存	LH_2 储存
工作压力/MPa	2～35	0.4～0.7
最大燃料压力/MPa	30	0.4
泄压/MPa	35	0.7
工作温度/K	33～358	23～29
最大储氢密度/(g/L)	72	62

续表

项目	CcH_2 储存	LH_2 储存
最大存储系统密度/(g/L)	34	28
最大存储系统密度/(kg/kg)	5.5%	7.5%
保温层的热漏/(W/L)	0.05～0.1	0.01～0.025
最小无损休眠/(W·h/L)	1.8	0.24
平均无损休眠/(W·h/L)	7.8	0.39
最大排气速率/(g·h/W)	1.8	9～15
真空质量/mbar	10^{-3}	$\leqslant 10^{-4}$

17.3 系统设计及运行原则

当以大致相同的比例降低高性能碳纤维的总量时，相比于 70MPa CGH_2 的存储系统，拥有相同出口包装的 35MPa CcH_2 存储系统其最大容量提升了 50%。然而，由于对低温贮藏的温度要求，系统复杂性显著提高，包括真空超绝缘层，以及诸如阀门、换热器和安全释放装置等工厂平衡部件。图 17.4 对宝马一代 CcH_2 汽车的系统和组件设计进行了简要描述，表 17.2 进行了进一步的描述。表 17.3 总结了宝马 2015 的 CcH_2 存储系统的性能规格，以及 2020 年预商用的潜力。

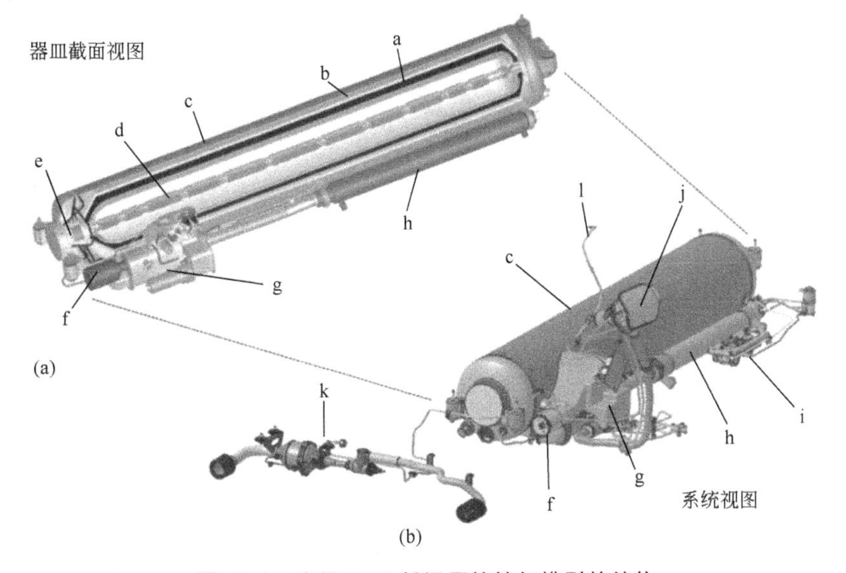

图 17.4　宝马 2013 低温压缩储氢模型的结构

(a) 存储系统；(b) 车辆燃料供应系统的中央集成管道

表 17.2 2015年宝马一代低温压缩储氢（CcH_2）汽车储能系统的组件（见图 17.4）

组成部件		功能	宝马 2015 规范
a	COPV	用于低温压缩储氢的、碳素纤维包装的压力容器	款式 3;铝内衬;35MPa 法向压力
b	MLI	多层超绝缘;含多层辐射防护的最小热漏真空绝缘体	数十个带玻璃纤维垫片的铝箔;预组装的片材和穹顶
c	VE	真空外壳及用于 COPV 的最小导热系统	铝制外壳,具有真空生成接入点、吸气系统、压力和温度传感器、充电、放电和安全释放线
d	IHE	闭环内罐换热器,通过氢再循环为压力控制输送再进料热	管翅式换热器
e	SUS	真空外壳的储罐悬挂	在颈部结构配置玻璃纤维安装支架
f	OTV	低温压缩灌阀	电磁低温高压阀
g	SVM	包含低温压缩 OTV、排污阀和安全阀的二次真空模组	真空隔热冷芯盒
h	CHE	用于加热所排低温气体的冷却剂换热器	双流铝芯换热器
i	PCU	压力控制装置包括压力调节阀和氢再循环阀,用来调节存储压力和系统输出压力	一级压力调节器,电子控制阀
j	RCL	加燃料容器	30MPa CcH_2 和 35MPa CGH_2 的两个 RCL
k	BMS	排污管理系统	被动式催化转化器
l	SRL	安全释放线	通向车顶的用于紧急释放的安全通风口(例如,用于避免篝火)

表 17.3 2015年宝马 CcH_2 模型储能系统的规格及2020年后乘用车应用的未来潜力

项目	宝马 2015	未来潜力
最大可用存储容量(CcH_2)/kg	7.1	6.5～9.5
最大可用存储容量(CGH_2)/kg	2.3	2.5～3.3
系统质量/kg	160	120～140
充电时间(10%～100%)/min	<5	<3
最小无损休眠时间(全容量)/天	1.5	2
平均无损休眠时间(半容量)/天	>5	>7

本章所描述的 CcH_2 车辆存储系统是在以下四种基本操作模式下进行的：加氢、放电、自压式休眠和排气休眠；后两种是被动模式，没有自主充放电操作。在车辆运行过程中，放电模式由两种工作模式组成，包括单流放电操作，以及通过闭环内罐式热交换线重新循环预加热氢气来进行储压控制的放电操作。表17.4对主/被动放电、加氢、休眠和通气模式进行了解释，具体参考图17.1对主被动充放电模式的命名法，图17.2和图17.3的休眠和排气操作，以及图17.5对主动放电模式控制程序的详细描述。

表 17.4 低温压缩汽车储氢的操作方案

过程	工作模式	描述	参考资料
“P”→“1”	加燃料	在加油过程中加压，压缩加热导致最初冷藏罐的密度降低 10%	图 17.1
“P”→“1a”	加燃料	在加油过程中加压，压缩加热导致在最初的半冷储存容器中有＞25%的密度损失	图 17.1
“1”→“2”	休眠	因热漏到存储容器中而导致的自压休眠	图 17.1 和图 17.2
“1”→“3”	放电	从全冷到最小温、压的放电操作	图 17.1 和图 17.5(b)
“1”→“3a”	放电	放电操作，始于含若干休眠事件的全冷储存，终于导致氢再循环压力控制的最小压力	图 17.1 和图 17.5(c)
“1”→“3b”	放电	放电操作，始于含若干休眠事件的全冷储存，终于扩展休眠事件和自增压，直至排气压力水平	图 17.1、图 17.2 和图 17.5(c)
“3b”→“3c”	通气	在最大工作压力下通气，持续升温至“3c”	图 17.1～图 17.3
“3c”→“3e”	放电	采用连续氢循环的放电操作，从“3d”开始进行存储压力控制	图 17.1 和图 17.5(c)
“2”→“4”	通气	在最大工作压力下通气，持续升温至最高环境温度，在最高工作温度下达到 35MPa CGH_2 存储状态。实际应用中通气一般遵循锯齿形花纹设计，并且重复开关通气阀门	图 17.1～图 17.3

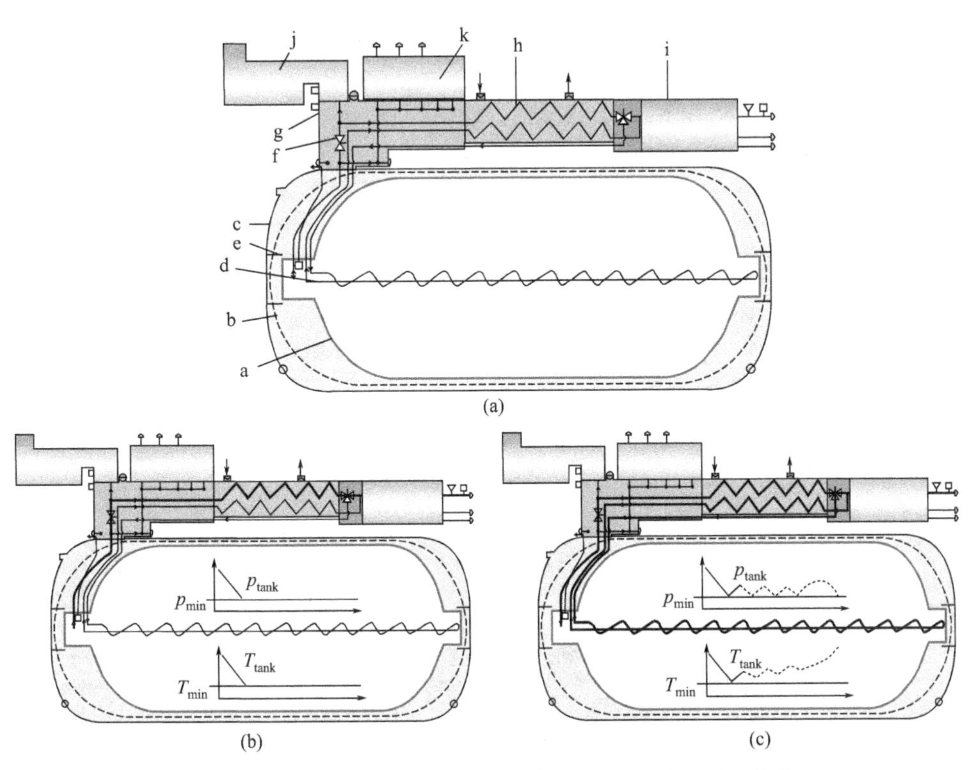

图 17.5 示意图 (a) 和在低温压缩储氢系统中压力、温度控制的工作原理 (b), (c)

图中 a～k 部件名称见表 17.2

17.4 验证与安全

70MPa CGH_2 存储系统以及 LH_2 存储系统首个标准和法规已经颁布，例如，欧盟委员会（European Commission）规定了氢动力汽车的类型[3]，SAE 给出了氢燃料电池及其他氢燃料汽车中的燃料系统标准[4]。但是 CcH_2 存储还需要保障在车辆生命周期中的安全性、性能和可靠性。鉴于氢气作为燃料，主要的验证点是考察负载周期内的安全性和耐久性，相当于要考察 15 年内车辆使用的最糟情况。一般来说，相比于 70MPa CGH_2 存储系统，由于工作压力上限为 35MPa，其压力周期的机械应力负荷的要求更低。然而，由于工作温度范围的扩大到 30K，额外的热机械负荷上升了，尤其是针对储存容器的金属衬套和纤维复合材料以及所有与冷暖的氢气流接触的部件。文献［5］和文献［6］总结了汽车 CcH_2 存储系统的实际临界负载条件和 CcH_2 存储系统验证的概率方法。此外，适当的耐久性和安全测试程序也必须进行相关设计，以尽量减少在实际操作过程中可能发生的与安全相关的事故风险：

① 压力容器或组件暴露在高静态或高动态压力下，包括严重事故或车辆火灾；

② 可能导致易燃易爆氢-空气混合物的泄漏；

③ 储存系统出现故障或滥用而导致氢气泄漏或超压，储存系统可能无法设计；

④ 由于滥用而导致存储系统的任何严重情况。

参考文献［7］对汽车低温压缩储氢的验证程序进行了更详细的陈述。基于 CcH_2 存储系统的汽车应用的验证目标和验证测试见表 17.5。

表 17.5　验证目标和测试

验证目标	验证测试	适用
容器强度	对原始压力容器和辅助部件的爆破试验	CGH_2,CcH_2
安全系数和产品质量	压力循环后重复爆破试验，确定安全系数和存储系统始末的统计分布	CGH_2,CcH_2
循环耐久	压力容器和辅助部件的液压循环试验，直到故障或无故障时达到预定循环次数为止	CGH_2,CcH_2
振动耐久性	在车辆使用情况中反映机械负荷的振动测试	CGH_2,CcH_2
燃气安全	压力容器和辅助部件的气体压力循环试验，以证明 CGH_2 存储系统在预期使用寿命内的安全运行	CGH_2,CcH_2

续表

验证目标	验证测试	适用
篝火安全	用篝火和局部火警试验证明，在发生汽车火灾时，容器不会破裂，氢以受控的方式释放	CGH_2，CcH_2
入侵安全	渗透试验	CGH_2，CcH_2
滥用安全	在生产或车辆运行过程中可能发生的滥用情景测试	CGH_2，CcH_2
释放装置的设计和可靠性	因绝缘损坏或故障引起的排气或超压而进行的氢安全释放验证	CcH_2
抗热机械疲劳耐久性	低温下 CcH_2 存储系统的循环寿命测试	CcH_2
绝热稳定性	验证绝热稳定	CcH_2

一般来说，CcH_2 存储系统提供几个内在的安全机制来保障所有操作条件和故障模式下的高度安全：

① 真空外壳保护压力容器不受火灾、机械和化学侵入，即使是局部火灾也不对 CcH_2 存储系统产生重要影响，虽然这可能导致热压力释放装置的延迟响应（是 70MPa CGH_2 存储系统的主要安全挑战之一）；

② 真空超绝热层通过测量压力增加率（当真空被外部或内部泄漏打破时将发生显著变化），从而实现非常灵敏的泄漏检测；

③ 相比于 70MPa CGH_2 存储系统，由于绝热膨胀能量低，受到压力容器在低温操作中突然失效的影响更小。

与环境压缩气体相比，低温压缩气体低绝热膨胀能的优点如表 17.6 所示。

表 17.6　绝热膨胀能量

存储类型	故障时的压力、温度	绝热膨胀能量/$kW \cdot h \cdot kg^{-1}$
LH_2	0.4MPa，26K	0.005
CcH_2	30MPa，50K	0.026
CcH_2	35MPa，150K	0.31
CGH_2	70MPa，288K	0.65
CGH_2	88MPa，350K	0.82

17.5　结论

基于汽车低温压缩储氢系统（CcH_2）的概念，包括阐明设计和控制功能，作者及其团队、同事提供了一种互补的氢汽车存储选择，特别适用于高频远距离驾驶的大型车辆。本文提出的 CcH_2 存储系统，其热力学优势在于该系统对系统能量密度最大化、加氢时间、效率、高安全水平及其他性能优势之间有一个很好的平衡，主要与改进车辆的冷却和集成有关。其双燃料能力使低温 CcH_2 气体燃料和压力近 35MPa 的 CGH_2 气体燃料为压力水平不超过 35MPa 的氢基础设施提供了一个方向，这显然给汽车基建和燃料补充设施带来了技术优势和经济优势。在 CcH_2 车辆存储系统进入主流竞争之前，涉及实际条件下的性能、耐久性和安全性的验证等有关挑战对产业化形成障碍，因此，解决和克服生产成本问题十分重要。根据计划，首批测试和示范车辆预计将在 2015 年开始运营。

参考文献

[1] Müller, C., Fürst, S., von Klitzing, W., and Hagler, T. (2007) Hydrogen Safety: New Challenges Based on BMW Hydrogen 7, 2nd International Conference on Hydrogen Safety, San Sebastian, Spain, 11–13 September 2007.

[2] Aceves, S.M., Berry, G.D., and Rambach, G.D. (1998) Insulated pressure vessels for hydrogen storage on vehicles. *Int. J. Hydrogen Energy*, **23** (7), 583–591.

[3] European Parliament (14 January 2009) Regulation (EC) No 79/2009 of the European Parliament and of the Council on Type-approval of Hydrogen-powered Motor Vehicles, and amending Directive 2007/46/EC.

[4] SAE J2579 (2013) Standard for Fuel Systems in Fuel Cell and Other Hydrogen Vehicles.

[5] Kircher, O., Greim, G., Burtscher, J., and Brunner, T. (2011) Validation of Cryo-compressed Hydrogen Storage (CcH2) – A Probabilistic Approach, International Conference on Hydrogen Safety, San Francisco, USA, 12–14 September 2011.

[6] Espinosa-Loza, F., Aceves, S.M., Ledesma-Orozco, E., Ross, T.O., Weisberg, A.H., Brunner, T.C., and Kircher, O. (2010) High density automotive hydrogen storage with cryogenic capable pressure vessels. *Int. J. Hydrogen Energy*, **35**, 1219–1226.

[7] Brunner, T.C. and Kircher, O. (2015) Cryo-compressed hydrogen storage, in *Hydrogen Science and Engineering: Materials, Processes, Systems and Technology* (ed. D. Stolten and B. Emonts), Wiley-VCH Verlag GmbH, Weinheim.

18 车载安全

Rajesh Ahluwaliaand Thanh Hua

Argonne National Laboratory, 9700 South Cass Avenue, Lemont, Il 60439, USA

摘要

本章概述了轻型氢燃料电池汽车的车载安全要求，关键是正常运行和加氢过程中高压储氢系统的安全需要。

关键词：压缩氢气；车载存储；加氢

18.1 引言

氢燃料电池汽车的安全运行对于氢燃料经济的转型和增长至关重要。2012年12月，氢燃料汽车的全球统一汽车技术法规[1]（GTR）由联合国世界车辆法规协调论坛（WP. 29）的被动安全性工作组（GRSP）制定发布。GTR的目标是建立安全要求，以达到或超过常规汽油燃料汽车的同等安全水平。GTR作为未来美国联邦汽车安全标准（FMVSS）[2]，主要应用于额定工作压力（NWP）不大于70MPa的储氢系统。它还为液化氢的车载存储提供了相关安全要求的约束规定。

目前，在所发展的燃料电池汽车中，氢气通常在35MPa或70MPa的额定最大工作压力下以压缩气体形式储存，其最大允许燃料压力是NWP的125%。储氢容器由一层防止漏气的内衬管和一层用以支撑压力负荷的高强度碳纤维复合材料外层组成；内衬管还可以协助支撑某些类型船舶的压力负荷。在正常的燃料补充过程中，气体的绝热压缩会导致容器的温度上升。本章的重点是高压容器系统和“快充”场景（>2kg/min）下给70MPa储氢系统添加氢燃料的安全要求。

18.2 高压容器燃料系统

高压存储系统由储罐、止回阀、关闭阀、热激活压力释放装置（TPRD）和管道系统组成（如图18.1所示）。高压储罐外层由高强度碳纤维复合材料包裹，以减少系统质量。氢气通过止回阀进入储罐，以防回流到燃料管道。当车辆不运行时，自动关闭阀用于防止氢流入燃料电池。在发生火灾时，TPRD 会迅速从容器中排出氢气。表 18.1 呈现了不同车载服务性能下高压容器系统的安全要求，包括储罐的基线指标、耐久性、预期车载性能以及火灾发生时的性能，其数据来源于 GTR。

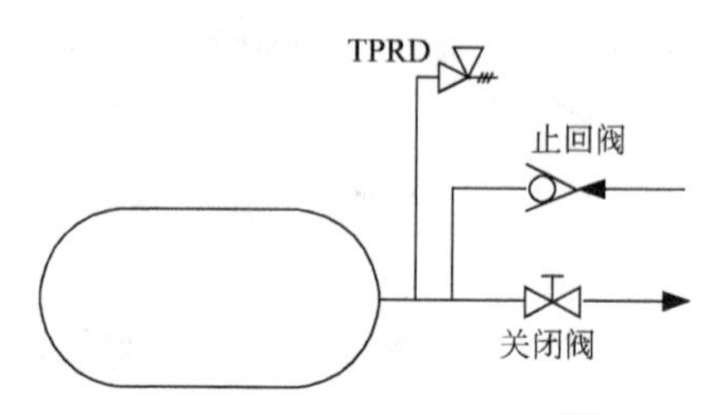

图 18.1 压缩氢容器系统[1]

表 18.1 压缩氢储存系统及安全要求[1]

考量	要求
基准性能	
初始爆破压力	额定工作压力(NWP)的 225%
初始压力循环寿命	125% NWP 下 22000 次循环(GTR 规定),5500 次循环(SAE J2579 规定)
耐久性	
耐压	150% NWP 下保持 30s
冲击(下落)	≥488J 的势能,0°、45°、和 90°下落
表面损伤	锯切至少 1.25mm 深,25mm 长,受到大于 30J 振荡冲击的影响
化学暴露和环境温度循环	在 125% NWP 和 20 ℃中化学暴露 48h
高温静态压力	85℃下为 125% NWP,保持 1000h
极端温度下的压力循环	80% NWP 下为－40℃;指定周期数下,125% NWP 下为 85℃
残余耐压	180% NWP,保持 4min
残余耐内压强度	≥80%初始爆破压力
预计行车表现	
耐压	150% NWP,保持 30s
环境温度和极端温度下气体压力循环	使用氢气进行 500 个压力循环;50℃下为 125% NWP,－40℃下为 80% NWP,20℃下为 125% NWP
极端温度静态气压泄漏/渗透	用氢气进行 250 个压力循环;55℃下为 115% NWP,保持 30h
残余耐压	180% NWP,保持 4min
残余耐内压强度	≥80%初始爆破压力
火灾中服务中终止性能	额定工作压力下使用氢气,距离火源 0.1m (石油气燃烧器)

尽管目前没有以液态形式储氢的车载燃料电池汽车，但 GTR 拟定了液氢储存系统（LHSSs）的安全要求（表 18.2）。LHSS 包括一个真空外壳，环绕在绝缘良好的容器外部以保持所储氢气呈液态。预计当这种需求大量出现时，GTR 将专门用于液氢存储系统。

表 18.2 液体储氢系统和安全要求[1]

考量	要求
基准性能	
耐受压力	130%的最大允许工作压力(MWAPM)
初始爆破压力	325%（MWAP+ 0.1MPa）
初始压力循环寿命	是使用 LN_2 从环境到 MWAP 的可能上路循环(由制造商定义)数量的三倍
预计行车表现	
蒸发	蒸发系统将压力限制在 MWAP 以下
泄漏	蒸发压力下的泄漏率 $<150R$，$R=(V_{width}+1)(V_{height}+0.5)(V_{length}+1)/30.4$；载体宽度、高度、长度均以米为单位
真空损失	主减压装置在 MWAP 处开启，以限制压力小于 110% MWAP；二级减压装置限制压力＜150% MWAP
火灾中服务中终止性能	额定工作压力下使用液氢；在火源上方 0.1m 处，火焰温度＞590℃（LPG 燃烧器）

18.3 氢气燃料补给要求和安全

在正常的“快充”过程中，由于充气站引入了高压气体，气缸内气体压缩的绝热做功过程使气缸温度上升。SAE J2601[3] 中的现有标准规定，为了维护大多数 IV 型储罐中所使用的高密度聚乙烯内衬材料的完整性，储罐内的气体温度不应超过 85℃。对于 70MPa NWP 下的存储，在储入车内前需在外部站点对气体温度上限进行预冷。压力、温度和荷电状态（SOC）的操作窗口如图 18.2 所示。表 18.3 呈现了防止容器系统过压和过热的燃料补给要求。车辆与充气站分配器之间的数据通信必须遵循 SAE J2799[4] 中指定的所有协议。

表 18.3 车辆燃料系统要求[3]

考虑的因素	要求
容器内最大压力	125% NWP
容器内气体温度	≤85℃
容器内气体密度	≤100% SOC
加油站安全阀设置点	137.5% NWP
分配器中的燃料流率	≤60g/s（3.6kg/min）

为了达到温度、压力和充气时间的相关要求，在非数据通信燃料补给时，其平均压力爬坡率（APPRs）需要遵循图 18.3 和图 18.4 的建议值，分别对应 70MPa 和 35MPa 的压缩气体系统。

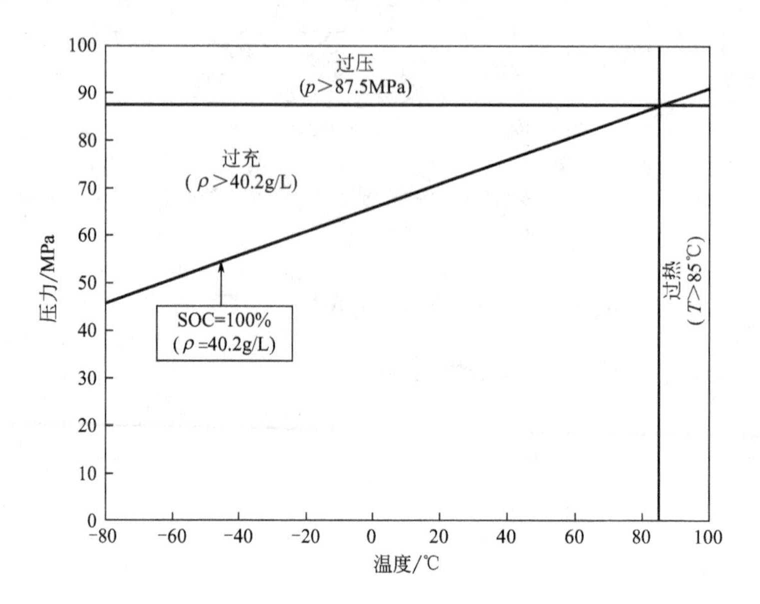

图 18.2 70MPa 存储系统[3] 的安全加氢工作界面

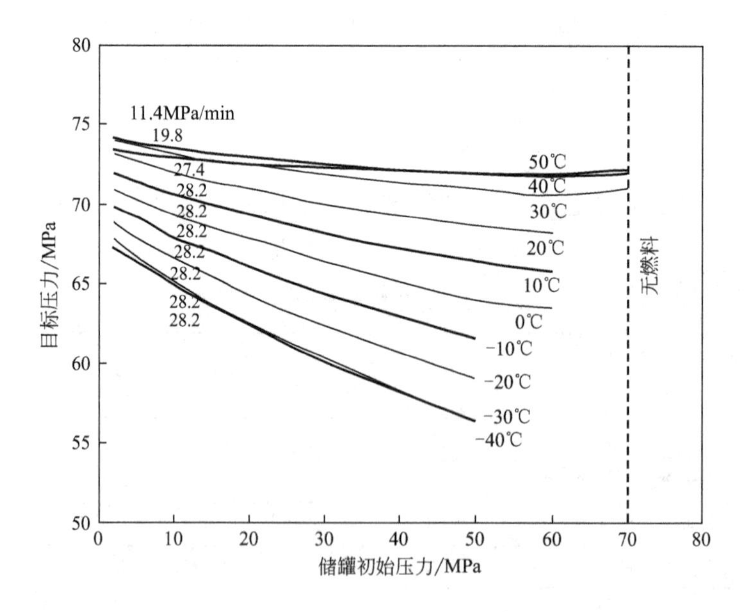

图 18.3 不同环境温度下 70MPa 储能系统的压力爬坡速率和目标压力

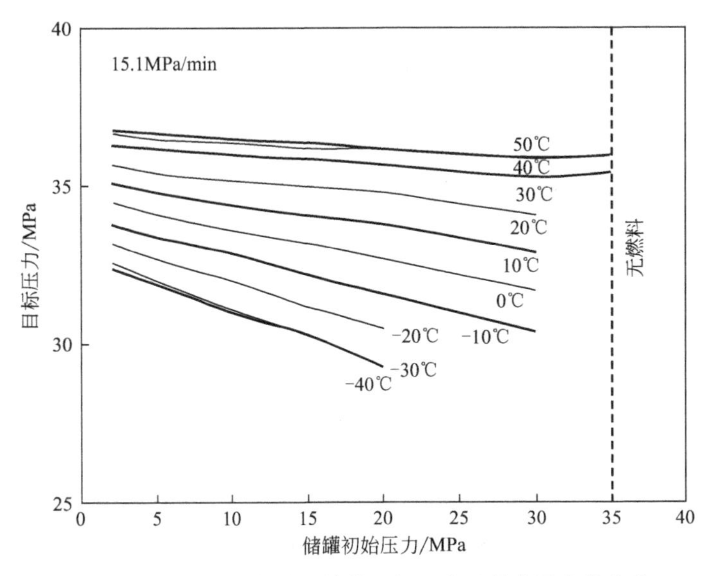

图 18.4　各种环境温度下 35MPa 存储系统的目标压力（其中压力坡度为 15.1MPa/min）

18.4　结论

本章总结了高压容器系统在正常运行和燃料补给过程中的安全要求；各方认为，GTR 和 SAE J2601 中确立的安全性不能低于常规汽油燃料汽车。

参考文献

[1] GRSP (December 2011) Global Technical Regulation (GTR) on Hydrogen Fuelled Vehicle, GRSP-50-19-Rev.1.

[2] Nguyen, N. (2013) Safety, Codes and Standards, 2013 DOE Annual Merit Review, Arlington, VA. http://www.hydrogen.energy.gov/pdfs/review13/scs000_nguyen_2013_o.pdf.

[3] SAE International (2009) TIR J2601. Technical Information Report, Fueling Protocols for Light Duty Gaseous Hydrogen Surface Vehicles. USA: Society of Automotive Engineers.

[4] SAE International (2007) TIR J2799. Technical Information Report, 70MPa Compressed Hydrogen Surface Vehicle Refueling Connection Device and Optional Vehicle to Station Communication. USA: Society of Automotive Engineers.

第二篇

交通运输领域：辅助动力装置

19 辅助动力装置用燃料

Remzi Can Samsun

Forschungszentrum Jülich GmbH，IEK-3，Leo-Brandt-Straße，52425 Jülich，Germany

摘要

本章概述了燃料电池辅助动力装置（APU）所用燃料的特性，主要研究用于运输的柴油燃料和用于航空的喷气燃料。相关分类基于原材料类型，即是否为石油基燃料。最后，简要介绍了 APU 应用中其他可用燃料的特性，包括液化天然气（LNG）和甲醇。

关键词：辅助动力装置（APU）；生物柴油；生物质合成油（BTL）；煤基合成油（CTL）；柴油；天然气合成油（GTL）；喷气燃料；煤油；液化天然气（LNG）；甲醇

19.1 引言

燃料电池系统作为辅助动力装置（APU）时，大多数情况下采用的燃料都是用于车辆推进的现成燃料。本章主要介绍燃料电池辅助动力装置的两个主要应用领域。第一个应用领域是以柴油为燃料的电池系统，它可用于卡车的车载电源，特别地，还可用于冷藏保温汽车。用于火车或轮船的 APU 系统也可以使用各种柴油燃料。第二个应用领域是燃料电池飞机的 APU，可以使用煤油型喷气燃料。喷气燃料还可用于军事用途。由于柴油和喷气燃料的高能量密度和高功率密度，预计它们在未来的能源组合中仍将发挥重要作用。非石油基柴油和喷气燃料的发展也将印证这一发展前景。

后面几节讨论了应用在燃料电池系统中的柴油和喷气燃料的某些特性。每个部分都从传统的石油基燃料特性开始，继而讨论用以替代的非石油基燃料，重点放在主要关注的燃料上。

最后一节介绍了 APU 应用的其他可能燃料，即液化天然气和甲醇，它们同时也被认为是船舶应用中基于燃料电池的 APU 候选燃料。

19.2 柴油

柴油是柴油发动机的典型燃料，其特点是不用点火燃烧，而是与被压缩的高温空气混合后自燃着火。柴油发动机能够实现燃料的自我配置，由数千个组件组成。不同的烃类具有不同的燃料特性，如点火特性、冷流性能、体积热值、密度和油雾化特征等。表 19.1 总结了不同烃类作为柴油燃料的适用性。

表 19.1 不同烃类及其作为柴油燃料的适用性[1]

烃类	点火特性	冷流性能	体积热值	密度	油雾化特征
正链烷烃	好	差	低	低	低
异链烷烃	低	好	低	低	低
烯烃	低	好	低	低	适中
环烷	适中	好	适中	适中	适中
芳族化合物	差	适中	高	高	高

以柴油为燃料的燃料电池辅助动力装置一直是近年来许多研究团队关注的焦点。下面将讨论石油基和非石油基柴油燃料的某些特性。

19.2.1 石油基柴油燃料

ASTM D 975 规范中定义了 No. 1-D 和 No. 2-D 柴油等级的相关要求。No. 2-D 是美国最常用的柴油。EN 590 定义了欧盟对柴油的要求。表 19.2 按照产品规格列出了柴油燃料的一些重要要求。

表 19.2 ASTM D 975 和 EN 590 对柴油燃料的性能要求（改编自参考文献［2］）

性能	NO. 1-D 柴油（ASTM D 975）	NO. 2-D 柴油（ASTM D 975）	柴油（EN 590）
十六烷值，最小值(—)	40	40	51
15℃时的密度/(kg/m^3)			820～845
馏出体积分数/%			
250℃时			<65
350℃时			最低 85
馏出温度/℃			
90%体积分数时	最高 288	282～338	
95%体积分数时			最高 360
多环芳烃(质量分数)/%			最高 11
硫含量/(mg/kg)	最高 5000(S5000)	最高 5000(S5000)	最高 50 (EN ISO 20846)
	最高 500(S500)	最高 500(S500)	最高 10 (EN ISO 20847，20884)
	最高 15(S15)	最高 15(S15)	
碳残留(在 10%的蒸馏残渣中，质量分数)/%	0.15	0.15	最高 0.30

超低硫柴油（ULSD）是指美国规定的硫含量低于 15μg/g 和欧亚规定的硫含量低于 10μg/g 的柴油[2]。船用柴油方面硫含量可高达 1.6%（质量分数）[3]。

除了常用的石油基柴油燃料，优质柴油也可作为燃料，例如 Aral Ultimate Diesel 和 Shell V Power Diesel。与常用的柴油燃料相比，这种燃料具有不同的性能。Aral Ultimate Diesel 是德国柴油中唯一不含生物柴油的。这种燃料的十六烷值最小为 60[4]。壳牌公司的 V Power 含 5%的天然气合成燃料[5]。表 19.3 给出了燃料电池系统重整中起重要作用的一些优质柴油的特性。

表 19.3 与 EN 590 规范相比，优质柴油燃料的特性[6,7]

柴油燃料	沸程 /℃	残渣 (@ 400℃) /%	质量分数 (>350℃) /%	灰分含量 /(μg/g)	硫含量 /(μg/g)	单/二环芳烃含量/%
Aral Ultimate Diesel	237～387	<1	83	<10	<1	13.4/0.5
Shell V Power	277～400	<3	73		<10	<20
柴油 EN 590	170～370	<5	最高 85	<100	<10(ULSD)	<25/10

19.2.2 非石油基柴油燃料

最重要的非石油基柴油是生物柴油和合成柴油燃料。生物柴油是由植物油[8] 酯化得到的燃料的总称。根据发动机的特性，生物柴油可以单独使用（B100）或与传统柴油混合使用。在德国，根据国家柴油规范 DIN 51628，柴油中可以含有高达 7%的生物柴油（B7）。ASTM D 975 则规定柴油中最多允许含有 5%的生物柴油。欧美的生物柴油标准分别由 EN 14214 和 ASTM D 6751 规范。生物柴油中的硫含量因原料的不同而不同。根据 ASTM D 6751 规定，生物柴油中的硫含量不超过 500μg/g（S500 级）或 15μg/g（S15 级）。欧洲标准 EN 14214 则限定最高硫含量为 10μg/g。合成燃料（XTL）是由含碳原料通过[21] 三步过程生产的。首先，将原料转化为 CO 和 H_2 组成的合成气；其次，合成气通过低温费托合成（FT）转化为以无支链烷烃和烯烃为主的产物；最后，对 FT 的主要产品进行加氢处理，以生产最终产品，如粗汽油、煤油和柴油。产物燃料以其原料为基础，例如天然气合成油产自天然气，煤基合成油产自煤，生物质合成油来自生物质。

表 19.4 显示了所选非石油基柴油的特性。NExBTL 是由植物油和/或动物脂肪催化加氢生产得来的，不像生物柴油生产过程那样含有氧气。生物柴油通常被称为脂肪酸甲酯（FAME）。油菜籽甲酯（RME）是欧洲最常见的生物柴油燃料。

表 19.4 各种非石油基柴油的性能

性能	NExBTL 生物柴油	FAME (RME)	GTL 柴油	BTL 柴油
十六烷值	84～99[9]	约 51[9]	73～81[9] >70[10] 73[11]	73～81[12] 94[11] 70～80[8]
15℃时的密度/(kg/m^3)	775～785[9]	约 885[9]	770～785[9] 770～800[10] 780[11]	770～785[12] 770[11] 770～780[8]
馏出温度/℃				212[11]
开始			241[11]	
10%(体积分数)时	260～270[9]	340[9]	260[9]	
90%(体积分数)时	295～300[9]	355[9]	325～330[9]	
95%(体积分数)时			<360[10] 355[11]	
结束				326[11]
多环芳烃(质量分数)/%	约 0[9]	0[9]	0[9] <0.1[10]	
硫含量/(mg/kg)	约 0[9]	<10[9]	<3[10] <10[9]	
能量含量/(MJ/L)	约 34[9]	约 34[9]	约 34[9] 34.1[11]	34[12] 33.8[11] 33.1～34.3[8]

19.3 喷气燃料

在航空领域，煤油基的喷气燃料被用作涡轮机燃料。这些燃料的相关特性在国家和国际层面上都有相关标准和指南进行明确定义。下文中，笔者将根据石油基和非石油基对喷气燃料作进一步解释。

19.3.1 石油基喷气燃料

航空煤油 Jet A-1 是世界上最常用的商用航空涡轮机燃料。在美国，最常用的 Jet A 与 Jet A-1 的不同之处仅在于冰点的差别。TS-1 和航空煤油 3 号则分别是俄罗斯和中国使用的规格，二者略有不同。JP-4 和 JP-8 是军用涡轮燃料。表 19.5 列出了上述几种与燃料电池系统相关的石油基喷气燃料规格。与柴油燃料相比，喷气燃料的特点在于所允许的硫含量高达 4000μg/g。

表 19.5 选定的石油基喷气燃料的规格

项目		Jet A[13]	Jet A-1[13]	JP-4[15]	JP-8[16]	TS-1[14]	3 号喷气燃料[17]
凝固点(最高)/℃		−40	−47	−58	−47		−47
密度/(kg/m^3)		775～840，15℃	775～840，15℃	751～802，15℃	775～840，15℃	最小 775，20℃	775～830，20℃
馏出温度(最高)/℃	体积分数 10%时	205	205		205	165	205
	体积分数 20%时			100			
	体积分数 50%时			最低 125		最高 195	最高 232
	体积分数 90%时					230	
	结束时	300	300	270	300	250(98%)	300
残渣(最高体积分数)/%		1.5	1.5	1.5	1.5		1.5
芳烃(最高体积分数)/%		25	25	25	25	22(质量分数)	20
硫醇硫含量(最高质量分数)/%		0.003	0.003	0.002	0.002	0.005	0.002
硫总量(最高质量分数)/%		0.3	0.3	0.4	0.4	0.25	0.2
净燃烧热(最低)/(MJ/kg)		42.8	42.8	42.8	42.8	42.9	42.8

19.3.2 非石油基喷气燃料

参考文献［18］中提到，非油基喷气燃料分为生物衍生合成石蜡煤油（Bio-SPK）和费托合成石蜡煤油（FT-SPK）。根据文献［18］中所描述的化学加工技术，可以将生物衍生油（甘油三酯和游离脂肪酸）转化为 Bio-SPK。首先，清洗油以去除杂质。随后，油被转换成柴油级的石蜡。氧分子从油中被除去，烯烃通过与氢的反应转化为石蜡。第二步反应则是在航空燃油范畴内将柴油级的石蜡异构化和裂解，生成含一定碳数的石蜡。而 FT-SPK 的生产工艺与前节所述柴油燃料的费托合成路经相类似。

截至 2012 年，唯一获得商业使用许可的“全合成喷气燃料”是 Sasol 公司生产的 CTL 煤油。此外，GTL 煤油被批准成为生产半合成喷气燃料的成分之一，与石油基喷气燃料混合时最多可达 50%。最后的混合产品必须符合国际标准要求，如英国国防标准 91-91 和 ASTM D1655。

表 19.6 和表 19.7 分别显示了 Bio-SPK 和 FT-SPK 的重要性质。表 19.6 还比较了纯燃料和混合燃料的燃料性质差异。

表 19.6 所选非石油基喷气燃料［生物衍生合成石蜡煤油（Bio-SPK）］的性质[18]

项目		麻疯树	50%麻疯树+50%Jet A-1	麻疯树、藻类均匀混合	47.5%麻疯树+2.5%藻类+50%Jet A-1	亚麻荠、麻疯树/藻类均匀混合	42%亚麻荠+8%麻疯树/藻类+50%Jet A-1
凝固点/℃		−57	−62.5	−54.5	−61.0	−63.5	−55.5
密度/(kg/m³)		749	779	748	780	752	789
馏出温度/℃	体积分数10%时	168	170.4	164	170.5	163	171
	体积分数50%时	188	190.3	187	194	183	200.5
	体积分数90%时	227	226.9	233	228	226.3	240
	结束时	255	246.8	256	248.5	237.7	258
残渣(体积分数)/%		1.3	1.2	1.2	1.2	1.2	1.2
芳烃(体积分数)/%		0.0	8.8	0.0	9.2		8.9
硫醇硫含量(质量分数)/%		<0.0001	0.0004	<0.0001	<0.0001	<0.0001	0.0003
硫总量(质量分数)/%		<0.0001	<0.015	<0.0001	<0.0001	<0.0001	0.0403
净燃烧热(最低)/(MJ/kg)		44.3	43.6	44.2	43.7	44.2	43.5

表 19.7 所选非石油基喷气燃料［基于菲林的人造石蜡（FT-SPK）］的性质

项目		BTL 煤油[11]	GTL 煤油[19]	CTL 煤油[20]
凝固点/℃				−55～−61
密度/(kg/m³)		760	737	776～802
馏出温度/℃	体积分数10%时	179	150	175～189
	体积分数90%时		200	
	结束时	276		245～279
芳烃(体积分数)/%			<0.1	7.2～16.9
硫总量(质量分数)/%			<0.0003	<0.01
净燃烧热(最低)/(MJ/kg)		43.7		43.1～43.8

19.4 其他燃料

除了柴油和喷气燃料之外，还有其他很多燃料可用于燃料电池 APU。如第 21 章（船舶应用）所述，包括液化天然气（LNG）、甲醇或乙醇在内的燃料均可用于船舶应用。此外，氢是某些 APU 应用的首选。氢和乙醇的性质在第 30 章

（某些固定用途的燃料）中具体介绍。为确保完整性，本节也介绍液化天然气和甲醇的性质。

19.4.1 液化天然气

第30章详细介绍了天然气的性质。液化天然气是天然气的液态形式。天然气大约在－162℃及大气压力下发生冷凝。LNG在室温下即可蒸发。由于液化，天然气体积减小为原来的1/600，因此产生的液化天然气可以通过特殊设计的船只在各大洲之间进行低成本运输[22,23]。

就天然气而言，甲烷是主要成分。其组成取决于原始气体的储层来源及其处理/分馏历史。参考文献［26］提供了来自不同工厂的典型液化天然气成分，包括87.9%～99.8%的甲烷、0.1%～8.36%的乙烷、0～4%的丙烷、0～2.5%的丁烷和0.02%～0.1%的氮。而液化天然气的典型化学成分是87%～99%的甲烷、1%～10%的乙烷、1%～5%的丙烷、1%的丁烷、0.1%～1%的氮，以及其他碳氢化合物[23]。参考文献［24］给出了不同接收端报告的典型平均成分。截至2013年底，在17个出口国有86辆液化列车在运行，在29个进口国有104个液化接收站。LNG的密度在430～470kg/m^3之间[23,26]。如果溅到水面上，液化天然气会浮在水面上并迅速蒸发，因为它比水[26]轻得多。液化天然气的燃烧热相当于50.2MJ/kg[23]。参考文献［26］介绍了液化天然气系统的相态热力学和形貌。而关于LNG安全的信息，可以参考文献［25］和［26］。

19.4.2 甲醇

甲醇CH_3OH是最简单的脂肪族醇，被认为是最重要的化学原料之一，因为所生产的甲醇中约有85%用于化学工业[27]。目前，甲醇的工业化生产是使用低压甲醇在5～10MPa之间催化转化加工生成的合成气。在世界范围内，它主要是由天然气衍生而来，天然气通过蒸汽重整、自热重整或两者相结合，以及部分氧化而裂解生成的。液化石油气、炼油厂废气、特别是石脑油等碳氢含量较高的化合物也被用作生产甲醇合成气体的原料[27]。生物甲醇可以通过气化生物质得到合成气体，然后再合成甲醇[28]。

对于实验室用甲醇，在市场上可买到各种纯度等级的精细化学品，有“纯产品”（纯度＞99.0%）、“特纯产品”（纯度＞99.8%）和“最高纯度产品”（纯度≥99.9%）。商用甲醇一般按照ASTM规范进行纯度等级划分，包含A、AA和IMPCA规格。尽管不同国家的规格略有不同，但商用甲醇通常相当于AA级[27]。甲醇研究所公布的甲醇参考规格见表19.8。

表 19.9 给出了甲醇的部分物理性质。

表 19.8 IMPCA（国际甲醇生产者和消费者协会）甲醇[29] 参考规范

项目	局限性	方法
外观	清澈无悬浮物	IMPCA 003
纯度(干基质量分数)/%	≥99.85	IMPCA 001
丙酮含量/(mg/kg)	≤30	IMPCA 001
色度(Hazen 单位,Pt-Co 色号)	≤5	ASTM D1209
水(质量分数)/ %	≤0.1	ASTM E1064
馏程范围(760mmHg,64.6±0.1℃)/℃	1	ASTM D1078
相对密度(20℃ /20℃)	0.791～0.793	ASTM D4052
高锰酸钾试验(15℃)/min	≥60	ASTM D1363
乙醇含量/(mg/kg)	≤50	IMPCA 001
氯化物含量(以 Cl^{-1} 形式)/(mg/kg)	≤0.5	IMPCA 002
硫含量/(mg/kg)	≤0.5	ASTM D3961
碳氢化合物(烃)	测试合格	ASTM D1722
硫酸洗涤试验(Hazen 单位,Pt-Co 色号)	≤30	ASTM E346
醋酸酸度/(mg/kg)	≤30	ASTM D 1613
铁含量/(mg/kg)	≤0.1	ASTM E394
非挥发物质/(mg/L)	≤8	ASTM D1353
TMA	可选项:TMA 测试	推荐:ASTM E346
芳香族化合物	可选项:UV 测试	推荐:IMPCA 004

表 19.9 甲醇的物理性质

性能	数值	备注	参考文献
摩尔质量/(g/mol)	32.042		[27]
密度/(kg/m^3)	786.68	298.15K	[27]
燃料与空气密度比($\rho_{燃料}/\rho_{空气}$)	1.1		[28]
低位热值 1/(MJ/kg)	19.9		[28]
低位热值 2/(MJ/L)	15.8		[28]
沸点/K	337.8	环境	[27],[30]
熔点/K	175.27		[27]
冰点/K	175.35		[30]
黏度/mPa·s	0.5513	298K,液体	[27]
热导率/[mW/(m·K)]	190.16	298K,液体	[27]

续表

性能	数值	备注	参考文献
着火点/K	743.15	DIN51 794	[27]
爆炸下限(在空气中体积分数)/%	6.72		[27]
	6.0		[30]
	5.5		[28]
爆炸上限(在空气中体积分数)/%	36.5		[27],[30]
	44.0		[28]
防爆等级	Ⅱ B,T1		[27]
临界温度/K	513		[27]
临界压力/MPa	8.1		[27]
临界密度/(mol/L)	8.51		[27]
临界体积/(cm^3/mol)	116		[27]
生成焓/(kJ/kmol)	−205	273.15K,101.3kPa	[27]
比热容(液态)/[J/(mol·K)]	80.9	298.15K,101.3kPa	[27]
比热容(气态)/[J/(mol·K)]	42.59	273.15K,1bar	[27]
介电常数	32.65	298.15K	[27]
闪点/K	288.75	DIN 51755tag	[27]
	285.35	closed cup	[30]
	284.15		[28]
安托万方程参数(1)	$\lg p=5.15853-[1569.613/(T-34.846)]$	353.4～512.63K	[27]
安托万方程参数(2)	$2\lg p=5.20409-[1581.341/(T-33.50)]$	288.0～356.83K	[27]
折射率	1.3284±0.0004	293.15K	[30]
阈限值/(μg/g)	200		[28],[30]
瑞德蒸气压/kPa	32	310.95K	[28]
最小点火能量/mJ	0.14		[28]
在空气中扩散系数/(cm^2/s)	0.12		[28]
层流燃烧速度/(m/s)	0.48		[28]
汽化热/(kJ/kg)	1110		[28]
水溶性/%	100		[28]
致命的口服剂量/mL	30～100		[28]
气味极限(阈值)/(mL/m^3)	1500～1900		[28]
土壤/水生物降解的半衰期/d	200		[28]

19.5 结论

本章重点讨论了与燃料电池 APU 系统有关的燃料性质。燃料电池系统燃料最重要的特性是芳烃、硫含量以及蒸馏特性。结果表明，石油基柴油和喷气燃料含芳烃含量和硫含量远高于可替代的合成燃料。在大多数情况下，合成燃料必须与石油基常规燃料混合，以满足燃料规格所规范的要求。由于成分更简单，液化天然气和甲醇等重整燃料往往被认为是可行性较强的替代燃料。

参考文献

[1] Dabelstein, W., Reglitzky, A., Schütze, A., and Reders, K. (2008) *Handbook of Fuels – Energy Sources for Transportation* (ed. B. Elvers), Wiley-VCH Verlag GmbH, Weinheim, pp. 97–195.

[2] Chevron (2007) Diesel Fuels Technical Review, Chevron Products Company, San Ramon, CA.

[3] Parkash, S. (2010) *Petroleum Fuels Manufacturing Handbook* McGraw-Hill, New York.

[4] Aral (2012) Aral Ultimate Diesel – Mehr Kilometer, weniger Emissionen. Product information published at www.aral.de (accessed on 8 November 2012).

[5] ADAC (2012) Premium-Kraftstoffe. Information published at http://www.adac.de/infotestrat/tanken-kraftstoffe-und-antrieb/benzin-und-diesel/premiumkraftstoffe/default.aspx (accessed 8 November 2012).

[6] Pasel, J. *et al.* (2008) *ECS Trans.*, **12** (1), 589–600.

[7] Porš, Z. *et al.* (2008) *Fuel Cells*, **08** (2), 129–137.

[8] Speight, J.G. (2008) *Synthetic Fuels Handbook, Properties, Process, and Performance*, McGraw-Hill, New York.

[9] Rantanen, L. *et al.* (2005) SAE Technical Paper 2005-01-3771.

[10] Shell (2012) Shell Gas-to-Liquids (GTL) Fuel. Product information published at http://www.shell.de/home/content/deu/future_energy/meeting_demand_tpkg/gas_to_liquid/ (accessed 12 November 2012).

[11] Seyfried, F. (April 2006) *Technikfolgeabsch. – Theor. Praxis* (1), 15. Jg, 42–50.

[12] Aral (2012) Fischer–Tropsch Diesel. Dieselherstellung über Synthesegas. Product information published at http://www.aral.de/aral/sectiongenericarticle.do?categoryId=9011887&contentId=7022735 (accessed on 12.11.2012).

[13] Coordinating Research Council, Inc. (2004) Data from ASTM Specification D 1655-02, given in Table 1-3, in Handbook of Aviation Fuel Properties, CRC Report No. 635, Alpharetta, GA, p. 1-6.

[14] Coordinating Research Council, Inc. (2004) IATA Guidance Material – Detailed Requirements of Aviation Turbine Fuels, Table 1-4, in Handbook of Aviation Fuel Properties, CRC Report No. 635, Alpharetta, GA, pp.1-8–1-12.

[15] Coordinating Research Council, Inc. (2004) US Military specification MIL-DTL-5624T, in Table 1-5, Handbook of Aviation Fuel Properties, CRC Report No. 635, Alpharetta, GA, p. 1-19.

[16] Coordinating Research Council, Inc. (2004) US Military specification MIL-DTL-83133E, in Table 1-5, Handbook of Aviation Fuel Properties, CRC Report No. 635, Alpharetta, GA, p. 1-19.

[17] Bishop, G.J. (2008) *Handbook of Fuels – Energy Sources for Transportation*

(ed. B. Elvers), Wiley-VCH Verlag GmbH, Weinheim, pp. 321–341.
[18] Kinder, J.D. and Rahmes, T. (2009) Evaluation of Bio-derived Synthetic Paraffinic Kerosene (Bio-SPK), Sustainable Biofuels Research & Technology P rogram Document, The Boeing Company, Seattle.
[19] Pasel, J. et al. (2010) *18th World Hydrogen Energy Conference 2010 Parallel Sessions Book 3: Hydrogen Production Technologies – Part 2. Proceedings of the WHEC, May 16. -21. 2010, Essen* (eds D. Stolten and T. Grube), Forschungszentrum Jülich GmbH, Zentralbibliothek, Verlag, Jülich.
[20] Roets, P. (2009) Presentation at the ICAO Workshop – Aviation and Alternative Fuels, Montreal, Canada, 10–12 February 2009.
[21] Calis, H.P. *et al.* (2008) *Handbook of Fuels – Energy Sources for Transportation* (ed. B. Elvers), Wiley-VCH Verlag GmbH, Weinheim, pp. 166–174.
[22] Foss, M.M. (2012) Introduction to LNG, Center for Energy Economics, Houston, Texas.
[23] International Group of Liquefied Natural Gas Importers (2009) LNG Information Paper No. 1, Levallois, France. http://www.giignl.org/sites/default/files/PUBLIC_AREA/About_LNG/4_LNG_Basics/lng_1_-_basic_properties_7.2.09_aacomments-aug09.pdf (accessed 25 August 2014).
[24] International Group of Liquefied Natural Gas Importers (2013) The LNG Industry in 2013, Neuilly-sur-Seine, France. http://www.giignl.org/sites/default/files/PUBLIC_AREA/Publications/giignl_the_lng_industry_fv.pdf (accessed on 25 September 2014).
[25] Foss, M.M. (2006) LNG Safety and Security, Center for Energy Economics, Houston, Texas.
[26] Mokhatab, S., Mak, J., Valappil, J., Wood, D. (2013) *Handbook of Liquefied Natural Gas*, Elsevier Science, Burlington.
[27] Ott, J. *et al.* (2000) Methanol, in *Ullmann's Encyclopedia of Industrial Chemistry*, 5th edn (eds W. Gerhartz *et al.*), Wiley-VCH Verlag GmbH, Weinheim.
[28] Biedermann, P. (2006) *Methanol as an Energy Carrier*, Forschungszentrum, Zentralbibliothek, Jülich.
[29] International Methanol Producers and Consumers Association (IMPCA) (January 2008) IMPCA Methanol Reference Specifications. http://www.methanol.org/Technical-Information/Resources/Technical-Information/Methanol-Specifications-%28IMPCA%29.aspx (accessed on 25 September 2014).
[30] Edlund, D. (2011) *Methanol Fuel Cell Systems: Advancing Towards Commercialization*, Pan Stanford Publishing, Singapore.

20 燃料电池辅助动力装置的应用要求/目标

Jacob S. Spendelow[1] and
Dimitrios C. Papageorgopoulos[2]
[1]Los Alamos National Laboratory, Los Alamos, NM 87545, USA
[2]U. S. Department of Energy, Washington, DC 20585, USA

摘要

燃料电池辅助动力装置（APU）是为重型卡车和其他车型使用的辅助负载提供动力的备选技术。美国能源部已经为使用超低硫柴油的 1～10kW 燃料电池 APU 制定了技术目标。目标参数代表了所须克服的主要障碍，从而使得燃料电池 APU 相比于燃烧型 APU 更具竞争优势，减少 APU 发动机空转。本章对 DOE 2020 燃料电池 APU 目标和相关状态值进行了介绍和讨论。

关键词：辅助动力装置（APU）；燃料电池；增程发动机

20.1 引言

燃料电池是一种可行的辅助动力装置（APU）的候选技术，可用于卡车、大型旅游车、船舶和类似移动工具。在上述领域，辅助电源动力通常由主动力引擎提供，即使是在车辆不运动的情况下，因此会显著降低燃料经济性，同时增加温室气体和标准污染物的排放。美国能源部已将重型卡车的 APU 确定为燃料电池部署的潜在早期市场机会。能源部分析表明，到 2030 年，在卡车上广泛使用燃料电池 APU，每年可节省超过 7.3 亿加仑的柴油燃料，同时每年可减少 890 万吨的二氧化碳排放量[1]。发动机空转和辅助动力带来的排放促使产生了对清洁、安静的辅助发电装置的需求，未来很有可能会出台相关法规。目前美国已有 30 个州对重型公路车辆实施了空转限制[2]。

在降低成本、提高市场占有率的过程中，燃料电池 APU 面临着重大挑战。APU 的瞬态运行造成了额外的挑战，需要在恶劣的环境下利用无水商业柴油进行重整。其中，恶劣环境包括大幅度振动、大跨度环境温度、多灰尘/空气污染物的高速公路环境等；包装和质量的相关要求也带来了另外的挑战。为了量化和解决这些挑战，能源部提出了燃料电池 APU 关于性能、耐久性和成本的目标水平。下文将具体描述这些目标水平及其当前状态。在单一系统中实现所有目标值是为了利用可选的 APU 技术实现最大的竞争力，并为使用 APU 替代引擎空转提供价值主张。然而，迄今为止这一应用的技术障碍依然难以克服，一些燃料电池 APU 的开发者也因此决定退出市场。燃料电池开发者实现技术目标且商业化燃料电池 APU 系统的能力仍有待观察。

20.2 DOE 技术目标

能源部对燃料电池 APU 的几个关键指标制定了目标。2020 年的目标值代表了与基于内燃机的 APU（常规 APU）相比，燃料电池 APU 具有竞争力的相应水平。

20.2.1 燃料电池 APU 的状态和目标

能源部提出的燃料电池 APU 目标和当前状态值如表 20.1 所示。

表 20.1　燃料电池辅助动力装置（1～10kW）在超低硫柴油上运行的现状及目标

特征		2014 年状态	2020 年目标
额定功率下的效率①/%		30	40
功率密度/(W/L)		30	40
比功率/(W/kg)		30	45
制造成本，系统②(美元/kW)		2100	1000
瞬态响应(10%～90%的额定功率)/min		5	2
启动时间/min	从 20℃	50	30
	从备用状态③	50	5
循环衰减④		2.6%/1000h	1%/1000h
运行周期④⑤/h		3000	20000
系统可用性⑥/%		97	99

① 定义为 DC 输出净电能与输入燃料 LHV 的比值。

② 成本包括生产系统所需的材料和人工成本。此处成本为每年生产 5 万台 5kW 的系统所需的成本。当下的小容量成本预计将高于报价状态。额定功率低于 5kW 的系统，允许成本将高于目标水平，额定功率超过 5kW 时则低于系统目标水平。

③ 根据操作规程，备用状态下可能处于或高于环境温度。

④ 耐久性测试至少应包括日循环至备用状态、周循环至完全关闭状态（环境温度）。在运输和行驶的振动中该系统应满足耐久性标准，运行过程中环境温度范围为 40～50℃，环境相对湿度为 5%～100%，粉尘浓度为 $2mg/m^3$。

⑤ 净功率下降超过 20%时计时。

⑥ 系统在实际运行条件和负载曲线下运行的时间百分比数据是可以获取的。计划维护不考虑系统可用性。

20.2.2 APU目标的设计理由

能源部提出的燃料电池 APU 目标是通过参考行业专家和研发团体提供的意见制定的；并通过信息请求（RFI）进行了细化，该请求收到了多个燃料电池开发人员和 APU 制造商的回复。当前状态值由 RFI 回复和能源部资助的 APU 研发项目结果确定。目标设置过程的完整描述已经在参考文献［3］中发布。

（1）额定功率下的效率

能源部提出的 2020 年 40％电效率能效目标可能已经高于最初商业化所要求的水平，但它代表了一个延伸目标，旨在利用常规 APU 最大限度地提高竞争力和节约能源。

（2）功率密度

研讨会提供的建议与 RFI 提供的数据在所需的功率密度方面存在较大差异，其建议参数范围为 20～55W/L。10 个常规 APU 的功率密度公布值为 11～33W/L，平均值为 20W/L。能源部建立的 2020 年功率密度目标为 40W/L，这是一个燃料电池 APU 超越传统 APU 的可达到值。

（3）比功率

利益相关者对比功率的输入与功率密度类似，其长期目标建议范围为 23～55W/kg。10 个常规 APU 的功率密度公布值为 17～38W/kg，平均值为 27W/kg。在此基础上，能源部制定了 2020 年的目标为 45W/kg。

（4）制造成本

传统 APU 的单价约 7000 美元，该值代表零售价格而非制造成本。日益严格的排放法规可能导致燃烧发电系统的成本比以前更高，因此对比于传统 APU，能源部提出的具有竞争力的燃料电池 APU 价格为 1000 美元/kW，即一个 5kW 的 APU 系统制造成本合计 5000 美元。

（5）瞬态响应

卡车电池可以满足短暂的瞬态功率需求，而过激的瞬态响应目标将促进开发人员向更紧迫的领域转移资源优势，比如降低成本、降低燃料电池 APU 竞争性。因此，美国能源部制定的 2020 年瞬态响应目标为 2min，这一目标被认为在不投入过多研发资源的情况下是可以实现的。

（6）启动时间

客户期望 APU 在一小时内启动。产业投入表明，在无需电源的情况下，高温燃料电池 APU 很可能保持在高温待机状态，并且要求它在环境温度下每周启动一次。因此，美国能源部制定的2020年环境温度下启动时间的目标水平为30min。另外还建立了一个从待机状态启动的目标水平，但因为不同的燃料电池技术会有所差异而没有定义待机条件。从待机状态启动的2020年目标时间为5min，利益相关者指出这个值将能够满足消费者的期望。

（7）循环衰退

利益相关者对所需耐久性水平提供的建议，被用于确定2020年降解速率的目标水平，即1%/1000h。该目标表示了包括瞬态运行条件在内的典型操作周期中所允许的降解率。

（8）运行周期

利益相关方对运行寿命的2020年目标设定在10000～30000h。能源部确定运行寿命的2020年目标值为20000h，这个数值大致相当于拖拉机的预期寿命，与常规APU寿命相接近甚至超过常规款。虽然实现这一寿命目标需要维护，但燃料电池APU的保养周期预计比常规APU更长。

（9）系统可用性

客户期望APU在每次启动时都能正常运行，并尽可能减少服务需求和停机时间。在使用天然气的燃料电池APU系统中，已证明系统的可用性高达99%。因此，美国能源部提出的2020年系统可用性目标水平为99%。

参考文献

[1] Nguyen, T.D. and Joseck, F. (2009) Benefits of Fuel Cell APUs on Trucks, DOE Hydrogen and Fuel Cells Program Record, Record #9010. http://www.hydrogen.energy.gov/pdfs/9010_fuel_cell_apu_trucks.pdf.

[2] ATRI (November 2013) Compendium of Idling Regulations. http://www.atri-online.org/research/idling/ATRI_Idling_Compendium.pdf.

[3] Spendelow, J.S., Ho, D.L., and Papageorgopoulos, D.C. (2010) Revised APU Targets, DOE Hydrogen and Fuel Cells Program Record, Record #11001. http://www.hydrogen.energy.gov/pdfs/11001_apu_targets.pdf.

21 燃料电池的船舶应用

Keno Leites

ThyssenKrupp Marine Systems GmbH, Operating Unit Surface Vessels, Hermann-Blohm-Strasse 3, 20457 Hamburg, Germany

摘要

本章概述了以前和当下船舶运输领域应用燃料电池的原因，包括内河航运和远洋运输，并特别关注了远洋轮船。其中各小节分别介绍了关于监管环境、潜在应用、常规系统、适用的燃料电池系统和开发需求等信息。本章不涉及燃料电池的水下应用，例如HDW潜艇。

关键词： e4ships（德国船舶电池燃料应用项目）；FellowShip（燃料电池作为动力系统的船舶试验项目）；MCFC（熔融碳酸型燃料电池）；PaXell；PEM（质子交换膜）；SchIBZ；造船业；船；SOFC（固体氧化物燃料电池）；ZEM-ships（零排放船项目）

21.1 引言

如今，几乎所有的船舶都是由柴油发动机驱动的，要么通过机械轴连接，要么通过电缆线和电动马达。此外，辅助动力装置是以柴油发电机组为基础的，甚至在远洋轮船上也是如此。这些船舶的标准燃料则是质量不同的柴油。

由于船舶的排放限制越来越严格，一些减少 NO_x、SO_x 和发动机噪声等排放的相关措施正在制定中，包括通过内、外部系统的改造来加强燃烧或尾气后处理，以及使用替代燃料等。还未深入细节，这些措施就已经增加了系统发动机的复杂性。表 21.1 给出了船用能量转化器的排放限额或适用规定。

表 21.1　船用发动机排放限额[1,2]

排放项目	NO_x	SO_x	PM_{10}	温室气体	噪声
限度（数据）	<3.4g/(kW·h)（2016.01.01）	燃料硫含量<0.1%（2015.01.01）	0.06g/(kW·h)（2016）	能效设计指数（2015.09.01）	船上噪声等级规则/水下噪声指南

因此，近年来一些发电替代技术的概念不断得到发展和检验。其中最先进的替代技术是使用液化天然气替代柴油作为发电燃料。这在船舶设计上产

生了巨大差异，但仍然适用于往复式发动机。最新概念是关于全电动驱动的电池及其不同的充电概念。对于较小的内河船只，正在测试基于陆地的充电方式。而对于大型的远洋船只，正在测试混合系统中基于发电机组的船载充电方式。

为了克服发动机的影响，人们极力寻找一种替代方案，使之既能减少废气和噪声排放，还能进一步提高功率转换效率。从今天的观点来看，唯一可行的选择就是燃料电池技术。表 21.2 对几种船舶功率变换器的主要特性进行了比较。

表 21.2　船舶功率变换器主要特性比较[3-7]

项目	柴油机	内燃机	燃气轮机	燃料电池
燃料	柴油(汽油、柴油、重油)	天然气	天然气石油、天然气	氢、天然气、汽油、乙醇
电效率/%	25～50(小型高速至大型低速发动机)	40～49(高速到低速发动机)	30～42	40～60
能耗	175～250 g/(kW·h)	7300～8300 kJ/(kW·h)	205～280 g/(kW·h) 8500～11600 kJ/(kW·h)	140～210 g/(kW·h) 6000～9000 kJ/(kW·h)
功率密度(未处理废气)/(kW/m^3)	>34	>34	>733	4.5

21.2 可能用于船舶的燃料电池系统

在开发项目 SchIBZ[8] 期间进行的研究中，研究了几种系统配置。该研究首先比较了不同的燃料及其对船舶运输的适用性［另见第 19 章（APU 应用的燃料)］。

由于标准的运输燃料是一种中等馏分的柴油[9]，其最重要的特性是硫含量在 1000～10000μg/g 之间，因此燃料电池系统需要另外一种单独燃料。由于含硫化合物的种类繁多，目前还无法将船上脱硫控制在可接受的范围内。因此，初级燃料的硫含量必须低于 15μg/g。在航运应用中的一个基本要求是高体积能量密度。这可以由液态碳氢化合物实现，但对于氢气来说，任何形式的氢气都不能充分实现这一要求。表 21.3 给出了最适用于船舶燃料电池系统的燃料的相关特性。

表 21.3 适合船用燃料电池系统的重要燃料特性

项目	柴油	甲烷	甲醇	乙醇	氢
化学式	接近 $C_{16}H_{30}$	CH_4	CH_3OH	C_2H_5OH	H_2
20℃相态	液态	气态	液态	液态	气态
形成液相的温度/℃	<250	<−162(LNG)	<65	<78	<−252
能量含量/(kW·h/kg)	约 11.8	13.9	5.53	7.44	33.3

当基于主要燃料比较燃料电池系统的复杂性时，可以发现一些受欢迎的组合。

最简单的系统是氢燃料质子交换膜燃料电池，在移动应用中被广泛使用。由于氢的上述缺点，该系统仅限于内陆船舶应用。

要将碳氢化合物与燃料电池结合起来，必须采用重整技术。重整可以将较长的烃链转化为富氢气体，同时产生主要副产品甲烷。目前有几种不同的重整方法，具体选择取决于燃料、燃料电池和环境条件。比较重要的选择标准有：

① 燃料：重整温度（甲醇低于 300℃，瓦斯油在 450℃ 左右，甲烷 >500℃）；

② 燃料电池：燃料气体组成（H_2/CH_4 的比率，允许含有 CO）；

③ 环境条件：有可用水。

一般情况下，以下组合比较合适：氢-质子交换膜（PEM）；甲醇-高温质子交换膜（HT-PEM）；甲烷-熔融碳酸盐燃料电池（MCFC）；甲烷-固体氧化物燃料电池（SOFC）；瓦斯油-固体氧化物燃料电池（SOFC）。

低温 PEM 不太适合烃基燃料，因为重整后的燃料气体需要清洗除去氢以外的成分。

21.3 燃料电池海洋应用项目

船舶对动力的要求因船型而异。内河航运船舶起步时，主要船舶的总电力需求为 50kW～4MW。从燃料电池获益最多的远洋轮船为客船和特种船。对于大型游艇和典型研究船，船载电网的电力需求为 1MW，渡轮为 2～5MW，游轮为 10MW 以上。这些船只的动力范围为 5～40MW。由于空间需求，如今的燃料电池主要用于船载电网和低速船只的推进。

内河航道项目通常使用氢作为燃料，以实现当地的二氧化碳自由能量转换。这些项目通常在 50kW 范围内，由汽车衍生的 PEM 燃料电池驱动[10-12]。由于氢的体积能量含量较低，这对海船来说不是一个可行的选择。

在船舶运输燃料的其他发展中，高质量柴油、液化天然气和甲醇也是可选燃料。因使用柴油以外的燃料需要极大的额外安全措施，SchIBZ 项目决定重点关注道路交通发动机规范中的瓦斯油[13-16]。其他已有项目测试或将要进行的测试有甲醇[17] 和 LNG 驱动的系统[18,19]。表 21.4 概述了以前和现在一些燃料电池海洋应用项目。

表 21.4　以前和目前的燃料电池海洋应用项目

项目	Zemships	MethAPU	FellowShip	PaXell	SchIBZ
功率/kW	50	20	320	15(模块)	40(模块)
燃料	氢气	甲醇	液化天然气	甲醇	粗柴油
燃料电池种类	PEM	SOFC	MCFC	HT-PEM	SOFC
燃料电池制造商	加拿大巴拉德(Ballard)公司	瓦锡兰(Wärtsilä)集团	发动机及涡轮机联盟弗里德希哈芬(MTU)股份有限公司	丹麦 Serenergy 公司	蒂森克虏伯股份公司(Thyssenkrupp Marine Systems)
启用时间	2008	2006	2007	2009	2009
截止时间	2013	2010	2010	2016	2016

21.4 未来系统的发展目标

综上所述，如果有可利用的广泛易得的燃料，并与兆瓦级总发电量的电厂配合使用的话，燃料电池对于船舶来说是一项非常有趣的技术。燃料电池的特性要求模块具有可扩展性。为了有效利用舰载燃料电池，必须有效解决以下挑战：

① 具有更大的功率密度，在最好的状态下可接近内燃机，且有额外的清洗和静噪措施；

② 寿命超过 40000h；

③ 通过模块化实现一种切实可行的维护理念；

④ 系统价格大约在 2000 欧元/kW；

⑤ 系统的电效率大于 55%。

功率密度和寿命是实验室测试需要解决的任务。维护和系统效率是组件设计和整个过程设计的问题。

价格目标与自动化生产（相对于如今的手工生产）和大量产出有关。这些目标只有利用多个组件与其他应用相协作才能实现。

21.5 结论

从前几节的数据可以看出，燃料电池在船舶上的应用是可行的，且对船舶运行有很大价值。实际的开发项目正在进行中，以证明燃料电池在海事应用中的可靠性。

然而，最适合的系统取决于船只类型和特定操作。在这方面，船舶系统不应是特殊发展，而应由多用途组件派生而来，这样一来定价和操作经验的规模效应就可以早于航运解决方案出现了。

参考文献

[1] International Maritime Organization (IMO) (2014) International Convention for the Safety of Life at Sea (SOLAS consolidated edition).

[2] US Environmental Protection Agency 40 CFR Parts 9, 85, 86, 89, 92, 94, 1033, 1039, 1042, 1065, and 1068 (2008), Category 1/2 Engine Rule.

[3] (a) MTU (2014) Technical Project Guide, Marine Application, Part 2 – Engine Series 2000; and guides for Engine Series 4000 and for Engine Series 1163.

[4] Wärtsilä (2015) W20DF Product Guide; and guides for W34DF and W50DF.

[5] GE (2014) GE Project Guide LM1600; and guides for LM2500 and LM5000.

[6] Ballard (2012) ClearGen Specification Sheet.

[7] sunfire (2015) Factsheet ISM.

[8] e4ships 2015 Project SchIBZ. http://www.e4ships.de/e4ships-home.html (accessed on 20 10 2015).

[9] ISO (2012) ISO 8217:2012, Petroleum products – Fuels (class F) – Specifications of marine fuels.

[10] ZemShips (2010) Final Report.

[11] NemoH2 (2011) Lovers will introduce zero-emission canal boat. http://www.lovers.nl/co2zero/ (accessed on 20 10 2015).

[12] VistOrka (2007) Smart H2-Boat Demo, Description of Work.

[13] DIN (2014) DIN EN 590:2013. Automotive fuels – Diesel – Requirements and test methods.

[14] ASTM (2007) ASTM D975, Standard Specification for Diesel Fuel Oils.

[15] JSA (Japanese Standards Association) (2007) JIS K 2204, Diesel Fuel.

[16] GOST (2005) GOST R52368, Diesel Fuel Euro Specifications.

[17] Lloyds Register (2011) Methanol as Marine Fuel - The MethAPU Project, www.methapu.com (accessed on day month year).

[18] FellowShip (2009) www.vikinglady.no (accessed on 20 10 2015).

[19] e4ships (2015) Project PaXell. http://www.e4ships.de/e4ships-home.html (accessed on 20 10 2015).

22 辅助动力装置用燃料的重整技术

Ralf Peters

Forschungszentrum Jülich GmbH，IEK-3：Electrochemical Process Engineering，Wilhelm-Johnen-Straße，52428 Jülich，Germany

摘要

本章简要概述了可用于辅助动力装置（APU）的各种制氢重整技术，整理了 APU 应用的特征数据，并罗列了描述当前相关研究的论文清单以供其他学者研究参考。

关键词： 自热重整；部分氧化；蒸汽重整

22.1 引言

重整技术对 APU 起着决定性的作用，因为将液体燃料转化为富氢气体是一项艰巨的任务。本文将重点介绍主流技术，并对专门的解决方案提出了一些建议，利用表格对一些有用的信息进行了归纳整理，包括多相催化、工艺流程，甚至是更详细的燃料处理等信息。

22.2 指南

22.2.1 化学反应

表 22.1 列出了燃料加工过程中最重要的化学反应。其中应特别关注某些产生碳（C）和烃类化合物（HCs）的副反应。如参考文献［1］介绍，在 CH_4-CO_2-CO-H_2-H_2O 混合物中发生化学反应可形成碳沉积物[1]。Park 等[2-4] 以乙烯（C_2H_4）作为碳沉积前体进行了研究。关于碳沉积的更多信息可以参考文献［5］和［6］。

表 22.1 燃料加工过程中的化学反应

化学反应	名称	反应器(缩写)	备注
$C_nH_m + nH_2O \rightleftharpoons nCO + \left(\frac{m}{2}+n\right)H_2$	蒸汽重整	HSR	产生 H_2

续表

化学反应	名称	反应器(缩写)	备注
$C_nH_m+\frac{n}{2}O_2 \rightleftharpoons nCO+\frac{m}{2}H_2$	部分氧化	POX(CPOX)	产生 H_2
$C_nH_m+(n-x)H_2O+x/2O_2 \rightleftharpoons nCO+\left(\frac{m}{2}+n-x\right)H_2$	自热重整	ATR	产生 H_2
$CO+H_2O \rightleftharpoons CO_2+H_2$	转移反应	HSR,POX, ATR,WGS	产生 H_2、清除 CO
$CO+3H_2 \rightleftharpoons CH_4+H_2O$	甲烷化	HSR,POX, ATR	副反应(可接受)
$CO+\frac{1}{2}O_2 \rightleftharpoons CO_2$	选择性氧化； 催化燃烧	PROX, CAB	清除 CO； 清除尾气
$H_2+\frac{1}{2}O_2 \rightleftharpoons H_2O$	选择性氧化； 催化燃烧	PROX, CAB	清除 CO； 清除尾气
$CH_4+2O_2 \rightleftharpoons CO_2+2H_2O$	催化燃烧	CAB	清除尾气
$H_2S+ZnO \rightleftharpoons H_2O+ZnS$	脱硫	DES	清除 H_2S
$C_nH_m \rightleftharpoons nC+\frac{m}{2}H_2$	碳沉积	所有的反应器	副反应(不希望发生)
$2CO \rightleftharpoons CO_2+C$	鲍多尔德反应	所有<700℃的 反应器	副反应(不希望发生)
$CO+H_2 \rightleftharpoons H_2O+C$ $CO_2+2H_2 \rightleftharpoons 2H_2O+C$ $CH_4+CO_2 \rightleftharpoons 2H_2O+2C$ $CH_4+2CO \rightleftharpoons 2H_2O+3C$	从 $CO/CH_4/CO_2$ 碳沉积[1]	所有<700℃的 反应器	副反应(不希望发生)
$C_2H_4 \rightleftharpoons 2H_2+2C$ $C_2H_4+2H_2 \rightleftharpoons C_2H_6$ {w/oCO} $CO+H_2 \rightleftharpoons H_2O+C$ {w. CO}	从 C_2H_4/CO 碳沉积[2-4]	所有<800℃的 反应器	副反应(不希望发生)
$C_nH_m+\left(\frac{o+n-q}{2}\right)O_2 \rightleftharpoons (n-q)CO+\left(\frac{m-p}{2}\right)H_2+C_qH_pO_o$	形成含氧化合物； 形成烯烃的 ($o=0$)	HSR,POX, ATR	副反应(不希望发生)； 副反应(不希望发生)

注：HSR—热蒸汽重整；POX—部分氧化法；ATR—自热重整；HSR—热蒸汽重整；WGS—水煤气变换反应；PROX—优先氧化法；CAB—催化燃烧器；DES—烟气脱硫。

22.2.2 系统设计层面

图 22.1～图 22.3 概述了 APU 应用中最常见的系统设计流程。流程图提供了燃料处理子系统中的介质、组件及其顺序等有价值的信息。卡车的 APU 由 ATR（自热重整）+HT-PEFC（高温聚合物电解质燃料电池）以及 CPOX（催化部分氧化）+SOFC（固体氧化物燃料电池）组成，该组合具有简单稳固、动

态性良好和抗 CO 性好等特点。当然，其他组合也是可行的，而且正被一些团队研究。如图 22.1 所示，HSR（热蒸汽重整）和 PEFC 的组合具有更高的效率。除了这些系统，参考文献还提出了其他组合，例如 ATR/PEFC 组合[7]、ATR/SOFC 组合[8,9]、ATR/MCFC 组合[10,11] 等。有关详细信息，请参见本章末尾列出的参考文献。此处不对流程图做一一呈现。

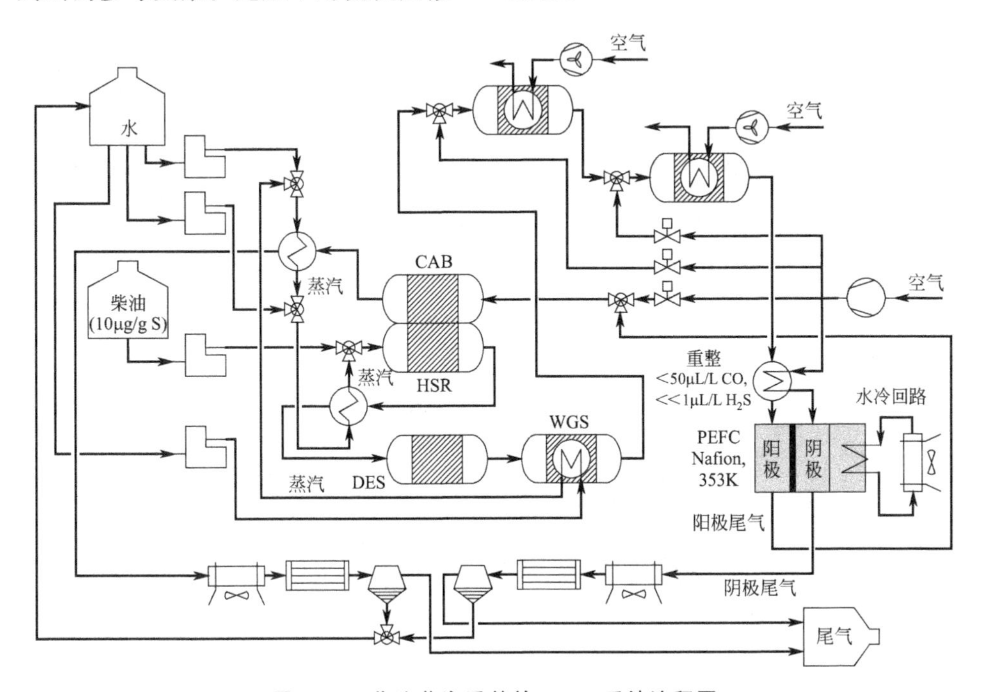

图 22.1　柴油蒸汽重整的 PEFC 系统流程图

CAB—催化燃烧器；HSR—热蒸汽重整；DES—烟气脱硫；WGS—水煤气变换反应

WGS 和 PROX 反应器被用作水冷或气冷的设备（例如微反应器）。

本图基于参考文献［12］和［13］进行选择设计

22.2.3　燃料加工中的催化剂

燃料加工中的化学反应是多相催化反应。为了使反应更活跃、更有选择性、更稳定，每一步反应都需要特定化学配方的催化剂。表 22.2～表 22.4 提供了活性金属的类型、载体、运行条件和使用方法等信息。值得注意的是，此分析过程中忽略了汽油的相关实验（请参阅 22.2.6 节），因为本章涉及卡车、轮船和飞机的 APU，而不涉及汽车的驱动系统。此外，美国能源部（DOE）于 1994 年终止了基于碳氢化合物的燃料电池驱动系统的相关研究[17]。

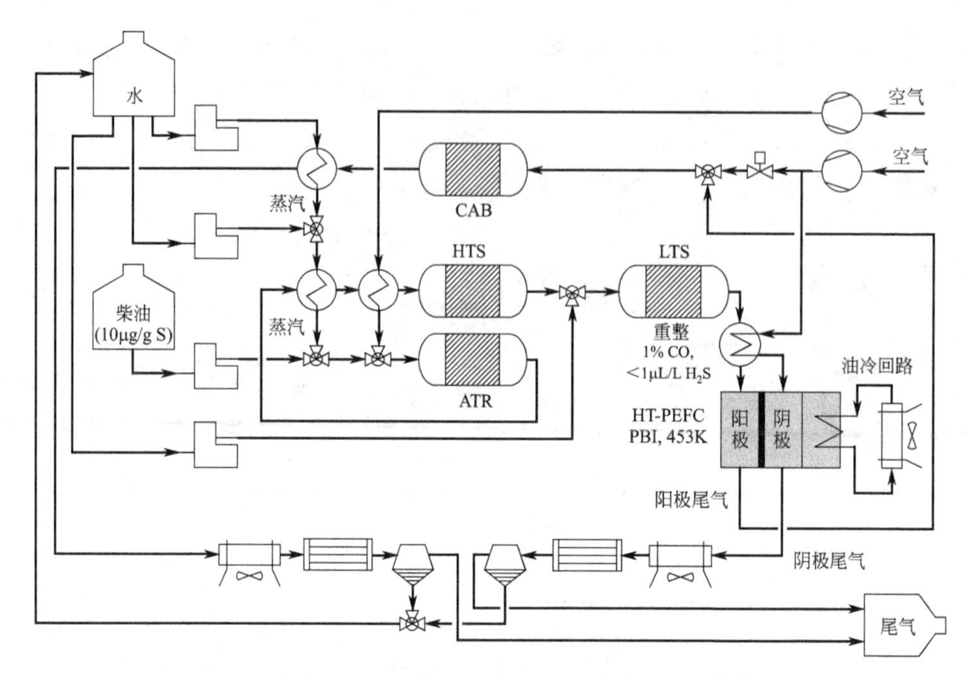

图 22.2 柴油自热重整 HT-PEFC 系统的流程图[14]

其中 WGS 反应器为绝热反应器

CAB—催化燃烧器；ATR—自热重整；HTS—高温转换反应器；LTS—低温转换反应器

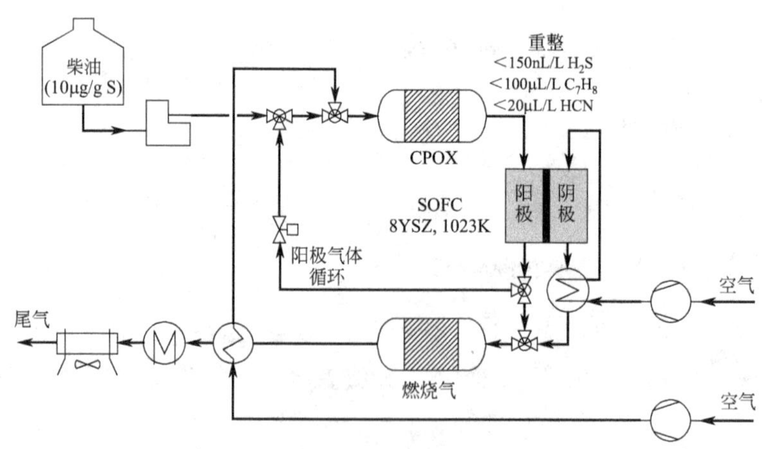

图 22.3 柴油部分氧化 SOFC 系统的流程图[15,16]

CPOX—催化部分氧化

表 22.2　不同重整过程的催化剂

活性金属	第二元金属	载体	燃料	过程	方法	来源
Ni，Pt，Pt-Ni，Ni-Pt，Pd，Pt，Pd-Ni	CeO_2	Al_2O_3	柴油	ATR	XPS，TPR，TPD，50h 活性测试，SO_2 测试	[18]，[19]
Mo_2C			$C_{16}H_{34}$	HSR，OSR	XPS，XRD，最大化 10h 活性测试，芳烃和硫的影响测试	[20]
Rh-Pt		Al_2O_3，SiO_2，CeO_2-ZrO_2，TiO_2	柴油	ATR	BET，XRD，TPR，TEM，H_2 化学吸收；3h 活性测试	[21]
$Rh_3Ce_{10}La_{10}$		δ-Al_2O_3	$C_{14}H_{30}$，费托合成柴油，柴油	ATR	XRD，TPR，运行参数	[22]
Rh，Rh-Pt	Ce，La	δ-Al_2O_3，γ-Al_2O_3	柴油	ATR	BET，XRD，TPR，TPO，XPS，H_2 化学吸收，3h 活性测试(包括 C_2H_4 等产物生成)	[23]，[24]
Rh	Mg	AlO_x	煤油	ATR	BET，XRD，50h 活性测试(包括 C_2H_4 等产物生成)	[25]
Ni	La	γ-Al_2O_3	煤油	HSR	XRD，TPR，20h 活性测试	[26]
Ru		$La_2Zr_2O_7$，γ-Al_2O_3	$C_{14}H_{30}$	POX	XRD，TPR，TPO，H_2 化学吸收，5h 活性测试(包括 C_2H_4 的生成和硫的影响)	[27]
Pt		氧化铝	$C_{14}H_{30}$，$C_{10}H_{18}$，$C_{11}H_{10}$	ATR，HSR，POX	BET，TPO，拉曼测试，XPS，C 的生成	[28]
Rh，Pt，Rh-Pt，Pd		ZrO_2	C_7H_8，$C_7H_{16}C_7H_{14}$，$C_{12}H_{26}$，$C_{16}H_{34}$	ATR	TPO，漫反射傅里叶变换红外光谱，SEM，6h 活性测试(包括硫和碳的沉积率)	[29]～[31]
Rh，Pt		$Ce_{0.56}Zr_{0.44}O_{2-x}$	$C_{14}H_{30}$	POX	TPO，6h 活性测试，多芳烃和硫的影响测试	[32]

注：过程列中，ATR—自热重整；HSR—热蒸汽重整；OSR—氧化重整；POX—部分氧化法。

方法列中，XPS—X 射线光电子能谱；TPR—程序升温还原；TPD—程度升温脱附；TPO—程序升温氧化；BET—比表面积气体吸附；TEM—透射电子显微镜。

表 22.3 水煤气转换反应的催化剂

活性金属	载体	操作运行条件	方法	来源
Au,Pt	$Ce_{0.9}La_{0.1}O_x$		CO-TPR,XRD,10h 活性测试,SO_2 测试	[33]
Pt-Re	CeO_2,ZrO_2,$Ce_{0.8}Zr_{0.2}O_2$	200～325℃,30000h^{-1}	活性试验	[34],[35]
Pt, Pt-Cu	CeO_2,Al_2O_3,ZrO_2	190～400℃,30000h^{-1}	20h 活性试验,漫反射傅立叶变换红外光谱,红外光谱,透射电镜	[36]～[38]
Pt-Re	CeO_2-ZrO_2	250～400℃, 300000～400000h^{-1}	60h 活性试验,TPR	[39]
Pt	CeO_2	200～375℃,20000h^{-1}	360h 稳定性试验,粒度分布	[40],[41]
Au	CeO_2	250℃,30000h^{-1}	XRD,IR,TEM,黄嘌呤,H_2-TPR,12h 活性测试	[42]

注:TPR—程序升温还原。

表 22.4 选择性氧化 CO 的催化剂及测试条件

活性金属	载体	操作运行条件	方法	来源
Au	Fe_2O_3,$Fe(OH)_3$	80℃,$\lambda=2$, 300000～800000h^{-1}	活性和选择性试验, 动力学测试	[43]
Pt	Al_2O_3	90～150℃,$\lambda=2$, 20000～80000h^{-1}	活性和选择性试验, 动力学测试	[44]
Pt,Au	Al_2O_3,Fe_2O_3	200℃/80℃,$\lambda=2$, 60000～80000h^{-1}	漫反射傅立叶 变换红外光谱	[45]
Pt,Ir,Pd	$Ce_xZr_{1-x}O_2$,CeO_2, MgO,La_2O_3,SiO_2, Al_2O_3,SiO_2-Al_2O_3	50～250℃,$\lambda=1$, 94000h^{-1}	活动和选择性测试	[46]
Cu-Ce	Al_2O_3	80～140℃,$\lambda=1$～2, 22000h^{-1}	活性和选择性试验,80h 稳定性试验,XRD,TPR	[47]
Co-Pt	TiO_2	20～180℃,$\lambda=1$～2, 22000h^{-1}	活性和选择性测试,180h 稳定性试验,XPS,TPR	[48]

注：$\lambda=\frac{\dot{n}_{O_2}}{\dot{n}_{O_2,\text{stoich}}}=\frac{\dot{n}_{O_2}}{\left(n+\frac{m}{2}\right)\dot{n}_{C_nH_m}}$，其中，$\dot{n}_{O_2}$ 为氧气摩尔流量；$\dot{n}_{C_nH_m}$ 为烃摩尔流量。

通常，重整催化剂含有 Rh、Pt、Ni 及其合金等活性材料。在水煤气转换反应（WGS）的催化剂中，CeO_2 作为载体材料，金或铂为活性金属。表 22.4 给出了一种适用于 CO 优先氧化的测试材料广谱图，重点关注 Al_2O_3 上的 Pt 和 Au。

22.2.4 燃料加工中反应器研究进展

表 22.5 列出了一系列关于燃料加工问题的科技论文，包括硫中毒、碳沉积、乙烯的形成和降解等。相关实验在实验室设备中进行。

表 22.6 中发布了进一步开发的相关数据。化学反应容器代表了该技术的原型状态。给出了制备混合物的原料数据，如 O_2/C 比、H_2O/C 比、功率等级和比负荷（GHSV）。运行时间和重整质量是重点，其中，重整质量可以通过工艺残渣或燃料转换率来评估。表 22.6 是残留烃（HCs）的相关数据，而图 22.4 显示了根据运行时间函数和残留烃进行燃料转换率❶计算的结果。最后，表 22.7 分别列出了有关单位体积功率密度（kW/L）和质量功率密度（kW/kg）已发布数据的汇编。

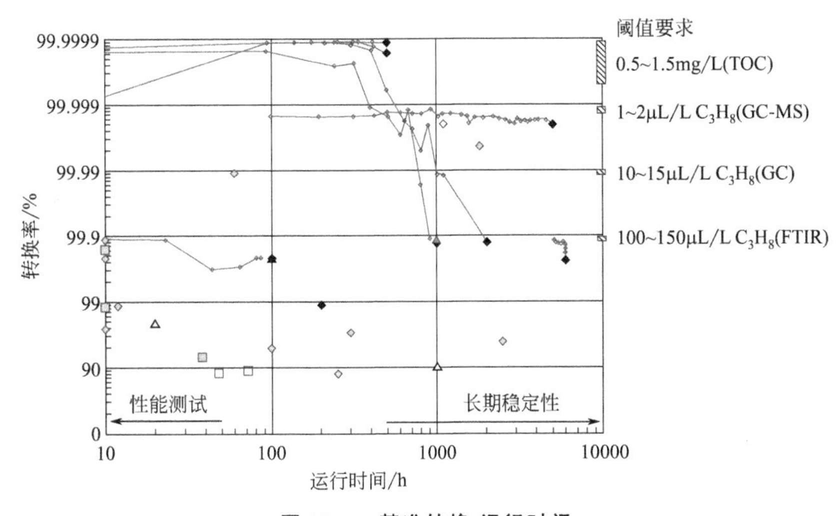

图 22.4　基准转换-运行时间

◆在 2007 年至 2013 年间的 ATR，参考文献为 Forschungszentrum Jülich，IEK-3[70-72]；
◇基于已发表参考文献[7,22,65-68,73,75] 中的数据所计算的 ATR；
◇基于会议[74] 所提数据计算的 ATR；□基于已发表参考文献[13,63,64] 中的数据所计算的 HSR；□基于会议[76] 所提数据计算的 HSR；▲基于已发表参考文献[15] 中的数据计算的 CPOX；△基于会议[77-80] 所提数据计算的 CPOX

---

❶ 燃料转换率 $\xi_C = 1 - \dfrac{\sum_{q=1}^{12} q y_{C_qH_p} \dfrac{p\dot{V}_{dry}}{RT} + \dfrac{q\dot{m}_{C_qH_p}}{M_{C_qH_p}} + \dfrac{TOC}{M_C} \times \dfrac{\dot{m}^{aq}_{H_2O}}{\rho_{H_2O}}}{n\dfrac{\dot{m}_{C_nH_m}}{M_{C_nH_m}}}$，其中，$y_j$ 为种类 j 的摩尔分数；$\dot{V}_{dry}$ 为干燥的体积流量；R 为气体常数；T 为温度；$\dot{m}$ 表示质量流量；M_j 为种类 j 的摩尔质量。

表 22.5 关于燃料加工重大问题的科技论文

过程	GHSV/h^{-1}	O_2/C①	H_2O/C②	燃料	方法	来源	基础
ATR,POX	7500～30000	0.5～2	1.5～3	JP-8 合成柴油	50h 活性测试,SO_2 和 H_2S 的影响	[49]	[18],[19]
ATR	7600～10800	0.4～0.52	2.1～2.5	柴油喷气燃料	ATR 最大测试 200h，燃料中 200%(质量分数)S 的影响	[50]	
ATR	9300～12400	0.37～0.51	2～3.2	$C_{14}H_{30}$,FT 柴油,柴油	ATR 测试,C_2H_4 生成	[22]	
ATR		0.43～0.49	3	柴油	ATR 测试,柴油润滑,碳沉积	[7]	[21]～[24],[50]
ATR	310000	0.34	3	柴油	ATR 测试,硫的影响,碳沉积	[51]	[29]～[31]
ATR	5000～38000	0.5～0.75	1.25	替代燃料($C_{16}H_{34}$ 等),柴油,GTL 柴油,汽油	ATR 测试,C_2H_4 生成,多环芳烃影响	[52],[53]	
ATR,POX,SR	5000～12500	0.5～1	1.25～3	替代燃料（$C_{12}H_{26}$/$C_{11}H_{10}$）,柴油	50h 活性测试,C_2H_4 生成,250h 降解测试,碳沉积(TPO)	[54]～[56]	[52],[53]
SR	15000～22000	—	4	$C_{16}H_{34}$	12h 活性测试,碳沉积	[57]	
SR			2.7～4	$C_{16}H_{34}$,C_8H_{18},汽油	73h 活性测试,没有碳沉积和 C_{1+}	[58]	
CPOX	190000～380000	0.4～0.8	—	$C_{16}H_{34}$,煤油柴油	给 $C_{16}H_{34}$ 和煤油做 100h/120h 活性测试	[59]	
CPOX	30000～50000	0.38～0.43	0.6	柴油,生物柴油	C_2 的形成量达到 0.8% C_2H_4，0.1% C_2H_6,碳沉积高达 0.1mg/m^3	[60],[61]	[62]

① $O_2/C=\frac{\dot{n}_{O_2}}{\dot{n}_C}=\frac{\dot{n}_{O_2}}{n\cdot\dot{n}_{C_nH_m}}$，其中，$\dot{n}_{H_2O}$ 为水蒸气摩尔流量；$\dot{n}_{O_2}$ 为氧气摩尔流量；$\dot{n}_{C_nH_m}$ 为烃摩尔流量。

② $H_2O/C=\frac{\dot{n}_{H_2O}}{\dot{n}_C}=\frac{\dot{n}_{H_2O}}{n\cdot\dot{n}_{C_nH_m}}$，其中，$\dot{n}_{H_2O}$ 为水蒸气摩尔流量；$\dot{n}_{C_nH_m}$ 为烃摩尔流量。

注：ATR—自热重整；POX—部分氧化法；SR—蒸汽重整；CPOX—催化部分氧化。

表 22.6 APU 重整开发的重要副产品和使用寿命

过程	燃料	额定热功率/kW	额定电功率/kW	O_2/C	H_2O/C	T/℃	GHSV/h^{-1}	HCs/(μL/L)；C/[mg/(kW·h)]；TOC/(mg/L)	方法	流投入生产时间/h	来源
SR	柴油替代燃料	4	1.5	—	5	700～800		426C_2H_6；176C_3H_8；50C_4H_{10}	GC-FID	N. d.	[13]
SR	柴油替代燃料	1	—	—	3～4	700～800	18000～25000	d. l. -1578C_2H_6；d. l. -673C_3H_8 7.2mg/(kW·h)	GC-FID	N. d.	[63]
OSR	柴油	10	5	0.15～0.2	3.3～8	700～800	12000（自算）	d. l. -3108C_2H_x；d. l. -1777C_3H_x；d. l. -1040C_4H_x；至 2327C_5-C_9	GC-FID	38	[64]
ATR	煤油	15	5	0.39～0.44	1.5	>800	50000	45～30C_2H_2；d. l. -55C_2H_4；10～120C_2H_6；25C_4H_{10}；至 2500C_{6+}	GC-TCD	300	[10]，[65]，[66]
ATR	煤油	—	1～2	0.68	2	>800	12500	1%～4%C_2H_4；0.5%C_3H_6（不含 N_2 和 H_2O）	GC-TCD GC-FID GC-PFPD	250	[67]
ATR	柴油	—	1～2	0.8	3	>800	12500	0～1.8%C_2H_4；0.2%C_3H_6（不含 N_2 和 H_2O）	GC-TCD GCFID GC-PFPD	2500	[68]
ATR	柴油替代燃料	—	3	0.41～0.45	1.7～1.9	740～800	30000	90～500mg/L		N. d.	[69]
ATR	JET A-1	—	5	0.47	1.9	>740	30000	40～200 C_6H_6；13.6～64.4mg/L <0.7mg/L <4.3mg/L 油相<130mg/L	GC/MS，TOC 分析	86 500 500 2000	[70]

续表

过程	燃料	额定热功率/kW	额定电功率/kW	O_2/C	H_2O/C	T/℃	GHSV/h^{-1}	HCs/(μL/L)；C/[mg/(kW·h)]；TOC/(mg/L)	方法	流投入生产时间/h	来源
ATR	柴油	—	5	0.47	1.9	>740		0.5～2mg/L 55C_3H_6；25C_4H_8； 13 C_6H_6 2～130mg/L	GC/MS，TOC分析	485 1000	[71]
ATR	煤油替代燃料	—	10	0.47	1.9	>800	30000	20mg/L	GC/MS，TOC分析	5000	[72]
ATR	BTL柴油	—	10	0.47	1.9	>800	30000	100C_2H_4；57C_2H_6； 73C_3H_6；36C_4H_8； 达到90mg/L	GC/MS，TOC分析	5000～6000	[72]
ATR	柴油，柴油替代燃料	14	—	0.49	2.5	600～800	17700	100～600C_2H_4	FTIR	N. d.	[22]
ATR	柴油	14	—	0.43	3	750	N. d.	700～800C_nH_m <10～15C_nH_m	FTIR	<10	[7]
CPOX	柴油	4～6	—	0.54～0.6	0	860～900	N. d.	0.5g/m^3 C_nH_m； 约400μL/LC_2H_4	N. d.	5	[15]
ATR	柴油	—	1	0.48	1.25	>770	N. d.	30μg/m^3C(30h)； 7μg/g C_2～C_7	ELPI	1811	[73]
ATR	柴油	—	2	0.475	0.9	N. d.	N. d.	<10μg/g C_3	GC	1100	[74]
ATR	JP-8(400μg/g S)	—	2	0.51	0.9	N. d.	N. d.	<50μg/g C_2； <10μg/g C_3； 3.5mg/h	GC/TOC	60	[74]

注：GC-FID—气相色谱-火焰电离检测；GC-TCD—气相色谱-热导检测；GC-PFPD—气相色谱-脉冲火焰光度检测；GC/MS—气相色谱/质谱；TOC分析—总有机碳分析；FTIR—傅里叶变换红外光谱；ELPI—电称低压冲击；GC/TOC—气相色谱/总有机碳分析。

表 22.7　重点关注功率密度的 APU 组件技术开发

设备(缩写)	功率密度/(kW/L)		质量比功率/(kW/kg)		年份	来源	电功率/kW	备注
	热功率密度	电功率密度	热功率	电功率				
POX	1.6	—	—	—	2005	[77]	5(热功率)	等离子辅助 POX
POX	2.6	—	—	—	2005	[77]	20(热功率)	等离子辅助 POX
ATR	0.6	—	1	—	2006	[81]	5(热功率)	
ATR	—	2	—	—	2006	[82]	5	
ATR	—	5.2	—	—	2007	[75]	5	燃料：C_8H_{18}
ATR	1.7	—	1	—	2009	[83]	5(热功率)	
ATR	2.6	—			2009	[83]	25(热功率)	ATR，WGS+H_2S trap
ATR	2.8～3.6	1.1～1.4	2.2～2.3	0.9～1.0	2013	[72]	5	集成换热器
ATR	3.3	1.4	2.3	1	2013	[72]	7.5	集成换热器
ATR	3.5	1.3	3.3	1.2	2013	[72]	10	集成换热器
ATR	3.3	1.2	3.2	1.1	2013	[72]	50	集成换热器
OSR/CAB	9.4	3.8	—	—	2009	[12]	0.92	基于柴油的 $H_{u,th}$，入口
OSR/CAB	10.6	2.9	2.8	0.8	2009	[64]	5	
HSR	0.22	—	—	—	2010	[84]	3	HSR+WGS 作为燃料处理器
WGS	—	4	—	—	2006	[82]	5	
HT-WGS	—	1.7	—	—	2007	[75]	5	如上所示

续表

设备(缩写)	功率密度/(kW/L)		质量比功率/(kW/kg)		年份	来源	电功率/kW	备注
	热功率密度	电功率密度	热功率	电功率				
LT-WGS	—	1.6	—	—	2007	[75]	5	如上所示
WGS	10.6	—	—	—	2009	[12]	—	基于 H_2+CO 的 $H_{u,th}$
PROX	—	17.1	—	12.7	2001	[85]	7.5	专为甲醇 SR 设计;入口 CO 达 0.6%(体积分数,湿)
PROX	—	10.8	—	8.3	2001	[85]	20	如上所示
PROX	—	1.7	—	—	2007	[75]	5	如上所示
PROX	—	2.9	—	—	2009	[12]	1.44	基于 H_2+CO 的 $H_{u,th}$
CAB	—	1	—	—	2006	[82]	5	
CAB	2.1	0.6	1.8	0.5	2013	[86]	5	CAB(包括基于 H_2+CO 的 $H_{u,th}$ 集成换热器)
CAB	3.0	0.9	2.0	0.6	2013	[86]	8	如上所示
CAB	6.3	2.0	4.7	1.5	2013	[86]	4.5	如上所示

注：POX—部分氧化法；ATR—自热重整；OSR—氧化重整；CAB—催化燃烧器；HSR—热蒸汽重整；WGS—水煤气变换反应；HT-WGS—高温水煤气变换反应；LT-WGS—低温水煤气变换反应；PROX—优先氧化法

此处对图 22.4 中的数据做出了一些补充说明。由于实验条件不具有或仅具有部分可比性，且会议论文提供的数据资料往往不完整，因此这些数据集与论文发表的数据会有所不同。

相关实验研究主要集中在短期内的性能测试。长期的性能测试实验研究较少。参考文献［70］～［72］中获得的数据明确表明，随着测试的不断进行，燃料转化率会降低。可以预见，短期性能测试的数据也会随着运行时间的延续而呈现转化降低的趋势。只有经过优化的技术才能维持 5000h 的稳定运行。测量精度也至关重要。图 22.4 表示所测残留物与所算转换率之间的关系。其基准点被定为丙烯（C_3H_8）的气相阈值和以“每升含有机碳克数”为单位的液相 TOC 值。

22.2.5　具体目标下的数据集完善

不同的 APU 应用引导着更深入目标数据的设置，如参考文献［16］所示。但是，有关启动时间、负载变化、排放和成本等特征数据只发表在个别论文中，目前尚无法将所有信息归纳并以图表的形式显示。当前燃料加工系统也缺乏相关的功率密度数据，除了为数不多的论文数据，例如 Samsun 等人提到，5kW（电功率）HT-PEFC 柴油重整系统和 3kW（电功率）PEFC 汽油 ATR 系统均为 $120W \cdot L^{-1}$[87]。

22.2.6　其他燃料

能源部在 1994 年决定停止对烃基燃料电池驱动系统的研发，这导致市场转向辅助动力装置和汽车排放控制领域。由于用于汽车的 APU 吸引力不大，因此尚未进行能源载体汽油的相关评估。但有关汽油及其替代品的相关调查资料在参考文献［88］～［93］中有所记录。如：在关于露营车的 APU 应用的文献中，将“液化石油气”作为能源载体进行了探讨。APU 的休闲应用将在书中其他章节进行讨论。

参考文献

[1] Xu, J. and Froment, G.F. (1989) *AIChE J.*, **35** (1), 88–96.
[2] Park, C. and Baker, R.T.K. (1998) *J. Catal.*, **179**, 361–374.
[3] Park, C. and Baker, R.T.K. (2000) *J. Catal.*, **190** (1), 104–117.
[4] Park, C. *et al.* (1997) *J. Catal.*, **169**, 212–227.
[5] Bartholomew, C.H. (1982) *Catal. Rev.*, **24** (1), 67–112.
[6] Rostrup-Nielsen, J.R. (1984) Catalytic steam reforming, in *Catalysis – Science and Technology* (eds J.R. Anderson and M. Boudart), Springer, Berlin, p. 130.
[7] Lindström, B. *et al.* (2009) *Int. J. Hydrogen Energy*, **34** (8), 3367–3381.
[8] Göll, S. *et al.* (2012) *Fuel Cells*, **12** (3), 474–486.
[9] Göll, S. *et al.* (2011) *J. Power Sources*, **196** (22), 9500–9509.
[10] Aicher, T. *et al.* (2006) *J. Power Sources*, **154** (2), 503–508.
[11] Bensaid, S. *et al.* (2009) *Int. J. Hydrogen Energy*, **34** (4), 2026–2042.
[12] Kolb, G. *et al.* (2009) *Catal. Today*, **147**, S176–S184.
[13] Engelhardt, P. *et al.* (2012) *Int. J. Hydrogen Energy*, **37** (18), 13470–13477.

[14] Samsun, R.C. *et al.* (2012) *Energy Proc.*, **29**, 541–551.

[15] Lindermeir, A. *et al.* (2007) *Appl. Catal. B: Environ.*, **70** (1–4), 488–497.

[16] Peters, R. (2010) Auxiliary power units for light-duty vehicles, trucks, ships and airplanes, in *Hydrogen and Fuel Cells* (ed. D. Stolten), Wiley-VCH Verlag GmbH, Weinheim, pp. 681–714.

[17] D.o.E (2004) On-board Fuel Processing Go/No-Go Decision: DoE. Decision Team Committee Report. Available from: http://www.hydrogen.energy.gov/pdfs/fuel_processing.pdf.

[18] Cheekatamarla, P. and Lane, A. (2005) *Int. J. Hydrogen Energy*, **30** (11), 1277–1285.

[19] Cheekatamarla, P.K. and Lane, A.M. (2006) *J. Power Sources*, **154** (1), 223–231.

[20] Cheekatamarla, P.K. and Thomson, W.J. (2006) *J. Power Sources*, **158** (1), 477–484.

[21] Karatzas, X. *et al.* (2011) *Appl. Catal. B: Environ.*, **106** (3–4), 476–487.

[22] Karatzas, X. *et al.* (2011) *Catal. Today*, **164** (1), 190–197.

[23] Karatzas, X. *et al.* (2011) *Appl. Catal. B: Environ.*, **101** (3–4), 226–238.

[24] Karatzas, X. *et al.* (2011) *Catal. Today*, **175** (1), 515–523.

[25] Harada, M. *et al.* (2009) *Applied Catal. A: General*, **371** (1–2), 173–178.

[26] Sugisawa, M. *et al.* (2011) *Fuel Process. Technol.*, **92** (1), 21–25.

[27] Haynes, D.J. *et al.* (2010) *Catal. Today*, **155**, 84–91.

[28] Shamsi, A. *et al.* (2005) *Appl. Catal. A-Gen.*, **293**, 145–152.

[29] Kaila, R.K. *et al.* (2007) *Catal. Lett.*, **115** (1–2), 70–78.

[30] Kauppi, E.I. *et al.* (2010) *Int. J. Hydrogen Energy*, **35** (15), 7759–7767.

[31] Kaila, R.K. *et al.* (2008) *Appl. Catal. B: Environ.*, **84** (1–2), 223–232.

[32] Shekhawat, D. *et al.* (2006) *Appl. Catal. A-Gen.*, **311**, 8–16.

[33] Fu, Q. *et al.* (2003) *Supramol. Sci.*, **301** (5635), 935–938.

[34] Balakos, M.W. and Wagner, J.P. (2002) High performance water–gas shift catalysts for fuel processing. Fuel Cell Seminar, Palm Springs, CA, 18-21 November 2002.

[35] Wagner, J.P. *et al.* (2005) WO 2005070536 A1, Catalyst for production of hydrogen.

[36] Liu, X. *et al.* (2005) *Appl. Catal. B: Environ.*, **56** (1–2), 69–75.

[37] Ruettinger, W. *et al.* (2003) *J. Power Sources*, **118** (1–2), 61–65.

[38] Ruettinger, W.F., Liu, X., and Farrauto, R. (2002) US 20020141938 A1, Enhanced stability water-gas shift reaction catalysts.>

[39] Choung, S.Y. *et al.* (2005) *Catal. Today*, **99** (3–4), 257–262.

[40] Swartz, S.L. *et al.* (2002) Ceria-based water–gas-shift catalysts. Fuel Cell Seminar, Palm Springs, CA, 18-21 November 2002.

[41] Swartz, S.L. *et al.* (2001) *Fuel Cells Bull.*, **4** (30), 7–10.

[42] Liu, X. *et al.* (2013) *J. Catal.*, **300**, 152–162.

[43] Kahlich, M.J. *et al.* (1999) *J. Catal.*, **182**, 430–440.

[44] Korotkikh, O. and Farrauto, R. (2000) *Catal. Today*, **62**, 249–254.

[45] Schubert, M.M. *et al.* (1999) *J. Power Sources*, **84**, 175–182.

[46] Mariño, F. *et al.* (2004) *Appl. Catal. B: Environ.*, **54** (1), 59–66.

[47] Cheekatamarla, P.K. *et al.* (2005) *J. Power Sources*, **147** (1–2), 178–183.

[48] Epling, W.S. *et al.* (2003) *Chem. Eng. J.*, **93** (1), 61–68.

[49] Cheekatamarla, P.K. and Lane, A.M. (2005) *J. Power Sources*, **152**, 256–263.

[50] Karatzas, X. *et al.* (2010) *Chem. Eng. J.*, **156** (2), 366–379.

[51] Kaila, R.K. *et al.* (2008) *Appl. Catal. B: Environ.*, **84** (1–2), 324–331.

[52] Kang, I. and Bae, J. (2006) *J. Power Sources*, **159** (2), 1283–1290.

[53] Kang, I. *et al.* (2006) *J. Power Sources*, **163** (1), 538–546.

[54] Yoon, S. *et al.* (2008) *Int. J. Hydrogen Energy*, **33** (18), 4780–4788.

[55] Yoon, S. *et al.* (2009) *Int. J. Hydrogen Energy*, **34** (4), 1844–1851.

[56] Kang, I. *et al.* (2007) *J. Power Sources*, **172** (2), 845–852.

[57] Thormann, J. *et al.* (2008) *Chem. Eng. J.*, **135S**, 74–81.

[58] Ming, Q. *et al.* (2002) *Catal. Today*, **77**, 51–64.

[59] Cheekatamarla, P.K. and Finnerty, C.M. (2008) *Int. J. Hydrogen Energy*, **33** (19), 5012–5019.

[60] Lin, J. *et al.* (2013) *Int. J. Hydrogen Energy*, **38** (27), 12024–12034.

[61] Lin, J. *et al.* (2013) *Energy Fuels*, **27** (8), 4371–4385.

[62] Trabold, T.A. *et al.* (2012) *Int. J. Hydrogen Energy*, **37** (6), 5190–5201.

[63] Maximini, M. *et al.* (2012) *Int. J. Hydrogen Energy*, **37** (13), 10125–10134.

[64] O'Connell, M. *et al.* (2009) *Int. J. Hydrogen Energy*, **34** (15), 6290–6303.

[65] Lenz, B. and Aicher, T. (2005) *J. Power Sources*, **149**, 44–52.

[66] Lenz, B. (2007) Untersuchungen zur autothermen Reformierung von Kerosin Jet A-1 zur Versorgung oxidkeramischer Festelektrolyt-Brennstoffzellen (SOFC), Abteilung Maschinenbau, Universität Duisburg-Essen, Duisburg, p. 148.

[67] Yoon, S. *et al.* (2009) *J. Power Sources*, **192** (2), 360–366.

[68] Yoon, S. *et al.* (2012) *Int. J. Hydrogen Energy*, **37** (11), 9228–9236.

[69] Pasel, J. *et al.* (2004) *Fuel Cells*, **4** (3), 225–230.

[70] Pasel, J. *et al.* (2007) *Int. J. Hydrogen Energy*, **32** (18), 4847–4858.

[71] Porš, Z. *et al.* (2008) *Fuel Cells*, **2**, 129–137.

[72] Pasel, J. *et al.* (2013) *Energy Fuels*, 4386–4394.

[73] Rautanen, M. *et al.* (2013) *Fuel Cells*, **13** (2), 304–308.

[74] Roychoudhury, S. *et al.* (2008) Long term operation of a diesel/JP-8 fuel processor. Fuel Cell Seminar, Phoenix, Arizona, 28–30 October 2008.

[75] Kolb, G. *et al.* (2007) *J. Power Sources*, **171** (1), 198–204.

[76] Venkataraman, G. *et al.* (2005) Multi kilowatt fuel flexible reformer for SOFCs. Fuel Cell Seminar, Palm Springs, CA, 14–18 November 2005.

[77] Elangovan, S. *et al.* (2005) Sulfur tolerant liquid fuel reformer. SECA Core Technology Program Workshop, Lakewood, Colorado, 27 October 2005.

[78] Shaffer, S. (2005) Presented at 2005 SECA Review Pacific Grove, CA, 20 April 2005.

[79] Shekhawat, D. *et al.* (2010) Fuel processing R&D at NETL. Presented at 11th Annual SECA Workshop, Pittsburgh, PA, 27–29 July 2010.

[80] Perna, M.A. *et al.* (2005) Demonstration of a 10kW diesel fuel processor with a solid oxide fuel cell. Fuel Cell Seminar, Palm Springs, CA, 14–18 November 2005.

[81] Roychoudhury, S. *et al.* (2006) *J. Power Sources*, **160** (1), 510–513.

[82] Grube, T. *et al.* (2006) *VDI-Ber.*, **1975**, 499.

[83] Roychoudhury, S. (2009) Recent fuel processor development at PCI. 10th Annual SECA Workshop. Pittsburgh, PA, 14–16 July 2009.

[84] Ming, Q. *et al. Fuel Cells Bull.*, **2010** (1), 12–15.

[85] Dudfield, C.D. *et al.* (2001) *Int. J. Hydrogen Energy*, **26**, 763–775.

[86] Meißner, J. *et al.* (2014) *Int. J. Hydrogen Energy*, **39**, 4131–4142.

[87] Severin, C. *et al.* (2005) *J. Power Sources*, **145** (2), 675–682.

[88] Kolb, G. *et al.* (2008) *Chem. Eng. J.*, **137** (3), 653–663.

[89] Hartmann, M. *et al.* (2011) *Appl. Catal. A-Gen.*, **391** (1–2), 144–152.

[90] Mayne, J.M. *et al.* (2010) *J. Catal.*, **271** (1), 140–152.

[91] Kaila, R. and Krause, A. (2006) *Int. J. Hydrogen Energy*, **31** (13), 1934–1941.

[92] Borup, R.L. *et al.* (2005) *Catal. Today*, **99** (3–4), 263–270.

[93] Mayne, J.M. *et al.* (2011) *Appl. Catal. A-Gen.*, **400** (1–2), 203–214.

23 用于辅助动力装置的PEFC系统

Remzi Can Samsun

Forschungszentrum Jülich GmbH, IEK-3, Leo-Brandt-Straße, 52425 Jülich, Germany

摘要

本章讨论了应用于辅助动力装置的聚合物电解质燃料电池（PEFC）技术。与用于氢动力的推进装置（参考“推进力”相关章节）不同，本章重点在于PEFC中的重整。此外，本章还给出了系统方面的相关介绍，如应用概念、系统设计、系统效率，以及系统测试的结果选择。

关键词：辅助动力装置；抗CO性能；聚合物电解质燃料电池（PEFC）；质子交换膜燃料电池；重整

23.1 引言

本章介绍了聚合物电解质燃料电池（PEFC）技术在辅助动力装置（APU）中的应用。其中重点介绍了在APU应用中常见的重整操作。在本书的“推动力”相关章节（第10章～第14章）中，已对PEFC技术的主要相关知识点进行了介绍，因此本章不再赘述。当前的研究成果主要集中在PEFC技术的重整操作上。本章首先讨论了含CO典型成分在重整中对PEFC的影响。介绍了一种典型的缓解CO中毒方法——引气，概述了重整过程中单电池和电池堆测试的结果，以说明不同的重整组合物对性能的影响。在此基础上，后文集中讨论了系统相关的其他方面，包括引入基于PEFC技术的APU系统的其他应用、系统设计基础，以及在系统水平进行测试得到的系统效率和结果评价。

23.2 PEFC的重整操作

在含CO的重整产品上运行的PEFC，通常使用铂合金电极来减少CO中毒引起的阳极过电位损失[1]。抗CO催化剂通常是将Pt与贱金属组合形成合金，如Ru、

Sn、Co、Cr、Fe、Ni、Pd、Os、Au、W、Mo、Mn或这些元素的组合[2]。其中最有效的合金是原子比为1∶1的Pt-Ru合金[1]。与Ru形成合金有双重作用[3]：首先，Ru形成的氢氧化物可用于CO氧化反应；其次，它降低了Pt和CO之间的键能。

该重整中的主要成分（即 N_2 和 CO_2）通过降低氢分压的稀释作用和因氢扩散率降低所引起的惯性效应，影响整个系统的性能和耐久性。在PEFC系统的典型操作条件中，水煤气变换逆反应中存在 CO_2 的情况下会产生CO，但对Pt-Ru阳极却没有明显影响[1]。

即使是微量水平，CO对电池的性能和耐久性也有显著影响，并增加 H_2O_2 的产量。这对膜电极组件（MEA）的化学性能和机械完整性十分不利。同时，如果材料晶体的空位明显减少，电池电压也会受到不利影响[1]。参考文献［2］详细综述了PEFC催化剂的CO污染。即使是Pt-Ru电极也会有明显的CO过电位损失，尤其是在高电流密度下运行时。参考文献［1］解释了这一点，即使是最先进的电极，其CO氧化电流峰值也约为390mV。

微量杂质 NH_3、H_2S 和有机小分子等对PEFC有长期的、不可逆转的影响[1]。据报道，若将电池暴露在 NH_3（30μL/L）中15h后，电池电压将降至异常水平，即使在纯 H_2 中工作数天电池也不无法恢复[4]。H_2S 即使在十亿分之一（nL/L）的量级上，对电极也是有害的，因为它可以牢牢吸附在铂和钌上；而钌既不会增加 H_2S 的耐受性，也不会在恢复过程中起作用[1]。CH_4 吸附在铂电极上则没有不良反应。HCHO和HCOOH都对性能有负面影响；HCHO的中毒系数是CO的0.1倍，而HCOOH的中毒系数仅为CO的0.004倍[1]。

引气是最常用的CO缓蚀方法，通过将空气注入阳极，使CO被氧化为 CO_2。通常情况下，有效去除CO需要 O_2/CO的比值大于100；由于稀释效应，当CO浓度降低时，该比值将增加[1]。然而，通过在阳极中引入过量的氧气，则会促进 H_2O_2 的进一步增加。如果在脉冲模式下进行引气则会减少 H_2O_2 的生成，从而保留有价值的氢。对于10μL/L CO浓度下的重整，脉冲式引气比连续式引气减少了至少80%的空气量，并使氟化物释放率降低70%以上，使得氟化膜/离聚物的指标良好[1]。参考文献［5］通过对MEA每一个阳极侧放置的衬布进行微小改动，使得引气的效率有所提高。结果表明，将Pt阳极的CO耐受度提高到与Pt-Ru阳极的相同水平是可行的。对于含有100μL/L CO且有2%引气的重整，Pt-Ru阳极的负载可以降低至0.2mg/cm^2[6]。

已研究了 CO_2、CO和引入空气在瞬态运行时对电流分布的影响[3]。作者观察到CO中毒的缓慢动态反应。将10μL/L CO添加到原料流1h后，电流分布达

表 23.1 文献中基于实验结果的电池性能相关数据

重整成分	性能数据 /mV @(mA/cm²)	操作参数	有效电池面积 /cm²	催化剂体系	负载	来源
60% H_2,25% CO_2,15% N_2, 100μL/L CO	680 @ 500; 475 @ 1000	75 ℃,3 bar	25	20% Pt-Ru	0.5mg/cm²(Pt)	[8]
80% H_2,20% CO_2	635 @ 400	60 ℃,1 atm	58	Pt	0.26～1.46mg/cm² (阳极/阴极,Pt/Pt)	[9]
H_2; H_2+25μL/L CO; H_2+50μL/L CO; H_2+100μL/L CO; H_2+200μL/L CO	650 @ 980; 650 @ 680; 650 @ 440; 650 @ 295; 650 @ 185	65℃,1atm λ_a=1.5 λ_c=3.0 100% RH	25	Pt-Ru	0.45mg/cm² (阳极,Pt-Ru) 0.6mg/cm² (阴极,Pt)	[10]
H_2; H_2+25μL/L CO; H_2+25μL/L CO; (2%空气引气)	600@ 1380; 600 @ 750; 600 @ 1015	如上所示	如上所示	如上所示	如上所示	[10]
H_2 H_2+200μL/L CO; H_2+200μL/L CO; (2% 空气引气); H_2+200μL/L CO; (5% 空气引气)	600 @ 1360; 600 @ 220; 600 @ 920; 600 @ 1170	如上所示	如上所示	如上所示	如上所示	[10]
H_2; 70% H_2,30% CO_2,10μL/L CO; 70% H_2,30% CO_2,50μL/L CO	700@400; 600@400; 440@400	70℃,1.36bar λ_a=3.0(纯 H_2) λ_a=2.0(重整混合物) λ_c=2.5	10	40% Pt-Ru	0.6mg/cm² (阳极,Pt-Ru) 1.7mg/cm² (阴极,Pt)	[11]

到稳定状态。这意味着在负载变化过程中，允许 CO 浓度短暂达到 100μL/L 的峰值水平，而不会产生严重的中毒情况[3]。参考文献［7］中比较了几种运行策略，以最大限度减少因停机而导致的性能损失。结果显示，阴极净化氢气和使用负载消耗氧气的方式最有效，分别是在阳极和阴极使用氢气和空气的氢气净化策略，其降解率（860A/cm^2）为 23μV/循环。该策略的主要缺点是阳极会被降解，特别是在 Pt-合金催化剂和含 CO 燃料结合使用时。

表 23.1 呈现了文献中基于实验结果的电池性能相关数据。由于这些数据是从极化曲线中提取的，所以各个数值都视为近似值。

类似地，表 23.2 给出了重整操作下基于实验结果的电池组性能相关数据。

表 23.2　文献中基于实验结果的电池组性能相关数据

重整成分	性能数据/mV @(mA/cm^2)	操作参数	催化剂体系	备注	来源
5μL/L CO,剩余为 H_2	560@ 480; 400@ 1000	80℃, $\lambda_a=1.5,\lambda_c=2.8$	0.2～0.4mg/cm^2 (阳极/阴极,Pt/Pt)	运行 3h 后的 5kW 电堆	[12]
5μL/L CO,剩余为 H_2	540@ 480; 390@ 1000	95℃, $\lambda_a=1.5,\lambda_c=2.8$	如上所示	如上所示	[12]
57% H_2,23% CO_2, 20% N_2,50μL/L CO, 2%空气引气	710@ 500; 655@800	60℃,2bar 100%RH $\lambda_a=1.5,\lambda_c=2.0$	0.45mg/cm^2 (阳极,Pt-Ru) 0.4mg/cm^2 (阴极,Pt)	40 电池电堆 5kW	[13,14]
25%H_2,30%CO_2, 45% N_2,50 μL/L CO, 2%空气引气	680 @ 500; 610 @ 800	如上所示	如上所示	如上所示	[13,14]

电池和电池组的性能评估主要采用综合重整而非实际重整的混合物。在公开文献中，耐久性实验的数据也非常有限。将一个有效面积为 58cm^2 的单电池，在合成重整（80%的 H_2，20%的 CO_2）和空气（60℃，1atm）条件下运行 5000h 以上，其衰减率小于 1%/1000h[9]。利用重整进行热电联产应用的 PEFC 电池组的长期性能测试结果显示，降解率约 10μV/h 下可以运行超过 15000h[15]。参考文献［10］中使用 200μL/L CO 和 5%空气引气的 300h 稳定性测试显示，使用 Pt-Ru 阳极催化剂，电池的输出功率保持稳定，且总降解率低于 2%。

Pt-Ru 催化剂应用的主要挑战是：Pt-Ru 催化剂在电位高于 500mV 会发生 Ru 溶解，且 Pt 阴极产生迁移和沉积[16]。研究指出，通过将稳定的 Pt-Ru 结构与适当的载体和稳定剂相结合，可以减少 Ru 的溶解。

23.3 应用概念

迄今为止，作为动力辅助装置的 PEFC 系统应用十分广泛。参考文献［17］

对燃料电池系统作为APU在大型游艇上的应用进行了可行性研究。大型游艇所需的最大功率（电功率）为1200kW，其中的200kW由蓄电池提供，剩下的1000kW由5个Nuvera公司生产的燃料电池模块提供，每个模块提供210kW，并考虑系统冗余设置第六个备用模块。负载变化介于±30kW到±100kW之间，而210kW的PEFC模块用于补偿这些波动。

参考文献［18］分析了在飞机上集成一个PEFC系统用以辅助动力系统的部分供电。该应用考虑了不同的系统结构，包括利用系统外部的氢气和压缩空气。当使用涡轮增压器来驱动空气压缩机且飞机处于巡航状态时，系统的效率更高（47.8%～50.5%）。参考文献［19］从理论上分析了双通道飞机上用150kW（电功率）的含氢PEFC系统替代燃气轮机的APU应用。仿真结果表明，该系统能够在无须主发动机辅助时携带着4600kg的起飞质量达到指定速度。参考文献［20］～［22］则对民用飞机中的PEM燃料电池集成进行了进一步分析。

重型卡车在固定模式下的功率需求（电功率）为1.5kW，峰值可达5.5kW。HyTRAN项目为卡车APU应用开发了一个5kW（电功率）的柴油PEFC系统[23]。FCGEN项目则在卡车APU应用上开发了一个净电力输出为3kW的系统。PowerCell公司[24] 和Nuvera公司[25] 也正在积极开发基于PEFC技术的卡车APU系统。另一种已开发的功率等级为1.5kW（电功率）的柴油驱动的PEFC系统，将用作旅行车和游艇的移动式APU[26]。参考文献［27］提出了一个为客运车辆APU开发的重整汽油驱动的3kW PEFC系统。参考文献［28］中，将氢动力的PEFC系统用作冷藏车的APU，以便于便利店的运输。与现行的11%的系统效率相比，基于不同负载水平的燃料电池系统，其效率估计在31%～41%之间。

一套基于液化石油气的PEFC辅助动力装置[29]，不仅适用于露营和船舶运输业，还可用于电信、离网服务和移动服务等领域。

23.4 系统设计

参考文献［30］对APU应用的10kW PEFC系统两种可能的重整路径进行了比较。结果显示，自热重整路线具有良好的水平衡和简单的工艺方案；蒸汽重整路线虽然需要向阳极提供更高的氢离子浓度，但其同时具备良好的水平衡和高效率。有关重整路线的详细比较，请参见第22章（APU的重整技术）。在HyTRAN项目中，“5kW的柴油重整PEM燃料电池辅助动力装置作为卡车车载供能设备”选择了蒸汽重整路线[23,31]。根据该系统的原理图，蒸汽重整装置与一个后燃器相结合，为吸热式蒸汽重整反应提供热量；并利用阴极排出的空气，对变换反应器和阳极入口处的重整反应进行冷却；加热后的空气则被用于后燃器进行燃烧项目。由于重整 PEFC 系统的复杂性，在系统设计中往往更倾向于利用先进的热集成概念。最近，欧洲项目 FCGEN 再次基于柴油重整的 PEM 技术，旨在卡车上开发和演示一个已经得到概念验证的完整燃料电池辅助动力系统。该项目选择了自热重整路线。项目合作伙伴包括 Volvo、PowerCell、Forschungszentrum jlich、Modelon、Johnson Matthey、Fraunhofer ICT-IMM 以及 Josef Stephan 研究所。图 23.1 显示了 FCGEN 项目中简化的 PEFC 系统结构图。通过在重整器和催化燃烧器中使用集成换热器实现了重整的蒸汽的制备。水煤气转换器和 CO 选择性氧化反应器的冷却流是分流的，以实现柔性操作和精确控制。利用变换反应器的热空气对阳极尾气进行加热，以确保催化燃烧器中能够以空气来点燃废气。在进入硫阱之前，通过蒸发冷却给重整产物降温。由此产生的蒸汽被用作转变换反应器的离析物。虽然该系统包括若干热回收流，但仍能够实现精准控制。

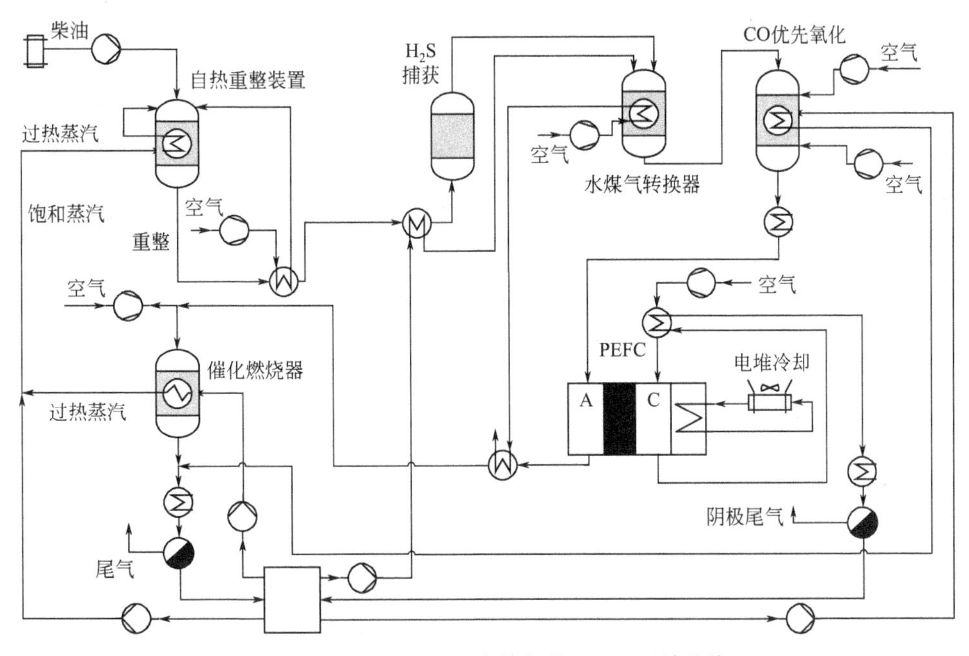

图 23.1　FCGEN 项目中简化的 PEFC 系统结构

PowerCell 公司开发的基于 PEFC 技术的 APU 系统，由燃料电池、自热重整装置和热量-空气-水管理平衡装置组成，以保障重整器和燃料电池的正常运行。该重整发生在自热重整装置中，重整过程产生氢气、二氧化碳、甲烷和一氧化碳。然后，重整流通过一个由脱硫剂、两级水煤气转换反应器和两级 CO 优先氧化反应器组成的净化反应器系统，多余的重整原料被送入燃料电池出口的后燃器中。该燃烧器为重整器提供预热空气和蒸汽[32]。燃料处理器要求 CO 浓度在稳定状态下最大为 20μL/L，在瞬态过程中最大为 50μL/L[24]。

文献记载，可利用选择性甲烷[33]或变压吸附[34]等方法替代 PEFC 系统以实现 CO 的有效清除。

23.5 系统效率

来自 PowerCell 公司的 APU 系统净效率为 29%，该数值是将 10kW 热负荷下的燃料电池折算成柴油机的电功率输出计算得出。当总效率包括电厂平衡辅助部件和电力电子技术的寄生损耗时，其值在 19%～23.5%之间变化。PowerCell 公司正在开发下一代 APU，主要通过减少蒸汽生成过程中所需的氢气将效率提高到 30%[32]。实际的现场测试系统的体积小于 320L，质量为 175kg。启动时间少于 30min，使用寿命至少 2000h，超过 1000 个启停周期[35]。

由 Nuvera 公司开发的 10kW（电功率）多燃料 APU，使用 E85 燃料时系统效率高达 25%～31%，使用柴油燃料时系统效率为 25%～30%，且每一种的硫含量都低于 3μg/g。10kW（电功率）系统的效率预测值为 34%，而优化过电厂平衡辅助部件的 80kW（电功率）规模的高功率系统其效率预测值为 43%以上[25]。

在液化石油气的蒸汽重整系统中[29]，ZBT 公司的输出功率为 350W 的 PEFC 系统总 APU 效率达到了 28.5%。

23.6 系统测试

PowerCell 公司的 PEFC 电池组在重整时，其最大的电池组功率（电功率）约 360kW，电流为 240A，电压为 16V。与氢相比，柴油重整的电压低 10%。该堆是在 85℃ 和 80% 相对湿度下运行，且阳极和阴极的化学计量分别为 1.25 和 2[24,32]。

参考文献 [26] 在分析基于柴油机和 PEFC 的蒸汽重整的集成燃料电池辅助动力装置运行期间，发现电池组电压对残余烃具有高度敏感性。蒸汽重整装置使用硫含量小于 2μg/g 的柴油替代品驱动。若阳极入口处的湿重整产物中残留烃浓度超过 1000μL/L，将导致催化剂失活，而烃浓度小于 100μL/L（湿重整）时则几乎没有发生降解。当重整装置中热功输入为4kW时，由80块电池组成的PEFC电池组将能够实现1.5kW的电力输出。并且，该实验小组将六块电池组装的PEFC电池组分别与柴油替代品（$<2\mu g/g$ S）、补给柴油（$<10\mu g/g$ S）的蒸汽重整相结合，发现前者的运行更稳定[36]。在与补给柴油的耦合运行期间，20h的重整过程中残余烃浓度从500μL/L增加到约1800μL/L（C_3H_8当量），平均电池电压从600mV下降到400mV以下。结果表明，硫和高浓度烃对燃料电池催化剂的失活存在叠加效应。对重整装置的运行参数进行优化后，残余烃浓度保持在250μL/L（C_3H_8当量），电池电压不再下降，平均电池电压在$0.4A/cm^2$下为550mV。

23.7 结论

本章介绍了PEFC技术在APU中的应用。首先，简要介绍了PEFC重整后的运行情况；并根据不同燃料组成和引气速率下电池和电池组的性能数据，发现PEFC阳极对杂质的存在敏感性。目前，PEFC技术已应用于各种APU中，例如游艇、轮船、飞机、重型卡车、冷藏车及野营。本章以柴油自热重整、CO优先氧化的PEFC系统为例进行系统设计的具体介绍；表明应用于APU的PEFC系统效率分别可达到31%（使用E85燃料）和30%（使用柴油）；最后，给出了使用替代柴油和补给柴油进行系统测试的相关性能数据。

参考文献

[1] Du, B. *et al.* (2009) in *Polymer Electrolyte Fuel Cell Durability* (eds F.N. Büchi, M. Inaba, and T. Schmidt), Springer, pp. 341–366.

[2] Zamel, N. and Li, X. (2011) *Prog. Energy Combust.*, **37**, 292–329.

[3] Tingelöf, T. *et al.* (2008) *Int. J. Hydrogen Energy*, **33**, 2064–2072.

[4] Uribe, F.A. *et al.* (2002) *J. Electrochem. Soc.*, **149**, A293–A296.

[5] Adcock, P.A. *et al.* (2005) *J. Electrochem. Soc.*, **152**, A459–A466.

[6] Gasteiger, H.A. *et al.* (2004) *J. Power Sources*, **127**, 162–171.

[7] Oyarce, A. *et al.* (2014) *J. Power Sources*, **254**, 232–240.

[8] Starz, K.A. *et al.* (1999) *J. Power Sources*, **84**, 167–172.

[9] Sishtla, C. *et al.* (1998) *J. Power Sources*, **71**, 249–255.

[10] Sung, L.Y. *et al.* (2013) *J. Power Sources*, **242**, 264–272.

[11] Qi, Z. *et al.* (2002) *J. Power Sources*, **111**, 239–247.

[12] Zhang, H. *et al.* (2014) *Int. J. Energy Res.*, **38**, 277–284.

[13] Hedström, L. *et al.* (2009) *Int. J. Hydrogen Energy*, **34**, 1508–1514.

[14] Tingelöf, T. (2010) Polymer Electrolyte Fuel Cells in Reformate Power Generators, Doctoral Thesis, Kungliga Tekniska Högskolan, Stockholm.

[15] Scholta, J. *et al.* (2011) *J. Power Sources*, **196**, 5264–5271.

[16] Antolini, E. (2011) *J. Solid State Electron.*, **15**, 455–472.

[17] Lamberti, T. *et al.* (2013) Application of fuel cell system as auxiliary power unit onboard mega yacht vessels: a feasibility study. RINA, Royal Institution of Naval Architects – International Conference on Design and Construction of Super and Mega Yachts, Genoa, Italy, 8–9 May 2013. http://www.scopus.com/inward/record.

url?eid=2-s2.0-84903596103&
partnerID=40&md5=
1565e0b7457aa01a18261f39791cdfe5.

[18] Campanari, S. *et al.* (2007) Performance assessment of turbocharged PEM fuel cell systems for civil aircraft onboard power production. ASME Turbo Expo, Montreal, Canada, 14–17 May 2007. http://www.scopus.com/inward/record.url?eid=2-s2.0-34548798112&partnerID=40&md5=8d41751523ef891ad2a490f9af51a2a0.

[19] Moreno, R.F. *et al.* (2013) *Proc. Inst. Mech. Eng. Part G J. Aerosp. Eng.*, **227**, 608–617.

[20] Renouard-Vallet, G. *et al.* (2012) *Chem. Eng. Res. Des.*, **90**, 3–10.

[21] Renouard-Vallet, G. *et al.* (2010) *Energy Environ. Sci.*, **3**, 1458.

[22] Keim, M. *et al.* (2013) *Aerosp. Sci. Technol.*, **29**, 330–338.

[23] Womann, M. *et al.* (2008) Fuel Cell Technology – HyTRAN Project, SAE Technical Papers, 2008-01-00315.

[24] Ekdunge, P. (2012) Development of PEMFC-APU systems for truck application. World Renewable Energy Forum, WREF 2012, Including World Renewable Energy Congress XII and Colorado Renewable Energy Society (CRES) Annual Conference, Denver, CO, 13–17 May 2012. http://www.scopus.com/inward/record.url?eid=2-s2.0-84871543735&partnerID=40&md5=cb1de1f547e40babccccfa6dbe60ca0d.

[25] Bowers, B.J. *et al.* (2009) Multi-Fuel PEM Fuel Cell Power Plant for Vehicles, SAE Technical Papers, 2009-01-1004.

[26] Engelhardt, P. *et al.* (2012) *Int. J. Hydrogen Energy*, **37**, 13470–13477.

[27] Severin, C. *et al.* (2005) *J. Power Sources*, **145**, 675–682.

[28] Katayama, N. *et al.* (2011) *IEEJ. Trans. Ind. Appl.*, **131**, 39–44.

[29] Spitta, C. *et al.* (2007) *Fuel Cells*, **7**, 197–203.

[30] Cutillo, A. *et al.* (2006) *J. Power Sources*, **154**, 379–385.

[31] Womann, M. *et al.* (2009) *SAE Int. J. Eng.*, **1**, 248–257.

[32] Ekdunge, P. *et al.* (2013) Powercells fuel processing development, its application in APU system with a PEM fuel cell. AIChE 2013 Annual Meeting, San Francisco, CA, 3–8 November 2013.

[33] Rossetti, I. *et al.* (2012) *Int. J. Hydrogen Energy*, **37**, 8499–8504.

[34] Kamarudin, S.K. *et al.* (2004) *Chem. Eng. J.*, **103**, 99–113.

[35] PowerCell (2014) Powercell Powerpac: The Cleanest Way to Produce Electricity from Diesel. http://www.powercell.se/wp-content/uploads/2013/11/PowerPac.pdf (accessed 10 November 2014).

[36] Engelhardt, P. *et al.* (2014) *Int. J. Hydrogen Energy*, **39**, 18146–18153.

24 高温聚合物电解质燃料电池

Werner Lehnert, Lukas Lüke, and Remzi Can Samsun

Forschungszentrum Jülich GmbH, IEK-3, Leo-Brandt-Straße, 52425 Jülich, Germany

摘要

高温聚合物电解质燃料电池（HT-PEFC）的典型运行温度为160℃。质子电导率依赖于磷酸掺杂聚合物膜。本章给出了单电池、电池堆和电池系统的性能数据。

关键词：高温聚合物电解质燃料电池（HT-PEFC）；磷酸

24.1 引言

本章我们将重点讨论高温聚合物电解质燃料电池（HT-PEFC），它的电导率依赖于磷酸掺杂聚合物膜。该类型的燃料电池的典型工作温度在160～180℃之间[1-3]。相较于典型工作温度为50～80℃的全氟磺酸基燃料电池（LT-PEFC），该类型燃料电池的优点有[4-6]：

• 电池的工作温度较高，对CO的耐受性高达3%，因此当采用碳氢化合物作燃料时，电池系统会更加简单；

• 电解质为磷酸，由于磷酸的性质，故不需要加湿；

• 电池组件中不存在液态水，因此单电池和电池堆中的水管理更加简单；

• 运行温度与环境温度差异很大，因此冷却系统更加紧凑；

• 由于工作温度较高，余热利用成为可能。

与LT-PEFC相比，HT-PEFC存在以下缺点：

• 体积能量密度和质量能量密度低于LT-PEFC；

• 催化剂载量高（约$1mg/cm^2$）；

• 在电流从电池和电池堆流出前，电池至少加热到100℃，这可以避免电池内存在液态水（液态水会导致磷酸损失）；

• 因为热磷酸的存在，电池内的腐蚀性很强。

HT-PEFC 主要应用在卡车、轮船和飞机上的辅助动力装置（APU），此时用于主发动机的中间馏分油作为 APU 的燃料。此外，HT-PEFC 用于天然气热电联产装置存在更多优势。

下面我们将给出最新的燃料电池和系统的数据。

24.2 单电池和电池堆的操作特性

现有文献中已经有大量的关于稳态和非稳态条件下操作特性的数据。然而，几乎所有的课题组和公司采用的操作条件（如温度、气体利用、气体组成）都不同，或者动态操作情况下的负载周期不同。因此，这些数据之间难以相互比较。单电池的典型数据如图 24.1 和表 24.1 所示。这些数据摘自 BASF、Elcomax、Danish Power Systems、Fumatech Fumea 以及 Advent Technologies 等公司的业务报告。BASF 公司从 2013 年 8 月 1 日开始叫停了膜电极组件（MEA）生产线，但本章依然给出了该公司 MEA 的相关数据。

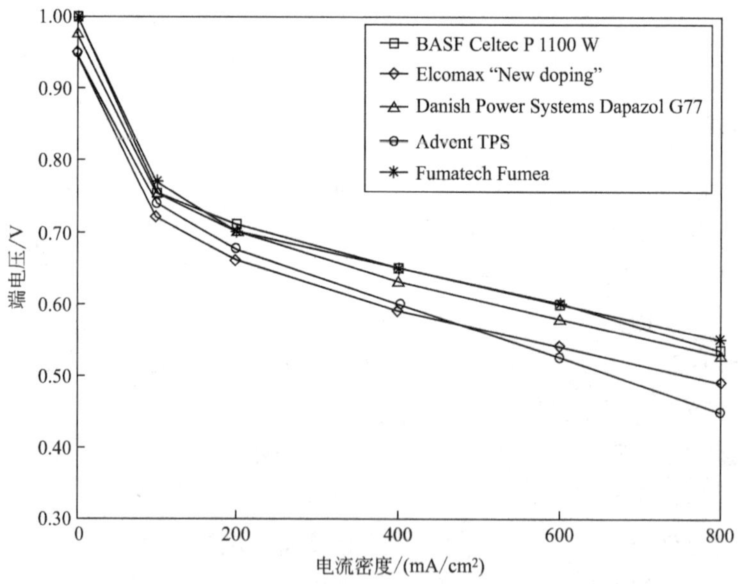

图 24.1 不同公司公布的单电池极化曲线（操作条件的详细信息见表 24.1）

表 24.1 图 24.1 中所示单电池数据的操作条件

MEA	操作条件	燃料	参考文献
BASF Celtec P 1100 W	操作温度：160℃； 常压	燃料：氢气，空气； 阳极化学计量比：1.2； 阴极化学计量比：2.0； 不加湿	[7]

续表

MEA	操作条件	燃料	参考文献
Elcomax “New doping”	操作温度：未指定； 压力未指定	燃料：氢气； 化学计量比：未指定； 未指定加湿	[8]
Danish Power Systems Dapazol G77	操作温度：160℃； 压力未指定	燃料：氢气； 化学计量比：未指定； 未指定加湿	[9]
Advent TPS	操作温度：180℃； 常压	燃料：氢气，空气； 阳极化学计量比：1.2； 阴极化学计量比：2； 未指定加湿	[10],[11]
Fumatech Fumea	操作温度：160℃； 常压	燃料：氢气，氧气； 阳极化学计量比：1.2； 阴极化学计量比：2； 不加湿	[12]

对于前面提到的应用，HT-PEFC 一般使用含有 CO 的重整气进行操作。为了系统地了解不同气体成分的影响，德国于利希（Jülich）研究中心对此进行了测量，如图 24.2 和图 24.3 所示。温度和气体组成对电池性能的影响是最明显的。

单电池和电池堆的生命周期仍然是一个主要问题。在恒定操作条件下，单电池的退化率较低。2006 年，研究人员证实了 Celtec P 1100 W MEA 在标准操作条件下（160℃，H_2，0.2A/cm^2）的总运行时间为 18000h[13]。随后，有研究者提出相同操作条件下的退化率为 5μV/h[14]。在动态操作条件下，所有已知情况下的退化率都比较高。操作时间为 6000h 时，240 个启动/关闭周期导致退化率的加倍[14]。当电池处于 $T=160$℃，在 330mA/cm^2 的恒定电流密度下，用氢气进行 900h 的实验，Fumatech Fumea 未观察到退化[12]，而 Advent TPS 在温度为 180℃进行 4000h 的测试下观察到退化率为 9μV/h[11]。由于操作条件不同，对不同文献所给的退化率进行比较几乎是不可能的。不过一般来说，恒定条件下操作电池退化率更低。循环和启动/停止操作会缩短生命周期。关于各种退化机制的详细信息可以参阅参考文献［15］。

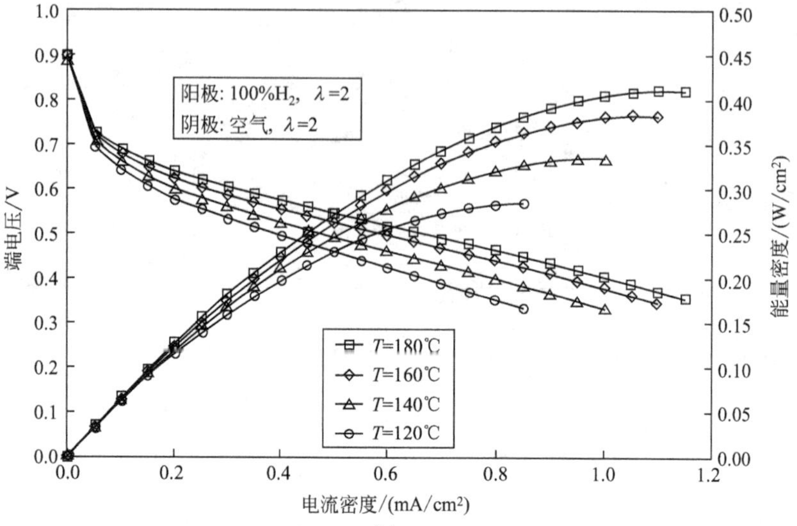

(a)

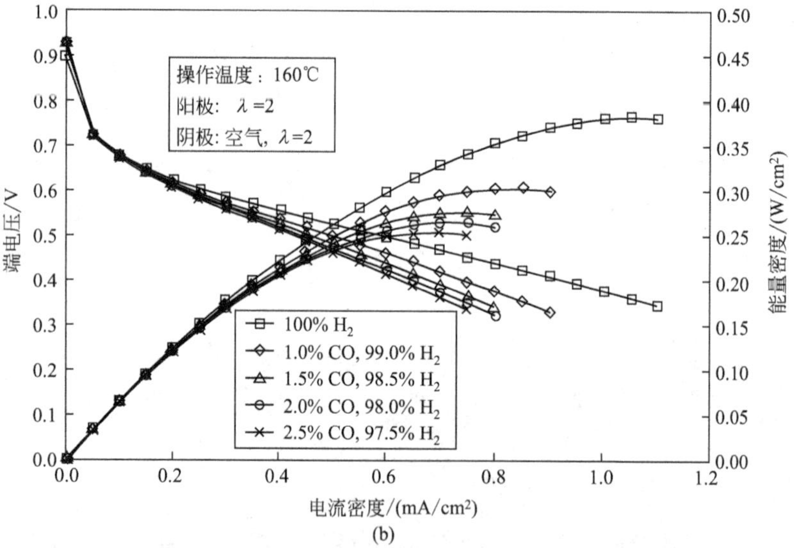

(b)

图 24.2 不同操作条件下的极化曲线（一）

(a) 氢气作燃料，不同操作温度的影响；(b) 恒温，不同 CO 含量的影响

所有 Celtec P 1100 W 膜电极组件（MEA）均取自同一批次，电池活性区域面积为 16.65cm^2，石墨复合材料曲流流场，气体同向流动，不加湿，0.2A/cm^2 恒定气流

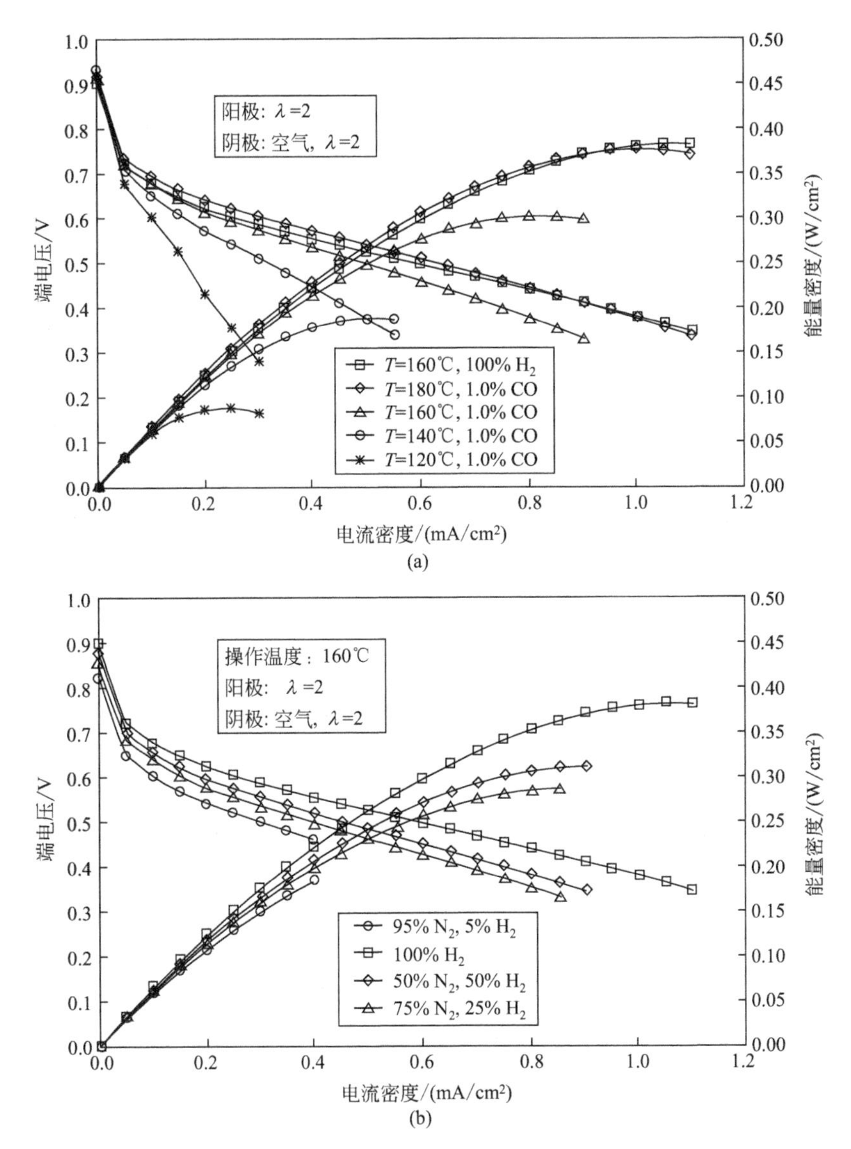

图 24.3　不同操作条件下的极化曲线（二）

(a) 氢气/CO 作燃料，不同操作温度的影响；(b) 恒温，不同氢气含量的影响

所有 Celtec P 1100 W 膜电极组件（MEA）均取自同一批次，电池活性区域面积为 16.65cm^2，

石墨复合材料曲流流场，气体同向流动，不加湿，0.2A/cm^2 恒定气流

目前研究机构和公司都在开发 HT-PEFC 电池堆。大多数公司都会将电池堆集成到系统中，不会提供电池堆的详细信息。下一节将会对这些系统进行概述。图 24.4 给出了以氢气或合成气作燃料，5 种电池堆的典型极化曲线。表 24.2 给出了一些典型电池堆的概述。

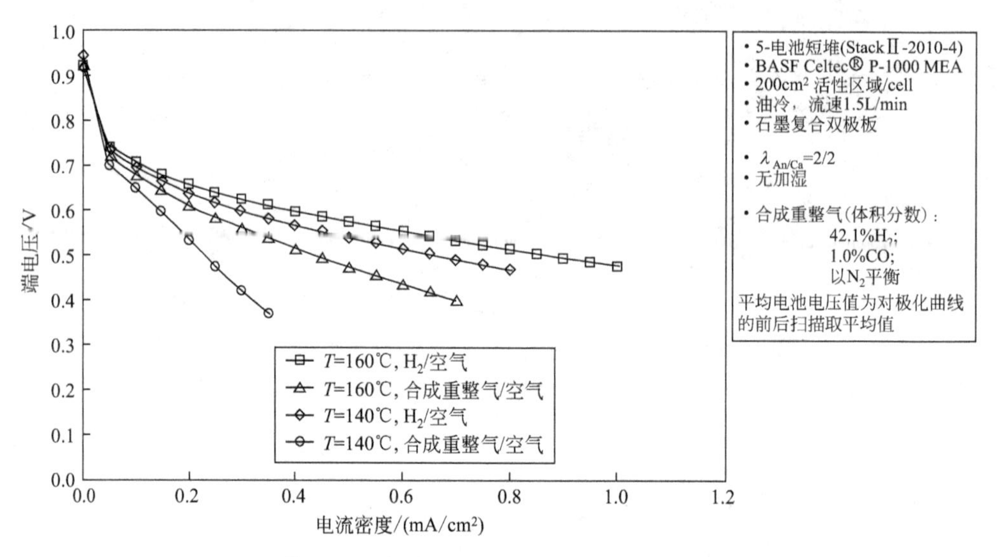

图 24.4 使用不同燃料时电池的极化曲线

24.3 系统层级

如 24.1 节所述，HT-PEFC 技术在系统层级上具有显著的优势。以氢气为燃料的 HT-PEFC 系统不需要加湿。此外，相较于传统的 PEFC，由于操作温度更高，将简化汽车中的冷却系统[27]。使用其他燃料的 HT-PEFC 系统在系统层面上具有更大的优势。24.2 节已提到由于 CO 的耐受性增加，HT-PEFC 系统不需要 CO 精洗步骤，系统设计和控制将更容易。此外，还消除了氢的寄生损耗；在 LT-PEFC 系统中，选择性 CO 甲烷化用于 CO 精细清洗时，在 CO 优先氧化过程中通常会出现这种损失。

研究系统层次的文献和出版物数量十分有限。在本节中，不仅考虑了基于 HT-PEFC 系统的 APU 系统、重整系统，还考虑了固定和其他移动系统以及使用氢气的系统。由于相关出版数据种类繁多、数据量大，所以详细信息将以表格的形式给出。表 24.3 给出了相关出版物中关于 HT-PEFC 系统的信息，包括应用领域、公司/研究机构、功率等级、操作参数、系统效率以及所用燃料。此外表中还给出能获得的其他数据，如操作时间或启动过程、燃料处理器效率和技术准备等级（TRL）。

用于卡车上的APU所需的启动功率（电功率）等级为3kW。功率（电功率）等级为3～5kW的HT-PEFC系统已经被证实可使用诸如柴油和煤油型喷气燃料[28,29]等液体燃料以及甲烷[30]。而较低功率（电功率）等级（30W～1kW）的系统采用LPG[31]和甲醇[32-34]为燃料。现有的电力系统效率约为20%～25%，而使用氢气的被测试系统以及使用天然气的模拟固定系统具有更高的系统效率，比如45%，这是因为他们的系统设计和操作更简单。

主要数据除了来自会议和期刊上的发表物外，还有从事生产商用HT-PEFC系统的公司。这些系统的信息由表24.4给出。市场上的系统主要使用甲醇[37-39]、天然气[40,41]和液化石油气[42]为燃料。参考文献[43]只给出了燃料电池系统，该系统必须包括氢气和空气供应单元或与其他燃料相适应的燃料处理系统。目前市场上还没有kW级别的基于柴油和喷气燃料的APU系统。

在系统层面，多个操作参数会影响系统性能。利用燃料处理器效率、燃料电池效率和电池堆中氢气的利用率，可以计算出燃料转化为电力的电力系统效率。以自热重整为设计基础的柴油处理器，与绝热式水煤气转换反应器相结合，其效率可达80%。在本例中，燃料处理器通过采用过程加热的排气调节来进行优化。如果电池堆的氢气利用率为83%，在产生平均电池电压为650mV的电流密度下，并在特定的操作点时，单电池的效率为52%，电池堆对应的效率为43%。将燃料处理器效率与电池堆效率相乘，可以得到电力系统的效率为34.5%。若考虑如泵、压缩机或鼓风机等外部组件的寄生损耗，就可以计算出燃料产出净电力的电力系统效率。假设所产生的电有10%用于辅助设备，则系统效率下降至31%。根据系统要求，需要在系统中增加功率配适器，从而降低系统效率。综上所述，本章给出了一种简单的计算方法，可以检验不同系统参数对系统效率的影响。为了最大限度地提高系统效率，不仅要提高电池和电池堆的性能，而且要最大限度地提高燃料处理器的效率，并将寄生功率损失降到最低。参考文献[44]称，美国能源部的目标是，到2020年，以柴油为燃料且功率等级为1～10kW的APU系统的电力系统效率达到40%。为达到此目标，操作参数需要达到相当可观的程度，如氢气的平均利用率为90%，平均电池电压为750mV。

表 24.2 文献中典型电池堆数据

研究机构及公司	以氢供能/W	MEA	单电池数	温度/℃	测试燃料	冷却方法	来源
ZSW,德国	150	BASF Celtec P 2100	5	160	氢气	外部液体冷却	[16],[17]
的里雅斯特大学,意大利	305	BASF P 1000	25	160	氢气,合成重整气	空气	[18]
EIFER,ZSW,德国	500	BASF P 1000	24	160	氢气	液体	[19],[20]
Hysa,南非 ZSW,德国	1000	BASF P 2100	48	120～160	氢气,CO	外部液体冷却	[21]
ZBT,德国	1200	Advent	25	170	氢气	液体	[22]
于利希研究中心,德国	5000	BASF P 1000	70	160	氢气,合成重整气	液体	[23],[24]
Serenergy 公司,丹麦	1300	—	89	160	氢气/重整气	空气	[25]
Serenergy 公司,丹麦	6000	—	120	160	氢气/重整气	液体	[26]

表 24.3 全球现有的 HT-PEFC 系统概览

来源	实验(E)/模拟(S)	应用	公司/机构	功率等级/kW	操作参数/[mV@(mV/cm^2)]	系统效率/%	燃料	备注
[28]	E	APU	Altex	5			JP-8	TRL5； 操作 300h； 30min 开始(目标)
[30]	E+S	APU	FEV	4.5	590mV@2kW	25(@2kW), 20(@4.5kW)	甲烷	7.5min 开始(目标)
[35]	E	增程器	EnerFuel	3		＜42	氢气	1min 开始(目标)
[32]	E		奥尔堡大学	1			甲醇	
[36]	E	FCEV	奥尔堡大学	4	569@670	32①,45②	氢气	1h 开始

续表

来源	实验(E)/模拟(S)	应用	公司/机构	功率等级/kW	操作参数/[mV@(mV/cm^2)]	系统效率/%	燃料	备注
[29]	E+S	APU	于利希研究中心	5	492@450	24③	GTL 煤油，BTL 柴油，高级柴油	TRL5；操作 250h
[33]	E	APU	IMM 美因茨，ZBT 杜伊斯堡	0.1	613@225		甲醇	30min 开始
[45]	E	APU	Innovatek，全球能源创新	0.54	544@450		ULSD（超低硫柴油）	燃料效率 58.5%
[31]	E	APU	IMM 美因茨，特鲁玛	0.25			LPG	
[46]	S	APU	FCLAB，N-GHY	10			柴油	
[47]	S	固定引擎	的里亚斯特大学	1	500@420	26④，34⑤	天然气	燃料效率 78%
[48]	S	固定引擎	那不勒斯大学，卡西诺大学	2.5	676@170	40④	天然气	
[49]	S	固定引擎	奥尔堡大学	2	最大 400mA/cm^2	42⑥	天然气	
[34]	E	推进器	DTU	0.03	500@300⑦		甲醇	

① 1000mA/cm^2。

② 600mA/cm^2。

③ 450mA/cm^2。

④ 设计荷载。

⑤ 半负载。

⑥ 使用负载曲线所记录平均效率。

⑦ 选择氢气利用率低的操作点，200℃。

24.4 商用 HT-PEFC 系统

公司	产品	功率	燃料	尺寸/质量/体积	应用	来源	备注
Elcore	Elcore 2400	300W(电功率) 600W(热功率)	天然气	90cm×50cm×50cm 60kg	微型 CHP (住宅的热和电)	[40]	
Serenergy	H3 2500/5000	2.5kW(电功率) 5kW(电功率)	甲醇	25.3cm×48.3cm×70cm 39/45kg 77L	电池充电器 /电力系统	[37]	65/120 电池； 低压(直流)：24/48/80V； 高压(直流)：400～600V
Serenergy	H3 700	700W(电功率)	甲醇	25.3cm×48.3cm×55.2cm 27kg 55.6L	电信备用应用	[38]	24V 或 48V(直流)； 使用寿命超过 1500h； 启动时间 20～30min
Serenergy	H3 350	350W(电功率)	甲醇	27.9cm×20.4cm×59.5cm 13.7kg 27L	离网电池充电器	[39]	21～28.5V(直流)； 最大充电电流 16.5A@21V
ClearEdge Power	纯电池系统 模型 5	5kW(电功率)	天然气		CHP	[41]	电效率 40%(LHV)
EnerFuel	Flexsys 036/132	1.3/4.5kW(电功率) 1/3kW(电功率)①	氢气/重整气	71/132cm×42cm×42cm		[43]	
Truma	VeGA	250W(电功率)	液化石油气 (丙烷和 /或丁烷)	72cm×46cm×29cm 40kg	电池充电器	[42]	充电电流：20A@12V； 最大 6000Wh 每天； 天然气消耗 100g/h

① 即插即用系统与燃料处理系统相结合。

参考文献

[1] Li, Q *et al.* (2006) *Prog. Polym. Sci.*, **34**, 449–477.

[2] Asensio, J.A. *et al.* (2019) *Chem. Soc. Rev.*, **39**, 3210–3239.

[3] Bose, S. (2011) *Prog. Polym. Sci.*, **36**, 813–843.

[4] Zhang, J. *et al.* (2010) *J. Power Sources*, **160**, 872–891.

[5] Candan, A. *et al.* (2013) *J. Power Sources*, **231**, 264–278.

[6] Lehnert, W. *et al.* (2010) *Innovations in Fuel Cell Technology*, (eds R. Steinberger-Wilckens and W. Lehnert), RSC Publishing, Cambridge, pp 45–75.

[7] BASF (2013) Celtec P1100W. www.fuel-cell.basf.com (accessed 19 August 2013).

[8] Erne, F. (2012) Presented at 3rd Carisma International Conference, Copenhagen, 3–5 September 2012.

[9] Steenberg, T. *et al.* (2012) Presented at 3rd Carisma International Conference, Copenhagen, 3–5 September 2012.

[10] Neophytides, S. G. *et al.* (2012) Presented at 1st International Expert Workshop, High Temperature PEM fuel cells, Duisburg, Germany, 27–28 March 2012.

[11] Advent Technologies (March 2011) High temperature membrane electrode assemblies. www.advent-energy.com/Advent%20TPS.pdf (accessed 20 August 2013).

[12] fumatech (2013) fumatech fumea. http://www.fumatech.com/NR/rdonlyres/B1EE2FC6-CB80-4368-A9B1-867A52FF8266/0/FuMATech_fumapem_AM_einzel.pdf (accessed 20 August 2013).

[13] Schmidt, T.J. (2006) *ECS Trans.*, **1** (8), 19–31.

[14] Schmidt, T.J. *et al.* (2008) *J. Power Sources*, **176**, 428–434.

[15] Schmidt, T.J. (2009) *Polymer Electrolyte Fuel Cell Durability*, (eds F.N. Büchi, M., Inaba , and T.J. Schmidt), Springer, pp. 199–222.

[16] Scholta, J. *et al.* (2009) *J. Power Sources*, **190**, 83–85.

[17] Pasupathi, S. *et al.* (2010) in *Proceedings of the WHEC 2010, Book 1: Fuel Cell Basics/ Fuel Infrastructures* (eds D. Stolten and T. Grube), Forschungszentrum Jülich GmbH, p. 131.

[18] Zuliani, N. (2011) *Frattura Integr. Strutt.*, **15**, 29–34.

[19] Moçotéguy, Ph. *et al.* (2009) *Fuel Cells*, **9** (4), 325–348.

[20] Moçotéguy, Ph. *et al.* (2010) *Fuel Cells*, **10** (2), 299–311.

[21] Bujlo, P. *et al.* (2013) *Int. J. Hydrogen Energy*, **38**, 9847–9855.

[22] Bandlamudi, G. *et al.* (2013) HT PEMFC system containing large area cells. Presented at 4th European PEFC and H2 Forum Lucerne, Switzerland, 2–5 July 2013.

[23] Janßen, H. *et al.* (2013) *Int. J. Hydrogen Energy*, **38**, 4705–4713.

[24] Supra, J. *et al.* (2013) *Int. J. Hydrogen Energy*, **38**, 1943–1951.

[25] Serenergy (2013) http://serenergy.com/wp-content/uploads/2013/04/S45(Air (C_datasheet_v2.5_0313.pdf (accessed 28 August 2013).

[26] Serenergy, http://serenergy.com/wp-content/uploads/2013/05/S (165L_datasheet_v1.0_0313.pdf (accessed 28 August 2013).

[27] Seyfried, F. *et al.* (2006) *VDI Ber. Nr.*, **1975**, 301–316.

[28] Namazian, M. (2010) Demonstration of a 10 kWe Fuel-Cell-Based APU System on JP-8. Fuel Cell Seminar & Exposition, San Antonio, TX, 18–22 October 2010.

[29] Samsun, R.C. *et al.* (2013) *Appl. Energy*, **114**, 238–249.

[30] Karstedt, J. *et al.* (2011) *J Power Sources*, **196**, 9998–10009.

[31] Kolb, G. *et al.* (2012) *Proceedings of World Renewable Energy Forum (WREF) 2012* (ed. C. Fellows) American Solar Energy Society.

[32] Andreasen, S.J. (2009) Design and Control of High Temperature PEM Fuel Cell System. PhD Dissertation Aalborg University, Aalborg East, Denmark.

[33] Kolb, G. *et al.* (2009) *Chem. Ing. Tech.*, **81** (5), 619–628.

[34] Pan, C. *et al.* (2005) *J. Power Sources*, **145**, 392–398.

[35] Fuchs, M. and Hunt, A. (2009) High temperature PE< fuel cell/lithium ion hybrid power source for ground, air and

sea platforms. Presented at Joint Services Power Expo, New Orleans, Louisiana, 4–7 May 2009.
[36] Andreasen, S.J. *et al.* (2008) *Int. J. Hydrogen Energy*, **33**, 7137–7145.
[37] Serenergy (2013) H3 5000 Datasheet. http://serenergy.com/wp-content/uploads/2013/04/H3-5000-datasheet_v2.0_0313.pdf (accessed 9 August 2013).
[38] Serenergy (2013) H3 7000 Datasheet. http://serenergy.com/wp-content/uploads/2012/10/H3-700-datasheet_v1.0-1012.pdf (accessed 9 August 2013).
[39] Serenergy (2012) H3 350 Datasheet. http://serenergy.com/wp-content/uploads/2012/10/H3-350-datasheet_v1.0-1012.pdf (accessed 9 August 2013).
[40] Elcore (2013) Elcore 2400 – Specifications. http://www.elcore.com/produkt/technische-daten.html (accessed 9 August 2013).
[41] ClearEdge Power (2013) PureCell System Model 5 www.clearedgepower.com/purecell-system-model-5 (accessed 9 August 2013).
[42] Turma (2013) VeGA Fuel Cell System. http://www.truma.com/int/en/energy-systems/vega-fuel-cell-system.php (accessed 9 August 2013).
[43] Enerfuel (2013) Flexsys 036/132. http://www.enerfuel.com/wp-content/uploads/2013/01/FLEXYS-BROCHURE-V5-1-2013.pdf (accessed 9 August 2013).
[44] Samsun, R.C. *et al.* (2012) *Energy Proc.*, **29**, 541–551.
[45] Ming, Q. *et al.* (2010) *Fuel Cells Bull.*, 12–15.
[46] Chrenko, D. *et al.* (2010) *Int. J. Hydrogen Energy*, **35**, 1377–1389.
[47] Zuliani, N. *et al.* (2012) *Appl. Energy*, **97**, 802–808.
[48] Jannelli, E. *et al.* (2013) *Appl. Energy*, **108**, 82–91.
[49] Korsgaard, A.R. *et al.* (2008) *Int. J. Hydrogen Energy*, **33**, 1921–1931.

25 应用于辅助动力装置的固体氧化物燃料电池系统：单电池、电池堆和电池系统

Niels Christiansen

NCCI Innovation, Violvej 3, 2820 Gentofte, Denmark

关键词： 辅助动力装置（APU）；METSOFC 项目；固体氧化物燃料电池（SOFC）；载重车使用

辅助动力装置（APU）使得车辆（例如卡车）在不使用主发动机的情况下发电成为可能。APU 也可应用在轮船、飞机等其他移动工具上，以提供所需电力。由于需要补给，APU 所用燃料必须同主发动机所用相同。固体氧化物燃料电池（SOFC）的优点是能对喷气燃料、柴油或汽油等燃料进行重整，不需要进一步气体处理步骤就能将重整气转化为纯氢。

卡车司机在休息期间经常不熄灭发动机，以便提供热、冷及所需电力。研究表明，一次典型的长时间休息时长可达 6～8h，假设一年当中有 303 天需要长时间休息，那么每年总时长可达 1500～2500h[1]，每周系统只全面关闭一次。中型长途卡车空转每小时消耗柴油 3.8L，一年就要消耗 9100L 柴油。仅在美国，每年因为空转而消耗的柴油总量就达 45 亿升，这加剧了空气污染和二氧化碳排放。参考文献［2］给出了轻型车辆、卡车、轮船和飞机上的基于燃料电池辅助动力装置的概述。

燃料电池 APU 降低了空转成本并大大减少了排放，具有显著优势。此外，主发动机空转时的噪声问题也得到了解决。用于移动应用中 APU 的燃料电池需要具有以下特征：

- 高质量比功率或体积比功率；
- 鲁棒性和耐久性；
- 低投资成本；
- 简单的系统结构；
- 与现有设备所用燃料（最好是液体燃料）的兼容性。

相比于商用内燃机辅助动力装置（ICE-APU），固体氧化物燃料电池辅助动

力装置（SOFC-APU）可节省45%的燃料，若是考虑到主发动机空转的情况，总共将节省85%的燃料。而相较于其他燃料电池技术，SOFC技术与传统燃料有较高的兼容性，确保了系统可以简单高效地布局。图25.1所示为SOFC-APU的基本过程流程图。通常，柴油通过催化部分氧化（CPOX）或自热重整（ATR）与燃料处理器中的空气一起转化。燃料处理器出口的重整气体是一种合成气体，它含有氢气和一氧化碳，是燃料电池的主要燃料。采用CPOX或ATR比热蒸汽重整情况下的系统效率低。采用CPOX系统效率较低是因为CPOX重整器会消耗一部分氧气和燃料，导致燃料不能完全被电池堆利用。而ATR是蒸汽重整和部分氧化的折中方案。燃料电池堆的燃料利用率降低会造成系统效率的下降。Qi等人[3]概述了适合集成在APU系统的燃料处理器。

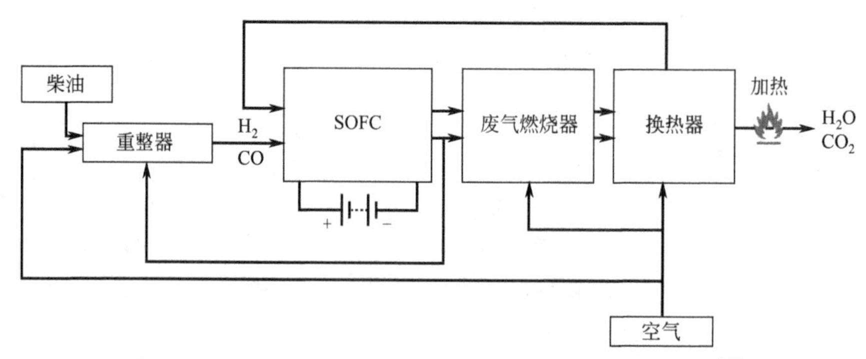

图25.1 SOFC-APU系统的基本过程流程图，燃料为柴油[1]

COPX/SOFC的一个特征是系统（包括重整器和电池堆）可在800℃下运行。基于图25.1的COPX/SOFC到2012年已经达到实验样本阶段，其电效率约为30%，净功率为3kW，燃料为含硫柴油。

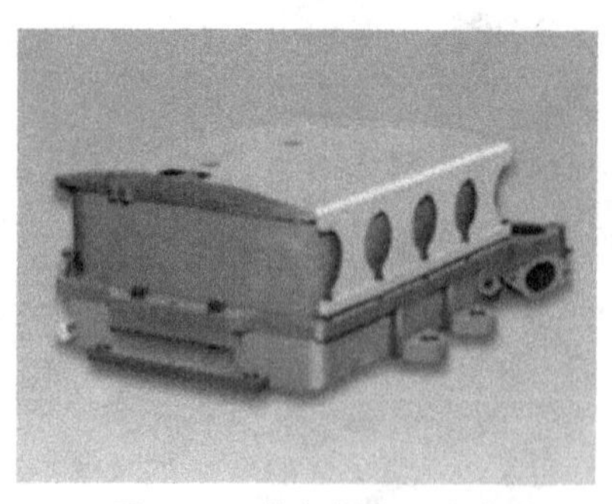

图25.2 德尔福公司生产的SOFC-APU电池堆

德尔福（Delphi）公司在2011年测试了其开发的SOFC-APU，该系统安装在一辆Peterbilt型384卡车上。APU的净峰值功率为1.5kW，实际运行440h共计2200mile，系统效率达到25%[4]。该系统安有两个德尔福生产的电池堆，每个电池堆有40个阳极支撑型电池（ASC）。其中，每个电池尺寸为144mm×98mm，550μm厚（有效面积为105cm²），运行能量密度高达500mW/cm²。图25.2为一个带有集成流形组件的德尔福电池堆。

联合技术研究中心研发出一种小型车载SOFC-APU。该全自动系统电功率为1.2kW，工作电压（直流）28V，燃料为超低硫柴油，电池堆模块为托普索燃料电池（TOFC）[5]。

由奥地利AVL公司[6] 牵头的欧洲研究项目DESTA计划到2014年首次在欧洲展示一辆沃尔沃重型卡车上的SOFC APU。集成到系统中的SOFC电池堆由TOFC A/S（TOFC）开发和制造，专为此应用而定制。DESTA项目的目标为：

- 最大电功率达3kW；
- 以传统道路用柴油为燃料；
- 长期测试：热循环300次，运行3000h；
- 系统电净效率约为35%；
- 系统的容积和质量要分别低于150L和120kg；
- 二氧化碳排放要比卡车发动机空转时低75%；
- 启动时间30min；
- 噪声等级65dB（A）；
- 集成在卡车上。

TOFC-APU电池堆由350μm厚的ASC电池组成，电池由材料厚度为0.3mm的金属互联。电池堆内部有集成燃料管道。进风管和出风管位于电池堆的两侧，以尽量减少空气压降[7]。空气压降已被证明是至关重要的，因为移动SOFC系统的高寄生损耗与空气供应（压缩机驱动电源）有关，这部分空气通过阴极空气流对电池堆进行冷却。电池堆被集成到包含若干特定功能的套管中（图25.3）：

图25.3　TOFC电池堆模块及双电池堆配置

图中显示了电接头、空气和燃料的进出管

- 高温压缩系统，保持电池堆位置，确保机械完整性以及模块内部垫圈的紧密型；
- 一个扁平的接口，允许用螺栓固定在系统上，可以是单个堆叠，也可以是双层配置；

• 电源两端电隔离，保证绝缘；
• 电压探针终端连接到电池堆的电压探测组件上。

通过对电池堆模块优化设计，进入电池堆的气流可作为电池堆周围的清洗流，确保所有泄漏的燃气可被气流拾取并送入燃烧器中。这种采用外部空气的设计消除了可能泄漏的安全隐患。目前 12cm×12cm 大小已经非常适合 TOFC 汽车用户，在此基础上，加大面积所带来的好处十分有限。TOFC 在 2008 年 6 月以前就已经生产了占地面积为 12cm×12cm 的 APU 电池堆，该电池堆包含 80 个相互连接的阳极支撑电池单元，电池单元的有效面积为 $113cm^2$。也就是说电池实际使用面积占总面积的 78%。如此高的面积利用率意味着增加电池尺寸带来的好处将十分有限，因为诸如故障率、压降、热应力和启动时间之类的问题对于较大的电池而言往往更差。

目前的示范 SOFC-APU 系统基于 ASC 型陶瓷电池单元，该电池单元包含一个致密的薄脆性陶瓷氧离子导电电解质层，它由脆性多孔陶瓷支持层支撑。虽然这类型电池在 700～850℃的稳定状态下运行效果最佳，但其受到瞬变和过度机械负荷时电池的可靠性较差。传统的 SOFC 不能轻易地开启和关闭，其性能也似乎有所下降。此外，SOFC 的高运行温度需要一定的启动时间才能到达运行点，而从室温开始加热电池堆的功耗也将有助于系统的整体效率的提高。尽管基于陶瓷电池的 SOFC 的操作温度与现有柴油重整装置的运行温度相匹配，但较低的电池堆操作温度更具优势，同时也带来了新的挑战。

为了提高鲁棒性和可靠性，并进一步降低 SOFC 单电池和电池堆的材料成本，过去十年研究人员对金属支撑型 SOFC 进行了很多研究[8]。大多数金属支撑型电池（MSC）在较低温度下（500～700℃）运行最佳。在较低的温度下，系统可以更快启动，并更可靠地运行。此外，电池堆和系统可以用传统钢部件替代昂贵的特种合金建造。降低操作温度的另一个原因与燃料的理论效率有关。以主要成分为 CO 的重整柴油气作为燃料的 SOFC，通常通过降低电池堆的温度来提高最大理论效率。

由 TOFC 协调的 METSOFC 欧洲项目开发了应用于 APU 的金属支撑型 SOFC 下一代电池堆技术[9,10]。产品的定义和基准由奥地利 AVL 公司制定，主要瞄准产品的功能和操作参数，包括满足重型 APU 移动应用和运输部门定义要求的 SOFC 堆鲁棒性的目标。准稳态工况下的重型卡车应用定义了以下目标和基准值：

• 初始耐硫值高达 10μg/g；
• 工作时间 5000h，目标工作时间 10000h；
• 500 次热循环和完全氧化循环（即空气中加热和冷却）；
• 系统成本＜800 欧元/kW（电池堆的成本＜45%）；

通过采访设备制造商进一步确定了行业需求，详细信息见表 25.1。

表 25.1　重型卡车用 SOFC-APU 系统的产品要求

参数	数值	注释
硫耐受性	15μg/g	美国汽车柴油
使用寿命(电流>0)	12000h	基于使用寿命为 6 年的卡车的典型使用曲线
使用寿命(温度>100℃)	36000h	基于使用寿命为 6 年的卡车的典型使用曲线
氧化还原循环次数(操作温度)	>30	了解沉积物氧化过程空气的引入(C,S)
氧化还原循环至环境温度的次数	>5	主系统故障,在氧气环境下关机
深度热循环次数(温度<100℃)	>300	完全冷却,大约每周一次
中等热循环次数(温度>100℃)	>3000	当不需要用电时即进入冷却阶段
热应力	>200 K	
预热时间	<30min	
电池堆的成本	<200 美元/kW	系统整合商需要付出的成本
系统质量	100kg	APU 系统规模
系统体积	100L	APU 系统规模
使用寿命终点时的性能,kW(降解)	在使用寿命重点仍然有特定的功率	有些许降解的便宜电池要比低降解率的昂贵电池好

新的金属支撑型电池技术有望在电池成本、组件处理、操作约束、机械鲁棒性以及操作温度等方面有所改进，为生产更经济的系统和电池堆组件创造条件。一般来说，相较于阳极支撑型电池（ASC）或电解质支撑型电池（ESC），金属支撑型电池堆技术对 APU 系统的设计有一些关键性影响。金属支撑型电池堆的操作温度比其他类型的电池堆低。这对复杂系统选择相对便宜的材料有一定的积极影响，包括提高材料的稳定性和使用寿命。另一方面，操作温度偏低可能会导致燃料中硫和未转化的高碳烃等杂质含量偏高，以致电池降解。电池堆温度较高时，燃料杂质氧化率和解吸率会提高。

METSOFC 项目开发了一套 APU 系统流程图，考虑到金属的长期高温腐蚀，将电池堆的平均温度降至 600～650℃。该系统与常规 ASC-/ESC-cell 系统的主要区别为：

- 采用阳极入口换热器来降低阳极入口温度；
- 循环比提高至 40%，以增加蒸汽分压；
- 重整温度提高至 825℃，提高燃气质量；
- 电池堆温差控制在 100℃以内（阳极出口温度-阳极入口温度）。

由于采用上述措施，系统的净电效率下降至 30%（最初估计为 34%）。但在电池堆平均温度为 650℃的条件下，可以实现无碳过程（模拟结果，将在实验中验证）。整个过程的流程如图 25.4 所示。

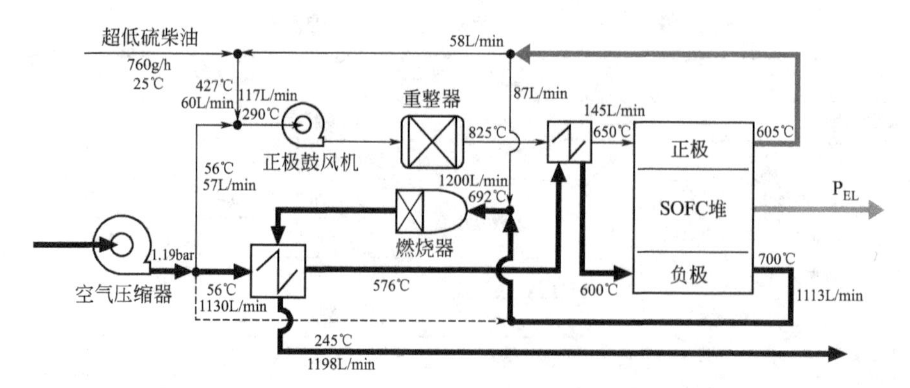

图 25.4　METSOFC 项目开发的低温 SOFC-APU 系统流程图

图中流量均指在标准状态下

另外，对金属支撑型 SOFC-APU 进行了详细的生产成本研究。边界条件包括年产量为 2 万件的工业化生产过程。成本估计表示的是组装 SOFC-APU 系统的系统整合商付出的成本。这意味着许多组件（如 SOFC 堆、催化剂、阀门和鼓风机）已经在计算时为子供应商留有利润余地。这项非常详细的研究基于零部件和材料供应商的讨论，部分是基于自下而上的成本研究。产量已由标准学习率或组件制造商的规模经济（可获取的信息）加以考虑。成本估计的全部结果如图 25.5 所示。

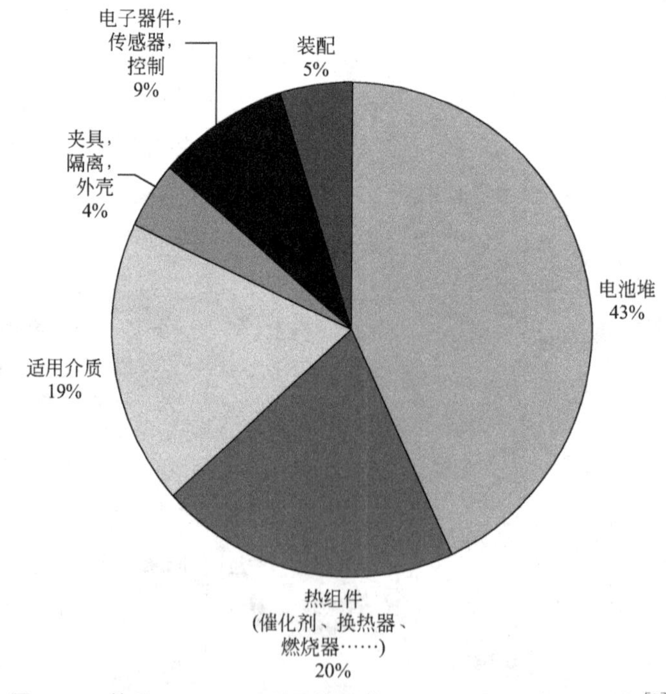

图 25.5　基于 METSOFC 项目结果的 SOFC APU 系统成本估算[9]

参考文献

[1] Rechberger, J., Hauth, M., and Reissig, M. (2012) AVL SOFC system development and testing. Presented at Fuel Cell Seminar & Energy Exposition, Uncasville, CT, 5–8 November 2012.

[2] Peters, R. (2010) *Hydrogen and Fuel Cells* (ed. D. Stolten), Wiley-VCH Verlag GmbH, Weinheim, pp. 681–715.

[3] Qi, A., Peppley, B., and Karan, K. (2007) *Fuel Process. Technol.*, **88**, 3–22.

[4] Mukerjee, S., Haltiner, K., Kerr, R., Kim, J.Y., and Sprenkle, V. (2011) *ECS Trans.*, **35** (1), 139–146.

[5] Tew, D., Yamanis, J., and Erikstrup, N. (2008) Development of a kW-Class power dense solid oxide fuel cell system. *Proc. 43. Power Source Conf.*, Philadelphia, PA, pp. 85–87.

[6] Rechberger, J., Kaupert, A., Graae Greisen, C., Hagerskans, J., and Blum, L. (2013), Fuel cell auxiliary power units for heavy duty truck anti-idling. *SAE Int. J. Commer. Veh.* **6** (2), 555–562.

[7] Christiansen, N., Primdahl, S., Wandel, M., Ramousse, S., and Hagen, A. (2012) Status of the solid oxide fuel cell development at Topsøe fuel cell A/S and Risø DTU. Presented at the 10th European SOFC Forum, Lucerne, 26–29 June 2012.

[8] Larring, Y. and Fontaine, M.L. (2013) *Solid Oxide Fuels Cells: Facts and Figures* (eds J.T.S. Irvine and P. Connor), Springer-Verlag, pp. 71–95.

[9] METSOFC (2011) FP7EU Collaborative Project.

[10] McKenna, B.J., Christiansen, N., Schauperl, R., Prenninger, P., Blennow, P., Klemensø, T., Ramousse, S., Kromp, A., and Weber, A. (2012) Advances in metal supported cells in the METSOFC Consortium (A0903). Presented at the 10th European SOFC Forum, Lucerne, 26–29 June 2012.

第三篇

固定领域

26 美国固定式燃料电池系统的部署和容量趋势

Max Wei,[1] Shuk Han Chan,[2] Ahmad Mayyas,[3] and Tim Lipman[3]

[1] Lawrence Berkeley National Laboratory, Environmental Energy Technologies Division Energy Analysis and Environmental Impacts Department, 1 Cyclotron Road, Berkeley, CA 94720, USA

[2] University of California, Berkeley, Department of Mechanical Engineering, 1115 Etcheverry Hall, Berkeley, CA 94709-1740, USA

[3] University of California, Berkeley, Transportation Sustainability Research Center, 2150 Allsoton Way, Berkeley, CA 94704, USA

摘要

本章简要概述了美国固定式燃料电池系统的部署和容量趋势。自 2009 年以来，美国共安装了 $N=7349$ 台备用能源，功率总计为 16.3MW。2012—2013 年，累计安装数量和装机功率均增长了 50%以上。2010～2012 年，全美累计安装 $N=154$ 套热电联产设备，总计 68.1MW，累计安装量和装机功率分别以年均 17%和 13%的速度增长。全美都没有更新关于纯电力装置安装情况的数据，除了加州，2013 年加州安装了 $N=134$，总计 64.5MW。2011～2013 年，燃料电池电力系统的累计安装量和安装功率分别以年均 9%和 11%的速度增长。此外，大量的燃料电池电力装置（$N=71$，39.1MW）正处于不同的规划阶段，但尚未完工。

关键词：燃料电池备用系统；热电联产燃料电池；燃料电池市场；自发电激励项目；固定式燃料电池

26.1 燃料电池备用系统

燃料电池系统可以作为一种可靠的应急备用电源，特别是对于数据中心和医院等需要不间断供电的关键区域。通信公司通常使用燃料电池系统为电信交换节点、基站以及其他需直接供电的电子系统提供备用电源。燃料电池备用系统还可用以解决电网间歇性中断，以及自然灾害导致的电力中断和网络中断等问题，相较于现有的方案更清洁、更可靠。燃料电池备用系统具有耐用性和成本优势，是目前燃料电池的主要新兴应用之一。表 26.1 总结了备用电源系统的一些技术规范。PEM

燃料电池因其工作温度低、启动时间快等特点，常用于燃料电池备用系统。表26.2总结了美国现有的商用备用系统（下文所有以kW为单位的均指电功率）。

表26.1 基于目前市场数据的一些备用电源系统的规格范围[1]

燃料电池技术	PEM
燃料兼容性	气态氢，工业级，纯度>99.95%
膜	全氟磺酸膜
催化剂	铂
额定功率/kW	1～30
电输出/V	12～48
操作温度/℃	−4～50
系统寿命/年	15
质量/kg	7.5～500

表26.2 美国商用燃料电池备用产品[2]

公司	产品	输出/kW	操作温度/℃	燃料消耗量（标况）/(L/min)	质量/kg	电输出(CD)/V
瑞莱昂	E-系列，T-系列	0.2～6	−5～50	3～30	7.5	12～48
Altergy公司	自由电源系统	5～30	−40～50	60～360	80～520	24～48
巴拉德公司/IdaTech	ElectraGen-ME ElectraGen-H_2	1.7～5	−5～46	13.4～134	256～295	24～28(ME) 48～55(H_2)

图26.1和图26.2总结了2009年以来在美国燃料电池备用系统部署的数量和容量变化[3]。截至2013年，全美共安装了7000套系统，总计16.3MW[4]。2010～2012年，燃料电池备用系统的安装显著增加❶。备用电源的主要应用领域为电信行业[5]。目前，在美国有超过2000个使用燃料电池备用电源的电信系统[6]。

许多燃料电池备用系统示范项目得到了2009年《美国复苏与在投资法案》(ARRA)的支持[7]。截至2012年底，超过1300个由ARRA资助的燃料电池在美国投入使用。截至2012年，电信备用系统方面领先的州为佛罗里达州、加利福尼亚州、纽约州、密歇根州和新泽西州[8]。备用系统的平均运行能力在4～6kW的范围内，约占备份电源站点的80%[3]。现场原始数据显示，2578台燃料电池备用系统中有99.5%实现了不间断运行[3]。

❶ 备用燃料电池部署的数据直到2013年第三季度才公布。

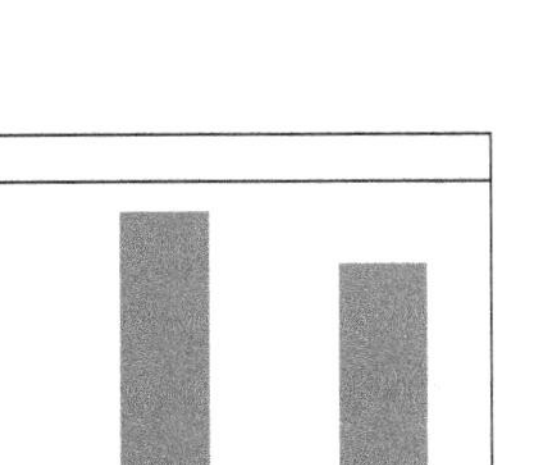

	2009	2010	2011	2012	2013
■部署情况 (系统的数量)	24	293	1708	2816	2508

图 26.1 燃料电池备用系统部署情况 (系统数量)(数据来自参考文献 [3])

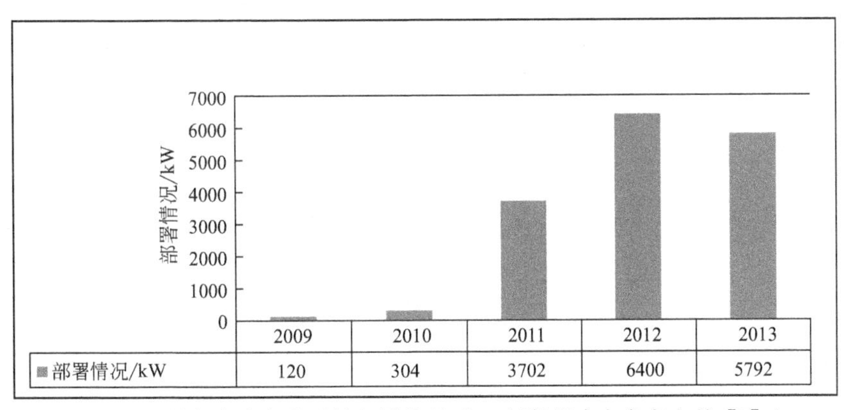

图 26.2 燃料电池备用系统部署情况 (kW)(数据来自参考文献 [3])

根据巴拉德电力系统的公开数据，2kW 的 ElectraGen-H_2 系统的安装成本为 20000 美元，4kW 的 ElectraGen-ME 系统的安装成本为 36000 美元[9]。随着生产数量的增加，预计成本会更低[10]。

26.2 燃料电池热电联产系统

分布式发电相对于传统电网具有诸多优势，譬如对电网中断的弹性更强、输电线路损耗更低以及有可能向电网卖电获得收益。热电联产（CHP）系统比电网和传统供热系统有更高的系统能源效率，并有可能降低供热设备的投资成本。使用基于燃料电池的分布式电力系统和热电联产系统可以利用现有的天然气基础设施提供输入燃料，并且具有比化石燃料动力源更少的标准污染物、更低的二氧化碳排放和更少的噪声。

表 26.3 总结了熔融碳酸盐燃料电池（MCFC）、磷酸燃料电池（PAFC）和

表 26.3 MCFC、PAFC 和 LT-PEM CHP 系统的技术特性（根据参考文献［13］）

特性	300kW MCFC		1200kW MCFC		200/400kW PAFC		10kW LT-PEM		200kW LT-PEM	
	2010～2015 年	2016～2020 年	2010～2015 年	2016～2020 年	2010～2015 年	2016～2020 年	2007～2010 年①	2016～2020 年②	2007～2010 年①	2016～2020 年②
安装成本/(美元/kW)	5600	4760	4820	4097	5000	4250	9100	4700	N. a.	2600
运行维护/[美元/(kW·h)]	0.0350	0.0304	0.0320	0.0278	0.0350	0.0304	N. a.	0.030	N. a.	0.030
热效率/[Btu/(kW·h)]	8022	7640	8022	7640	9975	9500	11370	10803	9750	9260
有用热/[Btu/(kW·h)]	2148	2046	2124	2023	2608	2484				
经济寿命/年	15	15	20	20	15	15	15	20	15	20
电效率/%	44.3	46.7	45.5	50.0	36.0	37.9	30	32	35	37
热输出/[Btu/(kW·h)]	1500	1300	1400	1100	2925	2800	4014	3967	3592	3554
总效率/%	63.8	64.5	64.2	66.2	66.8	69.0	65	68	72	75
电热比	2.27	2.62	2.44	3.10	1.17	1.22	0.85	0.86	0.95	0.96
NO_x 排放/[lbs/(MW·h)]	0.01	0.01	0.01	0.01	0.035	0.035	0.06	0.06	0.06	0.06
操作温度/℃	650～750		650～750		190～210		65～85		65～85	

① 根据参考文献［14］。

② 根据参考文献［9］。

注：表中未给出的技术特性包括：SOFC，操作温度 750～1000℃，电效率 45%～55%；HT-PEM，操作温度 120～180℃，电效率与 LT-PEM 相似。

低温质子交换膜（LT-PEM）CHP 系统的技术特征。MCFC 和 PAFC 目前已经相当成熟，但 PEM 系统在美国尚处于示范阶段。现有的和计划中的燃料电池热电联产和电力设备情况从两个原始数据来源总结得到：①由美国能源部（DOE）支持的 ICF 美国 CHP 数据库；②加州自发电激励计划（SGIP）(http：//energycenter.org/programs/self-generation-incentive-program/program-reports，　http：//www.eea-inc.com/chpdata/，以及参考文献［11a］；其他详细的安装数据可以在参考文献［11b］中找到)。全美共安装了 154 套共计 68.1MW 的燃料电池热电联产系统，占 CHP 总安装量的 3.6%，但还不到总发电量的 0.1%。

燃料电池安装主要分布在有政策利好的三个州：加利福尼亚州、康涅狄格州和纽约州，分别占安装总量的 50.6%、14.3%以及 16.9%，占总容量的 65%、14.3%和 13.9%。尽管最近有一项关于低功率 PEM 系统[12] 的试点研究，而且美国能源部从 2009 年 ARRA 财政刺激计划中拨款 340 万美元用于住宅和小型商业热电联产系统，但大多数热电联产装置的装机容量在 100～1000kW。2001～2012 年，每年安装数量为 5～18，系统容量中位数为 200～750kW，年装机容量为 1.8～11.4MW（图 26.3）。ICF 数据库不提供成本信息、单一电力装置信息，也未包含按技术划分的装置信息。

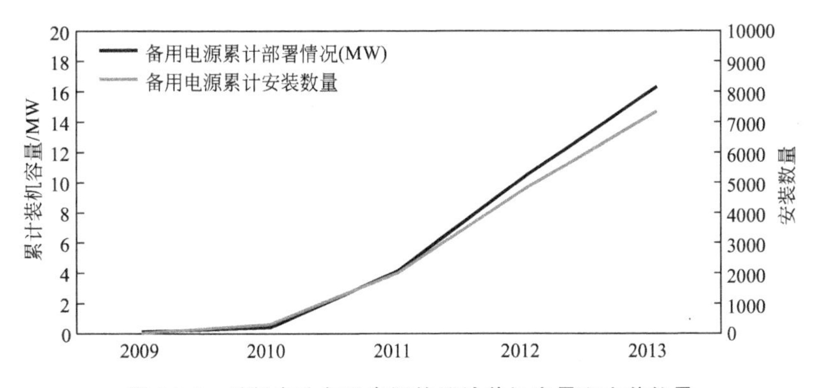

图 26.3　燃料电池备用电源的累计装机容量和安装数量

CHP 系统最常见的应用领域为污水处理（$N=17$）、学院/大学（$N=15$）、办公楼（$N=9$）以及一般的政府大楼（$N=9$）。超过 2/3 的装置使用天然气，31%的使用生物气。最常见的生物质应用为污水处理，目前共有 16 处应用，总功率为 12.36MW，其中 12 处在加利福尼亚（10.96MW）。

加州在 CHP 系统安装方面处于领先地位，详细的数据如表 26.4 和图 26.4 所示。SGIP 数据库包含系统的技术、规模、燃料来源以及成本信息[1]。ClearEdge Power（PEM）、Fuel Cell Energy（MCFC）以及 UTC Power（PAFC；2013 年被 ClearEdge Power 收购）占到已安装 CHP 系统和一些电力系统的 95%，而单一电力装置市场由 Bloom Energy（SOFC）控制。对于燃料电池电力装置，2012 年 Bloom Energy 在加州共安装 21MW，在其他州安装 13.8MW。

表 26.4 加州计划和已安装的 CHP 系统和电力燃料电池系统

年份	CHP 系统的安装数量				已安装和计划安装 CHP 系统容量/MW			
	MCFC	PAFC	PEM	SOFC	MCFC	PAFC	PEM	SOFC
2001		1				0.2		
2002		1				0.6		
2003	2				0.75			
2004	1				1.0			
2005	5	1			3.5	0.2		
2006	7				5.1			
2007	1	1			0.6	0.2		
2008	1		5		0.6	0	0.03	
2009	3	1	11		2.3	0.4	0.06	
2010	4	5	51		4.95	2.8	1.5	
2011		1				0.4		
2012		1	6			0.4	0.9	
2013			3				1.3	
总计	24	12	76	0	18.8	5.2	3.74	0
年份	电力装置的安装数量				已安装和计划安装电力装置容量/MW			
	MCFC	PAFC	PEM	SOFC	MCFC	PAFC	PEM	SOFC
2004	2				1.25			
2007				1				0.4
2009	3			8	4.5			2.7
2010	1	4		80	0.25	3.2		37.6
2011	1	1	2	22	0.3	0.4	0.03	14.6
2012				40				17.2
2013				39				20.2
总计	7		2	190	6.3	3.6	0.03	92.7

[1] 注意 ICF 数据库和 SGIP 数据库中的加州数据不完全相同。相比于 ICF 数据库，SGIP 数据库给出的数据显示，从 2001 年至 2012 年，系统的安装数量更多，但总安装功率更小。两个数据库的某些不一致（如额定功率）使得很难将他们合并到单个数据库。因此本章同时包括这两个数据库，但未协调它们之间的差异。

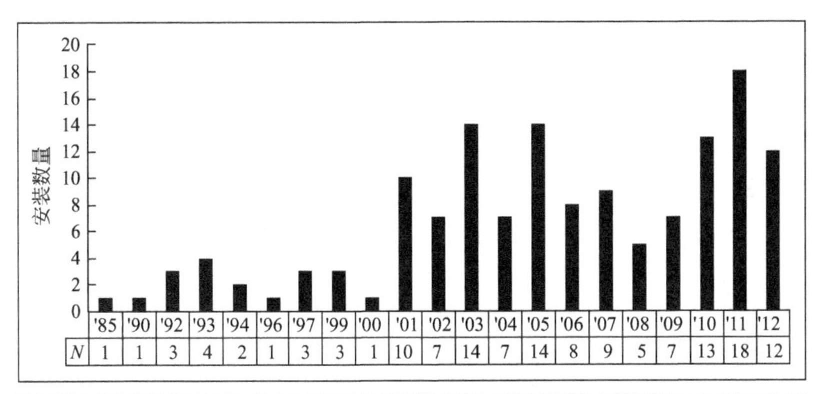

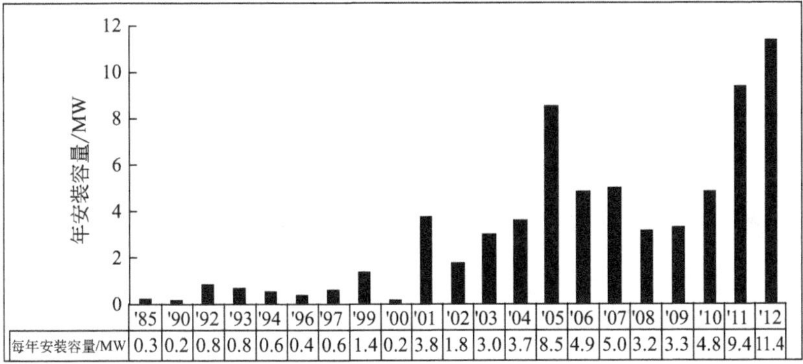

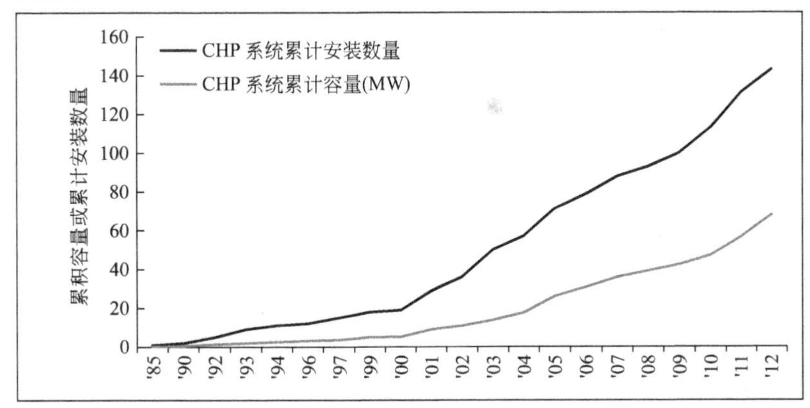

图 26.4 美国每年燃料电池 CHP 系统安装情况

总安装数量 $N=154$，总计 68MW（$N=11$，总计 68kW 的数据未在上图中标出，因为在国家 CHP 数据库中没有相关操作年份）

相对来说 CHP 在加州供能比例较小。SGIP 可计入项目成本包括许可、测量、监控以及互联的成本，因此 SGIP 可计入项目成本通常大于系统本身的资本成本。激励数据包括 SGIP 计划奖励，但不包括符合条件的联邦奖励，因此用户的最终价格低于图 26.5～图 26.9（图 26.6～图 26.9 见文后彩插）所示的价格。

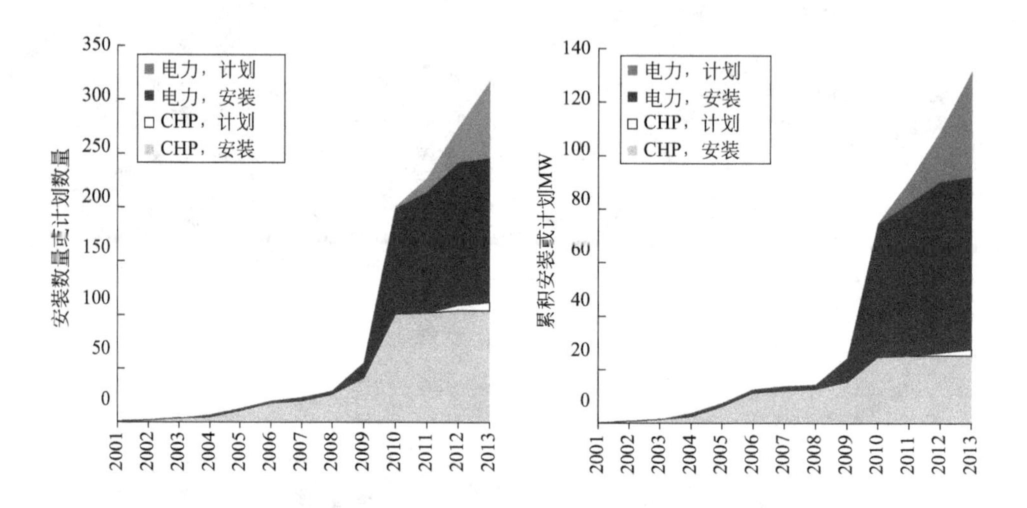

图 26.5　加州计划安装和已安装的 CHP 系统和电力燃料电池系统情况

为在 SGIP 数据库中分类，将已安装的 CHP 系统或电气系统分为："完成支付"和"正在进行 PBI"。计划安装则分为"RRF""PPM"和"ICF"，分别代表了项目计划但尚未完成的不同阶段。更多细节可以关注 SGIP 手册（http：//www.cpuc.ca.gov/energy/DistGen/sgip/）。加州已安装和计划安装共计 316 处，CHP 系统累计容量 27.7MW，电气系统累计安装容量 102.6MW

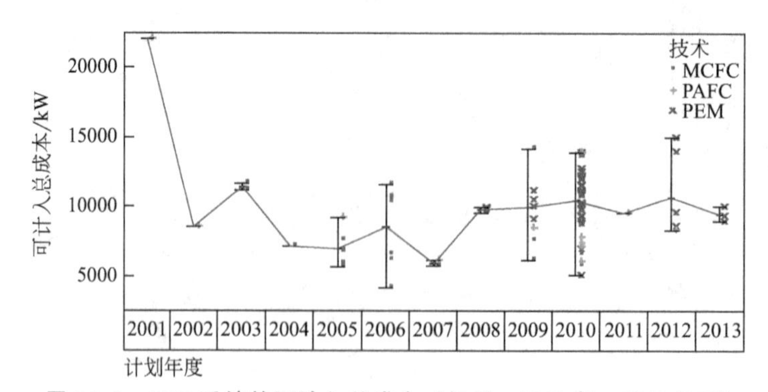

图 26.6　CHP 系统的可计入总成本（加州，2010 年，美元/kW）

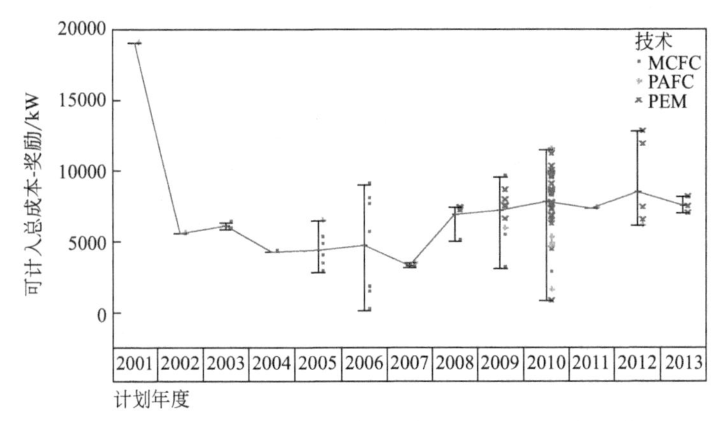

图 26.7 CHP 系统的可计入总成本-奖励（加州，2010 年，美元/kW）

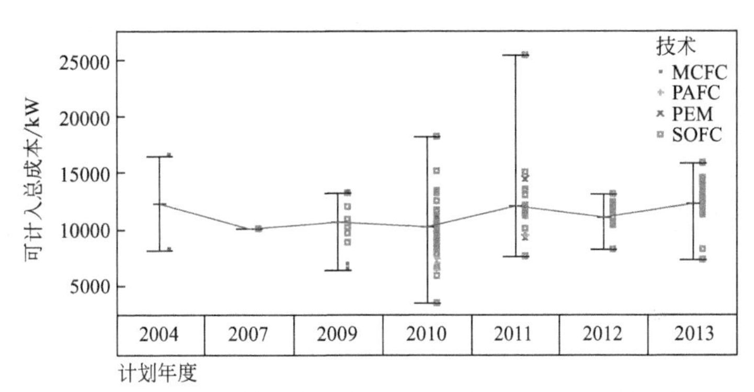

图 26.8 电气系统的可计入总成本（加州，2010 年，美元/kW）

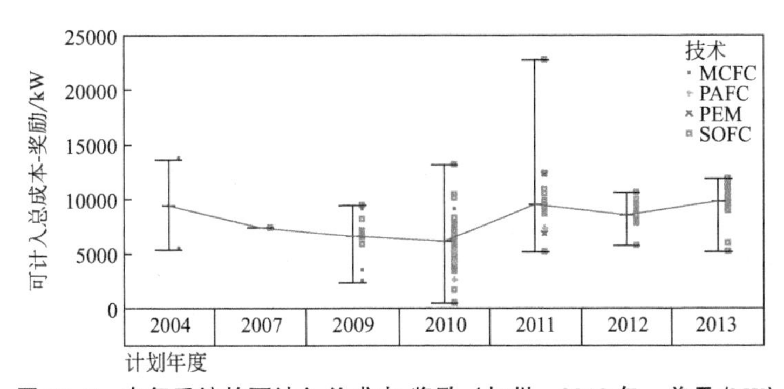

图 26.9 电气系统的可计入总成本-奖励（加州，2010 年，美元/kW）

参考文献

[1] O'Hayre, R. *et al.* (2009) *Fuel Cell Fundamentals*, John Wiley & Sons, Inc., Hoboken.

[2] DOE (2013) 2012 Fuel Cell Technologies Market Report, U.S. Department of Energy, Office of Energy Efficiency and Renewable Energy, Fuel Cell Technology Office, October 2013.

[3] Kurtz, J. *et al.* (December 2013) Fall 2013 Composite Data Products – Backup Power, Technical Report NREL/TP-5400-60949. Available from http://www.nrel.gov/docs/fy14osti/60949.pdf (accessed 24 February 2014).

[4] Kurtz, J. *et al.* (October 2012) Fuel Cell Backup Power Technology Validation. Presentation NREL PR-5600-56785. Available from http://www.nrel.gov/hydrogen/cfm/pdfs/56785.pdf (accessed 24 February 2014).

[5] U.S. Department of Energy, Office of Energy Efficiency and Renewable Energy, Fuel Cell Technology Office (October 2013) 2012 Fuel Cell Technologies Market Report. Available from http://www1.eere.energy.gov/hydrogenandfuelcells/pdfs/2012_market_report.pdf (accessed 24 February 2014).

[6] (a) U.S. Department of Energy, Office of Energy Efficiency and Renewable Energy, Fuel Cell Technology Office (April 2013) Market Transformation. Available from https://www1.eere.energy.gov/hydrogenandfuelcells/pdfs/market_transformation.pdf (accessed 24 February 2014); (b) US Department of Energy, Hydrogen and Fuel Cells Program (April 2012) Program Record#12013. Available from http://hydrogen.energy.gov/pdfs/12013_industry_bup_deploys.pdf (accessed 24 February 2014).

[7] U.S. Department of Energy, Office of Energy Efficiency and Renewable Energy (September 2012) State of the States Fuel Cells in America 2012. Available from http://www1.eere.energy.gov/hydrogenandfuelcells/pdfs/state_of_the_states_2012.pdf (accessed 24 February 2014).

[8] Ballard Power Systems (September 2012) Economics of Fuel Cell Solutions for Backup Power. Available from http://www.ballard.com/files/PDF/Backup_Power/BUP_EmrgncyEcon_EGen_091712-01.pdf (accessed 24 February 2014).

[9] Wei, M. *et al.* (2013) A Total Cost of Ownership Model for Low Temperature PEM Fuel Cells in Combined Heat and Power and Backup Power Applications, Lawrence Berkeley National Laboratory Report, in review December 2013.

[10] Ainscough, C. *et al.* (November 2013) Stationary Fuel Cell System Composite Data Products Data through Quarter 2 of 2013, Technical Report NREL/TP-5400-60796.

[11] (a) Brooks, K. *et al.* (May 2013) Business Case for a 5kW Combined Heat and Power Fuel Cell System, Pacific Northwest National Laboratory. Prepared for U.S. Department of Energy, Energy Efficiency and Renewable Energy – Office of Fuel Cell Technology. (b) Fuel Cells (June 2012) Stationary Fuel Cells at Retail and Grocery Sites. http://www.fuelcells.org/uploads/Grocery-Retail.pdf.

[12] Darrow, K. *et al.* (2009) Combined Heat and Power Market Assessment, California Energy Commission, PIER Program. CEC-500-2009-094-D.

[13] Hedman, B. *et al.* ICF International, Inc. (2012) Combined Heat and Power: 2011, 2030 Market Assessment, California Energy Commission. CEC-200-2012-002.

[14] EPA (December 2008) Technology Characterization: Fuel Cells, Prepared for Environmental Protection Agency Combined Heat and Power Partnership Program, Washington, DC by Energy and Environmental Analysis, Inc., an ICF Company, 1655N. Fort Myer Dr. Suite 600 Arlington, Virginia 22209.

27 特定国家报告：日本

Tomio Omata

University of Yamanashi, Fuel Cell Nanomaterials Center, 6-43 Miyamae-cho, Kofu 400-0021, Japan

摘要

本章简要介绍了日本固定市场中的燃料电池应用。日本燃料电池系统制造商和能源供应商于2009年5月开始销售一种名为“Ene-Farm”的住宅燃料电池系统。截至2014年3月底，累计售出超过7万套。

关键词：Ene-Farm；日本市场；PEFC；住宅燃料电池系统；SOFC

27.1 引言

2005年，日本新能源基金会在日本经济产业省（METI）和日本新能源·产业技术综合开发机构（NEDO）的支持下，开展了“大规模固定燃料电池站示范项目”[1]。

该项目旨在：

① 通过收集大量实际使用情况下的运行数据，以对技术水平进行评估，并找出固定燃料电池系统在市场推广前需要解决的问题。

② 降低固体燃料电池的生产、安装以及维护成本。

日本各地实际安装的住宅燃料系统超过3000套。累计有4年（2004～2008年）的操作和维护数据。参与该项目的厂商包括东芝（Toshiba）和松下（Panasonic）等。此外，诸如东京燃气、大阪瓦斯及新日本石油株式会社等城市燃气公司和石油公司也参与了该项目。

数据表明，燃料电池系统具有很好的节能效果和减排效果。该项目使电池系统的性能和耐久性都有了显著的提高，同时也削减了成本。

27.2 住宅燃料电池系统销售的开端

能源供应商和系统制造商决定开始销售住宅燃料电池系统，并将这些燃料电池系统统一命名为“Ene-Farm”，以提升公共关注度。

图 27.1 所示为东京燃气和松下开发的 PEFC 型 Ene-Farm 的第一代型号[2]。左边是发电单元，右边为储热水箱，用于储存回收的热量。系统配置如图 27.2 所示。

图 27.1　住宅燃料电池系统

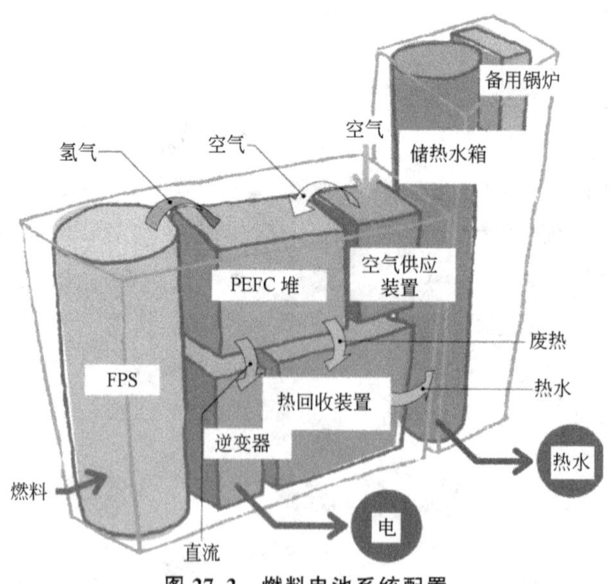

图 27.2　燃料电池系统配置

这些系统从 2009 年 5 月开始售卖，价格为 350 万日元，每套系统政府补贴 140 万日元。东京燃气共卖出 2300 套系统，算上其他公司，第一年总共卖出 5000 套系统。

27.3 Ene-Farm 市场的发展

在接下来的几年中，燃料电池系统的销量不断增加，截至 2014 年 3 月，总销量超过 7 万套。仅东京燃气就安装了 3 万多套系统[3]。目前，燃料电池系统的价格已经有所下降，东京燃气-松下生产的型号 2013 的价格为 200 万日元。每套系统的政府补贴也下降至 45 万日元。东京燃气-松下生产的 Ene-Farm 的成本降低情况如图 27.3 所示。

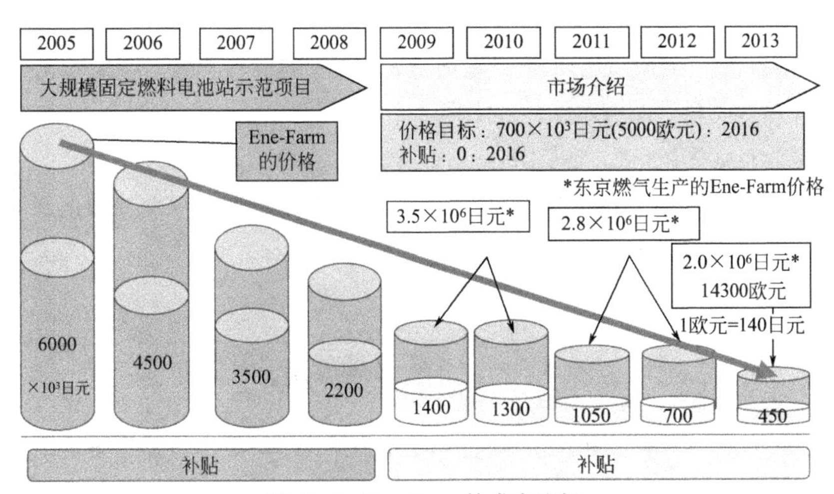

图 27.3 Ene-Farm 的成本降低

27.4 Ene-Farm 的技术发展

(1) SOFC 型 Ene-Farm 及性能改进

SOFC 型 Ene-Farm 从 2012 年 4 月开始销售。表 27.1 给出了目前市场上的各种住宅燃料电池系统的规格。电效率在 38.5%～46.5% (LHV)，算上热回收的总效率在 87.0%～95.0%。SOFC 系统具有更高的电效率，而 PEFC 系统的总效率更高。预计使用寿命为十年。

(2) Ene-Farm 作为紧急电力供应系统

自从 2011 年 3 月大海啸灾难发生以来，电力中断时应急电力系统的需要越来越受到重视。然而，由于 Ene-Farm 启动需要电力，当电力中断时其也会停止

表 27.1 住宅燃料电池系统的规格

制造商（电池堆供应商）	松下（松下）	东芝（东芝）	爱信（京瓷）	新日本石油株式会社（京瓷）
类型	PEFC	PEFC	SOFC	SOFC
额定输出/W	750	700	700	700
热水				
储热水箱/L	147	200	90	90
温度/℃	60	60	70	70
效率				
电效率/%	39.0(LHV)	38.5	46.5	45.0
总效率/%	95.0(LHV)	94.0	90.0	87.0

运行。因此，研究者们又开发了带有蓄电池的 Ene-Farm，即使在断电的情况下也能运行。

(3) 针对富氮城市燃气的 Ene-Farm

因为燃气中的氮会导致重整催化剂中毒，因此在城市燃气富氮地区无法使用 Ene-Farm。为了解决这一问题，重新对重整过程进行了评估，并提高了系统处理氮的性能。

27.5 针对共管公寓的 Ene-Farm 销售情况

在日本，共管公寓在东京、大阪等城市很受欢迎，但在这些地方安装面积有限。为了燃料电池市场的拓展，使系统更易于安装是非常重要的。

东京燃气-松下的最新型号 2014 将系统分成三个单元：动力单元、储热水箱、备用锅炉，这样系统就可以安装在共管公寓的管道间[4]。

东京燃气刚开始销售这种型号的系统时，就已有两家共管公寓决定安装该系统，其中一家有 365 个家庭，另一家有 100 个家庭。

27.6 结论

根据政府的预测，到 2020 年住宅燃料电池系统的安装总量预计为 140 万，到 2030 年这一数字将达 530 万（图 27.4）。到目前为止，Ene-Farm 的安装数量一直在迅速增加。未来几年将是市场进一步拓展的重要时期，因而需要进一步改进性能、降低成本。研发以及市场营销将会继续对住宅燃料电池的进一步发展发挥重要作用。

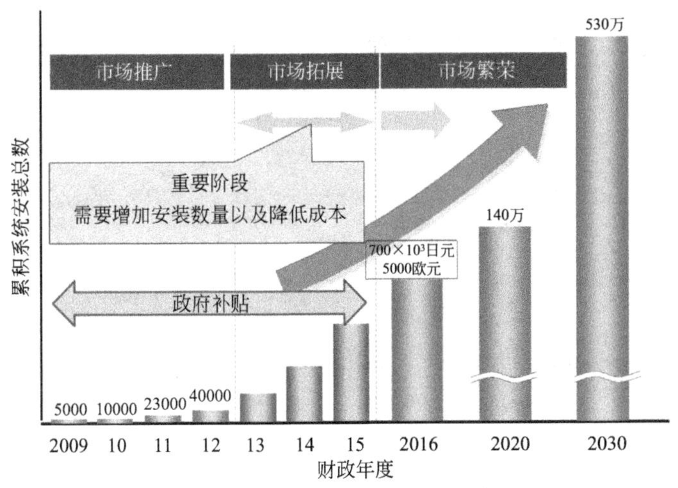

图 27.4 住宅燃料电池的预期发展

参考文献

[1] New Energy Foundation of Japan (2008) Outline of the achievements of the Large Scale Stationary Fuel Cell Demonstration Project. Workshop on the Large Scale Stationary Fuel Cell Demonstration Project, 2008.

[2] Fuel Cell Development Information Center (2009) Fuel Cell Symposium on Field Performance of Brand New Residential PEMFC CHP system ENE FARM2.

[3] Tokyo Gas (2014) *Tokyo gas achieved the installation of 30000 residential fuel cell system "Ene-Farm"*. Press release, April 24.

[4] Fuel Cell Development Information Center (2014) *Development of new model of ENE-FARM at Tokyo Gas*. Fuel Cell RD & D, Japan.

28 备用电源系统

Shanna Knights

Ballard Power Systems, 9000 Glenlyon Parkway, Burnaby, BC, V5J, 5J8, Canada

摘要

专用燃料电池备用电源系统尚处于早期商业阶段，有几家供应商提供 200W～50kW 的低温 PEM 机组，其中最普遍的是 5kW。目前燃料电池备用电源系统已有各种各样的应用，其中最为常见、发展最快的是在移动通信站的应用。相较于现有技术如蓄电池和柴油发电机，燃料电池具有诸多优势，包括耐久性和可靠性、可扩展性、成本、环境效益、燃料灵活性以及尺寸。备用电源系统最常用的两种燃料为压缩气态氢（通常储存在气瓶中）和甲醇（通常为甲醇/水混合物）。经济分析表明，由于维护需求的降低，燃料电池备用电源的总成本相当于现有技术运行 8h 的成本，在更长的备份时间内可获得正回报，预计随着时间的推移，容量的减少会显著降低安装成本。

关键词： 备用电源；聚合物电解质膜（PEM）；通信

28.1 引言

早期燃料电池备用电源（BUP）的最大市场集中在用于蜂窝通信基站的 1～10kW 的低温质子交换膜燃料电池。其他关键电力设施也有用到该系统，如应急通信网络和军事应用。燃料通常选择氢气或者甲醇，甲醇在系统中重整或直接用作燃料，即直接甲醇燃料电池（DMFC）。目前，其他燃料正在被引入或积极开发中，如重整沼气、偏远地区就地水电解所制氢气，重整天然气、丙烷、液化石油气（LPG）以及氨。

此外，许多具有关键弹性需求的行业将燃料电池视为一种极具吸引力的“绿色”选择，因为燃料电池可定期提供初级或峰值电力需求，也可以在电网中断时充当备用电源。此类设备的功率往往更大，从十几千瓦到兆瓦不等。主要应用在数据中心、医院、网络媒体电台、杂货店、银行、监狱等，这些地方断电造成的经济成本或社会成本都很高。这些较大的电池单元主要是温度较高的燃料电池，如固体氧化物、磷酸或熔融碳酸盐燃料电池，以及 PEM 燃料电池。这些燃料电池倾向于使用天然气或沼气做燃料，如重整填埋气，也会使用工业废氢做燃料。

本章的主要内容是备用电源装置，并以10kW或更低功率级别的电信装置为例。以下章节将分别概述应用和功率等级、优势、燃料选择、关键产品参数以及经济考虑。

28.2 应用及功率等级

专业的备用电源系统应用于各种设备，其功率从几千瓦到五十千瓦不等。从厂商供应的产品来看，功率大多在1～10kW，其中最普遍的是5kW[1-8]。美国一项关于燃料电池备用电源系统的研究显示，美国共安装了418处，其中78%的安装功率为4～6kW[9]。电信行业是最大的用户群，主要是因为发展中国家无线通信网络迅速扩张和发达国家对弹性网络需求的推动[10]。许多应用已经被认可并正在开发中，例如：电信（无线网络、911运营者、紧急救援人员、疏散中心、普通大众）；铁路（道口、路边信号、堆场设备等）[11]；政府和军事应用（视频监控、无线电和中继站、飞行制导系统、作战连续性等）[2,12]。

28.3 优点

相较于如柴油机和蓄电池等传统备用电源系统，燃料电池备用电源系统的主要优势为[12,13]：

① 耐久性和可靠性更高：工作寿命为10年（电池堆使用时间为3000～4000h），相比之下蓄电池的寿命只有3～5年[14]。能够在较大的环境温度范围内工作（−50～+50℃）。启动可靠：美国研究的852个燃料电池样本，在2009年至2013年共进行了2578次启动，系统启动可靠性达99.5%[9]。启动不成功的主要原因包括三次紧急停堆、两次燃料耗尽及八次系统故障[15]。相比之下，柴油发动机移动部件数量较多，容易发生机械故障，需要更多的维护[16]。

② 可伸缩性：运行时间可直接根据燃料可用量确定，电池单元是模块化的，效率与功率等级相独立，允许缩放至任何功率需求。

③ 经济性：虽然相较于现有系统安装成本较高，但系统更耐用，每年需要的维护更少，从而降低了总成本（见第28.6节）。

④ 环境效益：几乎零排放；操作噪声少。

⑤ 燃料灵活性：可以使用各种燃料，包括可再生燃料。

⑥ 质量和体积：一个输出功率为4.5kW配有辅助电池的甲醇/水重整器/PEM燃料电池系统，其体积和质量分别为备用容量为24h的传统铅蓄电池的

1/4 和 1/14❶[17]。

28.4 燃料选择

气态氢是备用电源系统最常选用的燃料，并有许多供应商提供商用设备。压缩氢一般为工业气体公司生产的 99.95％的工业级纯氢，通常储存在钢或复合钢瓶中，压力一般为 2400psi。在 2400psi 压力下，一组由 300 系列钢组成的 8 个气缸，每个气缸含有 7.4m^3（标准状况）的氢气，这些氢气可以供给 5kW 的燃料电池工作 15h[18]。5000psi 压力下，更新更大的储罐（8 个气缸）可将这一工作时间延长至 80h 左右。加气通常是换气缸或者就地加气。

只有为数不多的供应商提供使用其他燃料的系统。甲醇混合物是除氢气以外最常见的燃料，而且其可用性越来越高。甲醇可以用于有重整装置的系统，甲醇被转化为氢气并提纯。甲醇也可以用于直接甲醇燃料电池，其储存和运输可以纯甲醇形式，也可以与水混合，通常混合质量分数为 61％～63％。无论是纯的还是经过稀释的甲醇，这种燃料都是一种稳定的液体，可以用塑料或金属手提袋、桶运输，通常储存在集成的或外部的金属罐中。

使用甲醇为燃料的系统通常比使用氢的系统运行时间更长，燃料消耗量也更少。例如，一个装有 59gal（1gal＝3.78541dm^3）储存罐的系统与装有 8 个钢瓶的以氢为燃料的系统有相似的面积（17ft^2，1.6m^2），但其可以提供长达 40h 的 5kW 功率，是上面案例中用氢系统的两倍多。

目前还有很多燃料正在开发中，例如重整沼气、偏远地区就地水电解所制氢气，重整天然气、丙烷、液化石油气（LPG）以及氨。这些燃料的应用会增加系统的复杂性，不过也使得燃料获取更方便。

28.5 产品参数

对比 7 种不同供应商的商用氢燃料 PEM 系统可以看出，燃料选择和尺寸方面存在显著的共性。这些系统的功率大小从 200kW 到 50kW 不等，但是大多数都是较低的功率级别（10kW 或以下）。各供应商的产品耗燃料量略有不同，单位质量和体积也略有不同，但整体趋势一致（图 28.1）❷。

---

❶ 燃料电池输出直流电压 4656V，电流 104A，功率为 4.5kW。其体积为 130cm×110cm×177cm，质量为 488kg，其中燃料质量为 193kg。

❷ 对给定的规格进行了比较假设，例如，不包括储氢罐，并且数据明显超出假设参数，数据未包括在内。可能会出现比示例数据中更广的参数范围。

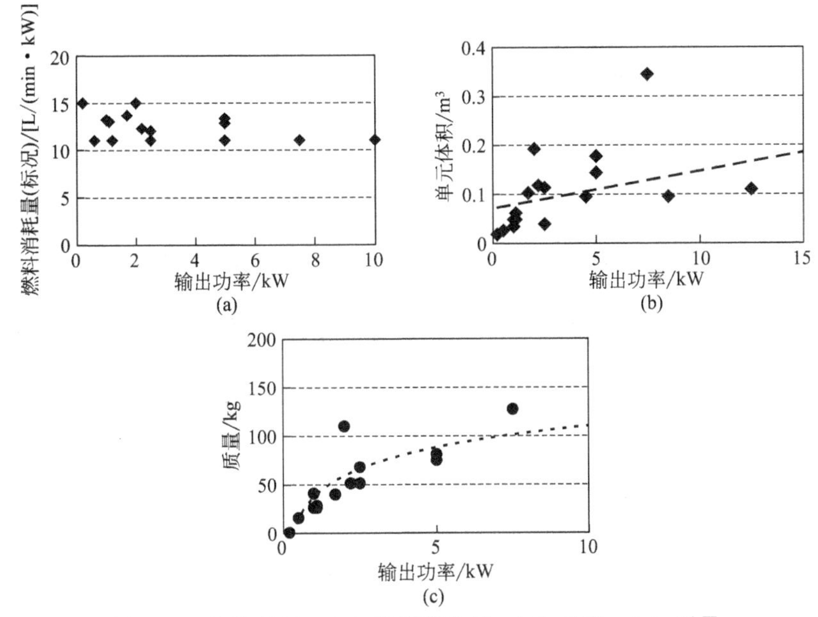

图 28.1 系统比较：(a) 燃料消耗量；(b) 体积；(c) 质量

一般特征相差很大，以下为一些通用参数：

① 安装：室内机架或室外安装；标准电信架；

② 最低工作环境温度：通常接近 0℃（如−5℃至+5℃）或者−40℃至−50℃；

③ 最高工作环境温度：通常为 40～50℃；

④ 燃料规格：99.95％～99.99％工业级别纯氢。

28.6 经济性

一项研究显示，连续运行 8h，柴油机、蓄电池和燃料电池的成本相当，但运行时间长时蓄电池的成本明显增加[15]。

另一项研究中，对 1kW、10kW、25kW 以及 50kW 功率等级的低温 PEM 备用电源系统进行了成本估计，该评估适用于不同的体积容量和制造产量[19]。对于每年 1000 台机组，1kW 和 10kW 系统的安装成本估计分别为 8500 美元和 18300 美元左右，基准生产收益率为 95％。单电池的数量对成本有显著的影响，对于每年 50000 个单电池，安装成本预计分别降至约 4600 美元和 11400 美元。

28.7 结论

本章重点介绍了小于 10kW 的燃料电池备用电源系统的关键参数。燃料电池备用电源系统在耐久性和可靠性、可缩放性、成本、环境效益、燃料灵活性和尺寸等方面具有很大的优势。本章还简要讨论了最常见的两种燃料，即氢气和甲醇。最后，对所选产品的参数、预估安装成本和总成本进行了讨论。

参考文献

[1] Ballard (2014) Fuel Cell Products. http://www.ballard.com/fuel-cell-products/ (accessed 18 September 2014).

[2] ReliOn (2014) ReliOn Products. http://www.relion-inc.com/products.asp/ (accessed 18 September 2014).

[3] Alterenergy (August 2014). Product Information: Freedom Power™ Systems – Engines. http://www.altergy.com/wp-content/uploads/2014/08/FPS-Engine-8_1_14.pdf (accessed 18 September 2014).

[4] FutureE (2014) Jupiter Product Family. http://future-e.de/data/mediapool/futuree_jupiter_family_dina4-4k-rgb.pdf/ (accessed 18 September 2014).

[5] Hydrogenics (2014) HyPM-XR Power Modules. http://www.hydrogenics.com/docs/default-source/default-document-library/hypm-xr-power-modules.pdf?sfvrsn=0/ (accessed 18 September 2014).

[6] Intelligent Energy (2014). Telecoms Back-up Power. http://www.intelligent-energy.com/distributed-power-generation/case-studies/telecoms-back-up-power/Access (accessed 18 September 2014).

[7] Alterenergy (August 2014). Product Information: Freedom Power™ Systems – Engines with Integrated Reformer. http://www.altergy.com/wp-content/uploads/2014/08/Methanol-Cabinet-8_1_14.pdf/ Access (accessed 18 September 2014).

[8] Oorja Fuel Cells (2014) OorjaPac_ModelT. http://oorjafuelcells.com/wp-content/uploads/2014/05/OorjaPac_ModelT.pdf/ Access (accessed 18 September 2014).

[9] Kurtz, J., Sprik, S., and Saur, G. (2014) Spring 2014 Composite Data Products: Backup Power, NREL/TP-5400-62025, June 2014.

[10] Wing, J. (2014) Why Fuel Cells for Telecom Backup is a Good Call. http://www.actaspa.com/why-fuel-cells-for-telecom-back-up-is-a-good-call/Access (accessed 25 September 2014).

[11] ReliOn (2012) Fuel Cell Basics for Railroad Industry Professionals. http://www.relion-inc.com/pdf/RailroadWhitepaper_Rev1_012012.pdf (accessed 18 September 2014).

[12] Fuel Cells (2014) When the Grid Fails Fuel Cells Power Critical Infrastructure in Disasters. http://www.fuelcells.org/uploads/Fuel-Cells-In-Storms.pdf (accessed 25 September 2014).

[13] Ballard (2014) Telecom Backup Power. http://www.ballard.com/fuel-cell-applications/backup-power.aspx (accessed 24 September 2014).

[14] US DOE (April 2009) Fuel Cells for Backup Power in Telecommunications Facilities, DOE/GO-102009-2709.

[15] Kurtz, J., Sprik, S., Post, M., and Peters, P. (19 June 2014) Forklift and Backup Power Data Collection and Analysis. Project ID# TV021. http://www.nrel.gov/hydrogen/cfm/pdfs/tv021_kurtz_2014_o.pdf (accessed 28 September 2014).

[16] DeArmond, C. (April/May 2013) Fuel cells backup critical infrastructure. *Alternative Energy eMag*. http://altenergymag.com/emagazine/2013/04/fuel-cells-backup-critical-infrastructure/2064/ (accessed 24 September 2014).

[17] Matusoka, H., Yamauchi, T., Furtuant, T., and Takeno, K. (2014) Backup power supply system using fuel cells as disaster countermeasure for radio base stations. *NTT Docomo. Technical J.*, **15** (3), 4–9.

[18] Bromaghim, G., Gibeault, K., Serfass, J., Serfass, P., and Wagner, E. (2010) Hydrogen and Fuel Cells: The US Market Report, National Hydrogen Association. http://www.ttcorp.com/pdf/marketReport.pdf (accessed 10 September 2014).

[19] Wei, M. *et al.* (2014) A Total Cost of Ownership Model for Low Temperature PEM Fuel Cells in Combined Heat and Power and Backup Power Applications, Lawrence Berkeley National Laboratory, LBNL contract number DE-AC02-05CH11231.

29 固定式燃料电池：住宅应用

Iain Staffell

Imperial College London，Centre for Environmental Policy,London SW7 2AZ,UK

摘要

本章对燃料电池技术在住宅供热和供电方面的应用进行了综述，并重点分析了 PEM 和 SOFC 系统的关键特性，包括它们的技术性能（效率、寿命和排放量）以及目前的市场状况（成本及销售量）。

关键词：微型热电联产；聚合物电解质燃料电池（PEMFC）；住宅；固体氧化物燃料电池（SOFC）

29.1 引言

相较于其他技术，燃料电池热电联产（微型 CHP）系统具有更高的效率，且系统规模较小。与传统的集中发电模式相比，具有显著优势。

微型 CHP 主要应用两种燃料电池技术：聚合物电解质燃料电池（PEMFC）技术和固体氧化物燃料电池（SOFC）技术。本章总结了微型 CHP 的关键特征（29.2 节）、技术性能（29.3 节）以及现行成本（29.4 节）。

29.2 关键特征

29.2.1 住宅能源领域

住宅领域是燃料电池应用的关键领域。为住宅供暖和供电所消耗的能源占全球能耗的 1/4。表 29.1 比较了 5 个国家的一些关键特征。

燃料电池 CHP 系统有两个重要因素：所需的热量和功率，因为系统理想情况下每年应满载运行 5000h；电力和天然气价格之比，即“点火差价”，决定了可以从运营上节省的成本。

表 29.1 5个国家住宅领域的关键特征，采用 2010～2013 年的数据[1-3]

项目	美国	英国	德国	日本	中国
房屋的数量/万	12000	2700	3800	4900	45500
住宅能源的二氧化碳排放量/10^{12}t	1100 (21%)	130 (26%)	200 (24%)	170 (15%)	1000
每家住宅热需求(kW·h/年)	19700	14400	17500	8800	8300
每家住宅电需求(kW·h/年)	11300	4600	3700	5800	1300
每家住宅其他能源需求(kW·h/年)	5700	3000	2600	2300	800
电价/(美分/kW·h)	11.8	21.2	34.1	26.6	7.8
气价/(美分/kW·h)	3.9	7.7	9.9	19.0	2.9
点火差价	3.00	2.76	3.46	1.40	2.68

29.2.2 住宅燃料电池系统

住宅燃料电池系统的容量为 0.3～5kW，通常为 0.7～1.5kW。这个容量可以满足一个家庭的全部电需求和大约一半热需求，其余由锅炉和蓄热箱提供。

考虑到物理尺寸和质量，系统一般安装在室外。适合挂在墙上的更小型系统尚处于开发中。表 29.2 给出了四种主流微型 CHP 系统的技术参数。

著名的厂商还包括东芝和三洋（日本）、GS 和 FCPower（韩国）、菲斯曼和昂科拉（德国）、利西斯电力（英国）以及嘉实多（美国）。

表 29.2 四种主流微型 CHP 系统的技术参数[4-6]

项目	PEMFC		SOFC	
	松下 Ene-Farm （日本）	八喜 Gamma Premio （德国）	京瓷 Ene-Farm-S （日本）	陶瓷燃料电池 BlueGen （澳大利亚）
输出功率/W	200～750	400～1000	50～700	500～1500
热容量/W	1075	1870	650	300～600
电效率(LHV)/%	39	34	46.5	60
总效率(LHV)/%	95	96	90	85
安装面积①/m^2	0.3	0.36	0.3	0.45
质量①/kg	90	235	94	200
1m 处噪声/dBa	38	40	38	45

① 包括锅炉，不包括储热水箱。

29.3 技术性能

表 29.3 给出了各种燃料电池技术的技术特点和性能。

表 29.3 主要住宅燃料电池性能标准汇总

项目	PEMFC	SOFC
电容量/kW	0.75～2	
热容量/kW	0.75～2	
电效率①(LHV)/%	34～39	45～60
热效率①(LHV)/%	55～60	30～45
系统寿命/(1000h/年)	60～80/10	20～90/3～10
退化率②/(%/年)	1	1～2.5

① 新电池的额定规格。

② 峰值功率和效率损失。

29.3.1 效率

无论是住宅还是更大规模的应用，主流 SOFC 的电效率为 45%～60%，总效率为 85%～90%[7,8]。PEMFC 的燃料处理过程会造成更多损失，因此电效率更低，但其热效率比较高。主流住宅系统的额定功率为 39%，总效率为 95%[9,10]。欧洲的住宅系统尚未达到日本和澳大利亚的水平，其 SOFC 和 PEMFC 的电效率目前为 30%～35%[4]。

表 29.4 制造商所给和现场实测的 LHV 效率（电/总）的对比

系统			额定规格 (%电/%总)	实际表现① (%电/%总)	现实差别 /%
PEMFC	松下和东芝 (Ene-Farm)[11,15-17]	2014	38.5～39/94～95	—	—
		2010	35～37/81～89	32.1/73.2	8～13
	GS、FCPower 和三星[18]	2012	34～36/82～86	—	—
	威能、八喜和海克斯②[4]	2012	31～35/90～96	30.5/88	8～9
		2009	26～32/90～96	24.2～84.1	16
SOFC	爱信色凯和 JX(Ene-Farm-S)[17,19-21]	2014	43～46.5/87～90	—	—
		2011	42～45/77～85	40.0/82.1	5～12
	CFCL[8,22]	2011	60/85	51～56	7～15

① 也有人称其为利用效率或容量因子，用以区分理想实验条件下的总发电效率。

② 数据仅能从 PEMFC 和 SOFC 的三个制造商处获得。

表29.4总结了几种主流燃料电池的效率，这些电池均使用天然气作燃料，产生交流电。从已知的示范项目实际性能和厂商给出性能的对比可以看出，效率大约下降了三分之一。这是因为：辅助系统消耗电量、部分负载时效率下降、启动和关闭时消耗能量以及部分多余热量无法利用[4,11]。由于操作条件不理想，其他住宅方面技术也有类似的情况（如CHP发动机[12,13]和热泵[14]）。

由于堆压随电流密度的减小而增大，燃料电池的部分负载效率很高。然而在实际系统中，由于寄生损失的存在，效率会有所降低，效率下降为一个理性函数，如图29.1所示。不同类型的电池堆性能不同，比如部分负载时，SOFC的电效率下降很快而热效率则会增加。

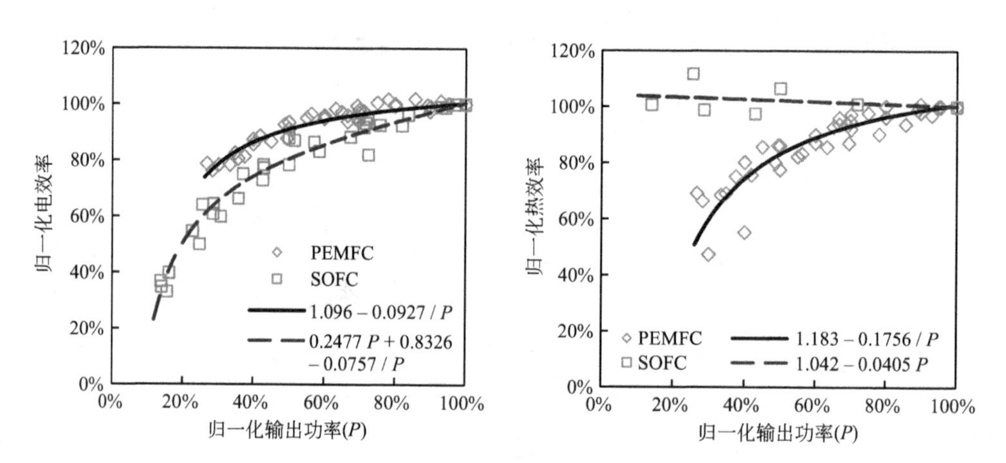

图29.1 完整的住宅CHP系统的电效率和热效率输出关系

效率为归一化效率（以满负荷运行的系统效率为基准）；

数据来源于8种PEMFC系统[11,15]和6种SOFC系统[11,19,23]

29.3.2 退化

电池堆退化影响电池的效率、寿命和输出功率。目前，电池电压每千小时会下降0.5～2%，将会导致电力输出和电效率每年下降2.5%～10%[11]。由于一些电损耗作为电阻加热而出现，这部分被增加的热输出和效率所抵消；然而，随着时间的推移，能源成本仍然会增加。

大量的研究工作致力于解决材料科学问题，目前最先进的PEMFC退化率已降至0.1～0.3%/1000h（0.5%～1.5%/年）[4,24,25]，SOFC的退化率降至1.0%～2.5%/年[19,26-28]。使用期到达时的输出功率通常会比最初下降20%，这可能会发生在运行 10～20 年后。

29.3.3 使用寿命

耐久性是多年来阻碍燃料电池发展的一个关键问题，其寿命远低于 40000h（住宅间歇运行十年左右）这一关键转折点。而最近的研究极大地改进了耐久性能：日本生产的 PECMFC 目前可以保证运行 60000～80000h[7,29]；而 SOFC 堆有 30000h 的耐用期，单电池的耐用期可达 90000h[4,30]。这些 Ene-Farm 系统有 10 年的保修期，可以免费维修。欧洲和其他住宅系统正在迎头赶上，目前其使用寿命约为 10000～20000h[4,30]。

图 29.2 所示为系统寿命的改进：图中的点是制造商和文献中给出的结果。每种技术都对应一条指数曲线，曲线表明自世纪之交以来，行业平均寿命每年增长 16%～22%。

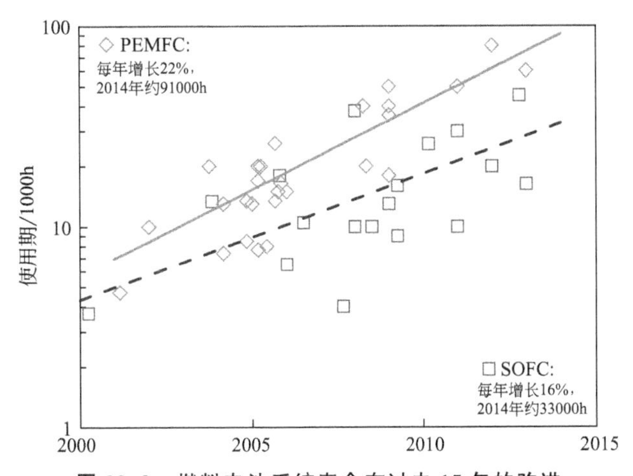

图 29.2 燃料电池系统寿命在过去 15 年的改进

数据来源于 12 种 PEMFC 系统[11,15,31] 和 9 种 SOFC 系统[4,7,11,19,30,32,33]

2001 年德国研究人员的现场试验表明，住宅系统的可靠性为 97%，平均故障间隔时间（MTBF）为 1300h，这意味着每三个月发生一次故障[4]。不过 MTBF 在 2008 年至 2011 年之间翻了一倍，预计最新一代系统将延续这一趋势。同样，在 2004 年至 2007 年之间，在日本 90%的早期 Ene-Farm 在第一年就出现了故障。自从商业化以来，早期的这些问题都已被克服，目前只有 5%的系统会在第一年出现故障[10]，这已经可以与燃气锅炉媲美。在这两次试验中，故障广泛分布于电池堆、重整器、水回路和电气控制系统各种组件。

29.3.4 排放

燃料电池厂商声称 0.7～1kW 的系统可为一个四口之家减排 1.3～1.9t 二氧化碳（减少 35%～50%）[7,9,10,34]，而 CFCL BlueGen 声称其每年可减排 3t 二氧化碳[8]。每个住宅 PEMFC 系统每生产 1kW·h 的电和 1.4kW·h 的热时约排放 550g 二氧化碳。在热和电之间分配排放的一种常见方法是，将燃料电池热量输出的碳排等同于燃气锅炉产生相同热量时的碳排，从而得到单独电输出的碳强度。使用上述方法，电输出造成的碳排为 550－(1.4×215)＝250g/(kW·h)，约比最好的轮机联合循环（CCGT）低 40%。

燃料电池产生的空气污染物排放量约为其他气体燃烧技术的十分之一，这得益于燃料电池的低温重整过程。表 29.5 给出了氮氧化物（NO_x）、一氧化碳（CO）以及微粒（PM_{10}）的工业排放水平。

表 29.5 燃料电池、冷凝式锅炉以及 CHP 发动机的空气污染物排放测量值（8 个数据来源的平均值）[11,13] 单位：g/(MW·h)

空气污染物	燃料电池	冷凝式锅炉	CHP 发动机
NO_x	1～4	58	30～270
CO	1～8	43	10～50
CH_4	1～3	13	—
SO_2	0～2	2	—

29.4 经济地位和市场地位

29.4.1 资本成本

燃料电池的价格一直是最大的发展障碍。截至 2014 年，1kW·h 的 PEMFC 或 SOFC 在日本的售价约为 1.3 万～1.7 万英镑。从表 29.6 可以看出，近年来所有制造商的价格都有大幅下降。

表 29.6 燃料电池微型 CHP 系统的近期售价（英镑）

系统		2008	2009	2010	2011	2012	2013
PEMFC	松下(0.75kW)		20900	→	16200	→	12100
	东芝和新日石(0.7kW)		19300	→	15300		
	GS 和 FCPower(1.0kW)	91000	→	52000	→	38000	
	Elcore(0.3kW)				9000	→	8000

续表

系统		2008	2009	2010	2011	2012	2013
SOFC	威能、八喜和海克斯(1kW)	100000	→	40000	→		26000
	京瓷(0.7kW)	60000	→	38000	→	16100	
	新日石(0.7kW)				15800		
	CFCL(1.5kW)			22700	→21500	→	19600

注：价格包括辅助锅炉和储热水箱，不包括补贴和安装费用；斜体表示商业启动前的示范阶段系统的价格（英镑）[35,36]

日本的住宅燃料电池系统价格在过去十年下降了 85%[35]，德国的在过去四年下降了 60%[4]。对于韩国和日本，图 29.3 所示为价格下跌与迄今为止的安装总数的对应关系，揭示了一种“从做中学”的对数关系。从日本和韩国的示范项目中可以看出，住宅 PEMFC 系统的累计生产量每翻一倍，其价格就下降 20%[35,37]。自从 2008 年商业化以来，在日本住宅 PEMFC 系统的累计生产量每翻一倍，其价格下降 13%。若图 29.3 中的趋势延续到未来，那么未来 4～6 年将会累计安装 100 万套住宅燃料电池系统，成本约在 4500 英镑至 9000 英镑之间。

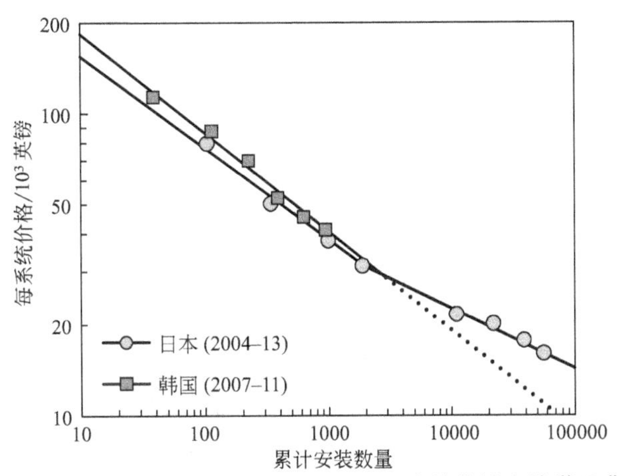

图 29.3 根据日本和韩国住宅 PEMFC 历史价格拟合的学习曲线

29.4.2 销售量

住宅燃料电池系统在过去 10 到 15 年已经得到了证明。全球的使用量大约每年翻一番（图 29.4）。2012 年，燃料电池系统的销量首次超过基于发动机的微型 CHP 系统，占据全球市场份额的 64%，销量约为 28000 套[38]。

全球范围内，目前日本处于领先地位，截至 2013 年 10 月，日本在四年之内卖出近 6 万套系统，比韩国和欧洲提前了约 6～8 年。如图 29.4 的虚线所示，日本政府计划到 2020 年累计安装 140 万套，而欧盟的目标为 5 万套[39,40]。

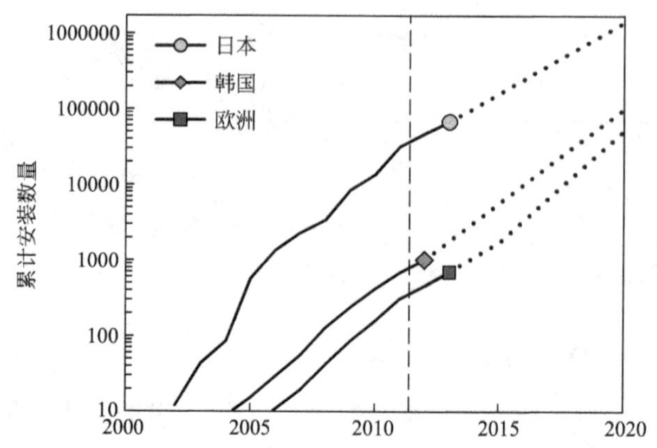

图 29.4 迄今为止住宅微型 CHP 系统的累计安装数量（实线）及短期预测数据（虚线）[36]

均已包括 PEMFC 和 SOFC（约 90∶10）；欧洲地区几乎全部由德国提供

29.5 结论

本章综述了住宅燃料电池微型 CHP 系统的技术和经济性指标，探讨了 PEMFC 和 SOFC 系统的关键特性，并总结了以下要点：

① 热效率和电效率较高，但是当系统运行偏离额定输出或反复循环时，效率会下降；

② 在住宅中应用的实际效率比额定规格低了大约 1/10，这同热泵和 CHP 发动机的经验一致；

③ 系统的寿命和可靠性正在迅速提高，并逐渐达到微发电技术的水平；

④ 二氧化碳和空气污染物的排放是其他气体燃烧技术的 1/10 到 1/2；

⑤ 系统的价格每四年减半，销量每年翻一番，这说明完全商业化指日可待。

参考文献

[1] Staffell, I., Brett, D.J.L., Brandon, N.P., and Hawkes, A.D. (2015) *Domestic Microgeneration: Renewable and Distributed Energy Technologies, Policies and Economics*, Routledge, London.

[2] Staffell, I. (2014) The 2050 Energy Transfer Reference Case (ETRC) Model. https://sites.google.com/site/2050etrc/ (accessed 23 September 2015).

[3] International Energy Agency (2013) Energy Prices and Taxes (2013 Quarter 2).

[4] Callux (2013) Field Test of Residential Fuel Cells - Background & Activities.

[5] Anamizu, T. (2014) The present status and the future view of residential fuel cell co-generation system from Tokyo Gas. FC EXPO 2014, 10th International Hydrogen & Fuel Cell Expo Tokyo, Japan, 26–28 February 2014.

[6] Ceramic Fuel Cells Limited (2009) BlueGEN: Modular Generator - Power+Heat.

[7] Kuwaba, K. (2013) Development of SOFC for residential use by Aisin Seiki. FC

EXPO 2013. 9th International Hydrogen & Fuel Cell Expo Tokyo, Japan, 27 February to 1 March 2013.
[8] Föger, K. (2011) CFCL: challenges in commercialising an ultra-efficient SOFC residential generator. 4th IPHE Workshop Report on Stationary Fuel Cells, Tokyo, 1 March 2011.
[9] Panasonic (17 January 2013) Launch of new 'Ene-Farm' home fuel cell product more affordable and easier to install. tinyurl.com/oal2pph (accessed 23 September 2015).
[10] Nagata, Y. (2013) Toshiba fuel cell power systems – commercialization of residential FC in Japan. Presented at FCH-JU General Assembly, Brussels.
[11] Staffell, I. (2010) Fuel Cells for Domestic Heat and Power: Are they Worth it? PhD Thesis, University of Birmingham. URL tinyurl.com/759b7yq (accessed 23 September 2015).
[12] Carbon Trust (2011) Micro-CHP Accelerator: Final Report.
[13] Staffell, I., Baker, P., Barton, J.P., Bergman, N. *et al.* (2010) UK microgeneration. Part II: technology overviews. *Proc. ICE - Energy*, **163** (4), 143–165.
[14] Staffell, I., Brett, D., Brandon, N., and Hawkes, A. (2012) A review of domestic heat pumps. *Energy Environ. Sci.*, **5** (11), 9291–9306.
[15] Shimizu, T. (2013) Panasonic's latest technology trend in ENE-FARM and penetration strategy, FC EXPO 2013, 9th International Hydrogen & Fuel Cell Expo Tokyo, Japan, 27 February to 1 March 2013.
[16] Toshiba (2013) 燃料電池とは (Fuel Cell Products). tinyurl.com/q3xmeet (accessed 23 September 2015).
[17] Fuel Cell Commercialization Conference of Japan (2012) ENE-FARM Dissemination and General Specification. tinyurl.com/c8vezhm (accessed 23 September 2015).
[18] Park, D.-R. (2011) Initial stage of commercialization of residential fuel cells in Korea. 4th IPHE Workshop Report on Stationary Fuel Cells, Tokyo, 1 March 2011.
[19] Iwata, S. (2014) Status of residential SOFC development at Osaka Gas, FC EXPO 2014, 10th International Hydrogen & Fuel Cell Expo Tokyo, Japan, 26–28 February 2014.
[20] JX Nippon Oil & Energy Corporation (2014) 家庭用燃料電池エネファーム 製品仕様 (ENE-FARM home use fuel cell: Product Specifications). tinyurl.com/bwozlb5 (accessed 23 September 2015).
[21] New Energy Foundation (2011) 固体酸化物形燃料電池実証研究 (Solid Oxide Fuel Cell Empirical Research).
[22] Neilson, A. (2011) CFCL: Introducing BlueGen: Clean, On-site Power, All-Energy Australia, Melbourne. tinyurl.com/nhbhrtw (accessed 23 September 2015).
[23] Obernitz, F. (2010) BlueGen – das hocheffiziente mikrokraftwerk (the highly efficient micro power plant). Riesaer Brennstoffzellen Workshop, Riesa, Germany, 2010.
[24] UTC Power (2012) Energy reinvented: stationary fuel cells, Hannover Messe, Hannover, Germany, 23–27 April 2012.
[25] Miller, M. and Bazylak, A. (2011) A review of polymer electrolyte membrane fuel cell stack testing. *J. Power Sources*, **196** (2), 601–613.
[26] Knibbe, R., Hauch, A., Hjelm, J., Ebbesen, S.D. *et al.* (2011) Durability of solid oxide cells. *Green*, **1** (2), 127–240.
[27] Haart, L.G.J.d. (2012) SOFC-life. FCH-JU Programme Review Day, Brussels, 28–29 November 2012.
[28] Yokokawa, H., Horita, T., Yamaji, K., Kishimoto, H. *et al.* (2012) Degradation of SOFC Cell/Stack Performance in Relation to Materials Deterioration. *J. Korean Ceram. Soc.*, **49** (1), 11–18.
[29] Osaka Gas (2012) Long-Term Durability Data for Single-Cell. tinyurl.com/osaka-sofc-longterm (accessed 23 September 2015).
[30] Ballhausen, A. (2013) BlueGen: Vom Feldversuch in den Markt (From Field Tests to Market), NIP General Assembly, Berlin.
[31] Kume, H. (2011) Toshiba Revamps 'Ene Farm' Residential Fuel Cell, in Nikkei BP. tinyurl.com/c8vy4nb (accessed 23 September 2015).

[32] Kayahara, Y. and Yoshida, M. (2008) Residential CHP program by Osaka Gas Company and Kyocera Corporation. 8th European Fuel Cell Forum, Lucerne, 30June to 4 July 2008.

[33] Ueno, A. (2014) SOFC hot module development status for residential use at TOTO. FC EXPO 2014, 10th International Hydrogen & Fuel Cell Expo Tokyo, Japan, 26–28 February 2014.

[34] Klose, P. (2011) Baxi Innotech – large scale demonstration of residential PEFC systems in Germany. 4th IPHE Workshop Report on Stationary Fuel Cells, Tokyo, 1 March 2011.

[35] Staffell, I. and Green, R. (2013) The cost of domestic fuel cell micro-CHP systems. *Int. J. Hydrogen Energy*, **38** (2), 1088–1102.

[36] Dodds, P.E. and Hawkes, A. (eds) (2014) The role of Hydrogen and Fuel Cells in Providing Affordable, Secure Low-Carbon Heat, A H2FC SUPERGEN, White Paper, London.

[37] Staffell, I. and Green, R.J. (2009) Estimating future prices for stationary fuel cells with empirically derived learning curves. *Int. J. Hydrogen Energy*, **34** (14), 5617–5628.

[38] Delta-ee (2013) Micro-CHP Annual Roundup 2012.

[39] Hara, I. (2013) Current status of H_2 and fuel cell programs of Japan. 20th IPHE Steering Committee Meeting, Fukuoka, 20–21 November 2013.

[40] Riddoch, F. (2013) Ene.field European-wide field trials for residential fuel cell micro CHP. FCH-JU Programme Review, Brussels, 11–12 November 2013.

30 固定式燃料电池用燃料

Stephen J. McPhail

ENEA, Unit Renewable Sources, Hydrogen and Fuel Cells, Via Anguillarese 301, 00123 Rome, Italy

摘要

固定式燃料电池系统对于燃料电池的运输没有严格的限制。这归因于燃料选择方面具有很大的灵活性，燃料重整和调整装置安装时可以不受空间和质量的限制。此外，固定燃料电池系统在尺寸上有很大的差异，尺寸主要取决于这一高级、清洁和可靠电力的需求位置和应用。再加上燃料电池效率相对独立于规模的独特特性，且可以使用不同的燃料，就有了一系列的不同应用，这为固定式燃料电池系统（通常是热电联产）提供了广阔的应用前景。本章重点介绍了最可能在分布式、低排放发电的地方使用的燃料：天然气、沼气、乙醇以及长期看好的氢气；重点比较了这些燃料的特性，这些特性对于系统设计至关重要。

关键词： 沼气；分布式发电；配电网；乙醇；氢气；天然气

30.1 引言

固定式燃料电池可以应用于各种规模发电场景，其中规模最大的为吉瓦级(如联合循环和核电站)。可以认为这是一个局限，但实际上这也是固定式燃料电池的优点：相较于热机转化，电化学转化燃料效率更少地依赖于系统的体积，转化率几乎是常数，因为其本质上与燃料的反应性质有关。在这方面，燃料电池类似于蓄电池：具有给定性能的模块，可以简单地串联连接以实现所需的功率输出。

分布式（本地或远程、住宅或商业）发电日益增长，这要求在最小范围内最大限度地提高系统的电效率，燃料电池是比较合适的技术之一。实际上，对于输出功率低至 1kW 的发电机，经验证燃料电池系统的净电效率为 60%，比其他任何技术都高。当燃料电池产量能够满足中小规模发电需求的爆发增长时，没有理由不把燃料电池也用于大规模发电。

在此背景下，显然固定式燃料电池应该能够广泛地利用本地任何可用的燃料。这不仅意味着要利用供应网络最广泛的天然气，还要利用厌氧消化产生的沼气（原料为农场、食品厂或城市垃圾处理厂的废料）、填埋气体、固体废物或木材气化产生的合成气、(生物) 乙醇以及氢气。

30.2 天然气

天然气运输管路已经建立了几十年，发达国家大部分地区已覆盖了良好的天然气管网。因此，天然气网络连接了许多分散地点，为生产和应用提供了新的机会。美国天然气输配管道总长度近 400 万公里[1]，欧盟有 27 万～200 万公里，服务对象约 1.15 亿人[2]。本地供应公司 (LDC) 或分配系统运营商 (DSO) 通过区域配送管道从天然气输气干线或产气地区接收天然气，然后利用数千公里的小直径配气管道向成千上万的家庭和企业供应天然气。区域管道的压力范围为 1～70bar，局部管网压力为 30～100mbar[3-5]。

天然气在工业和市政部门拥有巨大的潜在终端用户，这使得天然气可以成为增加现有发电系统运行经验，加速其大规模应用，进一步降低成本，提高可靠性的理想燃料。然而，天然气的组成可能会有很大的变化 (表 30.1)，同时用于检测天然气泄漏的臭味气体的标准及成分也同样多变。全球范围内用于天然气加臭的两种主要化合物为 THT (四氢噻吩，C_4H_8S) 和硫醇 [多为 TBM (叔丁基硫醇)，$(CH_3)_3CSH$]，但也使用异丙硫醇 (C_3H_8S) 和正丙硫醇 (C_3H_7SH)。为保证嗅觉，臭味气体添加量要在 2～32mg/m^3 之间。但是这个浓度对于任何燃料电池而言都是不可接受的，因为燃料电池对硫非常敏感，硫很容易且不可逆转地影响电池的电催化活性。

表 30.1 典型的天然气成分[6-8] 体积分数，%

项目	美国	加拿大	俄罗斯	荷兰	北大西洋	阿尔及利亚
甲烷	93.9	95.2	96.4	81.3	89.4	88.1
乙烷	3.2	2.5	1.7	2.9	5.1	7.9
丙烷	0.7	0.2	0.51	0.37	1.1	1.22
丁烷	0.4	0.06	0.15	0.14	0.35	0.16
戊烷		0.02	0.03	0.04	0.07	0.14
己烷,更高碳的碳氢化合物		0.01	0.012	0.005	0.05	0.012
氮气	2.6	1.3	0.90	14.35	2.5	0.89
二氧化碳		0.7	0.30	0.89	1.4	1.60
高热值(标准状态)/(MJ/m^3)	38.5	38.6	38.2	33.3	39.6	42.0

燃料电池若想使用管道天然气做燃料必须先脱硫：对于固定式燃料电池来说，这通常不是问题，脱硫装置也比较简单，通常使用装有吸附材料的暗盒，定

期更换即可。通常采用双脱硫器，以便更换过程可以不间断运行。双脱硫器一般采用前后结构，对硫形成双重屏障，前面的脱硫器饱和后，后面的还可以继续工作。

天然气供应商有时会在需求高峰期使用储存的液化丙烷或经空气稀释的丁烷来补充供应。供应商调峰所用气体与天然气有相似的燃烧性质（由沃尔指数定义），但并不意味着它们的电化学反应特性相似。此外，混入少量的氧气会带走一部分可用化学能。燃料电池系统应该配置检测调峰气体装置，并配备处理可能过剩的氧气的反应器：输出功率可能会受到影响，应该予以考虑。

使用天然气需要考虑与易燃气体、气体处理、爆炸性气体、防火与安全有关的标准与规定。直接的健康危害通常只限于窒息。表 30.2 给出了这方面的一些关键特性。

表 30.2　部分燃料的典型危害特性[9,10]

成分	组成	闪点温度/℃	低爆炸极限(LEL)/%	高爆炸极限(UEL)/%	相对密度(空气=1)	燃点/℃
甲烷	CH_4	<0	4	17	0.55	537
液化石油气	C_xH_x	<0	2	9	>1.50	365
丙烷	C_3H_8	<0	2	9.5	0.53	450
氢气	H_2	<0	4	74	0.070	565

最近特别是在美国，非常规天然气（页岩气、致密气、煤层气，典型成分见参考文献 [11] ）开采迅速发展，这导致天然气总体价格明显下降。这可能有利于所谓的“点火差价”，此为衡量天然气和电力零售价格差异的一个指标。这种差别对于燃料电池极为有利，燃料电池可以利用价格较低的天然气来高效率生产价格较高的电力。这样一来，投资回报期缩短，对于燃料电池等相对昂贵的技术，市场的吸引力也会大大增加。而核电的大量生产则有相反的趋势，因为这导致了电网电价的下降。因此，部署固定式燃料电池的最有利环境很大程度上取决于此类基础设施的组成。

未来燃气管网一个新的重要作用可能是作为绿色储能设施。在任何给定的时间，天然气管网输送的能量是电网输送的数倍，这表明其有储存和缓冲能量的巨大潜能。随着不可预测的可再生能源（特别是风能和太阳能）的不断开发，也需要开发稳定电力供应技术。电转气系统、甲烷化和沼气使得天然气更加“绿色”；天然气管网也可在可再生能源短缺时提供持久的支撑。

30.3 沼气、填埋气和生物甲烷

厌氧消化是指有机物在无氧状态下被细菌分解。这是一种古老的处理方法，常用于稳定高有机负荷的河流，如城市污水污泥。目前该工艺已扩展至食品加工业废物（橄榄厂废水、乳泥、啤酒厂残渣、海产品加工废弃物等）、畜牧业废物、屠宰场废物、城市固体废弃物的有机成分、残余藻类、淡水生物、陆生杂草等[12]。在此之前，沼气只能从垃圾填埋场和垃圾场回收。填埋气与沼气的来源相同：垃圾填埋场内的有机化合物无氧分解。然而垃圾填埋场的垃圾具有多样性并且往往有毒，这种沼气充满了不受控制的污染物，特别是卤化物，这些污染物需要专门的反应器来清除（通常通过氢化和催化净化或清洗）。从材料和能量回收的质量和数量角度来看，填埋是垃圾处理中最不理想的一种形式，但在实践中，垃圾填埋场的填埋气通常会回收利用。

有机废物处理量日益增加，加之所产沼气热值很高，使得厌氧消化的主要目标变成生产能源。沼气主要由甲烷（50%～80%）和二氧化碳（20%～40%）组成；此外还含有少量其他成分（1%～5%），如氨、氮、硫醇、硫化氢和残余氧。根据所消化的底物不同，也可能存在吲哚、卤代烃和硅氧烷。沼气的水蒸气含量（体积分数）为2%～7%。沼气的低热值（标准状态）约为21～24MJ/m^3，密度（标准状态）为1.2kg/m^3（比空气重），其精确的甲烷含量要依据所用有机质的生物化学组分以及消化工艺和操作条件[13]。

由于沼气具有高收益，而食物价格相对较低，导致一些国家的农民开始转种专用能源作物，如玉米、柳枝稷和高粱；然而，这种做法受到了批判，因为这不仅影响了人类与牲畜所需的粮食作物的产量，而且土地使用的变化可能会对当地生态环境产生严重和隐形的影响。

表30.3总结了采用不同基质时的典型沼气产量。

表30.3 不同基质的典型沼气产量[13]

原料	每吨原料沼气产量(标准状态)/m^3
牲畜粪便	200～500
作物残渣	350～400
农用工业废物(乳制品污泥,橄榄油厂废水、酿酒厂废物等)	400～800
肉类加工废弃物	550～1000
废水污泥	250～350
城市固体废弃物的有机成分	400～600
能源作物(玉米、高粱等)	550～750

文明的工业化国家都会建设大量的废物处理厂处理废物，而沼气的巨大优势在于其可实现当地直接转化，这也使得利用产生的余热成为可能。燃料电池直接使用沼气是可取的，不需要复杂的燃料加工技术。高温燃料电池［MCFC（熔融碳酸盐燃料电池）和 SOFC（固体氧化物燃料电池）］目前最受欢迎，因为它们可以在内部将沼气中的甲烷转化为氢气和一氧化碳，直接进行电化学转化。其中 MCFC 最有优势，不仅因为相较于 SOFC，MCFC 设备可以更好地匹配不同生产规模的沼气生产商（0.1～10MW），而且沼气中的二氧化碳有利于提高 MCFC 的性能，因为其在电池中也是反应物[14]。然而，由于沼气中的有毒成分（特别是硫化氢和硅氧烷）的种类和数量繁多，通常需要更为复杂的净化系统来净化沼气。

沼气中甲烷含量高，说明其具有替代不可再生天然气的潜力。然而，要在公共电网中使用，原始沼气必须与天然气的高能量含量和特点相适应。生物甲烷不应对管道造成持久性损害，而这种损害可能源自气态或凝析态的碳氢化合物、水、氧和二氧化碳。必须对其进行清洁，调节并压缩至并网压力；最后，为了符合天然气的安全要求，必须加臭，以便终端用户能够发现泄漏。

生物甲烷是将沼气升级到天然气品质的产品，其甲烷含量在 90%～100%，相应的热值大约增加至 40MJ/m^3（标准状态，HHV 高热值）。生物甲烷适用于所有的天然气应用：可以输入天然气管网或用车辆运输。从表 30.4 可以看出，各国对生物甲烷质量要求不同主要是因为各国对天然气的质量控制和组分的参考值不同。

表 30.4 沼气并网质量要求比较[15,16]

组分	奥地利	德国	瑞典	丹麦	瑞士	法国
甲烷(体积分数)/%	无	无	>96	87～91	≥96	无
氧气(体积分数)/%	≤0.5	<0.5	<1	无	≤0.5	<0.01
氢气(体积分数)/%	≤4	<5mg/m^3(标况)	无	无	无	<6
二氧化碳(体积分数)/%	≤2	无上限	≤3	1.4	无	<2.5
氮气(体积分数)/%	≤5	无上限	无	0.3	无	无
总硫含量(标准状态)/(mg/m^3)	<10	≤30	<23	无	无	<30
水蒸气露点/℃	≤−8(40bar)	无	无	无	无	≤−5(输气压力)
沃泊指数/(kW·h/m^3)	13.3～15.7	无	无	14.25～15.25	无	13.64～15.70
热值/(MJ/m^3)	38.5～46.1	30.2～47.2	无	40.0～44.3	无	38.5～46.1

30.4 (生物)乙醇

乙醇（CH_3CH_2OH）是固定式燃料电池的一种代表性液体燃料。乙醇作为生物质和最终用途的一个中间体，安全、易生产，可直接从生物质通过蒸馏提取或用氢气和一氧化碳混合气合成（如用气化气合成）。随着绿色交通要求不断提高，使用乙醇与传统化石燃料的混合物做燃料的情况越来越多，即采用所谓的E85燃料（规格见表30.5）。这种燃料有很高的氢碳比，因此它很轻却有很高的体积能量密度，其处理、运输和储存也很安全[17,18]。

表30.5 E85（乙醇基混合燃料）规格参数[22]

性质	1级	2级	3级	4级
蒸汽压/kPa	38～62	48～65	59～83	66～103
乙醇含量(体积分数)/%	51～83			
含水量(质量分数)/%	最大1.0			
甲醇含量(体积分数)/%	最大0.5			
PHe	6.5～9.0			
硫含量/(mg/kg)	最大80			
无机氯含量/(mg/kg)	最大1			
烃混合料蒸馏终点/℃	最大225			

一英亩生产的小麦可以生产350L以上的二氧化碳中性乙醇[19]。由于乙醇不含杂原子和金属元素，其氧化时不会产生微粒和其他有毒物。此外，乙醇是含氧烃，其有利于完全燃烧，并且在燃烧过程中很少或不产生CO。乙醇良好的氢碳比使其成为氢气的优良载体，因此乙醇经常经过简单的重整后被用于燃料电池。此外，与有毒的甲醇不同，乙醇可以完全通过生物质来制取，毒性低。

乙醇主要由农作物或生物质资源中的糖发酵而成。用于生产乙醇的农作物最常见的是玉米（美国）和甘蔗（巴西）。甘蔗乙醇的净能量平衡（超过蒸馏所需能量的热值）最高，为8∶1.3[20]。生产乙醇只需要一部分原料，其余的还可以用于生产动物饲料、油料或其他产品。

MCFC和SOFC等高温固定式燃料电池系统也同样青睐直接采用乙醇做燃料。通过在内部整合适当的催化剂，在合适的操作条件下实现乙醇的重整，从而实现设备集成，最大化系统效率[21]。

30.5 氢气

氢气可作为诸如抽水蓄能、压缩空气储能、二次电池等传统储能技术的一种可行补充。目前，全球储能设备总功率（电功率）约为 111GW，欧洲为 45.6GW，其中抽水蓄能占绝大多数（99%）[23]。

氢气与电力的循环转换效率有限，这限制了氢储能的大规模实施。风电和光伏等不可预测的可再生能源的装机容量不断增加，满足波动的供需需求也在增加，这使得人们对提高储氢技术的性能和经济性又有了新兴趣。

各种化石燃料和可再生资源都可以生产氢，因此储氢技术为从以消耗化石燃料为基础的能源经济平稳过渡到以可再生能源为基础的可持续能源经济提供了可能。目前氢气是化肥生产（氨，50%）和石油化工（占世界消费的 37%）的重要中间体，特别是精炼厂脱硫和加氢裂解过程。此外，氢气还用于作为半导体加工过程的工艺气体，工业化学品合成如甲醇或食品工业中的脂肪硬化，作为冶金和玻璃工业的保护气，等等。此外，氢气是一些化学试剂（如氯或乙烯）生产过程的副产品，经常作为替代燃料燃烧，以防不能在化工厂的其他地方使用。氢气作为一种商品，主要用于生产各种化学品等工业用途。2004 年，全球氢气总产量为 4500 万吨，其蕴含的总能量大约为 6EJ。目前，约 95%的氢气是以化石燃料（主要为天然气）为原料生产的，并且作为化学品使用，这种现状可能还会持续一段时间[24]。为维护电网稳定，储存可再生电力的必要性日益增加，这为我们提供了一个全新的视角，电解和燃料电池必将在这方面发挥重要作用。

表 30.6 常见燃料的高热值[25]

燃料	高热值/(MJ/kg)	高热值(标准状态)/(MJ/m³)
丙烷	50.2	804
汽油	48.1	770
柴油,煤油	45.6	730
乙醇	29.8	478
甲醇	22.9	367
沼气(±10%)	19	22
天然气(±13%)	51	39
氢气	141.9	12.8

如表 30.6 所示，尽管氢气具有高比能量 141MJ/kg，但其能量密度较低只有 12.75MJ/m³。因此，储氢时要么需要高压，要么需要转化为液体。通常压缩

氢储存在钢瓶或成捆的钢瓶及钢罐中。典型的钢瓶体积范围为 2～50L，储存压力高达 30MPa。储存大量的氢气通常选用中等压力的储罐，压力级别最高为 4.5MPa。天然气工业技术标准给出储罐容积最大为 $90m^3$[24]。

目前已有氢气输配管网投入运行：德国鲁尔地区，连接法国和比荷卢三国以及美国墨西哥湾沿岸，总共有几千里。进一步铺设类似的管网需要较高的投资成本，这与降低氢气的成本相冲突。欧盟制定了非常具体的目标，以促进氢作为能源载体的发展，特别是在运输部门，争取在 2020 年实现运输成本降至每公斤 5 欧元，氢气日产量达到 160t。

天然气管网也可以储存大量的氢气（参见 30.3 节），但要根据具体情况，在保证不改变用气设备的燃烧性质、安全特性以及不损害管道（如氢脆）的前提下，确定氢气的最大混合量。允许混合氢气的体积分数为 5%～15%，其中氢气体积分数为 10%时热负荷和空气比的变化小于 5%，而且混合后 CO 和 NO_x 的排放量减少[26]。以欧洲目前的天然气消耗量为例（2010 年为 5550 亿立方米[27]），混合 10%的可再生氢将达到每年 0.7EJ 的储存量，相当于 2008 年欧洲总发电量的 6%[27]。

参考文献

[1] Melaina, M.W. *et al.* (2013) Blending Hydrogen into Natural Gas Pipeline Networks: A Review of Key Issues, Technical Report NREL/TP-5600-51995.

[2] Eurogas (2010) Eurogas Statistical Report 2010, Eurogas, Brussels.

[3] Duke Energy Gas Transmission (2011) Natural Gas Distribution. Duke Energy Gas Transmission, Canada. http://www.naturalgas.org/naturalgas/distribution.asp.

[4] Energy Information Administration (EIA) (2011) U.S. Natural Gas Pipeline Network – Network Configuration & System Design, Department of Energy (DoE).

[5] Eurogas (2006) How Distribution System Operators Contribute to the New European Gas Market. Pamphlet.

[6] UNI (2012) UNI7133, Italian standard on Natural Gas odorization, Italian Organization for Standardization (UNI).

[7] Union Gas (2015) Chemical composition of natural gas. https://www.uniongas.com/about-us/about-natural-gas/Chemical-Composition-of-Natural-Gas.

[8] Liss, W.E. and Rue, D.M. (2005) Natural gas composition and quality. Natural Gas Workshop, Canada, 2005.

[9] Enbridge/Air Products (2012) Material Safety Data Sheets.

[10] SCAME (2009) ATEX Guide, Pamphlet.

[11] George, D.L. and Bowles, E.B. Jr. (2011) Shale gas measurement and associated issues. *Pipeline Gas J.*, **238** (7), 38–41.

[12] Massi, E. (2012) Anaerobic digestion, in *Fuel Cells in the Waste-to-Energy Chain* (eds S.J. McPhail *et al.*) Springer, London.

[13] Piccinini, S. *et al.* (2006) L'Integrazione tra la Digestione Anaerobica e il Compostaggio, Edition GDL Digestione Anaerobica.

[14] Farooque, M. *et al.* (2011) DFC power plants: research to reality. Presented at the Second International Workshop on Fuel Cells Degradation Issues, Thessaloniki, Greece, 21–23 September 2011.

[15] Praßl, H. (2005) Rechtliche, wirtschaftliche und technische Voraussetzungen in Österreich. in Biogas-Netzeinspeisung, Wien, Bundesministerium für Verkehr,

Innovation und Technologie.
[16] Gaz Réseau Distribution France (2011) Cahier des Charges du poste d'injection et du Dispositif local de Mesurage du Biogaz Injecté (Elements Géneriques).
[17] Cavallaro, S. and Freni, S. (1996) Ethanol steam reforming in a molten carbonate fuel cell. A preliminary kinetic investigation. *Int. J. Hydrogen Energy*, **21**, 465–469.
[18] Fatsikostas, A.N. and Verykios, X.E. (2004) Reaction network of steam reforming of ethanol over Ni-based catalysts. *J. Catal.*, **225** 439–452.
[19] Fatsikostas, A.N. *et al.* (2002) Production of hydrogen for fuel cells by reformation of biomass-derived ethanol. *Catal. Today*, **75**, 144–155.
[20] National Geographic (2007) Biofuels Compared. http://ngm.nationalgeographic.com/2007/10/biofuels/biofuels-interactive.
[21] Cigolotti, V. *et al.* (2013) Direct bioethanol fuel cells, in *Membranes for Clean and Renewable Power Applications* (eds A. Gugliuzza and A. Basile) Woodhead Publishing, Cambridge.
[22] ASTM International (2013) D5798-13a, Standard Specification for Ethanol Fuel Blends for Flexible-Fuel Automotive Spark-Ignition Engines, ASTM International.
[23] Vélo Tout Terrain (VTT) (2010) Energy Visions 2050, Finland.
[24] Jörissen, L. (2012) The prospects of hydrogen as a future energy carrier, in *Fuel Cells in the Waste-to-Energy Chain* (eds S.J. McPhail *et al.*) Springer, London.
[25] Hydrogen Analysis Resource Center (2015) Lower and higher heating values of fuels. http://hydrogen.pnl.gov/cocoon/morf/hydrogen/site_specific/fuel_heating_calculator.
[26] Nitschke-Kowsky, P. (2011) Mixing hydrogen into natural gas – some theoretical considerations and experimental results on fully premixed domestic burners, EUTurbines/GERG Workshop, Belgium, 2011.
[27] International Energy Agency (2010) World Energy Outlook 2010.

31 固体氧化物燃料电池：单电池、电池堆及电池系统

Anke Hagen

Technical University of Denmark, Department of Energy Conversion and Storage, RisØ Campus, Frederiksborgvej 399, Building 775, 4000 Roskilde, Denmark

摘要

本章介绍用于固定应用的固体氧化物燃料电池，介绍了单电池、电池堆和电池系统的概念以及相关的材料和配置，同时还列出了最先进的单电池和电池堆的性能、耐久性特征以及选定的系统和商业参与者。

关键词： 电池；固体氧化物燃料电池（SOFC）；电池堆；固定应用；系统

31.1 引言

以低排放、高效率实现更环保的电力生产，已被提上全球政治议程。燃料电池，特别是固体氧化物燃料电池（SOFC）是有助于解决未来能源问题的关键技术之一。SOFC技术吸引人的特点是：

① SOFC有很高的发电效率：为了集约利用资源、减少二氧化碳排放，可实现的高发电效率是很重要的。使用SOFC，较小的电池单元也可以与大型发电厂相媲美的高发电效率运行。此外，较高的工作温度有利于有效利用产生的热量。

② SOFC在燃料方面具有很大的灵活性：由于工作温度较高，可以使用诸如天然气、沼气、甲醇或柴油等含碳燃料，但这依赖于使用低温燃料电池对气体进行清洁。这使得可以将SOFC整合到当下流行的（例如：天然气）和未来的（例如：沼气，氢）能源系统中。

③ SOFC技术具有引人瞩目的天然环境优势：以高效率运行，能有效减排。此外，由于在阳极侧不是用空气稀释而是以浓缩形式传输，使用含碳燃料时形成的二氧化碳更易于收集。因此，SOFC与碳捕集技术相结合很有吸引力。在SOFC过程中不生成NO_x或SO_x。

④ SOFC 技术具有显著的运行优势：SOFC 无须移动部件，噪声水平低，操作安全性高，维护可能性极小。电池不含贵金属，具有低成本制造的潜力。

⑤ SOFC 可被引入“智能电网”：SOFC 系统可以部分负载运行而不显著降低效率。同时，SOFC 响应时间较短，可在风能等波动能源份额较大的能源系统中作为关键要素。

31.2 电池结构与材料

图 31.1 呈现了 SOFC 的三层结构，即阴极（空气电极）、阳极（燃料电极）和电解质（氢燃料的反应），在此基础上完成了电热转化的电化学过程。这些活性层的厚度仅为十分之几微米，需要额外的支撑层。表 31.1 显示了基本的电池结构及其特定特征和商业制造商的示例。

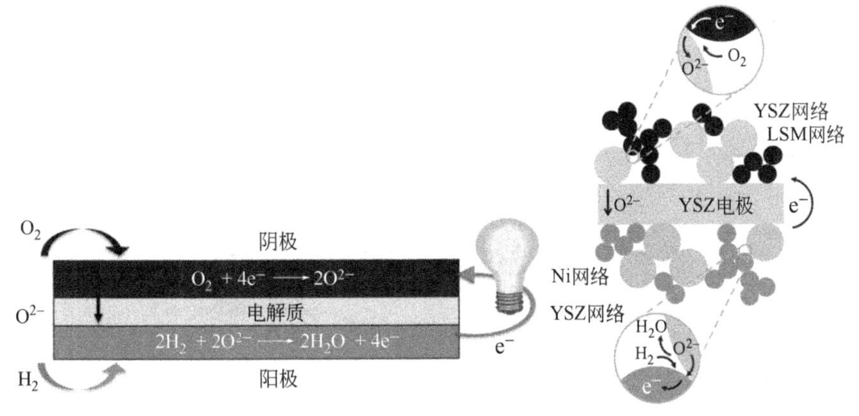

图 31.1　SOFC 的基本功能层（以氢燃料反应为例）

YSZ—氧化钇稳定的氧化锆；LSM—镧锶锰氧化物

表 31.1　SOFC 概况

结构	图解	特征	示例
电解质载体	阴极 电解质 阳极	• 高操作温度，需要足够的氧离子电导率（900～1000℃），但最近开发的更薄的物理性能稳定的电解质层有望降低操作温度； • 浓电解质造成的机械强度	HEXIS， Bloom Energy， Sunfire-Staxer
阳极载体	阴极 电解质 阳极	• 易发生阳极氧化还原反应； • 降低工作温度（<800℃），电解质层薄； • 传质限制的可能性； • 高导电率的阳极； • 氧化还原条件下电池失效的可能性	Fuel Cell Energy（Versa Power）， 德尔福（Delphi）， CFCL[①]， 韩国浦项钢铁能源（POSCO Energy）

续表

结构	图解	特征	示例
阴极载体	阴极 电解质 阳极	• 降低工作温度(<800℃),电解质层薄； • 传质限制的可能性； • 制造的挑战性和更高的成本； • 低导电率	西门子， 东陶(TOTO)
多孔基质载体	阴极 电解质 阳极 基质	• 需要在单元中集成的附加组件； • 较薄的电池组件造成的低工作温度	三菱重工， 京瓷， 东京燃气
金属载体	阴极 电解质 阳极 金属	• 较薄的电池组件造成的低工作温度(<600℃)； • 机械强度,"柔韧性"； • 金属腐蚀性	Ceres Power， Plansee， Topsoe Fuel Cell[②]

① 现为 SolidPower。

② 现为丹麦科技大学（DTU 能源）。

虽然所涉及的材料的一般要求是例如化学惰性、热相容性、机械强度和柔韧性，但也必须满足单层的特定基本功能。表 31.2 列出了这些主要功能，并给出了最先进电池中通常使用的材料的示例。

表 31.2　SOFC 的功能层及典型的最新材料

功能层	功能	通常使用的材料及缩写
阴极	氧气还原的催化活性； 气体传输(孔隙率)； 电子与离子的传导	镧锶锰酸钇/氧化钇稳定氧化锆(LSM/YSZ)； 镧锶钴矿铁氧体/氧化铈钆(LSCF/CGO)； 钴酸锶镧/氧化铈钆(LSC/CGO)
电解质	气密性； 离子(O^{2-})传导； 电绝缘性	氧化钇-钇锆石榴石(YSZ,3 YSZ,8YSZ)； 氧化钪-氧化钇-氧化锆(ScYSZ)； 氧化铈钆(CGO)； 氧化铈-氧化锆(ScCeSZ)
阳极	燃料氧化的催化活性； 气体传输(孔隙率)； 电子与离子的传导；	镍/钇稳定氧化锆金属陶瓷(Ni/YSZ)； 镍/钪掺杂氧化钇稳定的氧化锆金属陶瓷(Ni/Sysz)
载体	机械载体(如果不是阴极、电解质或阳极支载体)	铁素体不锈钢； 绝缘陶瓷基板

阴极材料通常是具有钙钛矿结构的氧化物。LSM 是一种电子导体，必须与阴极中的离子导体结合，通常是 YSZ。另一方面，LSCF（镧锶钴铁矿）

和 LSC（镧锶钴铁矿）是混合的离子导体，因此可以省略第二相（单相阴极）。为了实现整个电池中热膨胀系数的更好匹配，有时会添加离子导体（例如 CGO）。如果 LSCF、LSC 与 YSZ 反应，即如果 YSZ 用作电解质材料，则需要添加阻挡层。

除了这些经常使用的电池组合物外，许多研究工作正致力于开发针对特定操作条件（如钛酸盐或镍酸盐）的更具活性和稳定性的新材料。

在阳极中，镍是电子传导相，而金属陶瓷阳极复合物中的氧化物传导 O^{2-} 离子。

31.3 电池设计

SOFC 可以制造成几种几何形状。有两个基本原则：平面和管状几何。平面电池的特性是制造成本较低，功率密度较高。阴极与阳极室的密封需要在高温下完成或应用无密封的概念。电池可以制成不同的形状，例如圆形或方形。管状电池由于电流通路长，功率密度较低，制造成本比平面电池高。另一方面，它们具有较强的机械强度和长期稳定性，并且对快速的温度变化具有较强的耐受性。工作温度通常较高。密封可以在低温区完成。

"混合"概念就是以不同的方式组合这两种几何形状，例如扁平管，以便结合特定的优点并避免基本几何形状的缺点。表 31.3 总结了来自特定制造商的电池几何形状。这些电池形状使用的材料涵盖了表 31.2 中列出的范围，也就是说，电池的结构与电池的几何形状无关。

表 31.3 几个制造商生产的 SOFC 几何形状

几何形状	制造商	图例	参考文献
平面	Kerafol		[1]
平面	SOFC Power①		[2]
平面	Elcogen		[3]

续表

几何形状	制造商	图例	参考文献
平面	Bloom Energy	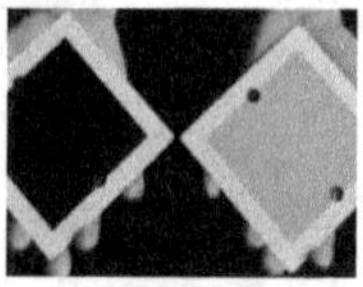	[4]
平面	CFCL②		[5]
平面	Ceres Power		[6]
管状	三菱重工		[7]
管状	西门子	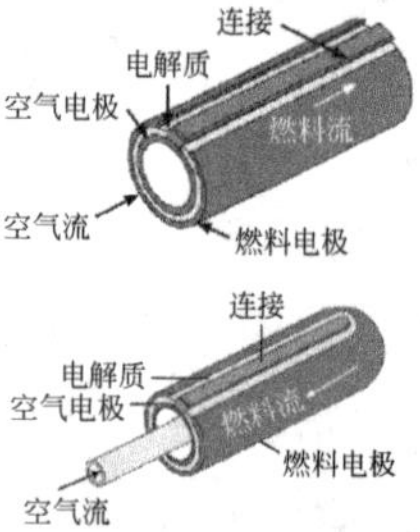 连接 电解质 空气电极 燃料流 空气流 燃料电极 连接 电解质 空气电极 燃料流 燃料电极 空气流	[8]
管状	Acumetrics		[9]
复合平面	Rolls Royce		[10]
三角	西门子		[11]

续表

几何形状	制造商	图例	参考文献
扁管	京瓷，大阪瓦斯		[12]
扁平管分段系列	京瓷，东京燃气		[13]
单声道阻挡层构建	三菱重工		[7]

① 现更名为 SolidPower。

② 现由 Solid Power 接手。

制造是SOFC技术的关键部分，决定着SOFC的成本、可靠性和鲁棒性。主要制造商依赖于大规模加工技术（用于制造陶瓷燃料电池的最常见工艺见表31.4）。

表 31.4 主要的大型 SOFC 加工方法

工艺	层级与特点
胶带铸造	支撑层，活动层，多层带式铸造，微米至毫米级
挤压	基底
喷涂	活动层，约 10～30μm
丝网印刷	活动层，约 10～30μm
涂层	例如，物理或化学气相沉积，阻挡层，纳米至微米级
烧结	半电池，电池

31.4 电池堆概念

所有电池堆制造商基本上都有自己的概念，并根据所选择的电池形状、应用等来进行选择。这些概念可以根据许多参数来区分，例如密封（密封或无密封）、复式接头（外部、内部）以及互连材料（合金、陶瓷）等。表31.5给出了四个基于平面和管状电池几何形状的电池堆示例。

表 31.5 SOFC 电池堆概念、制造商和特点

平面电池	扁平管状电池
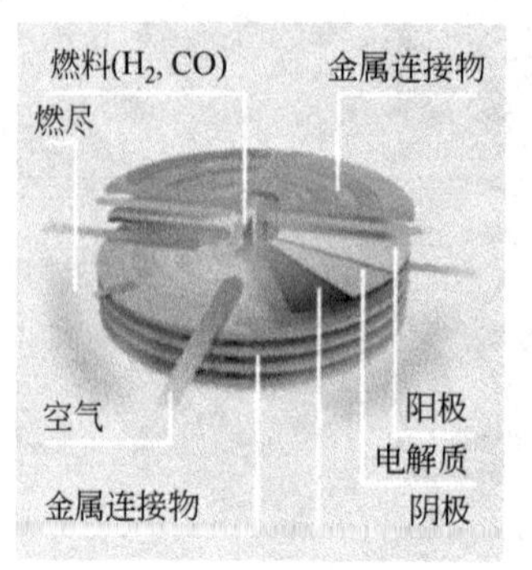 Hexis：平面圆形电池，无密封配置，金属互连，中央燃料供应，周边空气供应[14]	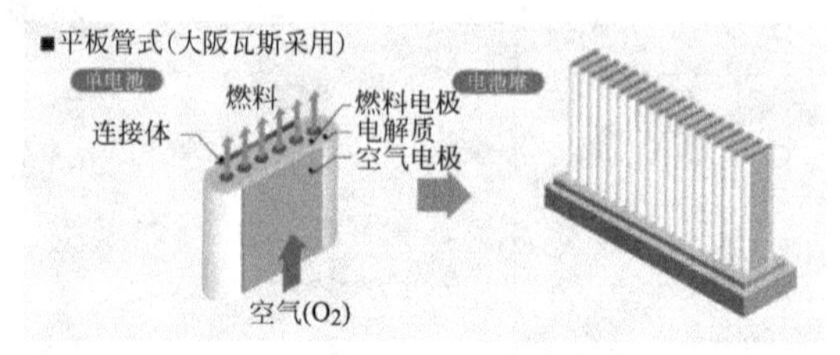 大阪瓦斯(京瓷)：扁平管状电池，陶瓷互连薄膜，从底部开始的管内燃料供应，沿管外部的空气供应，底部密封[15]
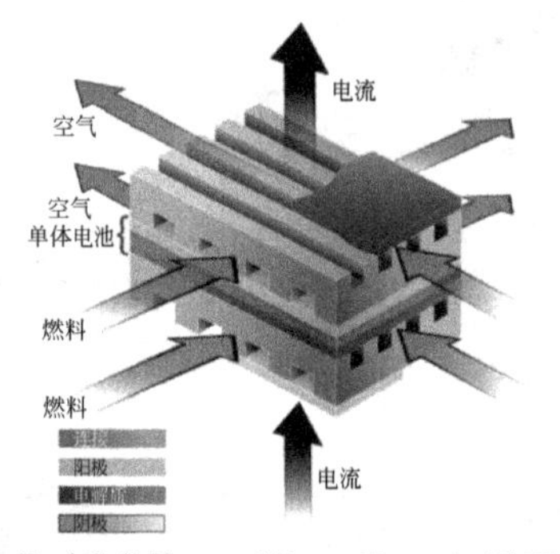 Fuel Cell Energy(Versa Power)：平面，方形电池，金属互连，密封隔室，空气和燃料交叉流动[16]	 劳斯莱斯：集成，平面，固体氧化物燃料电池[17]

31.5 固定应用系统

在固定应用中，通常采用热电联产（CHP）系统，容量范围从 0.7～1kW（μCHP，例如住宅）到兆瓦级（例如，与燃气涡轮机组合）不等。系统的主要部件有燃料处理单元、固体氧化物燃料电池堆、热水储存器和逆变器，均与尺寸无关。当以天然气作为燃料时，燃料处理通常包括清洁（特别是硫）和预重整。图 31.2 所示的通用方案展示了 SOFC 与 CHP 系统的集成；图中未显示诸如阳极再循环、热交换器、预热器和后燃烧器等附加单元。

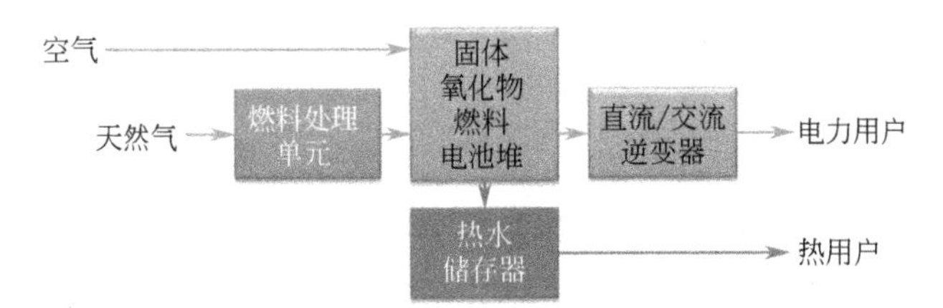

图 31.2　SOFC 热电联产的通用方案

SOFC 的关键要求取决于系统大小和应用特性，如表 31.6 所示。

表 31.6　选定的 CHP 细分区域和基本参数

区域	住宅区(微型热电联产:μCHP)	商业区(分布式发电:DG)	工业区
特点	• 高度可变的功率要求(负载循环)； • 可靠且易于安装/维护； • 与中央(高效)CHP 的可竞争性； • 区域供电的规则和激励在区域上有所不同； • 从室温启动的时间没有问题； • 天然气、沼气、城市燃气、液化石油气	• 恒定负载，调峰； • 基本负载，无负载循环，启动时间不重要； • 天然气，沼气，城市燃气	• 恒定负载，调峰； • 与气体或蒸汽结合；涡轮机可以提高总效率； • 在(>2～20bar)压力下操作； • 各种潜在燃料：煤气、天然气
容量/kW	1～5	20～500	>1000
SOFC 发电效率/%	>35(45～55)	约 40(50～60)	约 55
寿命/年	10	15～20	20

31.6　性能和耐久性参数

在全世界范围内，人们正在花费大量精力来开发改进的电池，特别是在耐久性和寿命方面，以满足不同应用领域的关键要求。

不同的电池和电池堆有不同的降解机制。明确电池的预期应用有助于进一步了解其降解机制。例如，以电解质或多孔基质为载体的电池比以阳极为载体的电池更不易受氧化还原失效的影响。使用预重整的天然气作为燃料时，对 SOFC 阳极的耐硫性要求则没那么高，而在使用含硫柴油时，阳极的耐硫性则尤为重要。

在降解机制中，只有详细的故障模式分析才能突出哪些过程对于特定应用是可接受的（恒定过程，性能随时间慢慢衰减），哪些是不可接受的（致命的，即时故障），以及如何避免或减少这些状况。例如，这可以在单电池（更耐受的材料，涂层）、电池堆（更优化的流动设计和堆栈几何形状）或系统（保护气体，关闭协议）级别上来实现，并且将很大程度上依赖于成本、系统规模和应用领域。表 31.7 列出了潜在的降解机制和可能的保护措施。

表 31.7　潜在的降解机制及保护措施示例

机制	影响因素	保护措施
金属互连引起的 SOFC 阴极铬中毒	高工作温度	防护涂料； 使用陶瓷互连(成本较高)
相变，相形成(反应，隔离层)	高工作温度	降低工作温度(例如更活跃的电极)； 层级的处理优化； 稳定性更强的材料； 阻隔层
晶粒粗化，结构变化	高工作温度； 阳极中的高蒸汽含量	降低工作温度(例如，更活跃的电极)； 粒度分布的优化； 接口优化
杂质的积累，分离，反应	燃料含有杂质； 原料含有杂质	清洁燃料(例如硫黄)； 避免含有相关杂质的辅助成分； 开发更耐受的阳极/电极
机械故障，变形，裂缝，分层	热膨胀系数(TEC)的差异； 梯度(例如，热)	更好地匹配所用材料的 TEC； 开发更强大/更柔韧的电池； 优化堆栈设计以避免大的梯度

SOFC 在单电池和电池堆水平上的性能和耐久性数据的比较非常具有挑战性。目前没有普遍认可的基准测试协议。因此，必须根据诸如温度、燃料组成、燃料利用率、电流密度等运行参数来考虑数值；不能仅仅通过比较例如面积比电阻的值或功率密度来推断某个电池是好还是坏。考虑到研究机构公布的结果，必须指出，例如，降解研究的目的往往是确定极限参数，而不是证明良好的耐久性，该数值往往高于正常操作下的降解率。而且，随着技术的快速发展，性能和耐久性也在不断提升。此外，SOFC 领域还在不断发展，即有新的参与者，也有人退出或加入其它团体或公司。因此，表 31.8 给出的信息只是一个快照，而不是完整的列表。

表 31.8 为固定应用而开发的最先进电池的功率密度

参与者	性能/(W/cm^2)	概况	来源
于利希(Jülich)研究中心,德国	>2(0.7V,700℃)	平板式,阳极支撑,LSC	[18]
SICCAS能量转换材料重点实验室,中国	0.4(750℃)	平板式,阳极支撑,LSM	[19]
弗朗霍夫(Fraunhofer)IKTS研究所,德国	0.85(0.7V,850℃)	平板式,电解质支撑	[20]
DTU能源转换所,丹麦	0.79(0.6V,750℃)	平板式,阳极支撑,LSC	[21]
浦项科技大学(POSTECH),韩国	0.8(0.7V,800℃)	扁管状式,单片式,全陶瓷(膜电极气体扩散层组件MEGA)	[22]
浦项钢铁(POSCO)公司,韩国	0.55(0.7V,750℃)	平板式	[22]
SOFC Power,意大利	0.5(0.7V,600℃)	平板式,阳极支撑,LSCF	[23]
圣戈班(Saint-Gobain),美国	0.5(0.7V,800℃)	平板式,厚阳极和阴极,薄陶瓷连接,LSM	[24]
村田公司(Murata),日本	0.29(约0.8V,750℃)	平板式,LSCF阴极,单步共烧	[25]
Ceres Power公司,英国	>12/cell(约0.12W/cm^2,0.75V)	平板式,单体金属支撑	[26]
DTU能源转换所,丹麦	约1(0.6V,750℃)	平板式,金属支撑,LSC	[27]
Plansee公司,奥地利	>1.4(0.7V,850℃)	平板式,单体金属支撑,LSC/LSCF	[28]
IKERLAN技术研究中心,西班牙	约0.4(700℃)	管状式,金属支撑,LSF	[29]
多伦多大学,加拿大	0.7(750℃)	金属支撑,LSCF	[30]

在评估SOFC电池和电池堆时，通常使用的性能指标是面积比电阻或功率输出［来自 i-V 曲线，参见图31.3（a）中的示例］，其最大值或固定电池电压下的值（例如，0.6V或0.7V）均与电池的活化面积有关。耐久性通常根据电池电压降解率计算［图31.3（b）］，该值以mV或Ω或每1000h稳态运行百分比给出。这里的“1000h”不表示测试的实际持续时间，测试持续时间可以从几百小时到几万小时不等。此外，如图31.3（b）所示，降解率并不总是线性的，可能会随时间而变化。关于计算降解率没有共同商定的规则，在比较不同的研究时，必须小心对待给定的值。对于动态操作，降解与热循环次数或负载循环次数

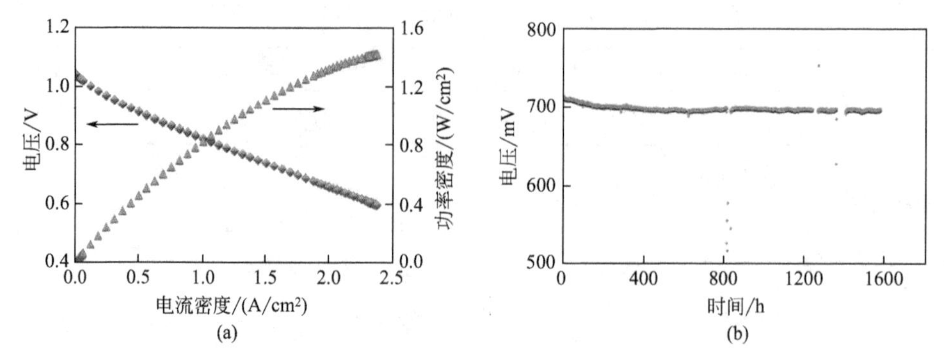

图 31.3 SOFC 的典型 *i-V* 曲线与推导的功率密度曲线（a）和耐久性测试的电池电压趋势（b）

有关。在系统规模上，提供电气效率作为性能参数更为常见，这也方便与其他技术进行比较。

在表 31.8 中，几个研究机构和行业报告提供了固定应用领域所用电池的功率密度及相关信息。如前所述，由于测试条件不具有可比性，电池不能根据这些值进行排序。但报告的值为最先进的电池性能提供了参考。

表 31.9 列出了在恒定操作条件下电池堆测试的降解率。这些值只能作为概况来了解，因为电池堆大小（单电池数）、运行小时数和运行条件（如温度、电流密度和燃料利用率）在很大程度上不同。此外，降解速率较大也可能是由于在专用降解研究框架内选择的苛刻的操作条件。

表 31.9 应用于固定领域的电池堆的耐久性

参与者	降解率/(%/1000h)	概况	来源
京瓷/东京燃气，日本	0.2～0.6	扁管状式	[31]
东陶，日本	0.3	微管式	[31]
三菱重工，日本	0	分段串联式	[31]
Fuel Cell Energy(FCEL)，美国	<0.3	60kW SOFC 模块，平板式，阳极支撑	[32]
LG 集团燃料电池系列公司，美国	<1	SOFC 模块加压式	[32]
于利希(Jülich)研究中心，德国	0.8	两节电池型电池堆，阳极支撑，在恒定电流负载下运行 50691h	[18]
SOFC Power，意大利	0.5	平板式	[23]
圣戈班(Saint-Gobain)，美国	0.2	全陶瓷叠层式	[24]
村田公司(Murata)，日本	0.3～2.8	平板式	[25]
爱尔铃(ElringKlinger)，德国	2～4	平板式，LSM 阴极	[33]

续表

参与者	降解率/(%/1000h)	概况	来源
SOFCpower-HTceramix，意大利/瑞士	1～1.5	平板式，阳极支撑	[34]
德国宇航中心(DLR)，德国	约4	平板式，金属支撑，等离子喷涂概念式	[35]
Topsoe Fuel Cell 公司，丹麦①	<1	平板式，阳极支撑，LSCF	[21]
Ceres Power 公司，英国	<0.5	平板式，金属支撑	[26]

① Topsoe 燃料电池公司于2014年8月停止了SOFC业务，但继续采用固体氧化物电解技术。

表31.10列出了达到已发布性能的商用、预商用或演示系统。

表 31.10 固定系统的性能

生产商	输出功率/kW	EI效率(AC)/%	信息	来源
大阪瓦斯	0.7	49	天然气 家庭用燃料电池“Ene. farm”产品	[36]
Hexis	1	35	平板式，循环式， 电解质支撑电池	[37]
SOFC Power	1	约30	HoTbox™ 固体氧化物燃料电池模块	[23]
Topsoe Fuel Cell①	1	51	PowerCore™ 模块 平板式，阳极支撑	[21]
SK	1	45		[5]
CFCL	1.5	60	天然气 平板，阳极支撑	[38]
Acumentrics	约1(0.5～10)	40	天然气	[9]
浦项钢铁(POSCO)能源	10			[5]
李斯特(AVL)	10	50	天然气	[39]
Convion(瓦锡兰)	20～50	>47	天然气，城市燃气，生物气	[40]
Bloom Energy	100～200	>50	天然气，定向生物气 平板式，电解质支撑	[4]
三菱重工	200	>52	SOFC-GT联合循环 管状式，分段串联式	[41]
LG集团燃料电池系列公司(劳斯莱斯)	预计1MW	预计>55%	天然气 平板集成式SOFC 加压式SOFC	[42]

① Topsoe 燃料电池公司于2014年8月停止了SOFC业务，但继续采用固体氧化物电解技术。

参考文献

[1] Kerafol (2015) Solid Oxide Fuel Cells (SOFC). www.kerafol.com/sofc.html (accessed 26 March 2014).
[2] Direct Industry (2015) The Online Industrial Exhibition, SOFCPower, Solid Oxide Fuel Cell ASC 700. www.directindustry.com/prod/htceramix-22836.html (accessed 1 September 2015).
[3] Elcogen (2013) SOFC products by Elcogen. www.elcogen.com/sofc-products-by-elcogen (accessed 26 March 2014).
[4] Bloom Energy (2014) Solid Oxide Fuel Cells. http://www.bloomenergy.com/fuelcell/solid-oxide/ (accessed 26 March 2014).
[5] Song, R.-H. (2013) IEA Annex 24 – SOFC Meeting, Okinawa, Japan, 5 October 2013.
[6] CeresPower (2014) The Steel Cell. http://www.cerespower.com/technology/the-steel-cell (accessed 26 March 2014).
[7] Mitsubishi Heavy Industries (2015) Solid Oxide Fuel Cell. http://www.mhi.co.jp/en/products/detail/sofc_micro_gas_turbine_combined_power_generating_system.html (accessed 26 March 2014).
[8] S.C. Singhal (2014) Solid oxide fuel cells, history, in *Encyclopedia of Applied Electrochemistry* (eds G. Kreysa, K.-i. Ota, and R.F. Savinell), Springer Link, pp. 2008–2018.
[9] Bessette, N. (20 May 2009) Development of a Low Cost 3–10 kW Tubular SOFC Power System. http://www.hydrogen.energy.gov/pdfs/review09/fc_28_bessette.pdf (accessed 26 March 2014).
[10] R. Goettler and T. Ohrn (2010) Update on the Rolls-Royce coal-based SECA Program. Presented at the 11th Annual SECA Workshop Pittsburgh, PA, 27–29 July 2010. www.netl.doe.gov/File%20Library/Events/2010/seca/presentations/Goettler-Ohrn_Presentations.pdf (accessed 1 September 2015).
[11] Draper, R. and DiGiuseppe, G. (2008) *J. Fuel Cell Sci. Technol.*, **5** (3), 9 pp. http://fuelcellscience.asmedigitalcollection.asme.org/article.aspx?articleID=1472008.
[12] Kyocera (3 February 2006) Kyocera Group Investor Meeting. http://global.kyocera.com/ir/presentations/pdf/pp0602-2_e.pdf (accessed 26 March 2014).
[13] Ishikawa, T. *et al.* (2006) SOFC development by Tokyo Gas, Kycera, Rinnai and Gastar. Presented at the 23rd World Gas Conference Amsterdam, 5–9 June 2006. http://www.igu.org/html/wgc2006/pdf/paper/add10759.pdf.
[14] Hexis (2015) Galileo: Intelligent heat. Concentrating Solar Power. http://www.hexis.com/de/elektrochemischer-prozess.
[15] Osaka Gas (2012) About the Solid Oxide Fuel Cell. http://www.osakagas.co.jp/en/rd/fuelcell/sofc/sofc/system.html.
[16] FuelCell Energy (2013) Solid Oxide Fuel Cells. http://www.fuelcellenergy.com/advanced-technologies/solid-oxide-fuel-cells/.
[17] Steinberger-Wilckens, R. *et al.* (2009) *ECS Trans.*, **25** (2), 43–56.
[18] Blum, L. *et al.* (2013) *ECS Trans.*, **57** (1), 23–33.
[19] Wang, S.R. *et al.* (2013) *ECS Trans.*, **57** (1), 35–41.
[20] Kusnezoff, M. (2013) IEA Annex 24 – SOFC Meeting, Okinawa, Japan, 5 October 2013.
[21] Christiansen, N. *et al.* (2013) *ECS Trans.*, **57** (1), 43–52.
[22] Sammes, N. and Chung, J.S. (2012) 10th European SOFC Forum, Lucerne, Switzerland, 26–29 June 2012, A0203.
[23] Bucheli, O. *et al.* (2013) *ECS Trans.*, **57** (1), 81–88.
[24] Giles, S. *et al.* (2013) *ECS Trans.*, **57** (1), 105–114.
[25] Tomoshige, Y. *et al.* (2013) *ECS Trans.*, **57** (1), 115–122.
[26] Leah, R. *et al.* (2013) *ECS Trans.*, **57** (1), 461–470.
[27] Blennow, P. *et al.* (2013) *ECS Trans.*, **57** (1), 771–780.
[28] Franco, Th. *et al.* (2013) *ECS Trans.*, **57** (1), 471–480.
[29] Mougin, J. *et al.* (2013) *ECS Trans.*, **57** (1), 481–490.
[30] Kesler, O. *et al.* (2013) *ECS Trans.*, **57** (1), 491–501.
[31] Horiuchi, K. (2013) *ECS Trans.*, **57** (1), 3–10.
[32] Vora, S.D. (2013) *ECS Trans.*, **57** (1), 11–19.
[33] Fu, Q. *et al.* (2013) *ECS Trans.*, **57** (1), 335–342.

[34] Modena, S. *et al.* (2013) *ECS Trans.*, **57** (1), 359–366.
[35] Szabo, P. *et al.* (2012) 10th European SOFC Forum, Lucerne, Switzerland, 26–29 June 2012, A0904.
[36] Suzuki, M. *et al.* (2013) *ECS Trans.*, **57** (1), 309–314.
[37] Mai, A. *et al.* (2013) *ECS Trans.*, **57** (1), 73–80.
[38] SolidPower (2015) BlueGen. http://www.ceramicfuelcells.de/de/start/ (accessed 1 September 2015).
[39] Rechberger, J. *et al.* (2013) *ECS Trans.*, **57** (1), 141–148.
[40] Noponen, M. and Hottinen, T. (2010) 9th European SOFC Forum, Lucerne, Switzerland, 29 June to 2 July 2010.
[41] Kobayashi, Y. *et al.* (September 2011) *Mitsubishi Heavy Industries Tech. Rev.*, **48** (3).
[42] NETL (2009–2014) SECA Coal-Based Systems – Rolls-Royce. http://www.netl.doe.gov/research/proj?k=FE0000303&show=pi (accessed 26 March 2014).

第四篇

物料处理

32 燃料电池叉车系统

Martin Müller

Forschungszentrum Jülich GmbH, IEK-3: Electrochemical Process Engineering, Leo-Brandt-Straße, 52425 Jülich, Germany

摘要

本章概述了在叉车系统中使用燃料电池推进的可能性及其经济影响。首先介绍叉车分类以及通常用于推进的燃料和电池。燃料电池系统通常构建为混合动力系统，带有电池或超级电容器，用于调峰和制动时回收能量。对于燃料电池系统的成本优化设计，必须考虑负载分布。确定叉车能耗和电源供给的一个典型程序是 VDI 驾驶循环。本章详细介绍了该驱动循环，并给出了典型的Ⅲ类水平拣选叉车的功耗。随后，介绍了氢气和甲醇操作系统的典型系统设置。最后，以Ⅲ类和Ⅰ类叉车为例，比较了不同叉车推进系统（电池、燃料电池、柴油发动机）的成本。

关键词： 直接甲醇燃料电池（DMFC）；混合系统；物料搬运；运营成本；聚合物电解质燃料电池（PEFC）

32.1 引言

燃料电池系统是替代电动叉车电池的一项非常有前途的技术。与电池和内燃机相比，燃料电池技术有许多优点。燃料电池系统的功率输出不受环境温度的影响，排放（废气和噪声）较低，范围与电池相同或更好，且不需要费时充电。通常，燃料电池系统被构建为混合动力系统，燃料电池的功率输出在叉车的平均功率范围内。因此，还需使用电池或超级电容器来调峰，并回收制动能量。在描述叉车和燃料电池系统的一些技术细节后，本章展示了一个经济可行性研究，说明了使用燃料电池系统代替电池的经济影响。最后，对于Ⅰ类和Ⅲ类叉车的不同技术的费用进行了比较。

32.2 叉车分类

叉车是一种用于在短距离内提升和移动物料的动力车辆，一般应用于例如工业综合体或物流中心。叉车有不同的类型。美国劳工部给出的分类如下[1]：

第Ⅰ类：电动驾驶叉车；

第Ⅱ类：窄通道电动叉车；

第Ⅲ类：电力手动叉车/手动叉车；

第Ⅳ类：内燃坐驾式叉车（配置实心/减震轮胎）；

第Ⅴ类：内燃坐驾式叉车（配置气动轮胎）；

第Ⅵ类：电动或内燃驱动站驾式叉车；

第Ⅶ类：适用于全地形室外操作的叉车；

类似的分类还可参考文献［2］和［3］。本章重点关注具有电驱动系统（Ⅰ、Ⅱ、Ⅲ类）的叉车，因为在这些系统中，理想情况下只有电池需要被燃料电池系统替换或补充。

32.3 水平拣选叉车的载货分布

为了确定叉车的动力（混合）系统的尺寸，有必要了解典型的操作方案。操作方案自然取决于具体应用，但是对于货物的调试，已有典型的驾驶循环。由此产生的负载曲线与测量值完全一致，可用于计算功耗和包括杂交系统在内的燃料电池系统的尺寸[4]。水平拣选叉车的标准循环在参考文献［5］中已有定义，为了测量叉车的功耗，车辆必须按照标准操作。参考文献［4］的第55～73页）描述了一种方法，即如何将水平拣选叉车实际测量的值插入抽象的标准驱动循环中，此处使用的值来自于这项工作。叉车必须按照图32.1所示的方案操作。在操作过程中，叉车必须以其最大有效载荷运行（在这种情况下为2t)。装载A和B的两个位置之间的距离（d）是30m，一个循环的持续时间是180s。表32.1给出了标准循环的不同阶段以及功耗。

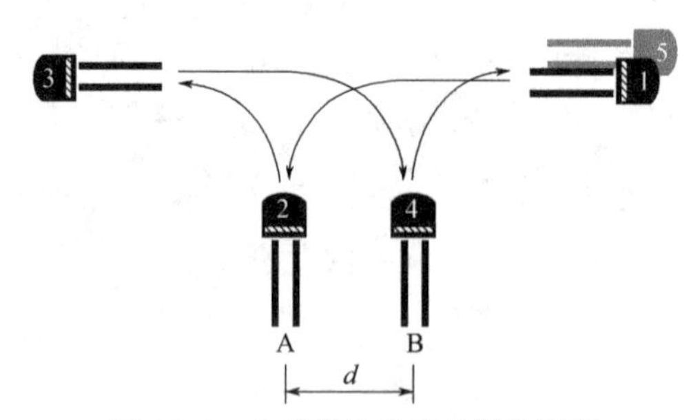

图 32.1 水平拣选叉车的标准循环

表 32.1 水平拣选叉车标准循环的功率和持续时间

符号	标记	阶段	功率/W	持续时间/s
前进	1→2	停止Ⅰ	0	4
		启动峰值	6840	5.4
		恒定驱动	2370	11.8
		制动	−5340	2.1
		停止Ⅱ	0	28.6
降低和提起重物	2	提升峰值	12084	0.04
		抬起	2988	2
		停止Ⅱ	0	28.6
后退	2→3	加速峰值	6840	5.4
		制动	−5340	2.1
		停止Ⅰ	0	4
前进	3→4	启动峰值	6840	
		恒定驱动	6840	5.4
		制动	−5340	2.1
		停止Ⅱ	0	28.6
降低和提起重物	4	提升峰值	12084	0.04
		抬起	2988	2
		停止Ⅱ	0	28.6
后退	4→5	加速峰值	6840	5.4
		制动	−5340	2.1
		停止Ⅰ	0	4
时间/s				180
供电均值/W				763
最大功率/W				12083
最小功率/W				−5340

32.4 叉车的能源供应

在储能方面，不同叉车采用不同的储能载体。在混合系统中使用组合电源。表 32.2 概述了典型燃料和电力存储系统的重要特性。

表 32.2 适用于叉车推进的燃料和蓄电系统

储能	物态	密度 /(kg/m³)	热量/内能 /(MJ/kg)	体积能量密度 /(MJ/L)	参考文献
柴油	液态	835	43	35.9	[6]
液化石油气(丙烷/丁烷)	液态/气态	580	46	26.68	[6]
甲醇	液态	792	19.6	15.52	[6]
氢(1.013bar)	气态	0.0899	120.0	0.01079	[7]
氢(200bar)	气态	15.6833	120.0	1.882	[7]
氢(350bar)	气态	25.8690	120.0	3.104	[7]
氢(700bar)	气态	41.7310	120.0	5.008	[7]
铅酸电池	溶液	1000～2000	约 0.01	约 0.02	[8]～[10]
镍氢电池	非水溶剂		约 0.02	约 0.04	[8]～[11]
锂离子电池	非水溶剂		约 0.04	约 0.07	[8]～[10]
超级电容器	固态		约 0.002	约 0.001	[4],[9],[10]

32.5 系统设置与杂化

图 32.2 和图 32.3 分别给出了氢气供给 PEFC（聚合物电解质燃料电池）和甲醇供给 DMFC（直接甲醇燃料电池）系统的两种典型设置。

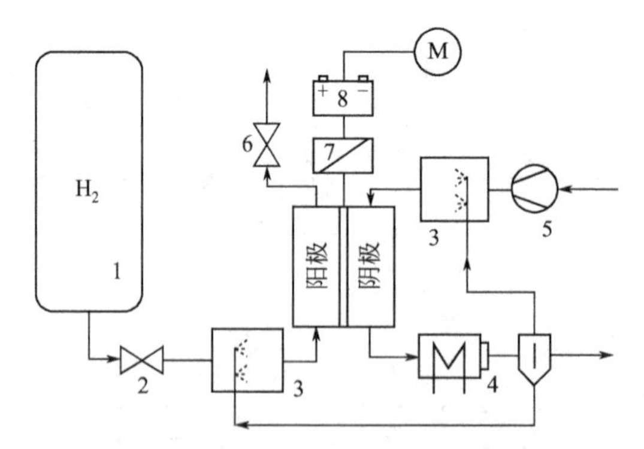

图 32.2 以气态氢为燃料的 PEFC（聚合物电解质燃料电池）系统原理

1—氢气瓶（通常 350bar）；2—调压阀；3—加湿器；4—冷凝器；
5—鼓风机/压缩机；6—清洗阀；7—直流-直流转换器；8—蓄电池

给定的系统方案仅是示例，实际系统可能与方案不同。在 PEFC 的情况下，加湿器和冷凝器可能不是必需的，对于 DMFC，一些泵可以忽略不计。如两幅

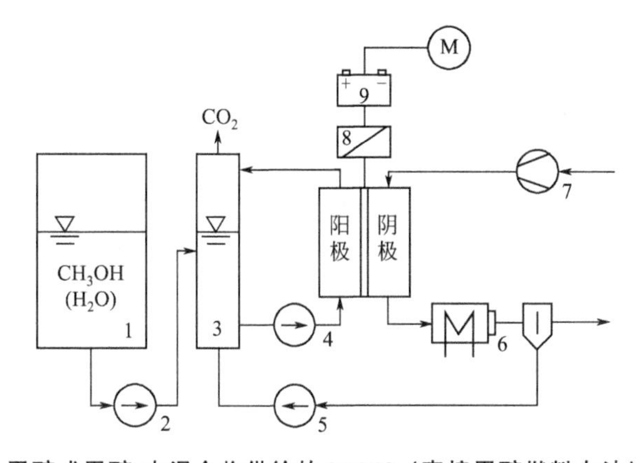

图 32.3 甲醇或甲醇-水混合物供给的 DMFC（直接甲醇燃料电池）系统原理

1—甲醇罐；2—甲醇计量泵；3—搅拌室，CO_2 分离器；4—循环泵；
5—冷凝泵；6—冷凝器；7—鼓风机/压缩机；8—直流-直流转换器；9—蓄电池

图所示，燃料电池系统通常与电池或超级电容器混合。混合系统的优点（图 32.4）包括：

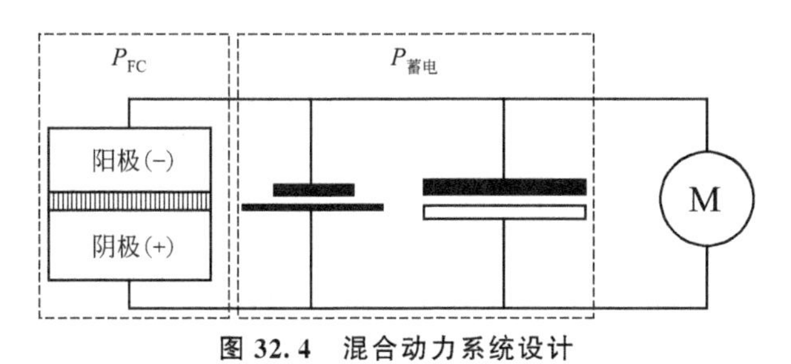

图 32.4 混合动力系统设计

- 快速启动；
- 制动能量可回收；
- 燃料电池可微型化；
- 峰值负荷更高；
- 动平衡性能改善。

系统的混合度可以通过不同的方程计算。表 32.3 采用了如下公式：

$$D_{混合}=\frac{P_{蓄电}}{P_{FC}+P_{蓄电}}$$

目前，已有文献对近年来燃料电池系统的发展概况进行了综述[12]。大多数燃料电池驱动的叉车在北美（约 5000 辆）、欧洲（约 70 辆）和日本[13] 运行。表 32.3 显示了自 2005 年以来在产品配送中心运行的燃料电池系统或原型系统，并且已在实际操作条件下进行测试。

表 32.3 燃料电池驱动的叉车系统信息

名称	分类	燃料电池类型及能量输出	燃料	混合系统	是否商用	年份	参考文献
Dan Truck	Ⅰ	PEFC，10kW	氢气（约 1.5kg @350bar）	蓄电池（8kW·h）	是	2014	[14]
Forschungszentrum Jülich	Ⅲ	DMFC，1kW	甲醇（100%）	锂离子电池（1.1kW·h），D_{HYB}=0.87	否	2011	[4]，[15]
Hydrogenics "HyPX 1-27"	Ⅰ	PEFC，峰值 30kW	氢气（约 1.6kg @350bar）	超级电容器	是	2009	[4]，[16]
Hydrogenics "HyPX 1-33"	Ⅰ	PEFC，峰值 30kW	氢气（约 1.6kg @350bar）		是	2009	[4]，[16]
Hydrogenics "HyPX 2-21"	Ⅱ	PEFC，峰值 22kW	氢气（约 0.8kg @350bar）		是	2009	[4]，[16]
Oorja "OorjaPac"	Ⅲ	DMFC，1.5kW	甲醇（50%～100%）	铅酸蓄电池	是	2014	[16]，[17]
Plug Power Series 3000	Ⅲ	PEFC，1.8～3.2kW	氢气（约 0.7kg @350bar）		是	2013	[18]
Plug Power Series 2000	Ⅱ	PEFC，8～10kW	氢气（约 0.7～1.1kg @350bar）		是	2013	[19]
Plug Power Series 1000	Ⅰ	PEFC，8～10kW	氢气（约 0.7～3.4kg @350bar）		是	2013	[20]
Pro-Power SS Drive	Ⅲ	DMFC，1kW	甲醇	锂离子电池 5.9kW·h	否	2011	[21]
Still "R60-Fuel Cell Powered"	Ⅰ	PEFC，18kW	氢气 350bar	超级电容器 30kW，D_{HYB}=0.63	否	2010	[16]，[22]～[25]
Toyota Industries Corporation（TICO）	Ⅰ	PEFC，峰值 32kW 32kW cont.	氢气（350bar）	超级电容器 D_{HYB}≈0.8	否	2013	[16]，[26]
Toyota"FCHV-F"	Ⅰ	PEFC，18kW	氢气（350bar）	超级电容器		2005	[4]，[16]，[27]，[28]

32.6 叉车不同推进系统的成本比较

为了确定总拥有成本（TCO），必须知道叉车的运行方案。特别是在多挡操作的情况下，燃料电池驱动的叉车是电池系统的替代品。与一般电池较长的充电时间相比，燃料电池驱动叉车能够快速补充燃料。在多班制作业期间，叉车的传统电池通常需要在换班后进行更换。这意味着对于每辆叉车而言，需要一个备用电池和一个充电单元。可以看到，燃料电池在美国可能取得较高的市场渗透率。燃料电池通过减税进入市场，对于企业而言，研究燃料电池将比传统电池更具吸引力。

表 32.4 是在一个拥有约 200 部叉车的大型配送中心内，使用不同推进模块（Ⅲ类，卡车大小可达 2t）的叉车的总拥有成本的比较结果[29]，包括燃料电池再循环的成本或信贷，以及电池的维修、更换和充电的费用。在以氢气和甲醇为燃料供给的情况下，加油站的费用也包括在计算中。表 32.5 列出了这些计算的边界条件。

表 32.4　物流配送中的Ⅲ类水平拣货叉车的总拥有成本（TCO）

	操作挡	铅酸蓄电池	锂离子电池	PEFC	DMFC
能源系统的投资成本/欧元	二挡	3512	10001	11370	12507
	三挡	3512	10001	11370	12507
充电/加油站建设成本/欧元	二挡	3188	2471	4270	312
	三挡	2125	2471	2084	494
维修费用/欧元	二挡	9956	8418	10061	7737
	三挡	12219	8418	10061	7528
能源/燃料成本/欧元	二挡	1338	5105	2133	3371
	三挡	1338	5105	2133	3371
占地成本/欧元	二挡	824	617	—	—
	三挡	549	925	—	—
2000h 的运行费用	二挡	18819	26612	27834	23926
	三挡	19744	26921	25648	23899
年总成本/欧元	二挡	5495	7770	8127	6986
	三挡	8648	11792	11234	10468

表 32.5　TCO 计算的边界条件（Ⅲ类）

参数	数值
燃料电池系统的寿命/h	20000
燃料电池堆的使用寿命/h	10000
平均功率/kW	0.8
电价/[欧元/(kW·h)]	0.07
甲醇价格/(欧元/L)	0.32
氢价/(欧元/kg)	1.76
有效利息/%	6

第Ⅰ类（卡车大小 2.5～4.5t）叉车作业费用计算参照文献［29］。边界条件如表 32.6 所示，计算结果汇总在表 32.7 中。

表 32.6 TCO 计算的边界条件（Ⅰ类）

参数	数值
燃料电池堆的使用寿命/h	10000
电价/(欧元/kW・h)	0.09
柴油消耗量/(L/h)	2.4
柴油价格/(欧元/L)	1.15
氢消耗量/(kg/h)	0.33
氢价/(欧元/kg)	7

表 32.7 Ⅰ类叉车的总拥有成本（TCO）

	操作挡	铅酸蓄电池	柴油机	氢
投资成本/欧元	一挡	39000	32000	54000
	三挡	51000	32000	54000
年固定费用/欧元	一挡	8890	5780	9377
	三挡	15782	6780	15760
维修费用/欧元	一挡	3155	5760	3200
	三挡	9465	17280	9600
能源成本/欧元	一挡	1540	3763	2953
	三挡	4620	11178	8505
年运行费用	一挡	4695	9523	6053
	三挡	14085	28458	18105
年总成本/欧元	一挡	13585	15303	15430
	三挡	29867	35238	33865

计算结果表明，在所有情况下，电池驱动的叉车在总拥有成本方面是有优势的。尽管如此，燃料电池驱动的叉车由于在低温环境下的稳定运行（例如冷库）而独具优势。如果需要长时间操作而无需再充电，则 DMFC 更具优势。当前，如果有政府资助或减少燃料电池系统的税收，则可以实现经济运行。在未来，制造燃料电池系统的成本有可能进一步降低，特别是当可以与汽车工业产生协同效应时。

参考文献

[1] Occupational Safety & Health Administration (2014) Powered industrial trucks (forklift). https://www.osha.gov/SLTC/etools/pit/forklift/types/classes.html (accessed 29 October 2014).

[2] DIN (1994) DIN ISO 5053:1994, Powered industrial trucks – terminology, Deutsches Institut für Normung e.V., Berlin.

[3] VDI (2007) VDI 3586, Industrial trucks: terms, symbols, examples, Verein deutscher Ingenieure, Berlin.

[4] Wilhelm, J.C. (2010) Hybridisierung und Regelung eines mobilen Direktmethanol-Brennstoffzellen-Systems, Jülich.

[5] VDI (2012) VDI 2198, Type sheets for industrial trucks, Verein deutscher

Ingenieure, Berlin.
[6] Jörg, F. and Grote, K.H. (2011) *Dubbel - Taschenbuch für den Maschinenbau*, Springer-Verlag, Berlin.
[7] HyWeb (2014) Wasserstoff Daten – Hydrogen Data. www.h2data.de/ (accessed 17 September 2014).
[8] Otto Haas, E. and Cairns, J. (1999) *Annu. Rep., Sect. C: Phys. Chem.*, **95**, 163–198.
[9] Brodd, R.J. (2012) Batteries for Sustainability.
[10] Battery University (2014) Learn about batteries. http://batteryuniversity.com/learn/article/secondary_batteries/1 (accessed 29 October 2014).
[11] Ying, T.K. *et al.* (2006) *Int. J. Hydrogen Energy*, **31**, 525–530.
[12] Behling, N.H. (2013) History of proton exchange membrane fuel cells and direct methanol fuel cells, in *Fuel Cells* (ed. N.H. Behling), Elsevier, ch. 7, pp. 423–600.
[13] Landinger, H. (25 April 2014) Internationale Perspektiven für Brennstoffzellen in der Intralogistik. http://www.hylift-europe.eu/public/Presentations/Landinger_E-Log-BioFleet-Konferenz_Linz_V06-fuer-Teilnehmer.pdf (accessed 29 September 2014).
[14] Barrett, S. (2011) H2 Logic, Dantruck launch fuel cells for heavy-duty forklifts *Fuel Cells Bull.*, 2–3.
[15] Mergel, J. *et al.* (2012) *J. Fuel Cell Sci. Technol.*, **9**, 031011-1–031011-10.
[16] Fuel Cells (2014) Fuel Cell Specialty Vehicles. http://www.fuelcells.org/pdfs/specialty.pdf (accessed 29 October 2014).
[17] Oorja Fuel Cells (2014) OorjaPac Model 3 (Material Handling). http://oorjafuelcells.com/wp-content/uploads/2014/06/OorjaPacMod3MHE.pdf (accessed 29 September 2014).
[18] Plug Power (2014) GenDrive 3000. http://www.plugpower.com/Libraries/GenDrive_Spec_Sheets/GenDrive_Series_3000_Spec_Sheet.sflb.ashx (accessed 29 September 2014).
[19] Plug Power (2014) GenDrive 2000. http://www.plugpower.com/Libraries/GenDrive_Spec_Sheets/GenDrive_Series_2000_Spec_Sheet.sflb.ashx (accessed 29 September 2014).
[20] Plug Power (2014) GenDrive 1000. http://www.plugpower.com/Libraries/GenDrive_Spec_Sheets/GenDrive_Series_1000_Spec_Sheet.sflb.ashx (accessed 29 September 2014).
[21] ProPower (2014) MODEL SS Drive. http://www.propower.co.kr/eng/html/design/product2_4.html (accessed 29 September 2014).
[22] STILL International (2014) First operation of a fuel cell powered reach truck in Germany. www.still.de/589+M5cce8bd2510.0.30.html (accessed 29 September 2014).
[23] STILL International (2014) Ecologic fuel cell technology at the port of Hamburg. www.still.de/589+M5659b72b7e2.0.30.html (accessed 29 September 2014).
[24] Barrett, S. (2010) Germany welcomes Still fuel cell materials handling *Fuel Cells Bull.*, 3–4.
[25] Nuvera (2014) Orion™: Hydrogen Fuel Cell Stack. http://www.nuvera.com/images/PDFs/Orion-OFS001-RevA.pdf (accessed 29 September 2014).
[26] FuelCellToday (2013) Toyota industries reveals new fuel cell forklift. http://www.fuelcelltoday.com/news-archive/2013/february/toyota-industries-reveals-new-fuel-cell-forklift (accessed 29 October 2014).
[27] Toyota (2005) Toyota Brennstoffzellen-Stapler. http://www.toyota-forklifts-info.de/Dokumente/PDF/toyota_news_17.pdf (accessed 29 September 2014).
[28] Toyota (2006) 50 Jahre Toyota Gabelstapler – Teil 1. http://www.toyota-forklifts-info.de/Dokumente/PDF/toyota_news_18.pdf (accessed 29 September 2014).
[29] HyLIFT (2013) D7.1 Suggestions for Deployment Support Mechanisms. http://hylift-demo.eu/docs/publications/d7-1_deployment-supp-mechanisms_v04.pdf (accessed 22 July 2014).

33 燃料电池叉车在美国的部署

Ahmad Mayyas[1], Max Wei[2], Shuk Han Chan[3], and Tim Lipman[1]

[1] University of California, Berkeley, Transportation Sustainability Research Center, 2150 Allsoton Way, Richmond, CA 94704, USA

[2] Lawrence Berkeley National Laboratory, Energy and Environmental Sciences Division, Energy Analysis and Environmental Impacts Department, 1 Cyclotron Road, Berkeley, CA 94720, USA

[3] University of California, Berkeley, Department of Mechanical Engineering, 1115 Etcheverry Hall, Berkeley, CA 94709-1740, USA

摘要

本章简要概述了在美国市场运行的燃料电池供电的物料搬运设备（MHE）。首先介绍了目前用作物料搬运设备动力源的燃料电池技术，然后讨论了一些商用燃料电池组及其在不同 MHE 类别中的应用，最后介绍了燃料电池供电的 MHE 在 2013 年和 2014 年初的现状。自 2003 年以来，已有超过 6286 台燃料电池动力叉车装置，总计近 56MW。这些装置包括超过 5881 个质子交换膜燃料电池和 405 个直接甲醇燃料电池。

关键词： 直接甲醇燃料电池（DMFC）；燃料电池叉车；物料搬运设备；质子交换膜（PEM）；美国

33.1 燃料电池供电的物料搬运设备

燃料电池系统是一种很有前途的技术。在仓库中，每天通常有两到三班作业，而燃料电池可以取代电池在仓库设备（MHE，典型代表为“叉车”）中的应用。电池叉车通常需要每天充电，电池更换一次或多次，这增加了物流管理的复杂性，增加了整体人工成本。燃料电池叉车在使用氢气的情况下产生零排放，并且可以工作超过 12h 而不会造成性能下降。另一方面，燃料电池 MHE 可以在几分钟内完成燃料的补给，而电池的充电可能需要几个小时。这使得燃料电池成为传统电池驱动 MHE 的一个有吸引力的替代选择。

根据 Ballard Power Systems（领先的 PEM 燃料电池制造商之一）的说法，采用燃料电池 MHE，一个典型的高吞吐量仓库可以节省高达 24%的总体使用寿命成本，投资回收期不到一年，每年节约的生产力超过 50000h[1]。

与其他技术相比，燃料电池的另一个优势是其工作温度范围广。事实上，燃料电池还可以在冰点温度下运行，例如，沃尔玛为加拿大艾伯塔省的可持续冷藏配送中心选择了燃料电池叉车。燃料电池驱动的叉车可以在低至－40°F（－29℃）的温度下运行。

目前，燃料电池 MHE 主要采用两种主要的燃料电池技术：低温质子交换膜燃料电池（PEMFC）和直接甲醇燃料电池（DMFC）(表 33.1)。每种技术都有其相对的优势和劣势，例如 PEMFC 的使用寿命更长、年化拥有成本较高，而 DMFC 的使用寿命较短、拥有成本较低。一般而言，商用 PEMFC 用于多班次作业的Ⅰ类和Ⅱ类叉车（三轮和四轮、坐驾式、平衡叉车），而 DMFC 用于 III 类叉车（托盘式叉车），在平常作业中使用较少。

表 33.1　应用于物料搬运设备中的燃料电池技术

物料搬运	技术 1	技术 2	参考文献
燃料电池技术	质子交换膜(PEM)	直接甲醇燃料电池(DMFC)	
燃料种类	氢	甲醇	
功率范围/kW	1.8～30	1.5	
系统效率/%	45～59	<40	[2]～[4]
电池堆平均寿命/h	24000	1500	[5],[6]
电压输出/V	27～72	24/36/48	
加油时间/min	1.5～4	<1	
油箱容量	0.72～1.80kg H_2	12L 甲醇	
电池堆质量/lb	590～3000	170	
模拟成本/(美元/kW)	每生产 1000 套 10kW 燃料电池的成本是 3491 美元/kW	NA	[7]
	每生产 1000 套 25kW 燃料电池的成本是 2357 美元/kW		
年度拥有成本/(美元/年)	17800(Ⅰ类和Ⅱ类叉车)①	11700(Ⅲ类叉车)②	[5],[6]
政府补贴	信贷成本占总成本的 30%，3000 美元/kW	信贷成本占总成本的 30%，3000 美元/kW	[8]

① 第Ⅰ类及第Ⅱ类叉车（三轮及四轮、坐驾式、平衡式叉车）用于多班次作业。

② 第Ⅲ类：托盘式叉车（使用频率较低）。

表 33.2 总结了 MHE 中使用的主要燃料电池类型和一些重要特性，即燃料电池类型、功率输出、油箱容量、加油时间、质量和工作温度。图 33.1 描绘了过去十年中以燃料电池为动力的 MHE 装置的数量。值得注意的是，总部位于美国的制造商 Plug Power 提供了燃料电池驱动 MHE 市场 85%以上的份额，其余份额由美国公司 Oorja Protonics（DMFC）、Nuvera 和 Hydrogenics（加拿大）以及 H2 Logic（丹麦）(PEMFC) 等公司提供[9]。

表 33.2　美国市场上常见的叉车燃料电池

制造商	产品名称	类型	功率输出/kW	油箱容量	加油时间/min	重量/lb	工作温度
H2 Logic,丹麦	H2 Drive	PEM	约 10	1.5kg H_2	<4	NA	NA
Hydrogenics,加拿大	HyPX Power Packs	PEM/hybrid	22～30	0.8kg H_2(HyPX^{TM}-2-2) 1.6kg H_2(HyPX^{TM}-1-27 和 HyPX^{TM}-1-33)	<3	2400～3100	>2～35℃ (>36～95°F)
Nuvera Fuel Cells,美国	Orion	PEM	10～30	NA	NA	42～75	−40～60℃(−40～140°F)
Oorja Protonics,美国	OorjaPac Model Ⅲ	DMFC	1.5	12L 甲醇	<1	170	−20～45℃(−4～95°F)
Plug Power[①],美国	GenDrive Series 1000	PEM	8～10	1.5～1.8kg H_2	<3	2150～3000	−30～40℃(−22～140°F)
	GenDrive Series 2000	PEM	8～10	1.2kg H_2	<2	230～276	−30～40℃(−22～140°F)
	GenDrive Series 3000	PEM	1.8～3.2	0.72kg H_2	<1.5	590	−30～40℃(−22～140°F)

① 2008 年，Plug Power 公司与巴拉德电力系统公司（Ballard Power Systems）达成协议，为其电动升降机应用购买燃料电池堆。

表 33.3 2013 年和 2014 年第一季度燃料电池叉车的现状[12]

州	项目/位置	燃料电池供应商	注释
亚拉巴马州	梅赛德斯-奔驰美国国际公司	Plug Power	MBUSI 在塔斯卡卢萨的一个新的物流中心为 Plug Material 订购了 123 个额外的燃料电池，用于其物料搬运车队； 2012 年 7 月，梅赛德斯在其塔斯卡卢萨汽车装配厂购买了 72 台燃料电池，以运营其海斯特电动卡车车队。用于燃料电池车辆的氢由 Air Products 提供
加州	UniPro FoodService	Oorja Protonics	弗里蒙特的 Oorja Protonics 成为 UniPro 食品服务公司燃料电池系统的许可服务提供商
佐治亚州	Carter's	Plug Power	儿童服装制造商 Carter's 将在乔治亚州的一个新厂址上增加 Plug Power 燃料电池叉车
路易斯安那州	Associated Wholesale Grocers(AWG)	Plug Power	超过 200 辆 Plug Power 燃料电池叉车已部署在 AWG 珠江工厂
马萨诸塞州/得克萨斯州/加州	Thermo King	Nuvera	Nuvera 从美国能源部获得 65 万美元，用于展示 Orion TM 燃料电池在拖拉机拖车上提供动力，以运输冷冻食品和新鲜农产品到商店。Nuvera 公司正在与 Thermo King 公司合作，将燃料电池集成到冷藏拖车中，该拖车将至少运行 400h，同时支持两个站点，分别为加利福尼亚州河滨市的 Sysco 食品配送中心和得克萨斯州圣安东尼奥市的 H-E-B's 食品配送中心配送食品。Sysco 和 H-E-B 设施已经配备了燃料电池叉车，氢基础设施已经到位，由 Nuvera 的 PowerTap 氢气发生器和加氢系统提供
密苏里州	Associated Wholesale Grocers(AWG)	Plug Power	AWG(Associated Wholesale Grocers)最近在其堪萨斯城工厂部署了 297 个 Plug Power 燃料电池叉车

续表

州	项目/位置	燃料电池供应商	注释
纽约州	TRU	Plug Power	美国能源部向 Plug Power 公司拨款 65 万美元，用以示范使用氢基燃料电池为 TRU 供电。Plug Power 公司的 TRU 燃料电池用于为长岛 Sysco 公司配送中心运送产品的拖车上的 Carrier Transicold 制冷机组提供动力。在两年的合同期内，每个 TRU 将至少运行 400h。氢气将由 Air Products 提供
宾夕法尼亚州	Procter & Gamble Co. (P&G)	Plug Power	宝洁公司(P&G)在其位于 Mehoopany 的制造工厂为其电动叉车车队购买了 140 个来自 Plug Power 的 GenDrive 燃料电池。燃料电池装置的扩展将使宝洁燃料电池的足迹增加到 4 个设施和超过 340 个燃料电池动力叉车
南卡罗来纳州	BMW Manufacturing Co.	Plug Power	宝马制造公司将斯帕坦堡生产基地的燃料电池材料处理设备从 100 台增加到 275 台(来自 Plug Power)，为装配车间、涂料车间和车身车间提供服务。叉车的氢气由 Linder 提供，存储在大型现场钢瓶中。宝马公司还计划使用附近垃圾填埋场的可再生氢气
田纳西州	FedEx	Plug Power	Plug Power 已从美国能源部获得 250 万美元拨款，用于改造 15 台配备燃料电池的电动牵引车。这些改装的牵引车将部署在田纳西州孟菲斯的联邦快递国内机场。Nuvera 将提供该站点所需的氢燃料设备
得克萨斯州	Ace Hardware	Plug Power	Ace Hardware 从 Plug Power 购买了 65 台 GenDrive 燃料电池，用于得克萨斯州威尔默市正在建设的零售支持中心
其他地方	Walmart	Plug Power	从 2014 年第二季度开始，沃尔玛计划在两年内部署 1738 台 GenDrive 燃料电池装置。这种氢燃料电池解决方案将为六个北美配送中心的叉车车队提供动力。此外，沃尔玛和 Plug Power 已签署协议，在这些地点安装 GenFuel 基础设施建设和氢燃料供应，并为每个地点再签署一份为期六年的 GenCare 服务合同[13]

美国能源部（DOE）发布了2013年美国“燃料电池应用状况”报告。该报告指出，美国仍然是燃料电池叉车的全球领导者，已经部署了4400多台设备并订购了数百台（来源：www.fuelcells.org/）。最近，沃尔玛宣布从2014年第二季度开始将新部署1738个GenDrive燃料电池，这些氢燃料电池解决方案将在六个北美配送中心为升降机车队提供动力。表33.3汇总了2013年的主要项目，详细介绍了部署和订购燃料电池叉车的数量，以及能源部资助的旨在促进燃料电池叉车应用的项目。图33.1还描绘了以kW为单位的年累计功率。该图显示了2010年部署的叉车数量的激增。这一增长得益于《2009年美国复苏与再投资法

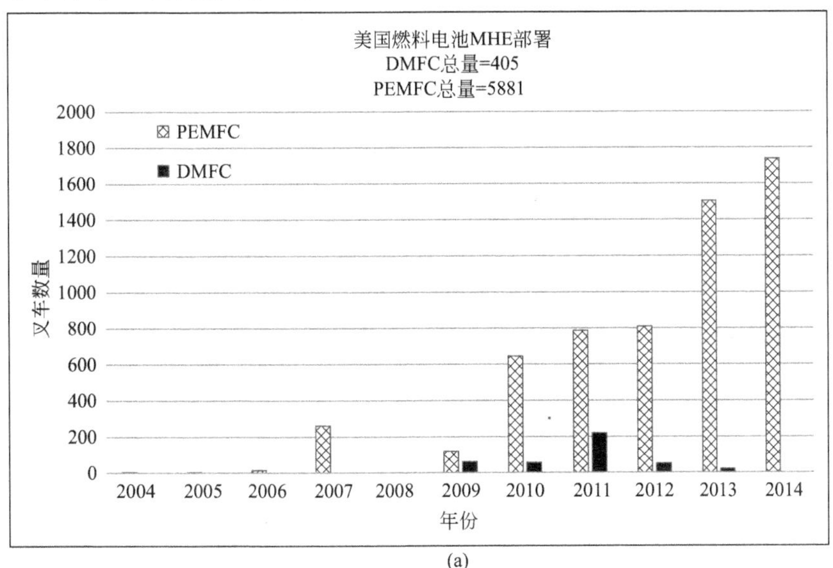

(a)

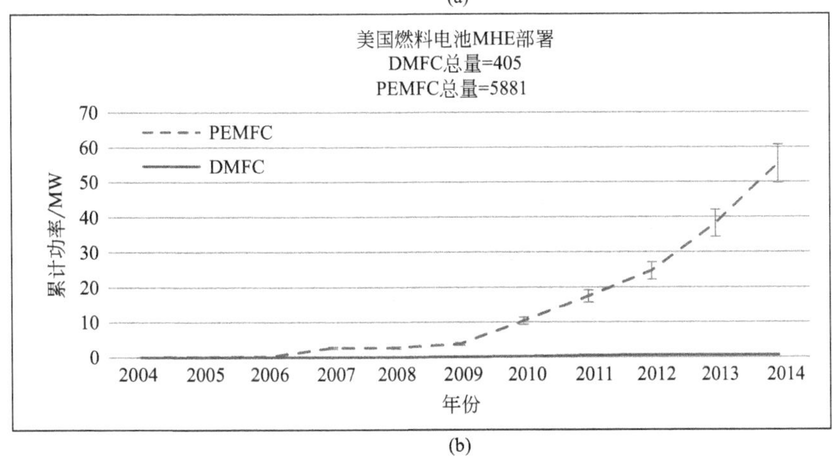

(b)

图33.1 过去十年美国市场的燃料电池部署

(a) 每年部署的数量；(b) 每年的累计功率（装运的MHE装置的确切系统功率不可知，累计部署的MW反映了作者根据表33.2中的系统功率水平进行的最佳估计，误差条代表作者估计值的±10%）

案》（ARRA），该法案是为针对金融危机而制定的国家财政刺激计划。在 ARRA 项目下，美国能源部投资 970 万美元，工业部门又投入了 1180 万美元用于支持支持叉车项目中燃料电池的部署[10,11]。

参考文献

[1] Ballard (2011) Benefits of Fuel Cell Solutions for Material Handling. http://www.ballard.com/files/PDF/Material_Handling/Material_Handling_Value_Proposition_4192011.pdf (accessed 28 August 2014).

[2] Gaines, L.L., Elgowainy, A., and Wang, M. (2008) Full Fuel Cycle Comparison of Forklift Propulsion Systems, Argonne National Laboratory Report #ANL/ESD/08-3.

[3] Fletcher, J. and Cox, P. (2011) New MEA Materials for Improved DMFC Performance, Durability, and Cost, UNF Proposed 20W System Design.

[4] Fuel Cell Markets (2014) DMFC – direct methanol fuel cells. http://www.fuelcellmarkets.com/fuel_cell_markets/direct_methanol_fuel_cells_dmfc/4,1,1,2504.html (accessed 26 February 2014).

[5] Ramsden, T. (2013) An Evaluation of the Total Cost of Ownership of Fuel Cell-Powered Material Handling Equipment, Technical Report NREL/TP-5600-56408.

[6] Ramsden, T., Ulsh, M., Sprik, S., Kurtz, J., and Ainscough, C. (2012) Direct methanol fuel cell material handling equipment deployment. Presented at the 2012 DOE Annual Merit Review Crystal City, VA, 16 May, 2012.

[7] Mahadevan, K., Eubanks, F., Contini, V., Smith, J., Stout, G., and Jansen, M. (2012) Manufacturing Cost Analysis of Fuel Cells for Forklift Applications.

[8] US Fuel Cell Council (2008) Federal Fuel Cell Tax Incentives. https://www1.eere.energy.gov/hydrogenandfuelcells/education/pdfs/200810_itc.pdf (accessed 26 February 2014).

[9] Gangi, J. (2013) Fuel cell and hydrogen development in the US. *J. Fuel Cell Technol.*, **13** (1), 7–11. http://www.fuelcells.org/pdfs/FCDIC.pdf (accessed 26 February 2014).

[10] Mintz, M., Mertes, C., and Stewart, E. (April 2013) Economic Impact of Fuel Cell Deployment in Forklifts and for Backup Power under the American Recovery and Reinvestment Act, Argonne National Laboratory Report, ANL-13/09.

[11] Devlin, P., Alkire, J., Simon, M., and Dillich, S. (2012) Industry Deployed Fuel Cell Powered Lift Trucks DOE Hydrogen and Fuel Cells Program Record, Record #: 11017 Date: 04/06/2012. http://www.hydrogen.energy.gov/pdfs/11017_industry_lift_truck_deploys.pdf (accessed 3 March 2014).

[12] US Department of Energy – Office of Energy Efficiency and Renewable Energy – Fuel Cell Technology Office (2013) State of the States: Fuel Cells in America.

[13] MarketWatch (26 February 2014) Plug Power receives milestone order from Walmart for multi-site hydrogen fuel cell deployment. http://www.marketwatch.com/story/plug-power-receives-milestone-order-from-walmart-for-multi-site-hydrogen-fuel-cell-deployment-2014-02-26 (accessed 2 September 2015).

第五篇

燃料供应

34 质子交换膜水电解技术

Antonino S. Aricò，Vincenzo Baglio，Nicola Briguglio，Gaetano Maggio，and Stefania Siracusano

CNR-ITAE，Istituto di Tecnologie Avanzate per ĹEnergia “Nicola Giordano”，Via Salita，Santa Lucia sopra Contesse，5，98126 Messina，Italy

摘要

质子交换膜（PEM）水电解技术是利用风、光伏、水电等可再生能源生产高纯度氢气的最有前途的技术之一。该工艺在中等温度下具有高效率和高电流密度。压缩氢可以直接从电解槽中获得，提高了安全性。然而，由于使用贵金属催化剂、全氟化膜和钛双极板，PEM 水电解系统具有较高的成本。具有挑战性的方面包括处理氧气析出时的过电位，以及聚合物电解质膜电阻在高电流密度下的欧姆接触退化。此外，机械、化学和电化学稳定性也起着重要作用。本章的目的是回顾 PEM 水电解的现状，并与其他竞争技术进行比较。这些系统的主要前景是与可再生能源进行适当的集成，用于分散式的氢气生产。

关键词： 电解系统；氢；析氧电催化剂；PEM 水电解；质子交换膜；电池堆

34.1 引言

氢是未来基于燃料电池的电动汽车的候选燃料，它可以使用可再生能源以可持续的方式生产[1]。通过将剩余电能转换为氢气，可以适当地解决可再生能源发电产能过剩的问题[1,2]。电解槽一般分为四大类，即使用液体电解质（例如 KOH）的碱性电解槽、质子交换膜（PEM）电解槽和阴离子交换膜（AEM）电解槽（均基于固体聚合物电解质），以及使用陶瓷膜的固体氧化物电解槽（SOEC）。前三个类别的工作温度均低于 200℃，通常为 60～80℃，而 SOEC 的工作温度范围为 600～1000℃。PEM 电解是目前最有前途的水分解技术之一。由于 PEM 电解槽具有快速启动、工作续航力能力强、得到的氢气纯度高以及高电流密度下操作的优异性能，可与可再生电源组合应用于并网或独立电网的集成系统中调峰[2,3]。通过 PEM 水电解产生的氢气可以储存并用于燃料电池汽车[1-3]。

34.2 水电解与 PEM 水电解的文献分析

图 34.1 显示了根据 SCOPUS 数据库绘出的每年关于“水电解”和“PEM 水电解”的出版物数量之间的比较。

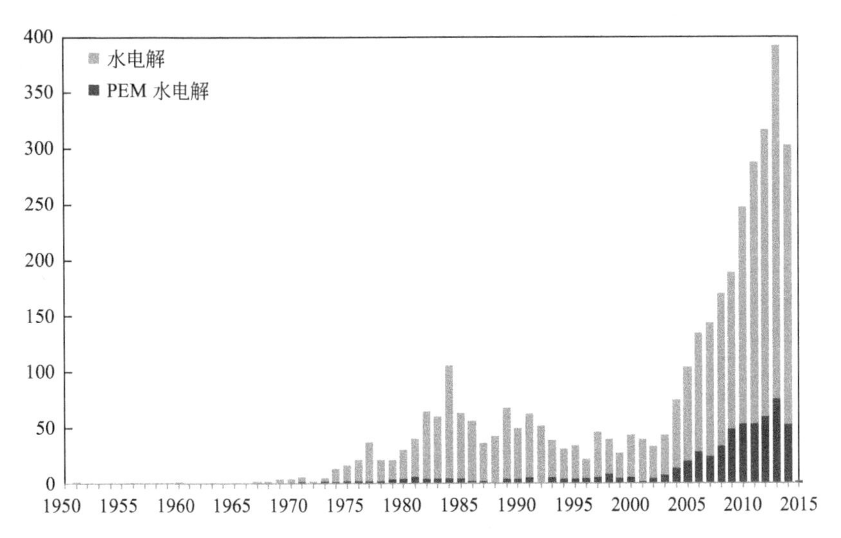

图 34.1 每年关于水电解的一般出版物和专门关于 PEM 水电解的出版物的数量（基于 SCOPUS 数据库）

截至 2014 年 9 月 15 日，SCOPUS 记录的关于水电解的文件总数约为 3600 份，其中约 600 份与 PEM 水电解有关（约占总数的 15%）。从图 34.1 可以看出，关于水电解的报道数量第一次增加是在 1970 年代后期，最大的一次出现在 1980 年代中期，这可能与 1973 年至 1979 年的能源危机有关。实现氢经济（氢作为能源载体）的目标和近几十年来可再生能源市场（氢作为储能介质）的显著增长，可能促进了近年来关于水电解和 PEM 水电解技术的研究报告的大量增加。有关 PEM 水电解的第一份报告是在 1971 年至 1973 年[4,5] 发表的，最近关于 PEM 水电解技术的研究已经开始引起重视，并且已经在显著增长。

34.3 用于 PEM 水电解的电催化剂

在 PEM 水电解中，负载在炭黑（Pt/C）上的铂通常用于析氢反应（HER）的阴极，未负载的铱或氧化钌在阳极用于析氧反应（OER）（表 34.1）。在 $2A/cm^2$ 的电流密度下，60%的过电位损失与发生 OER 的阳极的电化学过程有关[6]。因此，寻找一种最优的析氧电催化剂是降低能量损失、提高稳定性的重要途径。使用金属作为电催化剂有一个主要缺点，即在阳极使用处于单质状态的金属元素（如 Pt），除了适度的氧析出活性外，它们在高操作电位下易发生电化学烧结。

表 34.1 用于 PEM 水电解的电催化剂

电催化剂(阳极/阴极)	贵金属负载(阳极/阴极)/(mg/cm^2)	粒径(阳极/阴极)/nm	膜/温度/℃	电压(1A/cm^2)/V	电压(2A/cm^2)/V	参考文献
IrO_2/10% Pt-C	2.4(总)	5～10/3～4	Nafion/80	1.65	1.8	[11]
IrO_2/20% Pt-C	2/0.4	—/2～3	Nafion115/80	1.64	1.76	[12]
$Ir_{0.6}Ru_{0.4}O_2$/20% Pt-C	2/0.4	—/2～3	Nafion115/80	1.57	1.69	[12]
$Ir_{0.8}Ru_{0.2}O_2$/20% Pt-C	2/0.4	—/2～3	Nafion115/80	1.6	1.72	[12]
$Ru_{0.7}Ir_{0.3}O_2$/Pt-C	1.5/0/5	—	Nafion117/80	1.58	—	[13]
IrO_2-SnO_2(2∶1)/40% Pt-C	1/0.2	2～5/3～4	Nafion212/80	1.6	1.7	[14]
IrO_2/铂黑	3/3	—	PFSA/80	1.59	—	[15]
IrO_2/铂黑	3/0.5	—	PFSA/80	1.53	—	[16]
$Ir_{0.6}Sn_{0.4}O_2$/70% Pt/C	1/5/0.4	—	Nafion115/80	1.63	1.82	[17]
IrO_2/20% Pt-C	0.38(总)	—	Nafion115/80	1.54	1.63	[10]
$Ir_{0.2}Ru_{0.8}O_2$/28.4% Pt-C	1.7(总)	2～3/—	Nafion1035/80	1.62	1.80	[18]
IrO_2/30% Pt-C	1.5/0.5	5.3/3	Nafion115/80	1.65	1.80	[19]
$Ir_{0.7}Ru_{0.3}O_2$/30% Pt-C	1.5/0.5	5/3	Nafion115/80	1.60	1.74	[19]

一些研究表明，贵金属氧化物特别是金红石型氧化物（如 RuO_2 和 IrO_2）作为析氧电极比相应的金属以及其他贵金属好得多。这些金属氧化物中的一些具有高活性（＞1A/mg@1.8V RHE）和适当的长期稳定性（40000h），由于腐蚀或中毒导致的效率损失较小（在 40000h 期间＜15%）[7-9]。

通常认为 IrO_2 是目前 PEM 水电解中 OER 的最新催化剂[10-19]。RuO_2 比 IrO_2 略微活跃，但由于存在一些不稳定性（腐蚀）问题，限制了它的使用。可以通过与 IrO_2 形成固溶体来稳定 RuO_2，例如 $Ir_{0.7}Ru_{0.3}O_x$[19]。在贵金属负载为 Pt 0.5mg/cm^2 和 Ir＋Ru（2～3）mg/cm^2 的典型情况下，采用阳极无支撑 $Ir_{0.7}Ru_{0.3}O_x$ 和阴极 Pt/C 相结合的方法可以获得最佳性能。由于氧的析出是决定速率的步骤，阳极与阴极所使用的贵金属负荷要比阴极大得多。负载型阳极催化剂需要具有高的贵金属分散性和合适的电催化活性。一份报告[10] 显示，在低贵金属（PGM）负载时催化剂表现出了合适的性能。它是通过提高膜电极组件（MEA）中催化剂的利用率来实现的。然而，在低金属负载存在下催化剂的稳定性可能是一个问题。

34.4 PEM 水电解阳极载体

上文已经提出了各种策略来减少阳极的贵金属负载，包括添加非贵金属氧化物以形成固溶体或将活性催化剂分散在廉价、导电和高表面积的氧化物载体上[20-29]。载体有助于增加分散并减少催化剂附聚。高表面积碳载体通常用于燃料电池中，但高腐蚀速率限制了它们在 PEM 水电解阳极中的使用。由于高度氧化条件，可用作阳极载体的材料是有限的[20-29]。适合于阳极催化剂的氧化物载体可以在降低成本的同时提高稳定性。表 34.2 中列出了一些有效的载体以及与这些载体相关的属性。

表 34.2 PEM 水电解阳极载体

材料	粒径/nm	BET 比表面积/(m^2/g)	电导率/(S/cm)	参考文献
TaC	—	2.4	约 10^{-8}	[20]
铱锡氧化物(ITO)	30.5	35	6.3×10^{-3}	[21]
TiO_2(R200 M)	370	68	55.7	[22]
TiC(福建中兴新材料有限公司)	50～150	14.41	—	[23]
SiC-Si	5000～10000	6	1.8×10^{-5}	[24]
Ti	5	279	—	[25]
$Ti_{0.75}Ta_{0.25}O_2$	3.2	175	—	[25]
$Ti_{sub\text{-}oxides}(Ti_nO_{2n-1})$	—	26.6	44.8	[26]
$Ti_{0.9}Nb_{0.1}O_2$	50	16	5×10^{-3}	[27]
$Sn_{0.96}Nb_{0.04}O_{2-\delta}$	20	37	—	[28]
10%Sb_2O_5-90%SnO_2(质量分数) ATO(阿法埃莎公司)	22～44	20～40	—	[29]

34.5 用于 PEM 水电解的膜

PEM 水电解中使用的第一种膜是磺化聚苯乙烯。如今，普遍使用的是全氟磺酸（PFSA）膜。它们具有性能优良、电化学稳定性好、力学性能适宜、启动速度快等特点。Nafion 和 Fumapem 是 PEM 水电解中最常用的膜。然而，在实际电流密度下，似乎有必要对 PFSA 膜和离聚物进行改进，以提高膜电极组件在 PEM 电解槽中的工作效率，从而降低资本成本。短侧链 PFSA 膜（如 Aquivion）在电解条件下表现出优异的性能[30]，而磺化聚砜等烃类膜在降低[31] 成本方面表现出良好的前景。电解用替代质子交换膜包括通过在聚乙烯主链上辐射接枝苯乙烯基团获得的非氟膜、磷酸掺杂的聚苯并咪唑（PBI）、磺化聚醚醚酮（sPEEK）、磺化聚砜、含有无机填料的复合 PFSA 膜等[3,6,30-35]。表 34.3 总结了 Nafion 膜替代品的特性以及相应 MEA 的电化学性能。Aquivion 对 Nafion 膜的增强特性是由于不同的化学和结构特性产生了更高的玻璃化转变温度（127℃对 67℃）和更低的当量（790～870g/eq 对 1100g/eq）[30]。前两种性质能确保更好的力学性能，而后者能产生更高的导电性，从而增强催化剂-电解质的特性。

表 34.3 用于 PEM 电解的膜

膜	电导率(S/cm)/温度(℃)	厚度/μm	电压(1A/cm²)/V	参考文献
Nafion-SiO_2	9.2×10^{-2}/80 0.1/120	120	1.69@80℃；1.61@120℃	[6]
Nafion-TiO_2	9.2×10^{-2}/80 6.7×10^{-2}/120	120	1.71@80℃；1.77@120℃	[32]
Nafion-$SZrO_2$	0.12/80 0.16/100	120	1.64@80℃；1.60@100℃	[33]
磺化聚砜	6.9×10^{-2}/80	90	1.79@80℃	[31]
Aquivion(E87-12 S)	0.13/80	120	1.61@80℃	[30]
PBI-Nafion（PA 掺杂）	9.0×10^{-2}/130（78% PA 掺杂的 PBI） 3.0×10^{-2}/130（34% PA 掺杂的 Nafion 膜）	N. A.	1.75(500mA/cm²)@130℃(PA 掺杂的 PBI)； 1.75(300mA/cm²)@130℃(PA 掺杂的 Nafion)；	[34]
SPSf-*co*-PPSS/TPA	4.4×10^{-2}/25	170	1.83 @80℃	[35]
sPEEK/TPA	3.8×10^{-2}/25	180	1.90 @80℃	[35]

34.6 PEM 电解中的电堆和系统成本

在 PEM 水电解中，由于所用材料（例如钛或涂覆不锈钢）及其制造成本较高，双极板占总电堆成本的 51%[3,36-40]。集电器和 MEA 制造也具有显著的高成本，占电堆成本的 27%（图 34.2）。如果在该技术中引入具有成本效益的双极板，膜和催化剂成本可能在不久的将来相互关联。

对 PEM 电解的系统成本组成（图 34.3）的分析表明，电堆占整个成本的 60%。但是，系统设计与具体的运行和容量严格相关；另一方面，辅助设备的成本可能随着系统的要求和应用（例如维持工作循环的能力）而变化。

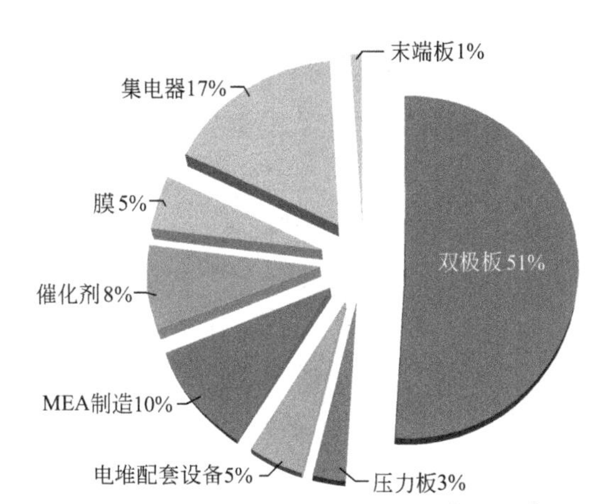

图 34.2 PEM 电解槽的资本成本[3,36-40]

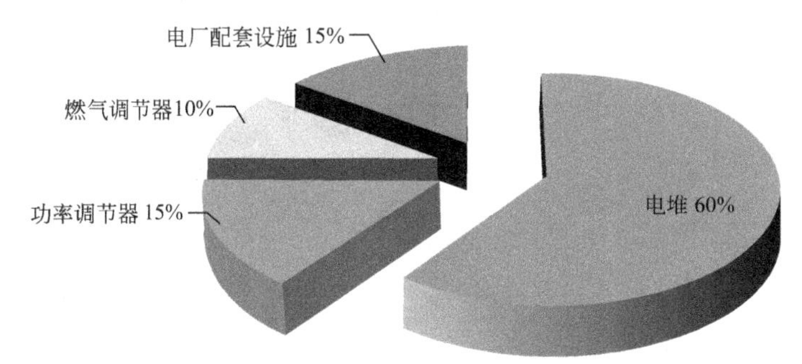

图 34.3 PEM 电解槽的系统资本成本[3,37-40]

34.7 PEM 电解系统与其竞争技术的比较

表 34.4 列出了目前可用的商用电解槽产品的规格。碱性电解槽和 PEM 电解槽市场上存在各种各样的制造商，而 AEM 技术的供应商却为数不多。由于碱性电解技术是一种成熟的技术，该系统具有比 PEM 电解槽更高的容量。SOEC 技术还处于早期开发阶段，尚无商用产品。由于采用固体聚合物电解质，PEM 技术无需繁琐的辅助净化装置，即可达到高工作压力（80～100bar）和高氢气纯度。

表 34.4 目前商用电解槽的产品规格[38-41]

技术	容量(标准状态)/(m^3/h)	氢压力/bar	氢纯度/%	效率/低热值(LHV)/%
PEM	0.265～30	7.9～85	99.999	52～62
Alkaline	1～760	0～30	99.3～99.999	56～67
AEM	1	29	99.94	63
SOEC	—	—	—	—

PEM 水电解具有最佳的效率和氢纯度，但如上所述，它也需要昂贵的催化剂和双极板。不同电解槽系统的功耗见表 34.5。该参数严格依赖于最终的应用，对商业产品进行比较并非易事。例如，可以优化电解槽系统，使其在全负荷或部分负荷下工作。在表 34.5 中，效率与满载时的标称效率有关。碱性电解槽通常设计在低电流密度下工作，从而获得较高的电气效率。PEM 技术允许在更高的电流密度（从 0.3～0.5A/cm^2 提升至 1～2A/cm^2）下工作，从而降低系统的资本成本，并获得良好的性能（在 2A/cm^2 时为 1.7～1.8V）[2,3,11-17]。PEM 技术的电解槽系统的制氢成本约为碱性系统的两倍（表 34.5）。与其他竞争技术相比，目前 PEM 技术的成本更高，这主要取决于 PGM 催化剂、全氟磺酸膜和钛基集电器和双极板的使用。然而，当功率输入要求低于 100kW 时，PEM 系统的成本与碱性电解槽相当。

表 34.5 商用电解槽的性能和成本

技术	耗电量 /(kW・h/kg)	每小时产 H_2 的系统成本 /[1000 欧元/(kg・h)]	系统寿命/年
PEM	50～78	93～180	10～30
Alkaline	50～83	50～93	20～30

另一个重要参数是系统寿命。系统耐久性与电堆和 BoP（电厂配套设施）组件退化有关。表 34.5 中显示的数据来自商业产品，在整个生命周期中，这些电堆多次被替换，替换的次数取决于系统的运行方式（动态运行、连续运行等）。

氢的储存和运输需要它被适当地压缩。大多数商用电解槽的输出压力为 30bar。输出压力的增加需要更高的能量消耗和资本成本。表 34.6 比较了不同电解槽输出压力下的氢气成本。在高压下使用电解槽可以减少外部中间压缩步骤和储氢成本。然而，如果压力在 30～100bar 之间变化，则最终氢成本的差异不大，因为外部中间压缩步骤基本相同。因此，当电解槽压力超过 30 bar 时，需要对资本支出和运营成本进行具体评估。

表 34.6 PEM 电解中的输出压力和氢的成本关系

输出压力/bar	中间压缩步骤	最终压力/bar	氢成/(欧元/kg)
1	3	170	1.06
30	1	170	0.85
100	1	170	0.81

表 34.7 提供了到 2030 年碱性和 PEM 电解系统（100 kW～1 MW）的预期性能和成本信息。对于成熟的碱性技术，预计主要的成本降低预计来自产量的增加。相反，对于 PEM 电解，成本降低的主要贡献来自技术创新。

表 34.7　2030 年 PEM 电解和碱性电解的发展前景

项目	碱性电解	PEM 电解
资本支出/(欧元/kW)	580	760
运营成本/[欧元/(kW・年)]	9～44	12～46
能量输入/(kW・h/kg)	50	47
电堆寿命/h	95000	78000
启动时间/min	20	10
系统压力/bar	30	30

参考文献

[1] Barbir, F. (2005) PEM electrolysis for production of hydrogen from renewable energy sources. *Sol. Energy*, **78**, 661–669.

[2] Arico, A.S., Siracusano, S., Briguglio, N., Baglio, V., Blasi, A., and Antonucci, V. (2013) Polymer electrolyte membrane water electrolysis: status of technologies and potential applications in combination with renewable power sources. *J. Appl. Electrochem.*, **43**, 107–118.

[3] Carmo, M., Fritz, D.L., Mergel, J., and Stolten, D. (2013) A comprehensive review on PEM water electrolysis. *Int. J. Hydrogen Energy*, **38**, 4901–4934.

[4] Nuttall, L.J. and Fitterington, W.A. (1971) General electric company solid polymer electrolyte water electrolysis system. American Society of Mechanical Engineers, Society of Automotive Engineers, and American Institute of Aeronautics and Astronautics, Life Support and Environmental Control Conference, San Francisco, CA, 12–14 July 1971. ASME PAPER 71-AV- 9.

[5] Russel, J.H., Nuttal, L.J., and Fickett, A.P. (1973) Hydrogen generation by solid polymer electrolyte water electrolysis. *Am. Chem. Soc. Division Fuel Chem.*, **18**, 24–40.

[6] Antonucci, V., Di Blasi, A., Baglio, V., Ornelas, R., Matteucci, F., Ledesma-Garcia, J., Arriaga, L.G., and Aricò, A.S. (2008) High temperature operation of a composite membrane-based solid polymer electrolyte water electrolyser. *Electrochim. Acta*, **53** (24), 7350–7356.

[7] Andolfatto, F., Durand, R., Michas, A., Millet, P., and Stevens, P. (1994) Solid polymer electrolyte water electrolysis: electrocatalysis and long-term stability. *Int. J. Hydrogen Energy*, **19**, 421–427.

[8] Marshall, A., Børresen, B., Hagen, G., Tsypkin, M., and Tunold, R. (2007) Hydrogen production by advanced proton exchange membrane (PEM) water electrolysers – reduced energy consumption by improved electrocatalysis. *Energy*, **32** (4), 431–436.

[9] Song, S., Zhang, H., Ma, X., Shao, Z., Baker, RT., and Yi, B. (2008) Electrochemical investigation of electrocatalysts for the oxygen evolution reaction in PEM water electrolyzers. *Int. J. Hydrogen Energy*, **33**, 4955–4961.

[10] Su, H., Linkov, V., and Bladergroen, B.J. (2013) Membrane electrode assemblies with low noble metal loadings for hydrogen production from solid polymer

electrolyte water electrolysis. *Int. J. Hydrogen Energy*, **38**, 9601–9608.

[11] Rasten, E., Hagen, G., and Tunold, R. (2003) Electrocatalysis in water electrolysis with solid polymer electrolyte. *Electrochim. Acta*, **48**, 3945–3952.

[12] Marshall, A.T., Sunde, S., Tsypkin, M., and Tunold, R. (2007) Performance of a PEM water electrolysis cell using $Ir_xRu_yTa_zO_2$ electrocatalysts for the oxygen evolution electrode. *Int. J. Hydrogen Energy*, **32**, 2320–2324.

[13] Xu, W. and Scott, K. (2010) The effects of ionomer content on PEM water electrolyser membrane electrode assembly performance. *Int. J. Hydrogen Energy*, **35**, 12029–12037.

[14] Xu, J., Liu, G., Li, J., and Wang, X. (2012) The electrocatalytic properties of an IrO_2/SnO_2 catalyst using SnO_2 as a support and an assisting reagent for the oxygen evolution reaction. *Electrochim. Acta*, **59**, 105–112.

[15] Yamaguchi, M., Yagiuchi, K., and Okisawa, K. (1996) R&D of high performance solid polymer electrolyte water electrolyzer in WE-NET, in *Hydrogen Energy Progress XI: Proceedings of the 11th World Hydrogen Energy Conference, Stuttgart, Germany, 23–28 June 1996*, vol. **1–3**, International Association of Hydrogen Energy, pp. 781–786.

[16] Yamaguchi, M., Okisawa, K., and Nakanori, T. (1997) Development of high performance solid polymer electrolyte water electrolyzer in WE-NET, *Proceedings of the Thirty-Second Intersociety Energy Conversion Engineering Conference*, vols **3–4**, IEEE, pp. 1958–1965.

[17] Li, G., Yu, H., Wang, X., Yang, D., Li, Y., Shao, Z., and Yi, B. (2014) Triblock polymer mediated synthesis of Ir-Sn oxide electrocatalysts for oxygen evolution reaction. *J. Power Sources*, **249**, 175–184.

[18] Cheng, J., Zhang, H., Chen, G., and Zhang, Y. (2009) Study of $Ir_xRu_{1-x}O_2$ oxides as anodic electrocatalysts for solid polymer electrolyte water electrolysis. *Electrochim. Acta*, **54**, 6250–6256.

[19] Siracusano, S., Van Dijk, N., Payne-Johnson, E., Baglio, V., and Aricò, A.S. (2015) Nanosized IrOx and IrRuOx electrocatalysts for the O_2 evolution reaction in PEM water electrolysers. *Appl. Catal. B*, **164**, 488–495.

[20] Polonsky, J., Petrushina, I.M., Christensen, E., Bouzek, K., Prag, C.B., Andersen, J.E.T., and Bjerrum, N.J. (2012) Tantalum carbide as a novel support material for anode electrocatalysts in polymer electrolyte membrane water electrolysers. *Int. J. Hydrogen Energy*, **37**, 2173–2181.

[21] Puthiyapura, V.K., Pasupathi, S., Su, H., Liu, X., Pollet, B., and Scott, K. (2014) Investigation of supported IrO_2 as electrocatalyst for the oxygen evolution reaction in proton exchange membrane water electrolyser. *Int. J. Hydrogen Energy*, **39**, 1905–1913.

[22] Mazúr, P., Polonský, J., Paidar, M., and Bouzek, K. (2012) Non-conductive TiO_2 as the anode catalyst support for PEM water electrolysis. *Int. J. Hydrogen Energy*, **37**, 12081–12088.

[23] Ma, L., Sui, S., and Zhai, Y. (2008) Preparation and characterization of Ir/TiC catalyst for oxygen evolution. *J. Power Sources*, **177**, 470–477.

[24] Nikiforov, A.V., Tomás García, A.L., Petrushina, I.M., Christensen, E., and Bjerrum, N.J. (2011) Preparation and study of IrO_2/SiC-Si supported anode catalyst for high temperature PEM steam electrolysers. *Int. J. Hydrogen Energy*, **36**, 5797–5805.

[25] Siracusano, S., Stassi, A., Modica, E., Baglio, V., and Arico, A.S. (2013) Preparation and characterisation of Ti oxide based catalyst supports for low temperature fuel cells. *Int. J. Hydrogen Energy*, **38**, 11600–11608.

[26] Siracusano, S., Baglio, V., D'Urso, C., Antonucci, V., and Arico, A.S. (2009) Preparation and characterization of titanium suboxides as conductive supports of IrO_2 electrocatalysts for application in SPE electrolysers. *Electrochim. Acta*, **54**, 6292–6299.

[27] Savych, I., Bernard d'Arbigny, J., Subianto, S., Cavaliere, S., Jones, D.J., and Rozière, J. (2014) On the effect of non-carbon nanostructured supports on the stability of Pt nanoparticles during voltage cycling: a

study of TiO_2 nanofibres. *J. Power Sources*, **257**, 147–155.

[28] Kakinuma, K., Chino, Y., Senoo, Y., Uchida, M., Kamino, T., Uchida, H., Deki, S., and Watanabe, M. (2013) Characterization of Pt catalysts on Nb-doped and Sb-doped $SnO_{2-\delta}$ support materials with aggregated structure by rotating disk electrode and fuel cell measurements. *Electrochim. Acta*, **110**, 316–324.

[29] Puthiyapura, V.K., Mamlouk, M., Pasupathi, S., Bruno, G., Pollet, B.G., and Scott, K. (2014) Physical and electrochemical evaluation of ATO supported IrO_2 catalyst for proton exchange membrane water electrolyser. *J. Power Sources*, **269**, 451–460.

[30] Siracusano, S., Baglio, V., Stassi, A., Merlo, L., Moukheiber, E., and Aricò, A.S. (2014) Performance analysis of short-side-chain Aquivion perfluorosulfonic acid polymer for proton exchange membrane water electrolysis. *J. Membrane Sci.*, **466**, 1–7.

[31] Siracusano, S., Baglio, V., Lufrano, F., Staiti, P., and Aricò, A.S. (2013) Electrochemical characterization of a PEM water electrolyzer based on a sulfonated polysulfone membrane. *J. Membrane Sci.*, **448**, 209–214.

[32] Millet, P., Andolfatto, F., and Durand, R. (1996) Design and performance of a solid polymer electrolyte water electrolyzer. *Int. J. Hydrogen Energy*, **21**, 87–93.

[33] Baglio, V., Ornelas, R., Matteucci, F., Martina, F., Ciccarella, G., Zama, I., Arriaga, L.G., Antonucci, V., and Arićó, A.S. (2009) Solid polymer electrolyte water electrolyser based on Nafion-TiO_2 composite membrane for high temperature operation. *Fuel Cells*, **9** (3), 247–252.

[34] Siracusano, S., Baglio, V., Navarra, M.A., Panero, S., Antonucci, V., and Aricò, A.S. (2012) Investigation of composite Nafion/ sulfated zirconia membrane for solid polymer electrolyte electrolyzer applications. *Int. J. Electrochem. Sci.*, **7** (2), 1532–1542.

[35] Aili, D., Hansen, M.K., Pan, C., Li, Q., Christensen, E., Jensen, J.O., and Bjerrum, N.J. (2011) Phosphoric acid doped membranes based on Nafion, PBI and their blends, membrane preparation, characterization and steam electrolysis testing. *Int. J. Hydrogen Energy*, **36**, 6985–6993.

[36] Jang, I.-Y., Kweon, O.-H., Kim, K.-E., Hwang, G.-J., Moon, S.-B., and Kang, A.-S. (2008) Application of polysulfone (PSf)– and polyether ether ketone (PEEK)– tungstophosphoric acid (TPA) composite membranes for water electrolysis. *J. Membrane Sci.*, **322**, 154–161.

[37] Briguglio, N., Brunaccini, G., Siracusano, S., Randazzo, N., Dispenza, G., Ferraro, M., Ornelas, R., Aricò, A.-S., and Antonucci, V. (2013) Design and testing of a compact PEM electrolyzer system. *Int. J. Hydrogen Energy*, **38**, 11519–11529.

[38] Bertuccioli, L., Chan, A., Hart, D., Lehner, F., Madden, B., and Standen, E. (2014) Study on Development of Water Electrolysis in the EU, Final report for the Fuel Cells and Hydrogen Joint Undertaking.

[39] Ursúa, A., Gandía, L.M., and Sanchis, P. (2012) Hydrogen production from water electrolysis: current status and future trends. *Proc. IEEE*, **100** (2), 410–426.

[40] Genovese, J., Harg, K., Paster, M., and Turner, J. (September (2009)) Current (2009) State-of-the-Art Hydrogen Production Cost Estimate Using Water Electrolysis, Independent Review, Published for the U.S. Department of Energy Hydrogen Program. National Renewable Energy Laboratory 1617 Cole Boulevard, Golden, Colorado. Available electronically at www.osti.gov/ bridge.

[41] Wiser, R. and Bolinger, M. (June 2011) 2010 Wind Technologies Market Report. U.S. Department of Energy. Available electronically at www.osti.gov/ bridge.

35 电转气

Gerda Reiter

Energy Institute at the Johannes Kepler University Linz, Department of Energy Technologies, Altenberger Straße 69, 4040 Linz, Austria

摘要

电转气技术是一种利用可再生能源的剩余电力在电解槽中将水分解为氢气和氧气的储能技术。产生的氢可以直接使用（例如，用于燃料电池）或通过进一步合成来生产甲烷。本章介绍了有关电转气系统的主要组成部分，并概述了国际试验工厂及其发展情况。

关键词： 电解；储能；甲烷化；试验工厂；电转气

35.1 引言

风能和太阳能等可再生能源在发电行业中具有减少温室气体排放的巨大潜力，但由于其波动性和间歇性，也存在缺点。电转气技术可以通过储存当需求低于供应时产生的剩余能量来适应这些波动。在电解槽中利用电力将水分解成氢气（H_2）和氧气（O_2）。另外，进一步利用 H_2 和二氧化碳（CO_2）以形成甲烷（CH_4）是可选方案之一，也可成为电转气过程的一部分。尽管总效率较低，但 CH_4 在运输方面具有优势，它可以很容易地集成到现有的配气网中。图 35.1 显示了所涉及的主要流程步骤。

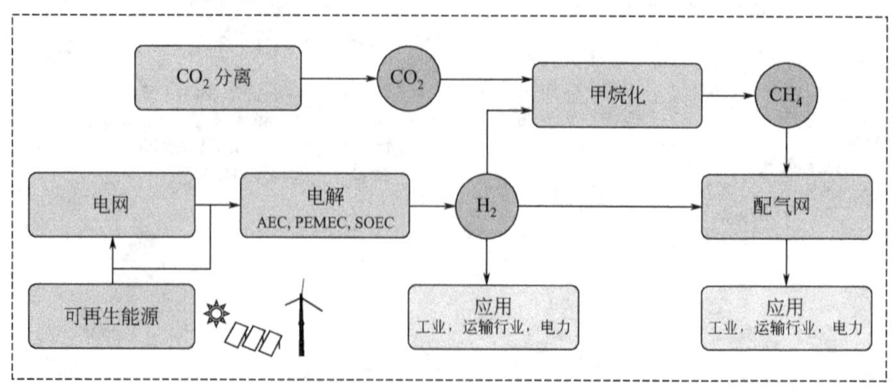

图 35.1 电转气系统的主要工艺步骤

由于其众多的潜在应用，电转气可以在能源系统中实现多种功能：利用剩余电力（储能）、生产用于工业或运输行业的绿色产品、通过天然气配电网运输能源，或为偏远地区的独立系统自供电。

本章介绍了有关电转气系统的主要部件和工艺步骤的数据和信息。此外，还描述了能量载体 H_2 和 CH_4 的可能应用和运输方式，介绍了电转气试验工厂的发展现状。

35.2 主要部件和工艺步骤

电转气系统的主要工艺步骤是水电解制氢、甲烷化制甲烷和 CO_2 分离。本节提供了技术数据和系统的主要特征。

35.2.1 水电解

电解槽将水电解成 H_2 和 O_2。根据用于电解过程的电解质，可分为几种类型：碱性电解槽（AEC）、质子交换膜电解槽（PEMEC）和固体氧化物电解槽（SOEC）。表 35.1 列出了 AEC、PEMEC 和 SOEC 在中期和后期的主要技术参数。

AEC 采用含水碱性电解液，是最发达、最便宜的电解槽技术[5]。如果连续运行，AEC 技术可提供高容量并表现出良好的性能。由于辅助设备限制了 AEC 的灵活性，加之系统的高热容量，启动速度较慢（长达数小时），因此在动态运行中会遇到一些挑战。AEC 的功率范围小于 PEMEC 的功率范围，并且在部分负载下产生的气体质量非常低。PEMEC 技术由于采用了设计简单的聚合物电解质膜，因此可以承受负载瞬变并表现出更快的启动速度（在几秒到几分钟之间）[2]。它的缺点是所用膜的寿命有限（导致堆栈寿命缩短＜50000h）、容量小（最大可达 1MW），以及由于使用铂[4] 等贵金属催化剂而带来的高成本。PEMEC 处于早期商业阶段，与 AEC 相比，仍存在效率更低、寿命更短的问题（见表 35.1）。SOEC 技术是利用来自外部热源的高热能输入来运行的，由于温度较高，导致反应动力学加速。因此，所需的电能减少，且电转气的效率有所提高。由于其在高温下运行，可以避免使用昂贵的催化剂[1]。然而，SOEC 是最不发达的电解槽技术，由于需要高温，面临着材料耐久性低等挑战。此外，SOEC 的启动速度较慢，不可能出现极端负载瞬变[3]。

35.2.2 CH_4 合成

甲烷可以在利用 CO 或 CO_2 的催化过程中由 H_2 产生（Sabatier 过程[7]）或在利用 CO_2 的生物甲烷化过程中产生[6]。甲烷化工艺的技术参数见表 35.2。

表 35.1 水电解的技术参数[1-6]

技术参数	AEC		PEMEC		SOEC	
	中期	后期	中期	后期	中期	后期
阳极反应式	$2OH^- \longrightarrow \frac{1}{2}O_2 + H_2O + 2e^-$		$H_2O \longrightarrow 2H^+ + \frac{1}{2}O_2 + 2e^-$		$O^{2-} \longrightarrow \frac{1}{2}O_2 + 2e^-$	
阴极反应式	$2H_2O + 2e^- \longrightarrow H_2 + 2OH^-$		$2H^+ + 2e^- \longrightarrow H_2$		$H_2O + 2e^- \longrightarrow H_2 + O^{2-}$	
产率/(m^3/h)	<760	<1000	<40	<500	<5	>5
最小负荷/%①	30～40	10～20	0～10	0～5	N/a	N/a
最大负荷/%①	<150	<150	<200	<200	N/a	N/a
气压/bar	<30	<60	<200	<200	<25	<40
温度/℃	60～80	60～90	60～80	60～100	700～1000	500～700
系统耗电量/(kW·h/m^3)	>4.6	>4.4	>4.8	>4.[illegible]	>3.2	>3.2
电流密度/(A/cm^2)	<0.5	<0.8	<1.0	<2.0	<0.3	<1
电池电压/V	>1.9	>1.8	>1.8	>1.6	>1.0	>1.0
系统寿命/a	20	30	6～15	30	N/a	N/a
电堆寿命/h	<100000	<100000	<500000	<100000	<5000	>5000
发展现状	商用		商用		研发中	

①以额定功率的百分比表示。

表 35.2 甲烷化工艺的技术参数[6-10]

技术参数	CO_2 甲烷化	CO 甲烷化	生物甲烷化
化学反应式	$CO_2+4H_2 \longrightarrow CH_4+2H_2O$	$CO+3H_2 \longrightarrow CH_4+H_2O$	$CO_2+4H_2 \longrightarrow CH_4+2H_2O$
催化剂	Ni(Ru,Ir,Rh,Co,Os,Pt,Fe,Mo,Pd,Ag)		古生菌家族微生物
气压/bar	6～8	13～60	1～3
温度/℃	180～350	300～700	30～60
反应效率/%	70～85	75～85	85～95
反展现状	示范阶段	商用化	实验室阶段

CO 甲烷化是煤气化过程中的成熟技术，但 CO_2 甲烷化技术目前还在开发阶段。尽管反应堆概念记录在案的效率与 CO 甲烷化一样高，但是其他挑战已经出现。由于甲烷化过程强烈放热，因此必须解决其热管理问题。此外，催化剂表现出长期稳定性问题并且易于失效[11]。然而，由于有助于解决过多的温室气体而带来的环境效益，CO_2 甲烷化仍极具吸引力。生物甲烷化利用酶作为生物催化剂，在中等温度和压力下操作，对 CO_2 输入流中的杂质有更高的耐受性。然而，生物甲烷化还处于发展的早期阶段，缺乏实际操作和规模化的经验[6]。

表 35.3 提供了有关甲烷化反应器概念的信息。固定床反应器对催化剂的机械应力较小，但反应时间较慢，投资成本高，而且由于物料输送受限，存在着热点形成和催化剂损坏的风险。流化床反应器由于使用了较小的颗粒，具有较高的比表面积和良好的传热性能。催化剂的机械应力较大，动态运行难度较大。在规整填料反应器中，催化剂采用梳状结构，改善了反应器的径向传热；然而，规整填料尚未实现工业规模化。鼓泡塔反应器是三相系统，能够在部分负载下实现更多动态操作。它们的问题包括传热流体的温度不稳定，以及启动速度慢[12]。

表 35.3 甲烷化的反应器信息[6,12,13]

技术参数	固定床	流化床	规整填料	鼓泡塔
催化剂	固定床中的催化剂	较小的催化剂颗粒	梳妆结构催化剂	矿物油里的催化剂
阶段	2～6	1	N/a	1
气压/bar	25～80	20～60	N/a	70
温度/℃	230～780	350～500	N/a	340
原料	煤，生物质，重油，石脑油	煤，生物质	N/a	N/a
反展现状	商业化(Lurgi，TREMP)	半商业化(Comflux)	实验室阶段	试验阶段

35.2.3 二氧化碳分离

二氧化碳分离是生产合成 CH_4 的电转气系统中的另一个重要的工艺步骤。CO_2 是在燃烧过程和其他各种工业过程中产生。从理论上讲，CO_2 甚至可以从环境空气中提取，但由于其浓度低（0.039%，体积分数），吸收过程的能量需求非常低（5.4～9.0MJ/kg CO_2）[9]。一些潜在的 CO_2 来源及其相关的 CO_2 浓度如图 35.2 所示。一般来说：浓度越低，越难分离。

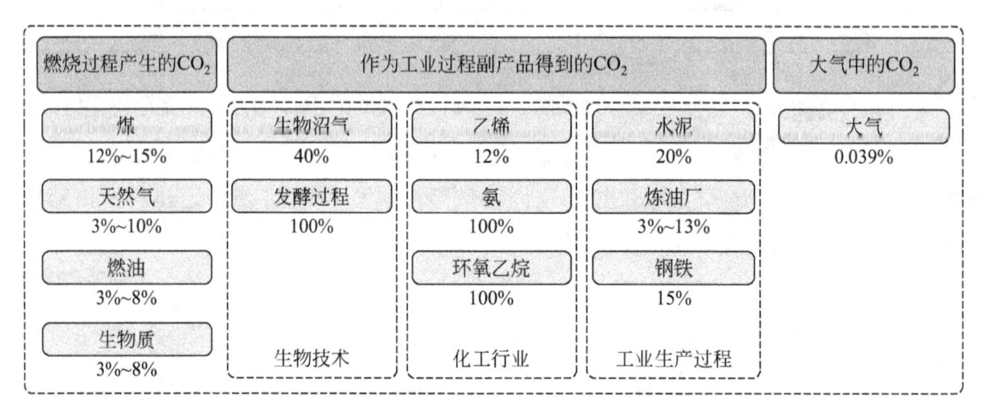

图 35.2 电转气中的二氧化碳来源（参考文献［14］～［19］，图中数据均为体积分数）

以下技术可用于从气流（发电厂的烟气或工业生产过程中的气流）中分离 CO_2：

① 吸收：化学溶剂，如 MEA 或 DEA；物理溶剂，如 Selexol 或 Rectisol。

② 吸附：物理吸附，沸石或活性炭；化学吸附，CaO 或 $CaCO_3$。

③ 低温冷凝或去升华。

④ 膜分离。

化学和物理吸收是最先进的工业过程，但对溶剂的再生有很高的热能需求（3.4～4.1 MJ/kg CO_2）。吸附过程具有很高的选择性，但也有很高的能量需求。目前，它们仅能在试点规模上实现。低温冷凝是一种众所周知的最先进方法，例如用于啤酒厂和生物乙醇生产中。对于具有高 CO_2 含量（> 90%）的流体，它具有良好的 CO_2 分离效率（约 99%），但也需要高压（高达 300bar）和能量输入（0.6MJ/kg CO_2）[6]。由于采用模块化设计，CO_2 的膜分离可适用于较小的系统；它不需要化学品，能耗低。然而，膜对几种气体组分敏感所以膜分离技术仍处于发展阶段。有关 CO_2 分离技术的详细信息之前已有报道[14,15]。

对于电厂的 CO_2 分离，需要进一步的工艺（表 35.4）。在预燃烧中，燃料被气化，从而使得 CO_2 可以在燃烧过程之前被分离。由于 CO_2 与烟气分离，因此电厂不需要在之后的燃烧过程进行调整。在富氧燃烧过程中，燃料为纯氧，因而烟道气中的 CO_2 浓度较高，有利于促进 CO_2 分离。该工艺的缺点是燃烧前空气分离能耗高。化学或碳酸盐循环工艺采用双流化床分离燃烧反应，得到的烟气中 CO_2 浓度较高。该技术正处于开发阶段，面临着高成本和规模化等相关挑战[16]。

表 35.4　燃烧过程的 CO_2 分离

技术参数	燃烧前	富氧燃烧	燃烧后
CO_2 捕捉效率/%	>95	>90	85～90
能量损失(煤粉)/%①	>21	>25	>29
能量损失(天然气)/%①	>19	>22	>16
反展现状	商用化(工业规模)	试验阶段	见分离技术[14,15]

① 能量损失是指每输出净千瓦时所需的额外能量输入。

注：信息来自参考文献 [14]，[16]，[20]。

35.3　H_2 和 CH_4 的运输与应用

除了通过卡车、火车或轮船在加压罐中运输 H_2 和 CH_4 之外，还可以将它们送入现有的配气网络。电转气合成的 CH_4 与天然气非常相似，因此只要符合当地质量要求（例如《ISO 13686 天然气质量指标》[21]），集成到天然气基础设施中的 CH_4 数量没有任何限制。相比之下，H_2 输送至配气网络受限于其体积分数。这些限制一方面是由具体国家标准规定的，另一方面是由实际的限制所决定的。燃气基础设施中几个部件对 H_2 的容差如图 35.3 所示。

H_2 和 CH_4 均为可用于运输动力的燃料，因此可替代如柴油或汽油等化石燃料。由于天然气本身几乎全部由 CH_4 组成，因此目前使用天然气的地方都可以使用来自电转气的合成 CH_4。压缩天然气（CNG）车辆的基础设施及其加气站布局较广，且还在不断扩大。在 CNG 车辆运行期间，先前已经被甲烷化作用结合的 CO_2 会被释放。而通过利用 H_2 作为运输燃料，可以实现 CO_2 零排放。尽管在过去十年中已在全球建造了几个加氢站，H_2 基础设施（加氢站和燃料运输管道）以及氢燃料汽车的发展仍然较慢[22]。

目前，H_2 主要用作许多工业过程中的原料，包括材料加工和化学制造。目前全球工业 H_2 产量约为每年 5000 万吨[23]。根据 Abbasi[24]，其中大部分是由化石原料生产的。由于水电解的成本和能耗较高，水电解制氢只占很小一部分

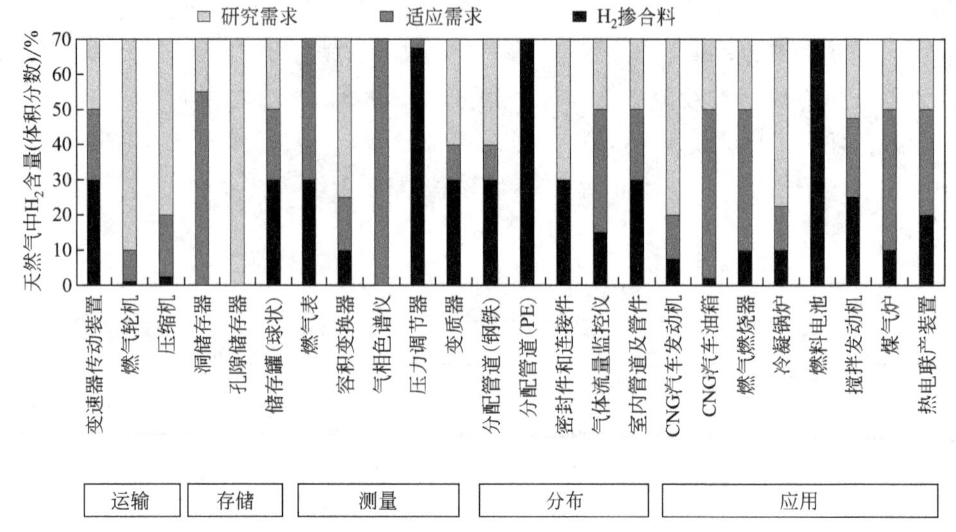

图 35.3 天然气基础设施中的组件对 H_2 的容差

(<5%)。而电转气生产的 H_2 可以替代工业中以化石原料生产的 H_2，从而减少 CO_2 排放。

通过燃料电池或内燃机实现了将可再生能源通过电转气产生的 H_2 和 CH_4 向电能的转化。如果将 H_2 或 CH_4 送入配气网中，联合循环电厂也可用于发电。由于工业、交通行业中直接利用 H_2 和 CH_4 的能效（50%～60%）远远高于其再转化为电能的能效（25%～35%），因此建议首先开发具有巨大潜力的直接利用技术[6]。

35.4 试验工厂的发展现状

最近欧洲和北美部分地区建立了许多电转气试验工厂。Gahleitner [25]对电转气工厂进行了国际评估，其中包含有关项目、装机容量、应用类型等方面的详细信息。

在上述电转气试验工厂中，有 16 个已停止运营，其部件也已退役。大部分（42 个）试验工厂正在运行，另外 7 个项目（主要在欧洲）正在规划中。其中某些电转气的试验工厂，没有关于运行状态的信息。

图 35.4 描绘了已运行的电转气工厂的总装机功率，并按工厂启动运行年份和采用的电解槽类型进行了分类。这些试验工厂的装机容量在过去十年中大幅增加，其中最大的电转气工厂位于德国北部，装机容量为 6.3MW。大量（41）所提出的试验工厂采用 AEC 电解槽，因为这种电解槽技术以其高产能而可以商业

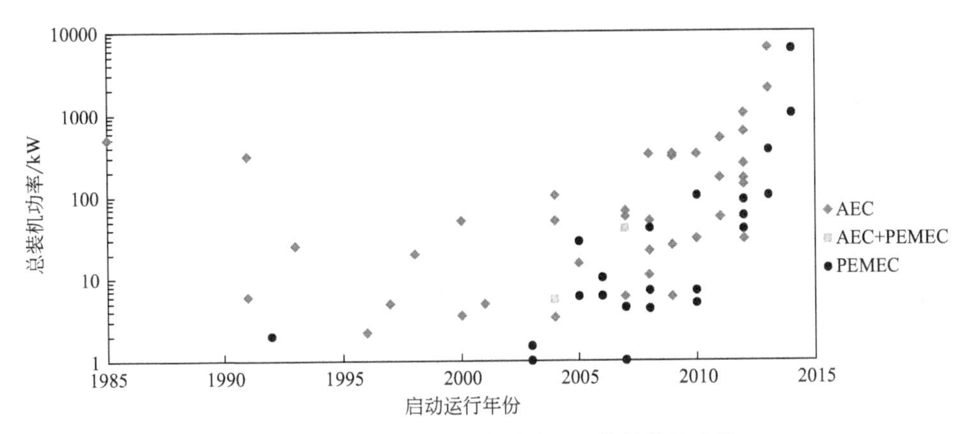

图 35.4 已运行的电转气试验工厂的总装机功率

化。然而，PEMECs 在最近几年得到了越来越多的应用，因为它更适合于功率输入波动的情况。此外，其在可靠性和部件尺寸方面也得到了改进。

在大多数已实现电转气制氢的工厂中，只有少数还带有用于生产合成 CH_4 的甲烷化工艺。自从 Sterner 在 2009 年提出了可再生能源甲烷的概念以后，德国正大力推动这一工艺的发展[8]。

35.5 结论

本章概述了电转气储能技术，提供了关于主要工艺步骤（即水电解、甲烷化和 CO_2 分离）的信息。通过现有的天然气配气网络运输产生的氢气受到天然气中所允许的氢气体积分数的限制，但这一极限值也有可能被提高。通过电转气技术生产的 H_2 和 CH_4 可用作运输燃料，用于发电或工业过程。对电转气试验工厂的概述表明，在欧洲和北美，该技术受到了广泛的关注，并且过去十年中，这些工厂的装机容量在显著增加。

参考文献

[1] Ursua, A., Gandia, L.M., and Sanchis, P. (2012) Hydrogen production from water electrolysis: current status and future trends. *Proc. IEEE*, **100** (2), 410–426. doi: 10.1109/JPROC.2011.2156750.

[2] Smolinka, T., Günther, M., and Garche, J. (2011) Stand und Entwicklungspotenzial der Wasserelektrolyse zur Herstellung von Wasserstoff aus regenerativen Energien, Fraunhofer ISE, FCBAT.

[3] Carmo, M., Fritz, D.L., Mergel, J., and Stolten, D. (2013) A comprehensive review on PEM water electrolysis. *Int. J. Hydrogen Energ*, **38** (12), 4901–4934. doi: 10.1016/j.ijhydene.2013.01.151.

[4] Graves, C., Ebbesen, S.D., Mogensen, M., and Lackner, K.S. (2011) Sustainable hydrocarbon fuels by recycling CO_2 and H_2O with renewable or nuclear energy. *Renew Sust Energy Rev.*, **15**, 1–23. doi: 10.1016/j.rser.2010.07.014.

[5] Holladay, J.D., Hu, J., King, D.L., and Wang, Y. (2009) An overview of hydrogen production technologies. *Catal. Today*, **139**, 244–260. doi: 10.1016/j.cattod.2008.08.039.

[6] Steinmüller, H., Tichler, R. *et al.* (2014) Power to Gas – A systems analysis, Market and technology scouting for the Austrian Federal Ministry of Science, Research and Economy. (Report only available in German).

[7] Müller, B., Müller, K., Teichmann, D., and Arlt, W. (2011) Energiespeicherung mittels Methan und energietragenden Stoffen – ein thermodynamischer Vergleich. *Chem-Ing-Tech.*, **83** (II), 2002–2013. doi: 10.1002/cite.201100113.

[8] Sterner, M. (2009) Bioenergy and renewable power methane in integrated 100% renewable energy systems. Limiting global warming by transforming energy systems, Dissertation, University of Kassel.

[9] Breyer, C.H., Rieke, S., Sterner, M., and Schmid, J. (2011) Hybrid PV-Wind-renewable methane power plants. Presented at the 26th European Photovoltaic Solar Energy Conference, Hamburg, Germany, 5–9 September 2011.

[10] Grond, L., Schulze, P., and Holstein, J. (20 June 2013) Systems Analyses Power to Gas: A Technology Review, KEMA Nederland B.V., Groningen.

[11] Technical University of Munich (2012) New catalysts for the hydrogenation of CO_2 into methane for energy storage. Project homepage iC4 – Integrated Carbon Capture, Conversion and Cycling. www.ic4.tum.de/index.php?id=1235 (accessed 17 December 2012).

[12] Müller-Syring, G., Henel, M., Köppel, W., Mlaker, H., Sterner, M., and Höcher, T. (19 February 2013) Entwicklung von modularen Konzepten zur Erzeugung, Speicherung und Einspeisung von Wasserstoff und Methan in das Erdgasnetz, DVGW Deutscher Verein des Gas- und Wasserfaches, Bonn.

[13] Bajohr, S., Götz, M., Graf, F., and Ortloff, F. (2011) Speicherung von regenerativ erzeugter elektrischer Energie in der Erdgasinfrastruktur. *Gwf-Gas Erdgas*, **04/2011**, 200–210.

[14] IPCC (2005) *Carbon Dioxide Capture and Storage*, Cambridge University Press, Cambridge.

[15] Li, B., Duan, Y., Luebke, D., and Morreale, B. (2013) Advances in CO_2 capture technology: a patent review. *Appl. Energy*, **102**, 1439–1447. doi: 10.1016/j.apenergy.2012.09.009.

[16] Rubin, E.S., Mantripragada, H., Marks, A., Versteeg, P., and Kitchin, J. (2012) The outlook for improved carbon capture technology. *Prog. Energy Combust. Sci.*, **38**, 630–671. doi: 10.1016/j.pecs.2012.03.003.

[17] Kuramochi, T., Ramirez, A., Turkenburg, W., and Faaij, A. (2012) Comparative assessment of CO_2 capture technologies for carbon-intensive industrial processes. *Prog. Energy Combust. Sci.*, **38**, 87–112. doi: 10.1016/j.pecs.2011.05.001.

[18] Ryckebosch, E., Drouillon, M., and Vervaeren, H. (2011) Techniques for transformation of biogas to biomethane. *Biomass Bioenerg.*, **35**, 1633–1645. doi: 10.1016/j.biombioe.2011.02.033.

[19] Gielen, D. (2003) CO_2 removal in the iron and steel industry. *Energy Convers Manage.*, **44**, 1027–1037. doi: 10.1016/S0196-8904(02)00111-5.

[20] Damen, K., van Troost, M., Faaij, A., and Turkenburg, W. (2006) A comparison of electricity and hydrogen production systems with CO_2 capture and storage. Part A: review and selection of promising conversion and capture technologies. *Prog. Energy Combust. Sci.*, **32**, 215–246. doi: 10.1016/j.pecs.2005.11.005.

[21] ISO (1998) ISO 13686:1998 Natural gas – Quality Designation, International Organization for Standardization, Geneva, Switzerland.

[22] Ludwig Bölkow Systemtechnik GmbH (2012) Hydrogen filling stations worldwide. www.h2stations.org (accessed 17 December 2012).

[23] Raman, V. (2004) Hydrogen Production and Supply Infrastructure for Transportation – Discussion Paper. http://www.c2es.org/docUploads/10-50_Raman.pdf (accessed 17 December 2012).

[24] Abbasi, T. and Abbasi, S.A. (2011) Renewable hydrogen: prospects and challenges. *Renew. Sustain. Energy Rev.*,

15 (6), 3034–3040. doi: 10.1016/j.rser.2011.02.026.

[25] Gahleitner, G. (2013) Hydrogen from renewable electricity: an international review of power-to-gas pilot plants for stationary applications. *Int. J. Hydrogen Energy*, **38** (5), 2039–2061. doi: 10.1016/j.ijhydene.2012.12.010.

第六篇

法规与标准

36 氢安全与 RCS（法规、规范和标准）

Andrei V. Tchouvelev

A. V. Tchouvelev & Associates Inc., 6591 Spinnaker Circle, Mississauga, ON, L5W 1R2, Canada

摘要

本章简要概述了氢安全与 RCS（法规、规范和标准）。从安全角度出发，重点研究了氢可燃性和材料兼容性问题，并从 RCS 角度介绍了与之相关的关键国际活动。

关键词： 规范和标准；易燃性；危险性评估工具；氢；安全性；点火能量；材料兼容性；法规；风险告知制度

36.1 引言

传统化工、石油化工以及工业天然气公司安全使用氢已有 100 多年。早期市场的氢燃料电池装置为在住宅和商业环境中的氢安全使用开创了先例。随着氢能产业的成熟，并向市场部署和商业化转变，安全仍然是重中之重。在全球范围内，氢能基础设施建设和安装必须符合所有适用的规范和标准，以确保安全、可靠，并与建筑环境兼容。

本章将提供有关氢安全的重要信息，以及与氢燃料基础设施相关的国际法规、规范和标准制定活动。

36.2 氢安全

从安全角度来看，使用氢的两个最重要的方面是可燃性和点火性能以及材料兼容性。

36.2.1 可燃极限与点火能量

正如 ISO/PDTR 15916：2014 [1]所指出的，包括氢在内的可燃性气体的安全相关特性通常围绕可燃极限或点火能量等特性来讨论。需要强调的是，这些特性不是科学上明确定义的气体本身的性质（如密度、黏度、分子量等）。它们非常依赖于测量过程。在实际应用中，以及在规范和标准中，氢在空气中的可燃下限按体积设定为4%。

表36.1比较了氢和其他常见燃料的点火和燃烧特性。

表36.1 几种常见燃料与空气的混合物在25℃和101.3kPa的点火和燃烧特性

燃料	可燃下限（体积分数）/%	混合物化学计量（体积分数）/%	可燃上限（体积分数）/%	最小点火能量/mJ	自燃点/K	层流燃烧速度/(m/s)
氢(H_2)	4	29.5	77	0.017	858	2.70
甲醇(CH_3OH)	6.0	12.3	36.5	0.174	658	0.48
甲烷(CH_4)	5.3	9.5	17.0	0.274	810	0.37
丙烷(C_3H_8)	1.7	4.0	10.9	0.240	723	0.47
汽油(C_8H_{18})	1.0	1.9	6.0	0.240	488	0.30

36.2.1.1 独特的氢可燃极限

值得注意的是，氢-空气混合物的可燃性也是火焰传播方向的函数。例如，向下传播的火焰在体积分数约为9%时存在稀燃极限，水平传播的火焰在体积分数约为7.5%～8%时存在稀燃极限，而向上传播的火焰在体积分数约为4%时存在稀燃极限。这一结论是根据对1920年至1950年[2]期间确定的78项氢燃烧极限的调查得出的。在过去十年间进行的其他研究得出了类似的结论：迈阿密大学[3]、巴拉德动力系统[4]、加拿大国防研发[5]和桑迪亚国家实验室[6]的研究已经证实体积分数低于8%的H_2-空气混合物不足以在整个混合物中传播火焰，且与容器的几何形状无关[7]。由于体积分数低于8%的混合物组分不能向下、水平、球形或射流传播，这些火焰不会形成危险状态[8]。氢的这种独特性质是由低分子量导致的高浮力而造成的。但烃类火焰基本上没有这种区别（甲烷除外，甲烷比空气轻，但没有氢那么明显）。

36.2.1.2 氢点火能量

表36.1中所示的氢最小点火能量0.017mJ对应于体积分数为22%～26%的氢-空气混合物。然而，在实际应用中，由于氢的低分子量和高浮力，几乎不可能获得这种浓缩而均匀的混合物。由于氢气设备的所有氢泄漏都是非预混的，空气中来源于氢泄漏的氢浓度不可能超过个位数，即体积分数在10%以内（除非氢泄漏发生在长时间不通风的外壳内）。

图36.1比较了氢和其他常见燃料的点火能量。

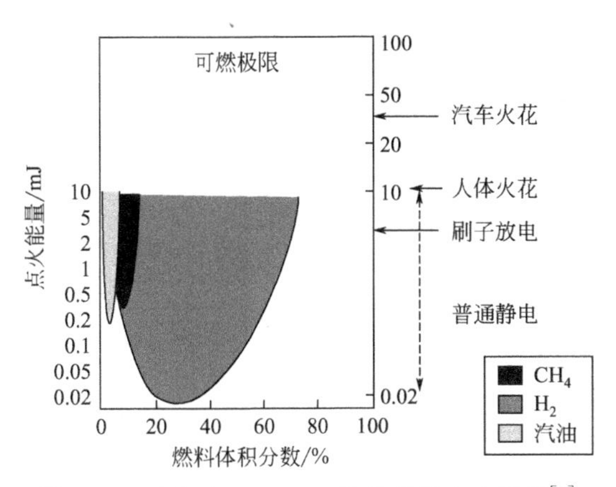

图 36.1　空气中 H_2、CH_4 和汽油的点火能量[9]

图 36.1 清楚地表明，尽管可燃极限存在显著差异，人体火花或普通静电具有足够的能量来点燃任何一种常见燃料。并且，在空气中浓度达到 10%的体积分数时，氢气和甲烷的点火能量基本相同。由于仅比较最小点火能量值的既定做法，这一事实经常被低估或忽略。但这些数据对实际危害的预估也并不那么准确，严重高估了氢带来的危险，从而造成了甲烷比氢“更安全”的错误预设。

36.2.2　材料兼容性

氢组分和氢系统通常涉及多种材料，包括金属和非金属（例如聚合物）。所涉及的每一种材料在设计、操作和紧急条件下的使用情况都应被仔细评估[1]。使用时还应检查其操作压力和氢的质量/纯度。

（1）氢脆

氢脆是金属与氢接触时存在的一个严重问题，将导致金属的力学性能显著恶化。氢脆是多个参数的函数，包括温度、压力、质量、浓度和在氢中暴露的时间，以及应力、物理和力学性能、微观结构、表面条件以及材料中任何裂纹前沿的性质[10]。

（2）氢环境下的材料适用性

根据 ISO/PDTR 15916：2014，表 36.2 列出了一些选定氢气应用材料的适用性。

表 36.2　某些选定材料在氢应用中的适用性

材料	气态氢环境（GH_2）	液态氢环境（LH_2）	备注
铝及其合金	S	S	受到氢脆的影响较小
铜及其合金(如黄铜,青铜和铜镍)	S	S	受到氢脆的影响较小
铁(铸造,灰色,韧性)	NS	NS	违反相关法规和标准

续表

材料	气态氢环境（GH_2）	液态氢环境（LH_2）	备注
镍及其合金（如铬镍铁合金和蒙乃尔铜镍合金）	E	E	需要评估；易受氢脆影响
奥氏体不锈钢（镍含量＞7%，如A286，310，316）	S	S	如果在低温下发生屈服，可能会产生马氏体转变现象
304SS	NS	NS	304SS易遭受严重脆化
碳钢（如1020和1042）	E	NS	需要评估；易受氢脆影响；低温操作时太脆弱
低合金钢（如4140）	E	NS	需要评估；易受氢脆影响；低温操作时太脆弱
马氏体不锈钢（如410和440C）	E	E	需要评估；易受氢脆影响
镍钢（如2.25%，3.5%，5%和9% Ni）	E	NS	在液氢温度下损失延展性
钛及其合金	E	E	需要评估；易受氢脆影响

注：S—适合使用；NS—不适合使用；E—需要评估以确定是否适合使用。

（3）非金属材料

非金属材料（橡胶或塑料）在氢应用方面有着悠久的历史。诸如氯丁橡胶（Neoprene）、聚酯纤维（Dacron）、聚酯薄膜（Mylar）、丁腈橡胶（Buna N）、聚酰胺（nylon）、聚三氟氯乙烯（Kel F）和聚四氟乙烯（Teflon）等材料适用于压缩氢服务[1]。

36.3 国际氢法规、规范和标准（RCS）的制定

本节的重点是氢燃料基础设施的国际法规、规范和标准（RCS），因为它们的发展被视为氢燃料电池汽车在全球商业化的主要条件。

36.3.1 ISO/TC 197 氢能技术

ISO（国际标准化组织）技术委员会（TC）197是制定氢能技术标准文件的主要国际机构，包括氢的生产、储存、运输、测量和使用。ISO/TC 197的活动通过四个不同的项目进行，即氢组件和车辆应用、建筑环境和安全、氢生产、存储和处理以及燃料电池和固定应用。为方便利益相关方，与加氢站直接相关的项目被归入一个燃料标准系列，每个标准具有相同的主编号ISO 19880和名为Gaseous hydrogen -Fueling stations（气态氢-加氢站）的通用名称。目前的项目包括：1个一般要求，2个分配器，3个阀门，4台压缩机，5个软管和

6 个配件。如果需要，燃料协议和燃料质量验证方法可能会补充到燃料标准系列。

其他相关标准包括分别针对 PEMFC 公路车辆和 PEMFC 固定应用的 ISO 14687-2 和 ISO 14687-3 氢燃料规范（分别于 2012 年和 2014 年公布），针对气态氢陆地车辆加氢连接装置的 ISO 17268（2012 年），针对陆地车辆油箱的 ISO 19881（规划中）和针对用于固定存储的气瓶和管道的 ISO 19884（规划中）。值得注意的是，ISO 19881 将协调其轻型 HFCEV 车辆与联合国 GTR13 的要求[11]。

36.3.2 CEN 和欧盟委员会

作为欧洲 2020 年实现智能、可持续和包容性增长战略的一部分，欧盟委员会已就欧盟关于部署替代燃料基础设施的指令提出一项提议，该指令将于 2015 年生效。氢被列为指令范围内的替代燃料之一。未来的指令还提供了几个 ISO 标准文件的参考，包括燃料分配、燃料质量以及与车辆之间的连接。根据“维也纳协定”，为避免 ISO 和 CEN（欧洲标准化委员会）之间的工作重复，ISO 标准文件可在欧盟内部采用。为了满足上述欧盟指令的时间规划，ISO 和 CEN 正在合作加快对欧盟内开发和采用加氢站通用标准文件（ISO 19880-1）的制定。

36.3.3 HySafe 与 IEA HIA 氢安全标准

国际氢安全协会（HySafe）和国际能源机构氢实施协议（IEA HIA）对于氢安全目标没有制定标准。它们为标准制定组织（如 ISO）提供基于证据的技术输入，以确保标准要求在技术上合理。HySafe 和 IEA HIA 安全专家已经制定出一套标准的氢风险告知制度，已在国际（ISO/TC197）和国家（如 NFPA 2 和 NFPA 55）水平上实施。HySafe 和 IEA HIA 安全专家参与了氢安全报告中[12] 的重点研究项目，以及氢应用危害评估工具的开发[13]，该工具将基础科学发现转化为实际公式，并包含了与安全、法规和标准的决策相关的风险矩阵。

36.4 结论

本章主要强调了关于安全的氢气的性质。对可燃极限、点火能量等燃烧特性给出了适当的解释。为确保氢装置的安全，材料兼容性是另一个需要考虑的重要因素。此外，还强调了与氢燃料基础设施有关的国际 RCS 开发和支持活动，囊括了 ISO、CEN、欧盟委员会、IEA HIA 和 HySafe 等级别。

参考文献

[1] ISO (2014) ISO/PDTR 15916. Basic considerations for safety of hydrogen systems.

[2] Coward, H.F. and Jones, G.W. (1952) Limits of Flammability of Gases and Vapors, Bulletin 503 Bureau of Mines, United States Government Printing, Office, Washington.

[3] Swain, M.R., Filoso, P.A., and Swain, M.N. (2007). An experimental investigation into the ignition of leaking hydrogen. *Int. J. Hydrogen Energy*, **32** (2), 287–295.

[4] Corfu, R., DeVaal, J., and Scheffler, G. (2007) Development of Safety Criteria for Potentially Flammable Discharges from Hydrogen Fuel Cell Vehicles, SAE Technical Paper 2007-01-0437.

[5] Désilets, S., Côté, S., Nadeau, G., and Tchouvelev, A.V. (2009) Ignition experiments of hydrogen mixtures by different methods and description of the DRDC test facilities. Presented at the 3rd ICHS International Conference on Hydrogen Safety, Ajaccio, Corsica, France, 16–18 September 2009.

[6] Moen, C. and Keller, J. (2006) Hydrogen testing capability at Sandia National Laboratories, IEA HIA Task 19 Experts Meeting, Joint Workshop on Hydrogen Safety and Risk Assessment, Long Beach, CA, 16–17 March, 2006.

[7] Weiner, S.C. (2014) Advancing hydrogen safety knowledge base. *Int. J. Hydrogen Energy*, **39** (35), 20357–20361.

[8] Keller, J.O., Gresho, M., Harris, A., and Tchouvelev, A.V. (2014) What is an explosion? *Int. J. Hydrogen Energy*, **39** (35), 20426–20433.

[9] Air Products (2001) Flammability Limits vs Ignition Energy.

[10] San Marchi, C. and Somerday, B.P. (September 2012) Technical Reference for Hydrogen Compatibility of Materials, Sandia Report, SAND2012-7321.

[11] United Nations (19 July 2013) Global technical regulation on hydrogen and fuel cell vehicles, ECE/TRANS/180/Add.13.

[12] Molkov, V. *et al.* (2014) *State of the Art and Research Priorities in Hydrogen Safety*, Publications Office of the European Union. ISBN: 978-92-79-34719-1.

[13] Tchouvelev, A.V., Groth, K.M., Pierre, B., and Jordan, T. (2014) A hazard assessment toolkit for hydrogen applications, in *20th World Hydrogen Energy Conference (WHEC2014)*, Committee of WHEC2014, pp. 1704–1713. ISBN: 978-1-63439-655-4.

附表 非法定计量单位和换算系数

单位名称	符号	换算成法定计量单位的换算系数
英寸	in	0.0254m
英里	mile	1609.344m
英亩		4046.8564224m^2
英加仑	UK gal	4.54609L
美加仑	US gal	3.78541L
桶(石油)		158.987L
华氏度	℉	$t(℃)=\frac{5}{9}(\frac{t}{℉}-32)$
磅	lb	0.45359237kg
巴	bar	10^5Pa
标准大气压	atm	101325Pa
磅力每平方英寸	lbf/in^2(psi)	6894.76Pa
英热单位	Btu	1055.06J
英马力	hp	746.700W
米制马力	ps	735W

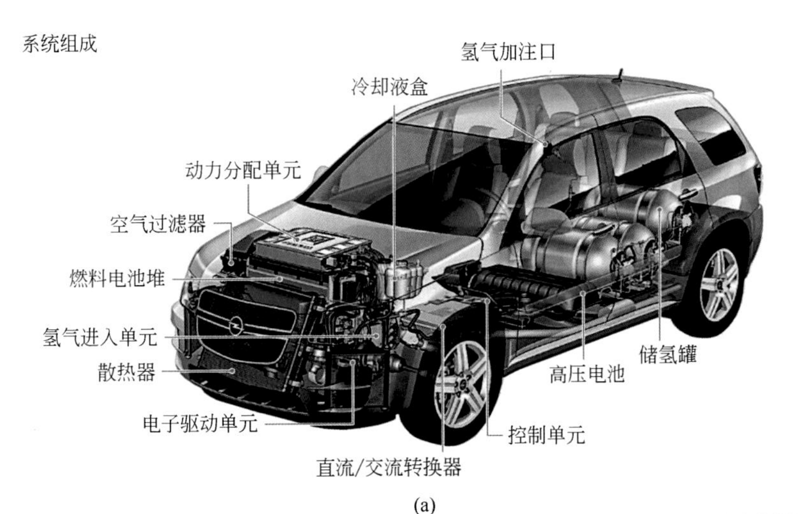

(a)

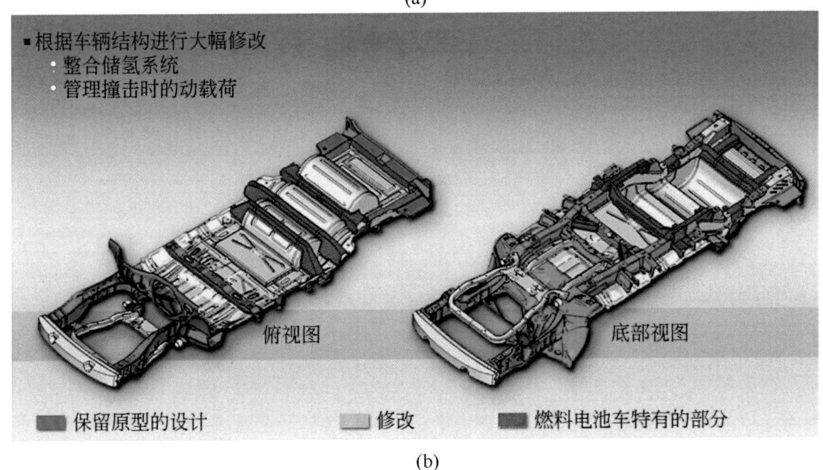

(b)

图 8.2 (a) 通用氢动四号的结构图及 (b) 与雪佛兰 Equinox 相比的车辆结构调整

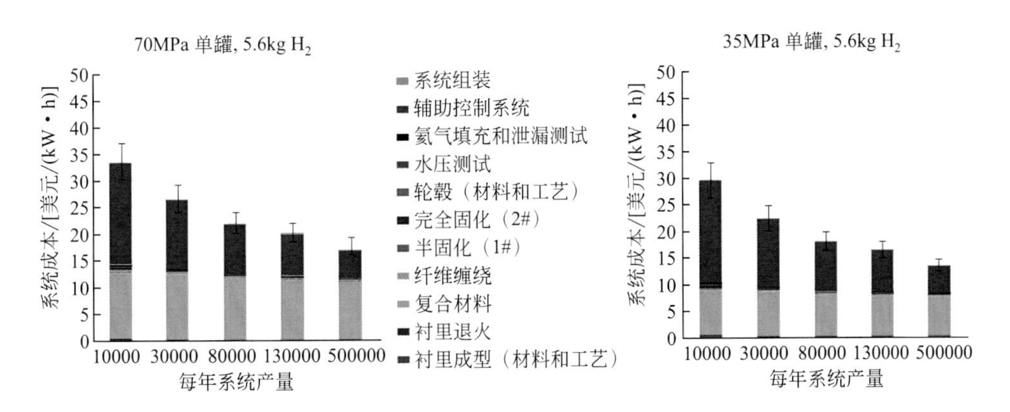

图 15.2 35MPa 和 70MPa 高压气态储氢系统的成本

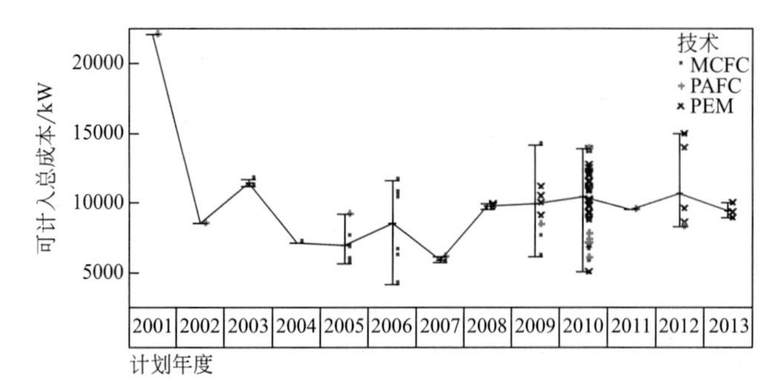

图 26.6 CHP 系统的可计入总成本（加州，2010 年，美元/kW）

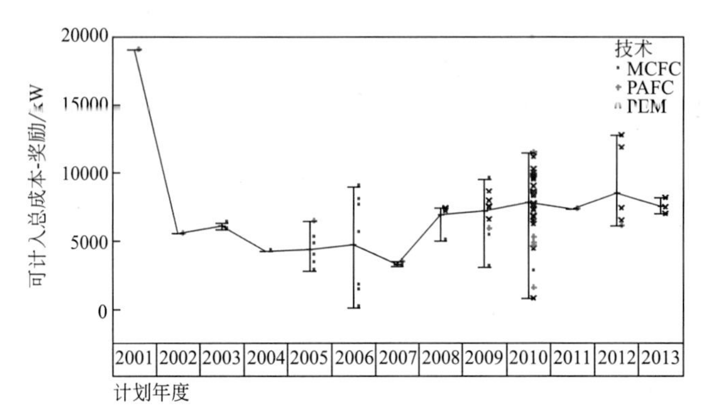

图 26.7 CHP 系统的可计入总成本-奖励（加州，2010 年，美元/kW）

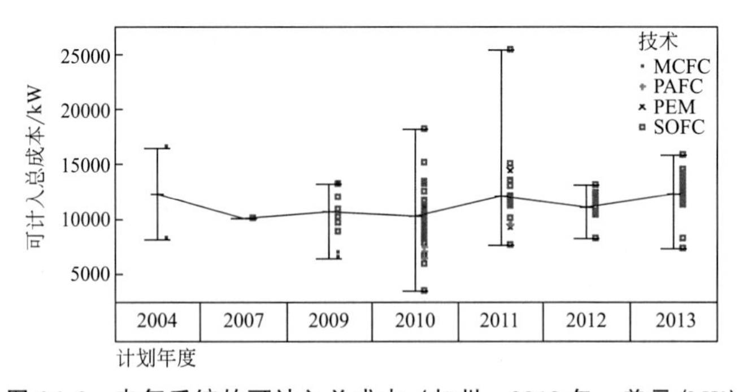

图 26.8 电气系统的可计入总成本（加州，2010 年，美元/kW）

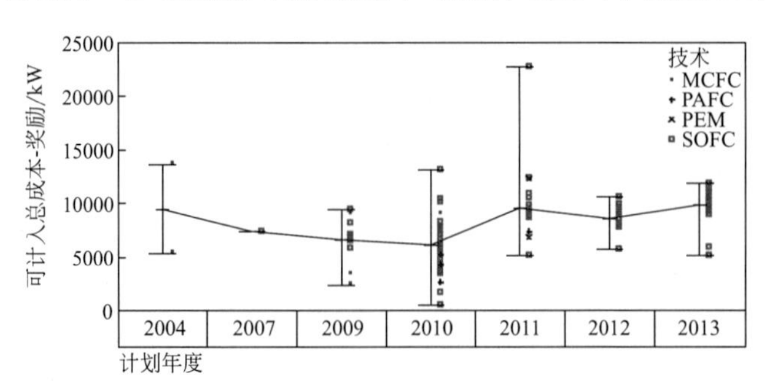

图 26.9 电气系统的可计入总成本-奖励（加州，2010 年，美元/kW）